JN279843

食品機能素材の開発
Materials for Functional Food

監修：太田明一

シーエムシー出版

普及版の刊行にあたって

　1996年5月,『新食品機能素材の開発』と題する本を多くの皆様方のご協力により発行いたしました。この度,出版社のシーエムシー出版より普及版を出版したいというお話をいただきました。
　しかし,食品の機能に関する研究やその成果を受けての商品化の動きはめまぐるしく,すでにこのシリーズは2001年に新たな情報を加え『食品機能素材Ⅱ』を刊行し,さらに2005年『食品機能素材Ⅲ』を企画・監修いたしました。
　これは『食品機能素材Ⅱ』に収載されていない食品素材や成分が市中には多く見受けられ,さらに,同じ素材であっても当時の研究レベルでは考えられなかった新たな働きが明らかになってきたことによります。
　このような中で10年前の内容のまま普及版を出す意義があるか読み直してみました。当然,この10年の間に進んだ研究内容は書かれておりませんが,普及版の刊行により,新たな読者が食品の機能に関する歴史的側面も含め読まれることの意義は十分あると考えました。
　また,この内容は少し古いのでなんとかしたいとご連絡いただいた先生もございましたが,普及版について1996年に刊行された内容であることを明記するとお話しご了解をいただいております。
　読者の皆様におかれましても,この点につきましてはご理解のほどよろしくお願いいたします。
　お読みいただく方々は十分お判りのことですが,この本に書かれている食品素材の機能についての科学的裏付けや安全性の担保は特定の成分についてのみであり,かつ説明されている実験等の範囲についてのみの裏付けである点をご理解ください。
　従って,本来,非常に重要な課題であることは理解しておりますが,他の食品や医薬品との拮抗,相乗等の相互作用,蓄積性,代謝酵素への影響,生体利用率,個人差等については担保できておりません。今後はこの方面に対しても配慮する心構えを持つ時代になってきたと感じております。

2006年3月

キリンビール株式会社
太田明一

はじめに

　食と健康に関する問題は最も古く，また新しい問題といえよう。しかも食の問題は時代とともに変化し，『何でもよいから食べるものが必要だ』という時代から，ダイエットが一番の話題となり『お袋の味から袋の味に』とか，子供の好きな食べ物は，『ハ.ハ.キ.ト.ク（ハンバーガー，ハムエッグ，ギョウザ，トースト，クリームスープ）』であるとかが話題になった。一方，若年層の成人病に代表されるように，食に起因するとみられる疾病が増大し，『食源病』という言葉もできた。女性の変化は大きく，（もっとも男性が変わったために女性が変わったのかもしれないが），例えば1970年代は蒸発といえば夫の専売特許であったのが，80年代以降は妻の蒸発があたりまえとなり，海外旅行の経験をみても30歳以下では男性より女性が多く，このため新婚旅行で失敗しないため『女性に馬鹿にされないための海外旅行講座』が旅行代理店で企画されたという嘘のような話さえある。いずれにしても高齢化社会（2000年には65歳以上人口が17％，2025年には25％を超える）である，女性の社会進出（簡便化志向），健康志向の増大（特に健康な老後），環境問題への関心が高まり，一層の変化が進むことによって，食もこの影響をもろに受ける形になった。

　厚生省は『80歳になっても身のまわりのことができ，社会参加のできる健やかさを』という考えのもとに，国民健康づくり対策『アクティブ80ヘルスプラン』を進めている。また1988年に食品衛生調査会が厚生大臣に意見具申した『今後の食品保健施策のあり方について』のなかで，総合的，体系的な食品保健施策の必要を提言し，科学技術に立脚した施策の推進・消費者のニーズの重視・国際的な連帯の推進・民間活力の活用の4項目の基本方針をあげている。

　しかしながら，栄養・運動・休養と全面的な対策を効率的に具体化することは難しいテーマである。

　食の科学の中心的課題は時代とともに，大きく変化してきた。それぞれの食品や食物のもつ栄養素の分析が不十分であった時代には，栄養素分析，あるいは安全性の追及に大きな関心があった。

　しかし最近は，食料，あるいはそれらに含まれる生理活性成分と，健康や疾病との関係に関心が移ってきた。

　また食行動など食生活トータルとしての意義も問題にされるようになっている。例えば，『美味しい』という感覚が人間の心身へどのように影響するのか，咀嚼の意義などである。

昨年この本の監修の話をいただいたが，浅学であるうえに時間もなく，しかも今さら機能性食品でもあるまいとお断りした。しかし食品に含まれている成分の機能は日を追うごとに明らかになっている。
　そこで，この機会にまとめてみることも十分に意義があると考え，受けさせていただくこととした。
　ここで本書についての考え方を述べておきたい。総論で最近の食料・食品をめぐる話題を紹介し，素材編で，活性成分別に取り上げてある。いずれも，その分野のエキスパートにお願いした。
　なお本来取り上げるべき素材が取り上げていないとのご批判もあろうが，紙面の都合も含め，独断と偏見で選ばせていただいた点，ご容赦いただきたい。
　その他いくつかを付記させていただく。
① すでにビタミンAは夜盲症，B_1は脚気，Cは壊血病，Dはクル病，Eは不妊症に効果があることが知られているが，従来知られていた以外の新たな効果が認められたもの，例えばビタミンAやDは遺伝子発現の制御を通じて，B_{12}，葉酸はDNAの合成を介し，そしてCやEやカロテノイドなどは抗酸化作用により，いずれも抗ガン作用に関与していることが明らかになりつつある。このように新たな働きが判明したものについては取り上げることとした。
② 動物実験の結果，それも特定のものを大量に食べさせたデータが人間でも同様の結果になるとは，もちろんいえないが，各項目とも動物実験の結果は結果として書いていただいた。
③ 人間の場合，人種差・遺伝・食歴をはじめとするライフスタイル，そして年齢・性差というように個人差が大きいことがよく知られている。
　　本来，これらも考えたうえで食の評価法を確立しなければならないが，これも本書ではテーマが大きすぎるため触れていない。
④ 食品素材であるから，食品に加工され摂取されることになる。これら成分は単独で働くだけでなく，当然他の成分との相乗効果や拮抗作用が考えられるが，この問題も今回は原則として触れていない。
⑤ 同様に加熱され摂取されることが考えられる。例えば生のガーリックには含まれていないが，加熱すると脳梗塞を予防する血小板凝集阻害作用のあるアホエンという成分ができてくる。このように有効成分が加熱などの加工工程で造られることがある反面，その逆で加熱することによって活性のなくなる成分もある。
　　利用される折には，この点をご配慮いただきたい。
⑥ 成分素材について相反するデータがある場合も多い。例えばベーターカロチンは抗ガン作用が認められている。しかし最近これに反する発表がある。1994年発表されたフィンランドでの調査では，ヘビースモーカー29,000人にベーターカロチンを1日に20ミリ，長期投

与したところ，効果より逆にリスクが上昇した。また，まだ報道だけで詳細な発表がないが，1996年の発表でアメリカでヘビースモーカー11,000人に，ベーターカロチンを1日に30ミリ投与したところあまり優位差はないが，むしろ発ガン率が上昇したという報告がある。このような問題の解釈や評価は国際的にも議論のあるところで，とても本書で結論が出せる問題ではない。すべて，ご担当いただいた先生のお考えのもとで執筆していただいた。

⑦　相対的に抗酸化のテーマが多いとお思いかもしれない。1つは私がビタミンEをはじめ抗酸化の仕事に長期間たずさわってきたための思い入れがある。しかし，それ以上に，抗酸化に対する関心が高いためである。人間を含め好気性生物は酸素がなければ，生存できない。ところが生体にとって酸素は両刃の剣であり，酸素から反応性の高い活性酸素が過剰に産製され，そのとき，生体の持つ酸化防御系が対応しきれないと，生体は酸化障害を受け，ガン，糖尿病，白内障などすべての疾病の元凶といっても過言ではないダメージを受ける。そして老化にも酸化障害が密接に関与していると考えられていることはご承知のとおりである。したがって抗酸化は健康にとって酸化を防ぐことが不可欠であり，最も関心を持つべきテーマであると考えるためである。

⑧　生薬・茶・海藻や野菜の成分については，なにか1つを取り上げると，いくつも取り上げたい成分があり紙面の制約から割愛せざるを得なかった。また東南アジア，南米，アフリカなど，今まで情報の少なかった国々の原料についても紹介すべきであったが同様の理由で割愛した。

長寿時代の食，肉体労働から頭脳労働への転換時代の食，美味しく，簡単に食べられ，しかも健康の維持増進，そして疾病の予防と治療にも役立つ食が必要である。

私は，昔から一家団欒の食事とか，同じ釜の飯とかいう言葉があるように，食べ物には単におなかを一杯にする・栄養補給をする・生体機能の調節をするだけでなく，心の領域にまで関わっているのではないかと思ってきた。つまり，これは一次，二次，三次，四次の4つの機能があるとの考えである。

この考え方は，その後有名になった文部省の機能性食品の分類とほぼ同じだが，いま一つ，四次機能ともいうべき機能があるという考えだ。これは同じ水を飲んでも，氷雨降る道を歩いてきて口にする一杯の白湯と，炎天下を歩いて来て飲む氷水とでは水としての成分は同じであっても，生理的機能には差があるのではないかと思っている。

同様に試験に成功したときと失敗した後の食事では同じ物を食べてもきっと，その機能は異なると考えるからだ。もちろん，これらの機能はコンピューターのF1キーを押せばF1の，F2ならF2の，それぞれの機能が現れるというものでなく，F1からF4までが複合的に機能するものと考えている。

ぜひ食品素材をファンクションに組み込み役立たせていただきたい。
　ところで，西暦で末尾に6のつく年にはヒット商品が生まれ，日本経済を牽引したとの話がある。1956年は白黒テレビと冷蔵庫，66年はカラーテレビとクーラー，76年はビデオとLSI，そして86年は何もなく従って景気は低迷（もちろん現在の不況はバブルの後遺症であるが），今年96年はパソコン，携帯電話とカーナビが新々三種の神器となるのではというものだ。次の2006年といわず，本書で取り上げた食品素材をはじめとする多くの食品素材が健康の維持増進に役立ち，健康産業として日本経済を牽引するまでに成長することを願い，少しでも本書がお役に立てばと考えている。

1996年5月

太田明一

執筆者一覧(執筆順)

太田　明一	アスプロ㈱
越智　宏倫	日本老化制御研究所
二木　鋭雄	東京大学　先端科学技術研究センター
野口　範子	東京大学　先端科学技術研究センター
細山　　浩	AFT研究所（キッコーマン㈱）
小幡　明雄	AFT研究所（キッコーマン㈱）
浜野　光年	AFT研究所（キッコーマン㈱）
島﨑　弘幸	帝京大学　医学部
福場　博保	昭和女子大学
吉川　敏一	京都府立医科大学
中村　泰也	京都府立医科大学
近藤　元治	京都府立医科大学
末木　一夫	日本ロシュ㈱
田中　嘉郎	ライオン㈱
中村　哲也	エーザイ㈱
浅野　俊孝	エーザイ㈱
坂本　秀樹	カゴメ㈱
石黒　幸雄	カゴメ㈱
古本　重廣	武田薬品工業㈱
磯部　洋祐	㈱ホーネンコーポレーション
佐藤　俊郎	㈱ホーネンコーポレーション
和田　　攻	東京大学名誉教授，埼玉医科大学
清水　俊雄	旭化成工業㈱
中西　　昇	ポーラ化成工業㈱
髙田　幸宏	雪印乳業㈱
青江　誠一郎	雪印乳業㈱
糸川　嘉則	京都大学　医学研究科
藤田　裕之	日本合成化学工業㈱

（AFT研究所＝㈱アレルゲンフリー・テクノロジー研究所）

鈴木　正　夫	日本油脂㈱
田　中　善　晴	日本油脂㈱
山　根　耕　治	ハリマ化成㈱
菰　田　　　衛	（財）杉山産業化学研究所
髙　　行　植	ツルーレシチン工業㈱
園　　良　治	ツルーレシチン工業㈱
井　上　良　計	備前化成㈱
瀬　戸　龍　太	三井農林㈱　食品総合研究所
南　条　文　雄	三井農林㈱　食品総合研究所
原　　征　彦	三井農林㈱　食品総合研究所
船　田　　　正	日本油脂㈱
稲　吉　正　紀	竹本油脂㈱
松　枝　弘　一	竹本油脂㈱
竹　尾　忠　一	㈱伊藤園
福　井　喜代志	宇部興産㈱
宮　嶋　　　敬	京都府立医科大学
澤　田　雅　彦	合同酒精㈱
宮　﨑　勝　雄	ナガセ生化学工業㈱
湯　本　　　隆	東洋精糖㈱
中　村　英　雄	㈱常磐植物化学研究所
永　沢　真沙子	キッコーマン㈱・㈱盛進
植　草　丈　幸	㈱白寿生化学研究所
岡　　弘　志	アスプロ㈱
平　田　千　春	㈱ひらたヘルシー
水　野　　　卓	静岡大学名誉教授
松　井　誠　子	オルトシー・ディ・アイエム㈱
竹　山　喜　盛	理研化学工業㈱
平　井　孝　一	サントリー㈱
有　賀　敏　明	キッコーマン㈱

内田　あゆみ	㈱ヘルスウェイ（明治乳業グループ）
金枝　　純	アピ㈱
長嶋　正人	日光ケミカルズ㈱
伊藤　新次	㈱加藤美蜂園本舗
安本　良一	日本合成化学工業㈱
坂本　廣司	日本化薬㈱
及川　紀幸	㈱ホーネンコーポレーション
安武　信義	㈱ヤクルト本社
尾崎　　洋	㈱ヤクルト本社
田村　幸吉	丸善製薬
玉田　英明	ヤヱガキ発酵技研㈱
山本　哲郎	ニチニチ製薬㈱

執筆者の所属は，注記以外は1996年当時のものです。

目 次

〈総論編〉

第1章 健康志向時代　　太田明一

1 はじめに …………………………… 3
2 健康志向時代の背景 ……………… 3
3 食の変遷……………………………… 5
4 昭和の食の変化…………………… 5
5 高齢化……………………………… 9
6 医療費の増大，疾病内容の変化……… 9
7 女性の社会進出…………………… 10
8 ストレスの多い社会……………… 10
9 運動不足…………………………… 11
10 健康志向食品をめぐる動向……… 11
11 健康志向食品の問題点…………… 13
12 おわりに…………………………… 14

第2章 デザイナーフーズの開発と今後の展望　　越智宏倫

1 はじめに …………………………… 16
2 「食品因子の化学とがん予防」
　国際会議（ICoFF）の話題から ……… 16
3 デザイナーフーズの概念………… 17
　3.1 デザイナーフーズとは………… 17
　3.2 デザイナーフーズの役割
　　　（疾病予防に果たす食品の役割） …………………………… 19
4 デザイナーフーズの開発………… 22
　4.1 開発の基本…………………… 22
　4.2 デザイナーフーズに有効な素材…………………………… 22
　4.3 評価法………………………… 22
5 今後の展望………………………… 26

第3章 フリーラジカルによる各種疾病の発症と抗酸化物による予防　　二木鋭雄，野口範子

1 はじめに …………………………… 28
2 フリーラジカルとは……………… 29
3 フリーラジカルによる酸化傷害……… 30
4 抗酸化物によるフリーラジカル傷害の防御…………………………… 31
5 おわりに…………………………… 35

I

第4章　アレルギー防止と低アレルギー食品素材　　細山浩, 小幡明雄, 浜野光年

1　はじめに………………………………… 37
2　アレルゲンとなりうる食物を摂取しない………………………………… 39
3　アレルゲンとなりうる物質のみを除去する…………………………… 39
　3.1　物理的，化学的な方法によるアレルゲン分子の破壊，除去，修飾…………………………… 39
　3.2　生化学的方法，すなわち酵素的分解など………………………… 40
　3.3　育種学的方法，既存および変異種からのアレルゲン成分欠質品種のスクリーニングと育種………………………………… 41
　3.4　遺伝子工学的操作による除去…… 41
　3.5　非アレルゲン成分の抽出と再構成（組立食品）等……………… 41
4　アレルゲン存在下でのアレルギー発症抑制…………………………… 41
5　アレルゲンを作らない………………… 42
6　成分表示などの情報提供……………… 42
7　おわりに………………………………… 43

第5章　食品化学における最近の話題　　島﨑弘幸

1　はじめに………………………………… 46
2　特定保健食品用（脂質）の申請状況 … 46
3　γ-リノレン酸の医学的・栄養学的評価………………………………… 47
　3.1　開発の社会的背景………………… 47
　3.2　医学的背景………………………… 47
　3.3　γ-リノレン酸の作用機序………… 48
　3.4　わが国におけるアトピー性皮膚炎患者の血漿脂肪酸分析……… 49
4　アトピー性皮膚炎に対するγ-リノレン酸含有食品の効果……………… 50
　4.1　血漿中の脂肪酸組成および異常値の改善………………………… 50
　4.2　皮膚症状の改善と限界…………… 51
5　アトピー性皮膚炎に対するDHAの効果………………………………… 52
6　まとめ…………………………………… 52

第6章　加工食品の栄養表示に関する世界の動向とわが国の対応　　福場博保

1　はじめに………………………………… 54
2　栄養表示に関するコーデックスの動き……………………………… 55
3　1994年アメリカ栄養表示，教育法…… 58
　3.1　RDI 1日当たりの摂取基準量…… 59
　3.2　DRV 1日当たり基準量 ………… 60
4　平成7年改正栄養改善法における栄養表示………………………………… 60

第7章　臨床におけるフリーラジカルスカベンジャー　　吉川敏一，中村泰也，近藤元治

1　はじめに……………………………… 70
2　活性酸素・フリーラジカルによる
　　障害と生体の持つ消去機構………… 70
3　抗酸化系……………………………… 71
3.1　酵素系………………………………… 71
3.2　非酵素タンパク系…………………… 73
3.3　低分子物質・その他………………… 74
4　おわりに……………………………… 76

〈素材編〉

第1章　高付加価値を持つビタミン

1.1　β-カロチン…………末木一夫… 81
　1.1.1　組成・構造式……………………… 81
　1.1.2　製法………………………………… 81
　1.1.3　性状・特性………………………… 81
　1.1.4　安全性……………………………… 82
　1.1.5　機能・効果・生理活性…………… 83
　1.1.6　応用例・製品例…………………… 88
　1.1.7　メーカー・生産量・価格………… 90
1.2　α-カロチン…………田中嘉郎… 92
　1.2.1　はじめに…………………………… 92
　1.2.2　組成・構造式……………………… 92
　1.2.3　製法………………………………… 93
　1.2.4　物理化学的性質…………………… 94
　1.2.5　規格および安全性………………… 95
　1.2.6　機能・生理活性…………………… 96
　1.2.7　応用、製品例……………………… 96
　1.2.8　価格、生産量、メーカー………… 97
1.3　トコフェロール
　　　　………中村哲也，浅野俊孝… 99
　1.3.1　構造式……………………………… 99
　1.3.2　製法………………………………… 100
　1.3.3　性状………………………………… 100
　1.3.4　安全性……………………………… 102
　1.3.5　機能, 効能, 生理活性……………… 102
　1.3.6　応用例、メーカー名、商品例… 103
1.4　リコピン………坂本秀樹，石黒幸雄… 105
　1.4.1　はじめに…………………………… 105
　1.4.2　リコピンの物理化学的特性と
　　　　その分布…………………………… 105
　1.4.3　リコピンのヒト体内への分布
　　　　と吸収……………………………… 106
　1.4.4　リコピンの機能性（抗酸化作
　　　　用と抗癌作用）…………………… 107
　1.4.5　食品添加物としてのリコピン… 109
1.5　L-アスコルビン酸（ビタミンC）
　　　およびL-アスコルビン酸ナトリ
　　　ウム（ビタミンCナトリウム）
　　　　……………………古本重廣… 111
　1.5.1　構造式……………………………… 111
　1.5.2　製法………………………………… 111
　1.5.3　性状・特性………………………… 111
　1.5.4　食品中の分布……………………… 112

1.5.5	安全性 …………………… 112	1.6.8	機能・生理活性 ………… 116
1.5.6	所要量 …………………… 112	1.6.9	用途 ……………………… 117
1.5.7	欠乏症 …………………… 112	1.6.10	メーカー ………………… 117
1.5.8	機能・生理活性 ………… 112	1.6.11	市場価格 ………………… 117
1.5.9	用途 ……………………… 113	1.7	ビタミンK
1.5.10	メーカー ………………… 113		………磯部洋祐，佐藤俊郎… 118
1.5.11	市場価格 ………………… 113	1.7.1	組成・構造・自然界の分布・
1.6	葉酸 …………………古本重廣… 115		分析法 …………………… 118
1.6.1	構造式 …………………… 115	1.7.2	製法 ……………………… 120
1.6.2	製法 ……………………… 115	1.7.3	性状・特性 ……………… 120
1.6.3	性状・特性 ……………… 115	1.7.4	安全性 …………………… 120
1.6.4	食品中の分布 …………… 115	1.7.5	機能・効能・生理活性 … 121
1.6.5	安全性 …………………… 115	1.7.6	応用例・製品例 ………… 122
1.6.6	所要量 …………………… 116	1.7.7	メーカー・生産量・価格 … 123
1.6.7	欠乏症 …………………… 116		

第2章　高付加価値を持つミネラル

2.1	セレン ………………和田 攻… 125	2.3.1	はじめに ………………… 134
2.1.1	はじめに ………………… 125	2.3.2	成分・構造式 …………… 134
2.1.2	有効成分と1日摂取量 …… 125	2.3.3	製法 ……………………… 135
2.1.3	セレン欠乏症ーその有効性の	2.3.4	性状・特性 ……………… 135
	根拠 ……………………… 126	2.3.5	安全性 …………………… 136
2.1.4	セレンの毒性と安全性 … 127	2.3.6	機能・効能・生理活性 … 136
2.2	クロム ………………和田 攻… 129	2.3.7	応用例・製品例 ………… 138
2.2.1	クロムの生理活性物質として	2.3.8	メーカー・価格 ………… 138
	の歴史 …………………… 129	2.3.9	おわりに ………………… 139
2.2.2	クロム含有の有効成分ー組成,	2.4	オリゴガラクチュロン酸
	性状, 製法など ………… 129		…………………中西 昇… 140
2.2.3	クロム含有耐糖因子の有効性 … 131	2.4.1	開発の背景 ……………… 140
2.2.4	クロムの安全性 ………… 132	2.4.2	組成・構造式 …………… 140
2.3	酵素処理ヘム鉄 ……清水俊雄… 134	2.4.3	製法・性状 ……………… 141

2.4.4 化学的な特性 …………… 141	2.6 マグネシウム ……… **糸川嘉則** … 149
2.4.5 3価鉄の利用性向上 ……… 142	2.6.1 構造, 性状, 特性 ………… 149
2.4.6 安全性 ………………… 143	2.6.2 安全性 ………………… 150
2.4.7 メーカー, 価格, 生産量 ……… 143	2.6.3 機能・効能・生理活性 ……… 150
2.5 乳清カルシウム（ミルクカルシウム） ……**高田幸宏, 青江誠一郎**… 144	2.6.4 栄養学上の問題 …………… 151
	2.6.5 生体利用性の高いマグネシウム補給 …………………… 152
2.5.1 はじめに ………………… 144	2.7 亜 鉛 …………… **糸川嘉則** … 154
2.5.2 組成 …………………… 145	2.7.1 構造, 性状, 特性 ………… 154
2.5.3 製法 …………………… 145	2.7.2 安全性 ………………… 155
2.5.4 安全性 ………………… 146	2.7.3 機能・効用・生理活性 ……… 156
2.5.5 機能・効能 ……………… 146	2.7.4 栄養学上の問題 …………… 156
2.5.6 応用例・製品例 …………… 147	
2.5.7 メーカー・生産量・価格 ……… 147	

第3章　高付加価値を持つ油脂

3.1 γ-リノレン酸 ……… **藤田裕之** … 158	3.2.6 高純度オレイン酸系製品の応用 …………………… 172
3.1.1 はじめに ………………… 158	
3.1.2 GLAの構造 ……………… 158	3.2.7 高純度オレイン酸系製品の市場性 …………………… 172
3.1.3 製造方法 ………………… 159	
3.1.4 安全性 ………………… 159	3.2.8 おわりに ………………… 172
3.1.5 GLAの生理学的意義 ……… 159	3.3 MCT ……………… **田中善晴** … 175
3.1.6 GLA加工製品 …………… 162	3.3.1 組成, 構造式 ……………… 175
3.1.7 おわりに ………………… 162	3.3.2 製法 …………………… 175
3.2 高純度オレイン酸 …… **鈴木正夫** … 164	3.3.3 性状, 特性, (物理化学的性質) …………………… 176
3.2.1 はじめに ………………… 164	
3.2.2 メーカーと製法 …………… 164	3.3.4 安全性 ………………… 177
3.2.3 高純度オレイン酸およびその誘導体の製品 ……………… 165	3.3.5 機能, 効能, 生理活性 ……… 177
	3.3.6 応用例, 製品名 …………… 179
3.2.4 特性 …………………… 166	3.3.7 メーカー, 市場規模, 価格 … 180
3.2.5 高純度オレイン酸系界面活性剤の特性 ……………… 171	3.4 DHA ……………… **山根耕治** … 181
	3.4.1 構造 …………………… 181

3.4.2　製法 ················· 181
3.4.3　性状 ················· 182
3.4.4　効能 ················· 183
3.4.5　安全性 ··············· 183
3.4.6　DHAの応用例 ········· 184
3.4.7　メーカー・生産量・価格 ··· 186
3.4.8　おわりに ············· 186

第4章　複合糖質

4.1　大豆レシチン ········菰田　衛··· 188
 4.1.1　定義 ··················· 188
 4.1.2　組成・構造 ············· 188
 4.1.3　製法 ··················· 189
 4.1.4　特性・性状 ············· 190
 4.1.5　安全性 ················· 192
 4.1.6　レシチンの用途 ········· 193
 4.1.7　大豆レシチンの市場 ····· 194
4.2　酵素改質大豆レシチン
　　　　··········髙　行植, 園　良治··· 196
 4.2.1　組成・構造式 ··········· 196
 4.2.2　製法 ··················· 197
 4.2.3　性状・特性 ············· 198
 4.2.4　安全性 ················· 199
 4.2.5　機能・効能・生理活性 ··· 199
 4.2.6　応用例・製品例 ········· 200
 4.2.7　メーカー・生産量・価格 ··· 201
4.3　卵黄油, 卵黄レシチン ···井上良計··· 203
 4.3.1　はじめに ··············· 203
 4.3.2　組成, 構造 ············· 203
 4.3.3　製法 ··················· 205
 4.3.4　性状, 特性 ············· 206
 4.3.5　安全性 ················· 206
 4.3.6　機能性および生理作用 ··· 206
 4.3.7　応用例 ················· 208
 4.3.8　市場 ··················· 208

第5章　フェノール類

5.1　茶ポリフェノール
　　　　·········瀬戸龍太, 南条文雄,
　　　　　　　　　　　原　征彦··· 210
 5.1.1　はじめに ··············· 210
 5.1.2　化学構造 ··············· 210
 5.1.3　組成 ··················· 211
 5.1.4　製法, 特性 ············· 211
 5.1.5　定量方法 ··············· 212
 5.1.6　製品例, 安全性 ········· 213
 5.1.7　抗酸化作用 ············· 214
 5.1.8　色素褪色防止効果 ······· 215
 5.1.9　抗菌作用 ··············· 216
 5.1.10　抗う蝕作用 ············ 218
 5.1.11　抗ウイルス作用 ········ 218
 5.1.12　消臭作用 ············· 219
 5.1.13　おわりに ············· 221
5.2　オクタコサノール ······船田　正··· 224
 5.2.1　組成・構造式 ··········· 224

5.2.2 製法 …………………… 224	5.3.4 セサミノールの製造法 ……… 230
5.2.3 性状・特性 ……………… 224	5.3.5 セサミノールの生理活性につ
5.2.4 安全性 …………………… 225	いて……………………………231
5.2.5 機能・効能・生理活性 …… 226	5.3.6 セサミノール配糖体の生理活
5.2.6 応用例・製品例 ………… 227	性について ……………… 232
5.2.7 メーカー・生産量・価格 … 227	5.4 フラボノイド …………**竹尾忠一**… 235
5.2.8 おわりに ………………… 228	5.4.1 組成 …………………… 235
5.3 セサミノール…**稲吉正紀, 松枝弘一**…229	5.4.2 製法 …………………… 235
5.3.1 はじめに ………………… 229	5.4.3 性状・特性 ……………… 236
5.3.2 油溶性リグナン ………… 230	5.4.4 用途 …………………… 238
5.3.3 水溶性リグナン ………… 230	5.4.5 機能性 ………………… 240

第6章 酵　素

6.1 SOD …………………**福井喜代志**… 242	6.2.4 その他のスーパーオキシド消
6.1.1 組成・構造 ……………… 242	去物質 ……………………… 250
6.1.2 製法 …………………… 243	6.2.5 結語 …………………… 250
6.1.3 性状・特性 ……………… 244	6.3 アミラーゼ ………………**澤田雅彦**… 252
6.1.4 安全性 …………………… 245	6.3.1 概要 …………………… 252
6.1.5 機能・効能・生理活性 …… 245	6.3.2 市場動向 ……………… 253
6.1.6 応用例・製品例 ………… 245	6.3.3 主な産業用途 ………… 253
6.1.7 メーカー・生産量・価格 … 246	6.3.4 オリゴ糖の製造 ……… 255
6.2 SOD様物質	6.3.5 生デンプン分解酵素 … 257
………**吉川敏一, 宮嶋　敬,**	6.3.6 開発動向 ……………… 258
近藤元治… 248	6.4 ラクタ　ゼ（β ガラクトシダー
6.2.1 ESRスピントラップ法による	ゼ） …………………**澤田雅彦**… 260
スーパーオキシド消去活性の	6.4.1 概要 …………………… 260
測定 ………………………… 248	6.4.2 主な産業用途 ………… 261
6.2.2 血清中のスーパーオキシド消	6.4.3 ガラクトオリゴ糖（ラクトオ
去物質 ……………………… 249	リゴ糖）の製造 …………… 264
6.2.3 血清中のヒドロキシラジカル	6.4.4 開発動向 ……………… 264
消去物質 …………………… 249	6.5 プロテアーゼ ……………**澤田雅彦**… 266

- 6.5.1 概要 …………………………… 266
- 6.5.2 市場動向 ………………………… 268
- 6.5.3 主な産業用途 …………………… 268
- 6.5.4 機能性ペプチドの製造 ………… 269
- 6.5.5 開発動向 ………………………… 272
- 6.5.6 トランスグルタミナーゼ ……… 273
- 6.6 パパイン ……………… **宮﨑勝雄**… 275
  - 6.6.1 はじめに ………………………… 275
  - 6.6.2 パパインの本質 ………………… 276
  - 6.6.3 パパインの応用途 ……………… 276
  - 6.6.4 食品添加物酵素製剤パパイン … 279

第7章 植物性由来食品素材

- 7.1 酵素処理ルチン ………… **湯本 隆**… 280
  - 7.1.1 組成・構造式 …………………… 280
  - 7.1.2 製法 ……………………………… 280
  - 7.1.3 性状・特性 ……………………… 280
  - 7.1.4 安全性 …………………………… 281
  - 7.1.5 機能・効能・生理活性 ………… 281
  - 7.1.6 製品規格 ………………………… 283
  - 7.1.7 応用例・製品例・酸化防止剤（退色防止等含む）として …… 284
  - 7.1.8 メーカー・生産量 ……………… 284
- 7.2 ビルベリーエキス ……… **中村英雄**… 285
  - 7.2.1 ビルベリーとは ………………… 285
  - 7.2.2 有効成分，構造式 ……………… 285
  - 7.2.3 機能・効能・生理活性 ………… 286
  - 7.2.4 安全性 …………………………… 288
  - 7.2.5 性状 ……………………………… 288
  - 7.2.6 安定性 …………………………… 288
  - 7.2.7 応用例・商品例 ………………… 290
  - 7.2.8 メーカー，生産量，価格 ……… 290
- 7.3 大豆サポニン
   ……………… **浜野光年，細山浩，小幡明雄，永沢真沙子**… 292
  - 7.3.1 組成 ……………………………… 292
- 7.3.2 製法 ……………………………… 293
- 7.3.3 性状，特性 ……………………… 293
- 7.3.4 安全性 …………………………… 294
- 7.3.5 効能，機能，生理活性 ………… 294
- 7.3.6 応用例 …………………………… 295
- 7.3.7 メーカー，価格 ………………… 295
- 7.4 クマザサ ……………… **植草丈幸**… 297
  - 7.4.1 成分 ……………………………… 297
  - 7.4.2 安全性 …………………………… 299
  - 7.4.3 機能，有効性 …………………… 299
  - 7.4.4 ササ関連商品 …………………… 300
- 7.5 イチョウ葉エキス ……… **中村英雄**… 303
  - 7.5.1 はじめに ………………………… 303
  - 7.5.2 有効成分・構造式 ……………… 303
  - 7.5.3 機能・効能・生理活性 ………… 303
  - 7.5.4 安全性 …………………………… 306
  - 7.5.5 性状 ……………………………… 307
  - 7.5.6 応用例，商品例 ………………… 307
  - 7.5.7 メーカー・価格 ………………… 307
- 7.6 大麦若葉エキスとケールエキス
   ………………………… **岡 弘志**… 309
  - 7.6.1 自然と緑への回帰 ……………… 309
  - 7.6.2 作物としての大麦若葉及びケー

	ル ……………………………… 309		類 ………………………………… 342
7.6.3	大麦若葉及びケールエキスの機能と生理活性 …………… 311	7.10.5	アガリクスの素材と製品 ……… 343
		7.11	無臭ニンニク末 ………**竹山喜盛**… 345
7.6.4	青汁としての大麦若葉とケール ……………………………… 312	7.11.1	はじめに ……………………… 345
		7.11.2	製法 …………………………… 346
7.6.5	青汁エキス末の製造方法 ……… 313	7.11.3	安全性 ………………………… 346
7.6.6	青汁エキス末に望まれる製品特性 ……………………………… 313	7.11.4	無臭ニンニク末の脂質代謝に関する作用 …………………… 346
7.6.7	製品紹介 ……………………… 313	7.11.5	無臭ニンニク末の強壮ならびに抗疲労効果 ………………… 347
7.7	アロエエキス …………**平田千春**… 315		
7.7.1	はじめに ……………………… 315	7.11.6	無臭ニンニク末の血清過酸化脂質に対する抑制作用 ……… 349
7.7.2	製法 …………………………… 315		
7.7.3	安全性 ………………………… 315	7.11.7	無臭ニンニク末による癌細胞 Suppression 活性 ………… 349
7.7.4	有効性 ………………………… 318		
7.8	霊芝 ……………………**水野 卓**… 319	7.11.8	おわりに ……………………… 350
7.8.1	霊芝の由来と効用 ……………… 319	7.12	甜茶 ……………………**平井孝一**… 352
7.8.2	霊芝の人工栽培 ………………… 320	7.12.1	はじめに ……………………… 352
7.8.3	霊芝の薬理活性成分 …………… 321	7.12.2	甜茶の生理機能 ……………… 352
7.8.4	霊芝の抗腫瘍活性物質 ………… 326	7.12.3	抗アレルギー活性成分 ……… 353
7.8.5	霊芝の利用 ……………………… 328	7.12.4	作用メカニズム ……………… 355
7.9	ガルシニア抽出物 ………**松井誠子**… 331	7.12.5	臨床的試験 …………………… 355
7.9.1	ガルシニア抽出物の生い立ち … 331	7.12.6	安全性 ………………………… 356
7.9.2	ガルシニア抽出物の効果 ……… 331	7.12.7	応用例・製品例 ……………… 356
7.9.3	急性毒性・安全性 ……………… 333	7.13	マイタケ ………………**水野 卓**… 358
7.9.4	疑似臨床試験 …………………… 333	7.13.1	はじめに ……………………… 358
7.9.5	ガルシニア抽出物供給形態 …… 335	7.13.2	栄養・食味成分 ……………… 359
7.10	アガリクス ……………**水野 卓**… 337	7.13.3	子実体の多糖類 ……………… 361
7.10.1	アガリクスの由来 ……………… 337	7.13.4	菌糸体からの抗腫瘍多糖 …… 363
7.10.2	アガリクスの化学成分と薬効 … 338	7.13.5	レクチン ……………………… 365
7.10.3	アガリクスの抗腫瘍性物質 …… 339	7.13.6	酵素 …………………………… 366
7.10.4	子実体,菌糸体及び培養濾液から得られた抗腫瘍活性多糖	7.13.7	その他の機能性 ……………… 366
		7.13.8	利用 …………………………… 366

7.14 プロアントシアニジン
　　　………細山　浩, 有賀敏明… 369
7.14.1 はじめに ……………………… 369
7.14.2 プロアントシアニジンの化学
　　　構造と性質 ………………… 369
7.14.3 天然プロアントシアニジンの
　　　分離, 精製, 同定 ……………… 370
7.14.4 プロアントシアニジンの抗酸
　　　化性とその抗酸化機構 ……… 370
7.14.5 応用 ……………………………… 372
7.14.6 おわりに ……………………… 373

7.15 冬中夏草菌糸体エキス
　　　………………内田あゆみ… 375
7.15.1 成分 …………………………… 375
7.15.2 製法 …………………………… 375
7.15.3 品質特性 ……………………… 376
7.15.4 機能・生理活性 ……………… 376
7.15.5 物性 …………………………… 380
7.15.6 安全性 ………………………… 380
7.15.7 応用例, 製品例 ……………… 380
7.15.8 メーカー ……………………… 380
7.15.9 価格 …………………………… 380

第8章　動物・魚類由来食品素材

8.1 プロポリス …………金枝　純… 382
8.1.1 プロポリス利用の歴史 ……… 382
8.1.2 起源 ……………………………… 382
8.1.3 組成・成分 ……………………… 382
8.1.4 製法 ……………………………… 383
8.1.5 性状・特性 ……………………… 384
8.1.6 安全性と副作用 ……………… 384
8.1.7 生理活性作用と生理活性物質 … 385
8.1.8 応用例・製品例 ……………… 386
8.1.9 産地・生産量・価格 ………… 386
8.2 スクワレン …………長嶋正人… 389
8.2.1 はじめに ………………………… 389
8.2.2 スクワレンの組成 …………… 390
8.2.3 深海ザメ肝油スクワレン …… 390
8.2.4 その他の原料 ………………… 391
8.2.5 スクワレンの製造工程 ……… 391
8.2.6 スクワレンの作用 …………… 392
8.2.7 スクワレンの安全性 ………… 394

8.2.8 まとめ …………………………… 394
8.3 ローヤルゼリー ……伊藤新次… 396
8.3.1 はじめに ………………………… 396
8.3.2 成分組成と構造式 …………… 396
8.3.3 採取方法 ……………………… 398
8.3.4 機能, 効能 ……………………… 398
8.3.5 表示と組成基準 ……………… 399
8.3.6 輸入量・輸入業者, 販売メー
　　　カー ……………………………… 400
8.3.7 応用例・商品例 ……………… 401
8.3.8 RJに関する特許 ……………… 401
8.4 アンジオテンシン変換酵素阻害ペ
　　プチド …………………安本良一… 403
8.4.1 はじめに ………………………… 403
8.4.2 組成・構造式 …………………… 404
8.4.3 製法 ……………………………… 404
8.4.4 性状・特性 ……………………… 404
8.4.5 安全性 ………………………… 405

8.4.6 機能・効能・生理活性 ………… 405	8.5.8 食品用キトサンの市場 ………… 413
8.4.7 応用例・製品例 ………………… 406	8.6 コラーゲン ………………**及川紀幸**… 416
8.5 キトサンの生理機能と食品への応用 ………………………**坂本廣司** 407	8.6.1 はじめに ……………………… 416
8.5.1 キトサンとは ………………… 407	8.6.2 組成・構造 …………………… 416
8.5.2 製法 …………………………… 408	8.6.3 製法 …………………………… 417
8.5.3 性状・特性 …………………… 408	8.6.4 特性 …………………………… 418
8.5.4 食品からの定量法 …………… 409	8.6.5 安全性 ………………………… 419
8.5.5 安全性 ………………………… 409	8.6.6 機能・効能 …………………… 419
8.5.6 キトサンの生理学的性質 …… 409	8.6.7 製品例 ………………………… 419
8.5.7 各種食品への応用 …………… 412	8.6.8 メーカー・原料 ……………… 420

第9章　微生物由来食品素材

9.1 乳酸菌 ………**安武信義，尾崎洋**… 422	9.2.3 紅麹カビの製造方法 ………… 430
9.1.1 定義 …………………………… 422	9.2.4 紅麹カビ培養物の成分 ……… 431
9.1.2 分布 …………………………… 422	9.2.5 安全性 ………………………… 432
9.1.3 特性と形態 …………………… 423	9.2.6 機能および使用例 …………… 432
9.1.4 培養条件と栄養要求性 ……… 423	9.3 フェカリス菌 ……………**山本哲郎**… 435
9.1.5 安全性 ………………………… 424	9.3.1 はじめに ……………………… 435
9.1.6 機能 …………………………… 424	9.3.2 FK−23の作製 ………………… 436
9.1.7 応用例・商品例 ……………… 427	9.3.3 FK−23の免疫賦活作用 ……… 436
9.1.8 製造メーカー ………………… 428	9.3.4 FK−23の抗腫瘍効果と抗癌剤との併用効果 …………………… 436
9.1.9 価格 …………………………… 428	
9.2 紅麹菌 ………**田村幸吉，玉田英明**… 430	9.3.5 ペットへの応用 ……………… 437
9.2.1 はじめに ……………………… 430	9.3.6 乳酸菌抽出物（LFK） ……… 438
9.2.2 紅麹菌の種類 ………………… 430	

〈総論編〉

第1章　健康志向時代

太田明一[*]

1　はじめに

　健康な人生を送りたい，元気に長生きしたい，健康こそが一番の宝である，病気になって知る健康のありがたさ，などと言われるように人生にとって健康はきわめて大切である。そこで世界中のあらゆる国で数多くの健康法が存在している。これらは現在の科学で解明されているもの，否定されるもの，そして現在の科学水準では否定も肯定もできないものが混在しながら現在もいろいろと実行されている。食べ物だけでも多くの健康法があり，食べ物と健康の結び付きの強さは古くから検証され，古代中国で神農[注]が野山をかけめぐり野菜や山菜，穀物などを集め，それらを効能の程度や副作用の強さで上薬，中薬，下薬に分類し，『神農本草経』にまとめたといわれている。ヨーロッパにおいても医学の祖と呼ばれるヒポクラテスは植物を利用して治療したと伝えられている。このことは古くから食べ物が単にお腹を一杯にするためや美味しさだけでなく身体の恒常性の維持や，その変調の結果である疾病の予防や治療，そして老化のブレーキに食品や食品成分が関与していることに気づき利用していたことが推定される。このように健康への願望は最近起こったものではなく，今さらなぜ健康志向時代なのかともいえそうだ。なぜなのか，その原因を探ってみたい。

2　健康志向時代の背景

　わが国をはじめとし，世界中で健康についての関心がより高まっている。
　健康の維持増進には，正しい食生活，適度な運動，そして休息が不可欠といわれている。なかでも，食生活は古くは2000年も前から「薬食同源」という言葉もあるように，健康と密接に関連していることはいうまでもない。
　特にわが国は激動の昭和といわれるように激しい変化の時代に遭遇した。食の分野も同様で，最も大きな変化は満州事変から第二次世界大戦へと大きな戦争を体験し敗戦国となり，国民全体が飢餓状態ともいえる経験をし，その後一転，わずか30年で食料・食品は過去に例をみないほど豊富になり，加工食品の利用が進み，外食や加工済み食品の利用の拡大により調理の場が家庭中心から外部への移行が始まるなどきわめて大きな変化が起こった。

---

[*]　Meiichi Ota　アスプロ㈱　商品開発部

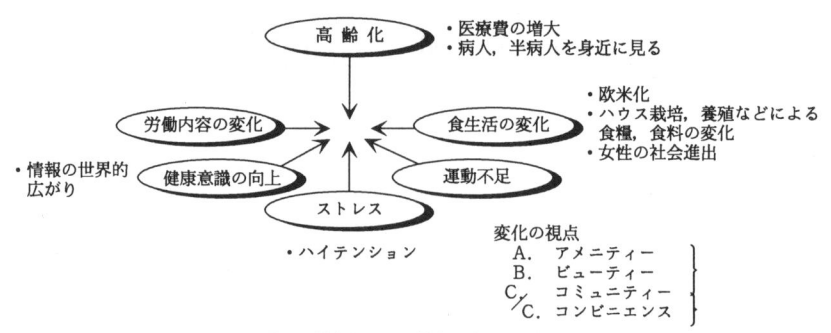

```
              ・医療費の増大
      高齢化
              ・病人，半病人を身近に見る
                 ↓                ・欧米化
  労働内容の変化 →   ← 食生活の変化   ・ハウス栽培，養殖などによる
                 ↑                  食糧，食料の変化
・情報の世界的                       ・女性の社会進出
  広がり  健康意識の向上  運動不足
           ストレス
                          変化の視点
        ・ハイテンション   A. アメニティー
                          B. ビューティー
                         C/  コミュニティー
                          /C. コンビニエンス
```

図1　健康がらみの社会環境

　食以外でも，高齢化の進行，疾病構造の変化，女性の社会進出，ストレスの多い社会，車社会の進行，家事の電化，工場での労働の軽減などに伴う運動量の減少など健康に関与する社会環境に大きな変化がみられる。動物は，その折々の環境に適応し生存を続けるといわれているが，対応するための生理機能は何千年，何万年という単位で変化するといわれている。昭和時代のような急激な変化に身体は対応しきれず，このため，より健康を意識する必要に迫られ健康志向時代ともいえる時代となったといえるのではないだろうか。

　対応の1つとして，食の持つ栄養素や生理活性物質を健康の維持増進に活用する健康志向食品などを必要とする時代と考えることもできそうだ。

　三度三度の食事を正しくとれば，あえて健康食品などの健康志向食品は必要としないとの話をよく聞く。しかし一口に正しい食生活といっても，その実行は難しい。また疾病内容の変化も，長い期間にわたる習慣，特に食生活の影響が大きいといわれている。しかも高齢化の進行によって生ずる，高齢者の問題だけでなく，若年層での高コレステロールや肥満などの問題が生じている。健康志向の概念を図1で示す。

　このような病変にいたらない段階でも，例えば日本体育大学の正木健雄・教授がNHKと共同で調査された結果は朝から『あくび』をする生徒の率は表1のように，約10年で急増し，高校生では倍近くになっている。

　またキャッチボールをしてボールが目に当たる生徒も，表2のように大変な増え方である。このような動作でなく，花粉症やアレルギーのように直接健康に関係する問題が，毎日の新聞で報道されない日はない状

表1　朝から"あくび"をする生徒数

	小学校	中学校	高等学校
78年	31	30	27
90	43	47	48

（日本体育大学正木健雄・NHK共同調査より）

表2　キャッチボールでボールを目に当てる子供数

	小学校	中学校	高等学校
78年	9	11	12
90	52	49	28

（日本体育大学正木健雄・NHK共同調査より）

態である。少し細かくみてみたい。

3 食の変遷

古代から現在までわれわれは何を食べてきたのだろうか。実は縄文時代，平安時代と時代を追ってみたいと思っていた。かつて佐原真・国立歴史民族博物館副館長の講演を聞き，感銘を覚えたことがある。子引き孫引きして間違えるよりはと，教えていただくことにしたが，『それは大変な作業になる。同じ時代であっても，季節，地域によって食べるものは異なっているし，地位，階級によっても食べるものは違っている。例えば奈良時代に乳製品があったことは間違いではないが，食べられたのは天皇家の人達だけであり，貴族ですら食べることはできなかった』とのお話しをいただき，かつ貴重な蔵書を貸していただいた。やはり，とても付け焼き刃ですむことではなかった。したがって縄文人が何を食べていたとはとてもいえないが，季節に応じ地域に対応し食べ物を選択していた英知をうかがい知ることができた。それだけでなく，油脂に関係していた私でも『エゴマ』が縄文時代から利用されていたり，最近，強い生理活性が注目され本書にも加えようかと思った，『行者ニンニク』が出てくるなど驚きの連続であった。

そこで今回は日本の生化学の父と呼ばれる故，島薗順雄・東大名誉教授からいただいた日本で最初の明治の栄養調査（表3）を示し，大正以前はお茶を濁させていただきたい。もっとも，このデータをどのように解釈すればよいのか教えていただきたいと常々考えている資料であるが。

表3　食餌調査表 （＊以外は明治15年実施）

	タンパク質 g	脂 肪 g	含水炭素 g	熱 量 kcal	動：植
Voit 標 準 食	118	56	500	3055	
保 健 食 料	96	20	450	2425	1 / 3
高 等 師 範 学 校	115	31	635	3367	＞1 / 3
陸 軍 士 官 学 校	83	14	622	3020	＜1 / 3
二 松 学 舎	69	10	450	2217	＜1 / 5
高 等 女 子 師 範＊	65	11	354	1833	
越 後 屋	55	6	394	1907	＜1 / 7
鍛治橋監獄署					
無役（米4合）	48	7	362	1746	
軽役（米5合）	57	8	447	2134	0
重役（米6合）	75	9	616	2917	

（衛生試験彙報第1号（1886），第2号（1887）による）

4 昭和の食の変化

昭和の食の変化は人類の歴史にとって，火を使いだしたこと，容器をつくり煮炊きをしたこと

に次ぐ大きな変化だと思う。表4で昭和の主要食糧の供給状況を示す。あらためて、その変化の大きさに驚かれる方も多いのではないだろうか。

戦後の変遷を少し細かくみてみると、次のように分けられる。

昭和20～30年
　　飢餓時代
昭和30～40年
　　栄養の充足時代
昭和40～50年
　　欧米型食生活への移行
昭和50～55年
　　日本型食生活の定着
昭和55年～
　　飽食の時代。成人病の増加

表4　昭和の主要食糧供給量推移（1人/年供給量 kg）

昭和	5	21	25	30	55	60
穀　　類	159.5	117.5	162.1	154.3	112.9	107.9
（うるち米）	132.9	92.7	101.1	110.7	78.9	74.6
芋　　類	29.6	60.6	49.6	43.6	17.3	18.6
肉　　類	1.9	0.9	2.3	3.2	22.5	25.2
牛乳・乳製品		1.6	5.3	12.1	62.1	67.1
魚 介 類	13.5	9.5	14.5	26.3	34.8	35.8
砂 糖 類	13.5	0.7	2.9	12.3	23.3	21.0
油 脂 類	0.8	0.1	0.8	2.7	12.6	14.1

農林水産省『食糧需給表』経済安定本部『戦前戦後の食糧事情』

　縄文時代に何を食べていたのかを知ることが、簡単でないことは前記のごとくであるが、考えてみれば、厚生省の国民栄養調査や農林水産省の食糧需給表がある現在でも1人ひとりが何をどのように食べているかはわからないのが現実である。例えば平成6年の国民栄養調査は全国から無作為に抽出した300地区の世帯（5,000世帯）約15,000人が何をどれだけ食べたかを11月の連続した3日間調査した資料である。もちろん、この調査は世界でも例をみない貴重なものであるが、シーズンによる違いも、隣の台所事情もわかるわけではない。

　最新の平成6年、国民栄養調査結果の概要から、『栄養素等摂取量の年次推移』（図2）と摂取量変化の大きい『食品群の年次推移』（図3）を示しておく。

　ここで国民栄養調査とは異なる（不足しているのはカルシウムだけではない）データを少しお目にかけたい。

　広島女子大学の石永正隆教授は女子大生28名（下宿生10名、自宅生18名）を対象に84日、1日に飲食したすべての食物（飲料水を含む）を同じ分量（例えば天ぷらの衣の一部を食べ残したら、その分を差し引いて）をミキサーと高速ホモジナイザーで細かく砕き、脂質を抽出し分析された。その結果、油脂摂取量は1日当たり30gと国民栄養調査の約半分にすぎなかった、と92年の日本栄養・食糧学会で発表されている。

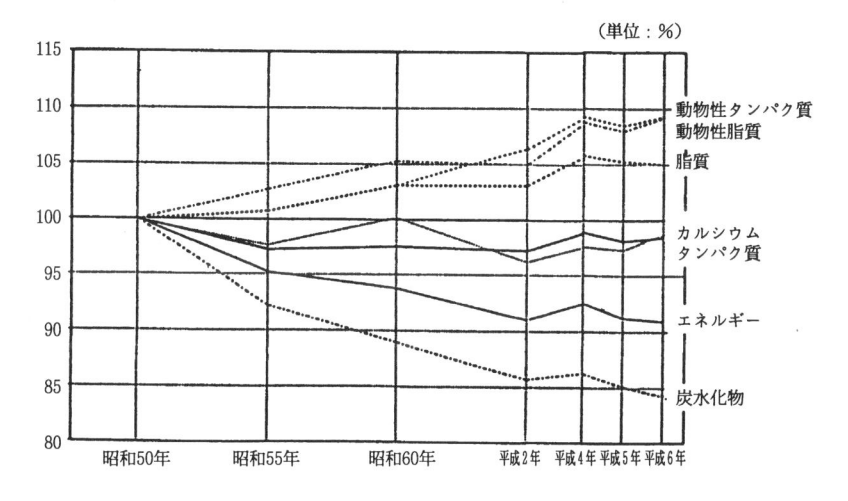

図2 栄養素等摂取量の年次推移（昭和50年＝100）

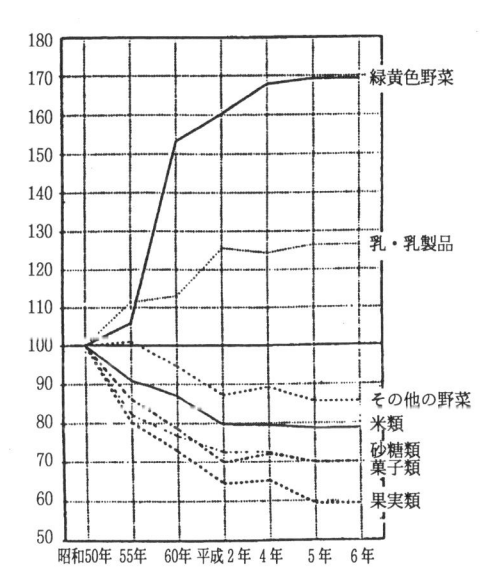

図3 摂取量変化の大きい食品群の年次推移（昭和50年＝100）

大学生協東京事業連合は従来より大学生の食生活の調査を行い，問題を指摘している。

平成2年に大学生食生活実態調査結果を『Food for You』という小冊子にまとめている。大学生106人の1週間に食べた食事内容を調べたものであるが，1週間に食べた栄養成分と必要とする栄養成分の量を『食品群別達成率』として示している（図4）。それによると，1日に食べた食品数は，厚生省の推奨する1日30品目にはほど遠く，自宅生で平均16.3品目，下宿生では14.4品目にすぎない。成分としても，例えば油脂の摂取率は必要達成率に対し68％である。ただしこのデータは普通の平均の取り方と異なり，1人が100％を超えても100％で打ちきりにしている。これは他人がい

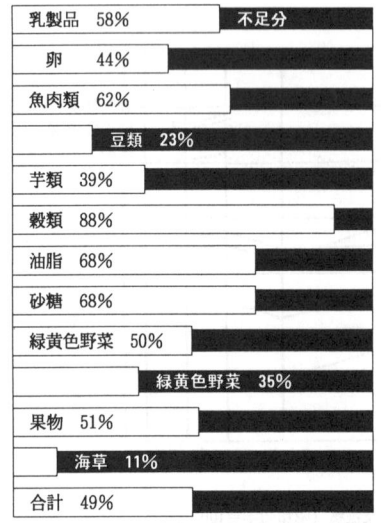

```
乳製品   58%      不足分
卵       44%
魚肉類   62%
豆類     23%
芋類     39%
穀類     88%
油脂     68%
砂糖     68%
緑黄色野菜 50%
         緑黄色野菜 35%
果物     51%
海草     11%
合計     49%
```

出典：大学生協東京事業連合
「Food for You」

図4 食品群別達成率（％）

くら食べても，不足している人の解消に役立つわけでないからだと説明している。このような考え方も食べ物の場合には必要かもしれない。

量的な変化をみてみたが，質的にも大きな変化がみられる。養殖の魚やハウス栽培の野菜に代表されるように昔の食料に比べ，見かけは同じでも微量栄養素が少なくなっている。またできたて，つくりたての食品と時間が経ったものでは，微量栄養素を中心に栄養素の量などが微妙に異なることはよく知られている。

また細谷憲政・東京大学名誉教授は95年（平成7年）の日本栄養・食糧学会で講演され，『四訂食品成分表を絶対正しいと思わないことが大切である。なぜなら同じ食べ物でも輸入品が増えており，当然その成分は異なる。また糖質は一律に4kcalと思っている人が多いが，デンプンは4.2，二糖類は4，ブドウ糖は3.8である。またご飯も（冷や飯）は，一部がダイエタリーファイバー的な作用もあるようで，当然カロリーは温かいご飯とは異なるなど』と食品成分表に頼りきることの問題を指摘された。

橋詰直孝・帝京大学教授は，食生活の簡素化，食事の不規則などによって，健康と考えられている人にも潜在的ビタミン欠乏状態の人の増加が考えられる。特に糖尿病患者の場合は，より欠乏すると思われ，糖尿病患者のビタミン欠乏状態を調査された。その結果，高率に各種の潜在性ビタミンの欠乏状態が認められた。

そこで1,200kcal食の，3日間の食事内容の計算値と実測値を比べたところ，表5のごとく実測値は計算値に比べB_1では46.8%，Cでは36.4%と大きな差がでた。調理中の損失を含め，ビタミンの摂取に十分な配慮をする必要のあることが示されている。

表5 潜在性ビタミンの欠乏状態を示す計算値と実測値の差

	ビタミンB_1/mg	ビタミンC/mg
計算値	1.05±0.12/日	122 ±0.9/日
実測値	0.46±0.08/日	44.3±0.3/日

5 高齢化

世界に例のないスピードで高齢化が進行している。東京大学の根岸龍雄・名誉教授によると日本人の平均寿命は縄文時代には12歳前後，鎌倉時代でも16〜18歳であったという。

それ以前を考えると人類は6歳寿命を延ばすのに数万年かかったと考えられるとのことである。高齢化に伴う不安の第一は健康問題であり，しかも寿命が短い時代では問題の少なかった骨粗鬆症などが大きな問題となってきた。

6 医療費の増大，疾病内容の変化

国民医療費は昭和50年に6兆4,700億円であったが，平成7年では27兆円（1人当たり21万円）を突破した。かつて日本大学人口研究所が，『国民医療費の将来推計』を出していた。それによれば，西暦2000年には45兆円を超えると算出しているが，すでに，現実は推計値を大幅にオーバーしている。

この原因の1つに，疾病が感染症からいわゆる成人病に移行してきたことが考えられる。成人病は習慣病であり，とりわけ食生活が大きく関与することはよく知られているが，頭ではわかっても，改善をすることは難しい問題である。そのうえアトピーや化学物質過敏症など従来なかった疾病も急増している。

疾病内容の変化を図5で示す。

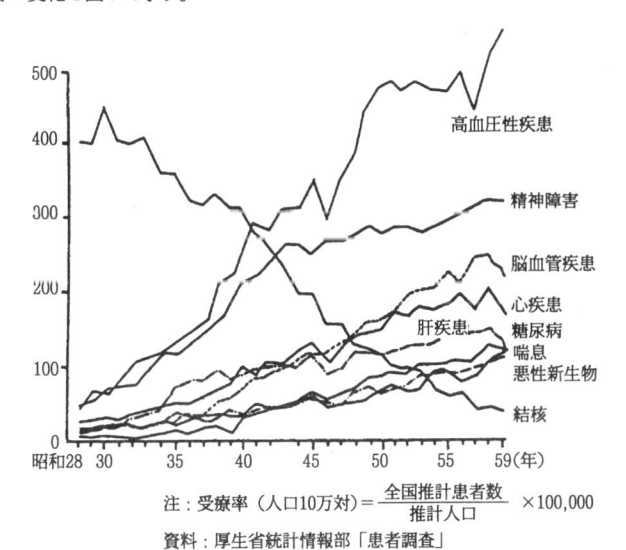

注：受療率（人口10万対）＝ $\dfrac{\text{全国推計患者数}}{\text{推計人口}} \times 100{,}000$

資料：厚生省統計情報部「患者調査」

図5 受療率（人口10万対）の変遷

7 女性の社会進出

女性の社会進出は戦後の特徴だ。働く主婦の割合も年々増加し、すでに半数を超えている。専業主婦に比べ有職主婦は当然ながら調理の時間は短く、厚生省の国民栄養調査からも、調理時間が短くなるほど微量栄養素の摂取が少なくなることが知られている。また、あまり指摘されることがないが、女性の高学歴化（図6）も食の内容に大きな影響を与えていると思う（昭和45～55年にかけて変化が起こった）。

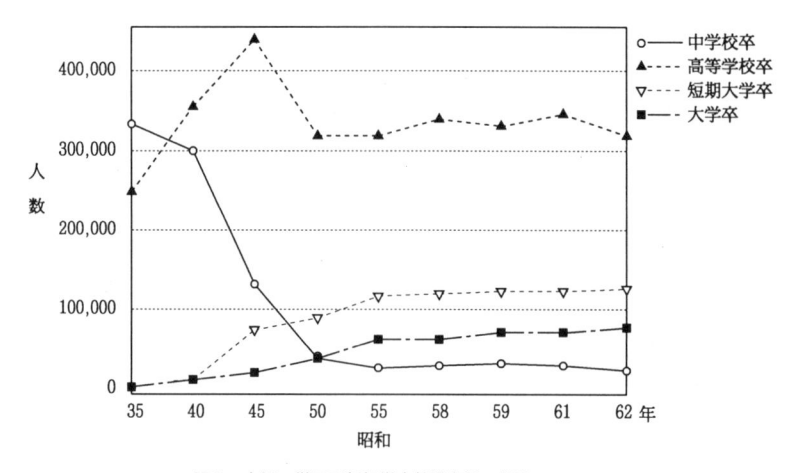

図6 女子の学歴別新規学卒就職者数の推移

8 ストレスの多い社会

適度なストレス以上のストレスが多くの悪影響をもたらすことが知られている。通勤時間や通学時間が長いほど、血中のビタミンレベルが低いなど、ストレスにより微量栄養素の消費が増えることもわかりはじめている。職場におけるストレスも健康とかかわってくる。一例として三和銀行の調査の職場環境と心の満足度を図7で示す。

メンタルヘルス・スコア（12点満点）

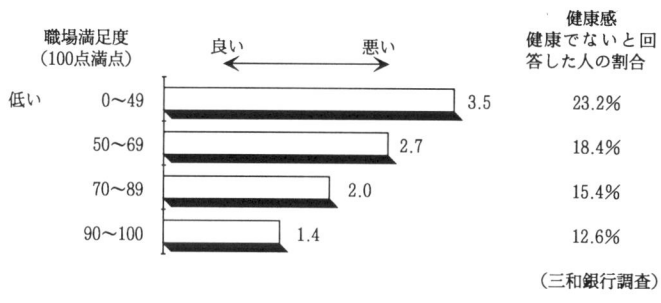

職場満足度　　良い　　　悪い　　健康感
（100点満点）　←──→　　　　健康でないと回
　　　　　　　　　　　　　　答えた人の割合

低い　0〜49　　　　3.5　　　23.2%
　　　50〜69　　　　2.7　　　18.4%
　　　70〜89　　　　2.0　　　15.4%
　　　90〜100　　　1.4　　　12.6%

（三和銀行調査）

図7　職場満足度とメンタルヘルス

9　運動不足

　車社会の進行，家事の電化，工場での労働の軽減などによる運動不足は肥満や糖尿病をはじめとして身体に大きな影響を与えている。歩くということだけでも違いがあることが知られてきた。歩数とHDLコレステロール値の関係を国民栄養調査の概要（6年）は，歩数が多いほど善玉コレステロールが高いと(高いほうがよい)報告している（表6）。

表6　歩数とHDL-コレステロール値

	男			女		
	人数	平均値 mg/dl	標準偏差 mg/dl	人数	平均値 mg/dl	標準偏差 mg/dl
総数	1,749	52.7	14.64	2,816	61.7	15.26
1,999歩以下	24	49.5	15.62	31	60.5	20.10
2,000〜3,999	162	49.1	13.72	263	60.1	15.65
4,000〜5,999	347	50.4	14.35	667	59.9	15.50
6,000〜7,999	373	51.6	13.60	715	61.7	14.81
8,000〜9,999	333	54.2	14.60	565	63.2	11.73
10,000歩以上	510	55.3	15.24	575	63.0	15.27

10　健康志向食品をめぐる動向

　健康の維持増進のため運動，リラクゼーション，余暇の活用などを含め，健康に関連するいろいろな動きがみられる。健康に最も関係の深い食関連でも，『1日30品目』に代表される，正しい食事をするようにというガイドをはじめいろいろな動きが出ている。

　この1つに，『健康志向食品』といわれるジャンルの食品の出現がある。もちろん，スッポン

やマムシ，ニンニクなど古くから特に健康を意識した食べ物はあり，昭和に入っては健康食品といわれる商品も出てきた。

『健康志向食品』は，もっと幅広く，食料・食品を幅広く利用し健康の維持増進にとどまらず，疾病の予防（治療）にまで活用していくものである。

本書で取り上げる成分も，これらの機能が判明したものである。

すでに述べたごとく，食の持つ機能は古くから知られていたが，科学的，総合的に研究されたのは，文部省が行った昭和59～61年度の特定研究，『食品機能の系統的解析と展開』である。ここで，食品の一次機能，二次機能，三次機能の名が生まれ，また第7班のテーマとして，『機能性食品の設計・構成』があがり，機能性食品(physiologically functional food)という言葉も，またその概念も生まれた。

厚生省は文部省の研究である機能性食品の具体化に取り組んだ。薬事法との問題もあり，名称も『特定保健用食品』となり，また形状もだれもが医薬品と思わない，明らかに食品と認識する，いわゆる『明らか食品』の範囲で認めることになり，平成5年6月最初の商品が特定保健用食品として許可された。平成8年4月現在58の商品が認定されている。

平成8年5月栄養改善法が改正され施行され，栄養表示など大幅な変更が行われる。

また平成9年度までの規制緩和推進計画がまとまり，食薬区分の見直しについてはビタミン，ミネラル，ハーブの3つについての規制が緩和されることになった。この結果，昭和46年に通知された『医薬品の範囲に関する基準』，いわゆる『46通知』が見直されることになる。ビタミンCについては8年8月をメドに実施の予定で，ミネラルは平成8年以降，遅くとも9年度に実施が予定されている。ビタミンB，Eなどについても順次見直しされる動きにある。

農林水産省は『新食品』（新技術または新素材を用いて，栄養機能，嗜好機能，生理活性機能または消費者に対する利便性等を付加して製造加工された食品。ただし，酒類および医薬品を除く）という幅広い概念のもとに，これらの調査や普及推進を進めている。

国際的にも多くの動きがみられるが，そのなかでも1990年にアメリカ，国立ガン研究所を中心にスタートした，『デザイナーフーズプログラム』が注目された。これは食品を活用してガン対策を行おうというもので，その内容は次のごとくである。

① 植物性食品中に存在するマーカーとなる成分の化学的分析と評価法の確立
② マーカーとなる化合物の臨床的評価
③ 発ガン制御因子の科学的論理性の確立
④ 発ガン制御機構の解明
⑤ このような機能を持つ食品や飲料の開発
⑥ マーカーとなる化合物や発ガン制御因子の含有量を高めたり，濃縮する製造法の開発

現在は "Food Phytochemicals For Cancer Prevention"『ガンを予防するための植物性食品成分』として研究が進められている。

11 健康志向食品の問題点

今後健康志向食品がより活用され，市民権を持つためには，今後クリアしなければならない多くの問題がある。そのいくつかをあげてみる。

① 有効性の検証

どれだけの有効性の検証が必要であるか。この場合動物での結果と人間との関係をどのように考えるべきか。また個体差の問題をどのように考えるべきか。

継続して食べなければ効果の薄いものも多い。このような場合の有効性はどのように判断すべきか。特に食品は単品や特定の成分のみを食べるのではない。したがって食品と食品，ある成分と他の成分とのインターラクションなどについて十分研究する必要があろう。

② 安全性の検証

有用性と同様に，どのレベルまでの検証が必要となるか慎重な検討が必要となる。

③ 総合的な食の解明

有効性のところでも触れたが，食べるということは，ある成分を摂取することだけでなく総合的なものである。

また，ある程度継続して食べ続けないと効果のない場合もあり，反面，続けることにより効果が低減し，ついには何の効果も期待できなくなるケースも考えられる。

この数年世界的に食品成分の生体内での挙動というミクロの科学は，かなりの進歩がみられた。それにひきかえマクロともいうべき，食事そのもの，例えば食べ合わせとか，食べる順序とか，食べる時間などが生体にどのように関与するかについて，ほとんど解明されていない。この分野についての研究も待たれる。

④ 法の整備

十分整備されているという反論もあろう。また法があり，それを執行することの必然性は十分理解できる。むしろ健康に害のあるような商品の製造や販売を禁止するなどの消費者保護は当然のことである。しかし時代とともに社会は大きく変化している。消費者，利用者のために何が大切かという考えのもとでの法の整備が必要である。

⑤ 教　育

そして，何よりも，健康情報を自分自身のために活用できる教育が不可欠である。

すでに，平成6年，農林水産省などの後援で，『食の教育推進協議会』という組織ができている。この会は食べることの意味を考え，文化を考え，それにかかわる食材，食品，調理，味，

栄養，消化，吸収など健康な身体をつくる意味を考え学習することを目的としている。
　今後このような総合的な教育，それも生涯をつうじた教育の実現が望まれる。

12　おわりに

　長寿の時代とはいえ，長寿が目的ではないはずであり，『長生きしてよかった』といえる状況こそが大切であろう。

　寿命は遺伝的要因がきわめて高いと考えられている。つまり生まれたときに，その人の寿命は決まっているともいえる。

　これを建物に例えれば，寿命は『設計図』に当たり，設計図に指定されている材料を使い工法も指定どおりに忠実に作れば，もともと定められていた期間(寿命)どおり生きられるということではなかろうか。

　実際は柱や土台などの材料が指定と異なったり，大工さんや屋根屋さんなどの腕が，設計者が予定より，良かったり悪かったりにより建物の仕上がりは違う。また塗り替えをきちんとしたり，しなかったりといった，メンテナンスの差によって建物の寿命は大きく異なる。この柱や大工さんの腕，あるいはメンテナンスに当たるのが，その人の習慣であり，とりわけ『食生活』であろう。寿命を生き抜くためには正しい食事をとる必要がある。

　健康志向時代を上手に生き抜くためには，正しい食生活が不可欠であり，これを積極的にバックアップするための手段として，『健康志向食品』があると考えている。本書に取りあげられた素材，成分などが，より上手に利用され，これらの食品が幅広く展開し発展し健康の維持増進に役立つことを願っている。

追記
　食料，食品の区分は㈶食料・農業センターの仕分けに準拠した。
　『食料』：広く食用農畜産水産物を指す。
　『食品』：主として食品産業の製品，すなわち加工，製造された食料。

注）　神農については，子引き，孫引きされているため，年代についても諸説があったので，大阪道修町で神農様をおまつりしている小彦名神社別所宮司から1987年にお教えいただいたものである。神農は三皇五帝の1人。
　　五帝とは黄帝（コウテイ），顓頊（センギョク），帝嚳（テイコク），堯（ギョウ），舜（シュン）。
　　三皇とは伏羲（フギ），女媧（ジョカ），神農（シンノウ）いずれも伝説中の人物。

神農は（B.C.2734〜2697）といわれ（伝説）人々に農業，商業の方法を教え，木製であるが鍬をつくった聖王として知られ薬用植物の利用法を確立させ，後にこれが「神農本草経」という本にまとめられた。

第2章　デザイナーフーズの開発と今後の展望

越智宏倫*

1　はじめに

　この数年間，食品に対し栄養，健康の路線強化を求めるトレンドが非常に強くなってきた。これは消費者の「食品は単なる食欲を満たす目的」との従来の考えに「健康を守るうえで特に注意を払って摂取されるべきもの」とする思考が加わったからである。

　さらに発展して食品こそ病気，疾患を予防するもの，もう一歩，二歩も進んで疾病の治療に効用を持つものという願望になってきた。これはまさしく東洋の「医食同源」思想の現代版にほかならない。日本のみではなく，米国のマクガバンレポート（1977年）が反響を呼んだり，わが国の機能性食品が世界的な評価を得たり，食品の働きが健康面から広い視野でとらえられるようになってきた。

　1995年，浜松で「食品因子の化学とがん予防」国際会議（ICoFF）が開催され，国内外の著名な学者による「食品とがん予防」についての多数の研究発表があり注目を浴びた。その焦点はデザイナーフーズが食品の栄養機能も含めて，疾病予防，薬効，医療効果を開くものとして示唆を与えてくれた点である。

　近未来，あらゆる種類の疾病に対処するための食品や，十人十色に異なるDNA（遺伝子）に適合した食品などもデザイナーフーズとして登場する可能性もある。

　本稿ではそのデザイナーフーズの概念を理解していただくうえで，その開発と展望について述べてみたい。

2　「食品因子の化学とがん予防」国際会議（ICoFF）の話題から

　この国際会議は "International Conference on Food Factors : Chemistry and Cancer Prevention" の正式名称で名古屋大学農学部・大澤俊彦教授を組織委員長として1995年12月に開催されたもので，20カ国から約1,000名の参加者が集まり盛会のうちに終了した（写真1）。世界の第一線の研究者が一堂に会し13題の基調講演と16の分野で27のセッションからなるシンポジウムが開催された。食品素材による「がん予防」の化学と機構解明を目的に基礎から臨床

---

*　Hirotomo　Ochi　日本老化制御研究所

写真1

まで含めた幅広い分野を網羅して，最新のデータを持ち寄って熱心な討論がなされた。日本での食とがん予防研究の動向，米国における食品によるがん予防研究についての遺伝子レベル，分子レベルの基礎研究，ヒト介入試験の状況，さらに各食品に焦点をあて，果物，野菜，お茶，スパイス，ハーブ，穀物，豆類，海産物等からの植物性がん予防成分およびビタミン，ミネラル，脂肪酸，食物繊維，カロテノイド，フラボノイド等の食品因子の役割がシンポジウムのテーマとして取り上げられ，広範な食品素材中に含まれるがん予防因子に多くの関心が寄せられた。これらの発表内容は Springer-Verlag 社より2分冊で1997年3月に出版の予定である。次回，第2回 ICoFF は1997年4月，サンフランシスコで開催される予定。また，今回の第1回 ICoFF を機会に今後の国際的な活動の母体となる Japanese Society for Food Factors（仮称）の設立も決まり，1996年12月10～11日，国立がんセンターで第1回研究会も開催が予定されている。この研究会は大学，国公立研究所，民間の研究機関を中心とした幅広い活動の中心の場となることが期待される[1]。

この ICoFF 開催の経緯は米国のデザイナーフーズ計画に端を発している。デザイナーフーズは「がん予防を目的にデザインされた植物成分を基礎的に含む食品」という概念であるが，がん予防に限らずもっと広範囲の研究が進められ，成人病その他すべての疾病予防食品としての位置付けが今後なされてゆくであろうことは間違いない。

今後もデザイナーフーズの開発と展望を考えるうえで ICoFF の動向に大きな関心が寄せられる。

3 デザイナーフーズの概念
3.1 デザイナーフーズとは

「デザイナーフーズ（Designer Foods）は，1989年アメリカの「国立がん研究所（National Cancer Institute，以下NCI）に籍をおくハーバード・ピアソン博士によって最初に提唱された概念である。がん防止を目的に，がん防止能力のあるこの種の食品を積極的に開発していく意

図のもとに考案されたもので，この言葉自体は「植物性化学物質（フィトケミカル；Phytochemical）を主体としたがん防止のためにデザインされた食品」を意味する。翌1990年にはNCIを中心とした「デザイナーフーズプログラム」が発足し，40種にものぼるフィトケミカルを担う食用食品群が公表されている[2]。これをみると，ニンニク，タマネギ，人参，全粒穀類，アブラナ科，セリ科の野菜，大豆などわが国でも以前よりその薬効が注目されていたグループが多いことがわかる（図1，表1）。デザイナーフーズ計画は，食品に含まれるこのような抗がん性，抗腫瘍性，抗突然変異性を洗い出し，これを中心にがん防止食品をデザインしていこうというものである。

このデザイナーフーズ構想はがん研究所の中から生まれたこともあって，がん予防が前提とされる。しかし，がん自体が成人病の1つであるとすれば，将来的にはデザイナーフーズはもっと広い意味を持つものでなければならない。

今日，食品工業は世界的にみて，食品に従来の栄養効果のほかに病気を予防ないし，治療する機能をもたせる方向を鮮明に打ち出しつつある。これは末端消費者自身が健康志向になっており，これを度外視した食品購買は考えられなくなってきている事実からも明らかになっている。従って，メーカーもこうしたニーズの変化に対応していかねばならない。21世紀につながっていく新しいトレンドの中で減塩食品，低脂肪食品，低糖度食品といった従来のラインからさらに進んで，病気を予防ないし，治療していくという前向きの路線の織り込みが明確になりつつある。

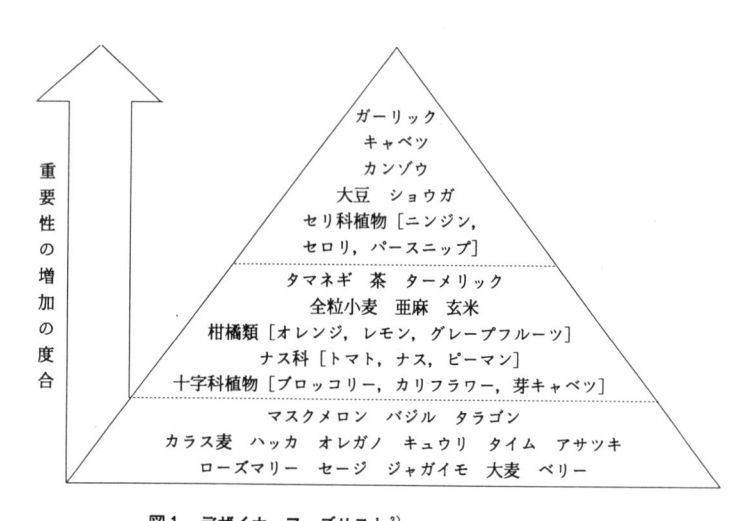

図1　デザイナーフーズリスト[2]
　　－がん予防の可能性のある食品と抗がん寄与率のランキング

21世紀へ向かう食品業界のこうした新しい潮流，また，がん予防に限定されず広範囲にわたる生理活性，薬理効果を有するフィトケミカルの本来的な定義および機能を十分に活かすためにも，デザイナーフーズは単にがん予防のための食品ではなく，19世紀から顕在化した心臓病，糖尿病，高血圧症，がんといった一連の成人病，また，最近特に問題になっている骨粗鬆症やアトピー性皮膚炎などの広範囲にわたる疾病に対処するものとして把握すべきであろう。

表1　デザイナーフーズ用成分を持つ植物群[6]

[野　菜]
- ユリ科 ……… ニンニク，玉ネギ
- セリ科 ……… 人参，セロリ，パースニップ
- アブラナ科 … キャベツ，ブロッコリー，カリフラワー，芽キャベツ
- ナス科 ……… トマト，ナス，ピーマン
- ウリ科 ……… キュウリ

[果　物]
- 柑橘類 ……… オレンジ，レモン，グレープフルーツ
- その他 ……… マスクメロン，イチゴ(ベリー類)

[スパイス・ハーブ類]
- スパイス …… ジンジャー(ショウガ)，ターメリック(ウコン) 甘草
- ハーブ ……… ローズマリー，タイム，バジル，タラゴン，オレガノ，アサツキ，セージ

[穀類・種子類]
- 穀　物 ……… 玄米，全粒小麦，大麦，カラス麦，大豆
- 種　子 ……… 亜麻

[嗜好品]
- 茶 …………… 緑茶，紅茶，ウーロン茶

3.2 デザイナーフーズの役割（疾病予防に果たす食品の役割）

現時点では食品成分が疾患予防，治療に果たす役割は未知の部分が多いが，食品によるがん予防は，がん予防効果のある食品因子研究の進展により，食品の果たす役割とその重要性がよく理解されている。

がんの潜伏期間すなわち遺伝子損傷による傷害発生から，実際に悪性腫瘍として現れてくるまでの期間は，一般に20～30年といわれる[3]。発がんに至るまでの過程はイニシエーション，プロモーション，プログレッションの3段階から成り立っているが[4]，この進行過程では食品が関わり合いを持つ比率は想像以上に大きい。イニシエーター，プロモーターとなる食品成分もあるが，それ以上にそれらを抑制する食品成分が上記の植物性食品成分から多く見出されているわけである。デザイナーフーズ計画で取り上げられた以外にも海草類，キノコ類，キク科のゴボウ等，

活性成分を含む素材はわれわれが日常摂取する食品素材の中に幅広くみられる[5]。最近話題になった野菜スープの有用性は好例である。日本老化制御研究所では緑黄色野菜，豆類，スパイス等の抗酸化性をDNAの酸化的損傷物である8-ヒドロキシデオキシグアノシン（8-OHdG）生成量としてインビトロで測定した結果，野菜には意外に強い抗酸化性を有することが明らかになった（図2，図3，表2）[6]。野菜スープの人気を科学的方法で解明できた事例である。

　いずれにせよ，イニシエーションの段階で抑制されるか，あるいは次のプロモーション段階へと促進させ，悪性腫瘍へと発達させてしまうかは，ある程度日常の食生活に左右されるわけである。事実がん発生の起因寄与では食事が35％とトップを占め[7]，日頃の食事内容とその食べ方の重要性が指摘されている。NCIが食品とくに植物性食品に含まれる抗がん成分に着目し，これをがん予防の主役に押し上げたのはこのへんの事情を如実に物語っている。われわれは食生活に十二分に配慮し，発がん性のある食品は口にしない，がん発生につながるイニシエーション，プロモーションを抑制する，抗がん，抗腫瘍活性を持つ食品を摂取することを心がける必要がある。このような認識は徐々に消費者に浸透していくものと考えられ，さらに高齢化社会のクオリティオブライフを実現することを目的に設計されたデザイナーフーズも注目を浴びるようになるだろう。

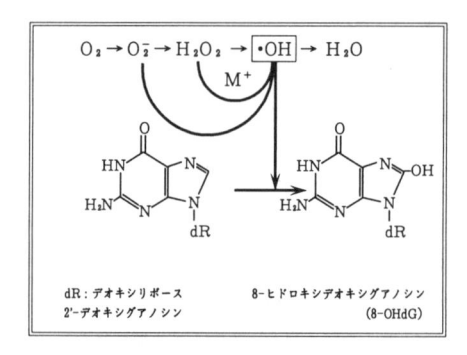

図2　OHラジカルによるDNAからの8-OHdG生成機構[6]

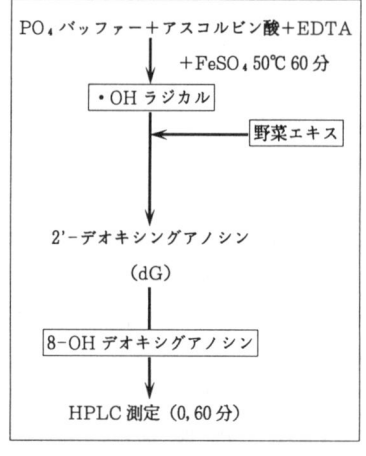

図3　野菜エキスによるdG酸化抑制の測定[6]

表2 各野菜類, 豆類, スパイス類エキスの8-OHdG生成抑制効果[6]

サンプル	8-OHdG生成(%)	コントロールと比較(%)	抑制作用（%）
コントロール	12.58	100.00	0
カリフラワーエキス	1.82	14.47	85.53
カリフラワー生ジュース	1.94	15.42	84.58
わさび（ひめにしき）葉エキス	2.06	16.38	83.62
わさび（ひめにしき）生ジュース	2.29	18.20	81.80
芽キャベツエキス	2.43	19.32	80.68
小豆エキス	2.59	20.59	79.41
わさび（はしば）葉エキス	2.83	22.50	77.50
ねぎエキス	2.87	22.81	77.19
じゃがいもエキス	2.88	22.89	77.11
わさび（はしば）葉生ジュース	2.91	23.13	76.87
シイタケエキス	3.02	24.01	75.99
ブロッコリーエキス	3.59	28.54	71.46
シャロットエキス	3.79	30.13	69.87
大根エキス	3.81	30.29	69.71
青じそエキス	3.83	30.45	69.55
紫大根葉エキス	3.95	31.40	68.60
フェネグリーク葉エキス	4.04	32.11	67.89
ガーリックエキス	4.05	32.19	67.81
アーティチョークエキス	4.13	32.83	67.17
オニオンエキス	4.43	35.21	64.79
黒豆エキス	4.52	35.93	64.07
マッシュルームエキス	4.56	36.25	63.75
ピーマンエキス	4.70	37.36	62.64
サラダ葉エキス	5.27	41.80	58.11
大根葉エキス	5.34	42.45	57.55
コリアンダー葉エキス	5.46	43.40	56.60
緑茶エキス	5.55	44.12	55.85
紫大根エキス	6.13	48.73	51.27
ごぼうエキス	6.81	54.13	45.87

HPLCの測定条件　　　　　　　　　　　　　　　　　　　（日本老化制御研究所分析値）
　　カラム：　　　　　　　温度勾配：B波　0分　0%
　　溶：　　　　　　　　　　　　　　　　40分　10%
　　　　量：0.8ml/min　　　　　　　　　50分　15%
カラム温度：30℃
検出波長：254nm

4 デザイナーフーズの開発

4.1 開発の基本

デザイナーフーズにとっては，がん，あるいは心臓病，糖尿病，高血圧といった成人病の克服が当面のターゲットになる。基本的には病気予防と治療に対応したデザイナーフーズが望まれる。また，対象となる病気の種類だけではなく，患者やそのユーザーの事情も考慮する必要がある。

また，デザイナーフーズががんの予防を当面の目標に掲げているにせよ，また，従来の食品の機能性をフルに活用することにポイントをおくにせよ，いずれの場合でも栄養エキスだけをカプセル化した在来の薬のように考えるのではなく，自然の食物に近い形で消費者に提供されることが第一の条件とされる。望ましいのは，自然の食品に含まれる栄養素，有効成分を最大限に活かすことであり，食品本来の使命である栄養-健康というベースに立脚したデザインを構築することである。日常の食生活を健康的な手法でデザインしていく，その基本としてデザイナーフーズの存在がある。従来の加工食品が健康という明確な目標のもとにデザインされることが大切である。

デザイナーフーズと従来からある食品素材を組み合わせた成型食品（Fabricated Food）との相違点は，成型食品は高度化された食品加工技術を生かして加工→包装→物流というトータルコストを合理化していく狙いを持っているものであるのに対して，デザイナーフーズはあくまでも栄養・保健からデザインしていこうとするものである。栄養強化の延長線上にあるものと理解する必要がある。

4.2 デザイナーフーズに有効な素材

デザイナーフーズ素材として考えられるものは栄養強化食品，健康食品の素材として使用されているビタミン，ミネラル類，新しいものでは，トマトに含まれるリコペン，パーム油の副産物から得られるα-カロチン等のカロチノイド類，ポリフェノール類などがある。いわゆる機能性食品素材はすべて網羅される（表3，表4）。いずれも広い意味で抗がん，また，抗変異原性につながる。

4.3 評価法

老化やがんをはじめとする成人病，その他多くの疾患に深くかかわっているものとして活性酸素による生体分子の損傷がある[8]。筆者らは何をどのように食べたらがん，成人病，老化になりにくいかを計測的に評価できる測定方法として8-OHdGのELISA法を開発しキットとして実用化した（写真2）[9]。これは尿中に排出されるDNA酸化分解物である8-OHdGを分析する方法で，生体の酸化的ストレスの度合を評価できる。評価が簡便であること，人体になんら苦痛を与えることのない非侵襲的計測法であること，また人体に対する効果を直接評価できるという点が

表3 デザイナーフーズ素材の分類[6]

分類		素材および成分
糖質	難消化性多糖類（食物センイ）	セルロース, ヘミセルロース, ペクチン, ペントザン, コンニャクマンナン, アルギン酸, キチン, キトサン
	オリゴ糖	フラクトオリゴ糖, ガラクトオリゴ糖, 大豆オリゴ糖, キシロオリゴ糖, イソマルトオリゴ糖, パラチノース, ラクトスクロース, ラクチュロース, ラフィノース
	キノコ由来抗腫瘍多糖類	β-グルガン
	ムコ多糖類	コンドロイチン硫酸, ヒアルロン酸
糖アルコール		マルチトール, キシリトール, 還元パラチノース, エリスリトール ラクリトール, D-キシロース
タンパク質・ペプチド・アミノ酸類		アンセリン, カルシノン, タウリン, セレノシステイン イオウ含有タンパク 　システイン, シスチン, ラクトフェリン カゼインフォスフォペプチド（CPP）, カゼイン, グルタチオン, エリスロポエチン, グリニシン, β-カゾモルフィン, レクチン
脂質	脂肪酸	リノール酸, α-リノレン酸, γ-リノレン酸 エイコサペンタエン酸（EPA）, ドコサヘキサエン酸（DHA） アラキドン酸, プロスタグランジン
	リン脂質	レシチン
	糖脂質	ガングリオシド
ビタミン		ビタミンA, B群, C, D, E, 葉酸
ミネラル		Fe, Ca, K, Mg, Ze, Se, Cu, P, Ni, Co, Li, Mn
カロテノイド類		α-カテキン, β-カテキン, リコペン アスタキサンチン, フコキサンチン, ルテイン
フラボノイド類		茶ポリフェノール（エピカテキン, エピカテキンガレート, エピガロカテキン, エピガロカテキンガレート, ガロカテキン）, ルチン, ゲニステイン
テルペン類		リモネン（カロテノイドは別項）
香辛料成分		カプサイシン, クルクミン, ジンゲロール, イソシオシアネート 桂皮アルデヒド, アリシン
乳酸菌		ビフィズス菌
〈その他〉		
メイラード反応物質		メラノイジン-抗酸化成分
ゴマリグナン類		セサミノール他-抗酸化成分
エラグ酸		-抗酸化成分
リポイックアシッド（リポ酸）		-抗酸化成分
サポニン		
ギムネマ酸		
グリチルリチン酸		
オクタコサノール		
インドール化合物		インドール酢酸
ステロール		
シスタチン（シスタチオニン）		オリザシスタチン
硫化アリル		

表4　疾病別機能性成分[6]

病　名	機能性成分	病　名	機能性成分
脳血管生障害	エイコサペンタエン酸（EPA） ドコサヘキサエン酸（DHA） タウリン カゼイン メチオニン パルミトオレイン酸（POA） カリウム ビタミン類	血栓症	エイコサペンタエン酸（EPA） ドコサヘキサエン酸（DHA） メチルアリルトリスルフィド γ-リノレン酸 タウリン リノール酸 オメガ-3不飽和脂肪酸 オメガ-6不飽和脂肪酸 ビタミンE
気管支喘息	エイコサペンタエン酸（EPA） ドコサヘキサエン酸（DHA） タウリン	小腸・大腸疾患	エイコサペンタエン酸（EPA） ドコサヘキサエン酸（DHA） 食物センイ カゼイン水溶物
虚血性心疾患 （冠状動脈疾患）	エイコサペンタエン酸（EPA） ドコサヘキサエン酸（DHA） タウリン カロチン ビタミン 植物性センイ リノール酸 シャゼンシ粘性薬	肝炎	ビタミン類 タウリン ゴミシンA
		肝硬変症	ビタミン類 ミネラル類 マクチュロース ビフィズス
高血圧症	カリウム マグネシウム カルシウム 不飽和脂肪 ペプチド（食品タンパク質由来） カテキン類 ビタミン カロチン エイコサペンタエン酸（EPA） ドコサヘキサエン酸（DHA） パルミトオレイン酸（POA） 食物性センイ カゼイン	膵炎	ビタミン ミネラル
		大腸憩室症	食物センイ セルロース
		便秘	セルロース ヘミセルロース リグニン ペクチン グルコマンナン アルギン酸
		腎不全	食物センイ エイコサペンタエン酸（EPA）
動脈硬化症	エイコサペンタエン酸（EPA） ドコサヘキサエン酸（DHA） タウリン γ-リノレン酸 ホモ-γ-リノレン酸 食物センイ カゼイン ビタミン類 メチオニン リジン オメガ-3不飽和脂肪酸 カテプシンD アミノ酸窒素化合物 リノール酸	副甲状腺疾患	大豆タンパク
		糖尿病	ギムネマ酸 エイコサペンタエン酸（EPA） タウリン γ-リノレン酸 ミオイノシトール 食物センイ
		高脂血症	キトサン ギリシニン エイコサペンタエン酸（EPA） ドコサヘキサエン酸（DHA） パルミチン酸 リノール酸 食物センイ

病　名	機能性成分	病　名		機能性成分
骨粗鬆症	カゼインホスホペプチド カルシウム ビタミンD アミノ酸（リジン，アルギニンなど） 微量ミネラル（鉄，亜鉛など） ラクトース カロチン	が ん	胃がん	ビタミンC
			肝臓がん	ビフィズス菌 フラクトオリゴ糖 セレニウム ビタミンC γ-リノレン酸
			膵臓がん	n-3脂肪酸
貧血	鉄 エリスロポエチン ビタミンB_{12} ビタミンB_4 葉酸 ビタミンE カゼイン マグネシウム セレニウム（セレン） フェノキシ酸 イソシアネート ベンジオキシ酸 安息香酸誘導体 カルバミル燐酸塩とその誘導体		大腸がん	カロチノイド ビタミン類 ミネラル類 フィチン酸と鉄分 食物センイ 非デンプン性多糖類 β-カロチン ペントース ラクツロース
			原発性肺がん	ビタミンA カロチン ルチン リコペン インドール エイコサペンタエン酸（EPA） ドコサヘキサエン酸（DHA） レチノール 有機硫酸塩
白血病	ドコサヘキサエン酸（DHA） 多価不飽和脂肪酸 α-トコフェロール			
アレルギー疾患	エイコサペンタエン酸（EPA） ドコサヘキサエン酸（DHA）			
エイズ	キトサン レンチナン エイコサペンタエン酸（EPA） ドコサヘキサエン酸（DHA） γ-リノレン酸 リコピラノクマリン		前立腺がん	ビタミンA カロチン 食物センイ リグニン ペクチン
		肉腫		オリゴ糖 カロチノイド カゼインタンパク 冬虫夏草エキス 米ぬか由来多糖成分 エイコサペンタエン酸（EPA）
黄斑変性症	ビタミンA ビタミンC			
口腔疾患	ビタミンE（ヘルパスの場合） カリウム ビタミンB_6 カルシウム 鉄 亜鉛 食物センイ ビタミンB_2（口角炎の場合）	大腸ポリープ		食物センイ カルシウム マグネシウム ビタミンB_4 ラクツロース
アトピー性皮膚炎	エイコサペンタエン酸（EPA） リノレン酸			

資料：「医学と食品辞典」（朝日出版社版）

特徴的であり，酸化的ストレスを防御する食品因子を評価する方法として有効である。さらに DNA のみに存在するチミンの酸化分解物チミジングリコール，糖尿病，老化に深くかかわっているとされる生体内メイラード反応の指標であるグルコソンを ELISA 法で測定する方法を開発中である。デザイナーフーズを評価するのに有効と思われる指標を表5に示す。

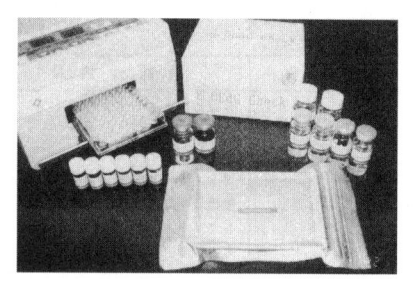

写真2

このようなバイオマーカーを利用した簡易な評価法がデザイナーフーズ開発に大きな成果を上げる武器になるものと確信する。

表5 デザイナーフーズ評価指標一覧表

測定項目	測定指標
活性酸素種	スーパーオキシド，ヒドロキシラジカル，一重項酸素 ペルオキシラジカル，アルコキシラジカル
活性酸素種消去物質	スーパーオキシドデスムターゼ，尿酸，カタラーゼ ビリルビン，グルタチオンペルオキシダーゼ セレニウム，ペルオキシダーゼ
過酸化脂質	ヒドロペルオキシド，マロンジアルデヒド 4-ヒドロキシノネナール
DNA の酸化分解物	8-ヒドロキシデオキシグアノシン チミジングリコール 5-ヒドロキシデオキシシチジン
アミノカルボニル反応化合物	グルコソン，カルボキシメチルリジン，ピラリン ペントシジン
ホルモン，血液，呼気	コルチゾール，アドレナリン分解物，コレステロール 呼気中のペンタンおよび過酸化水素

5 今後の展望

「衣，食，住」のうちの「衣」，「住」にはすでに立派なデザイン思考が施されてきた。「食」のみがこの分野で遅れをとっていたといわざるを得ない。そして，今，食品本来の使命である栄養と健康という基礎に立脚したデザインが構築されようとしている。さらには食のデザインが健康から疾病治療，予防まで視野に入れて行われることが最大の特色である。

わが国は今後急速な長寿社会を迎え，老化制御は国民にとって大きなテーマとなる。この方面

の研究は近年著しく進んできており，老化を食生活によって制御できることが今世紀中にも可能と思われる。これからは百薬を頼り介護を要する寝たきり老人にならず，最適なデザイナーフーズを摂取し，食品の選択，日常の食生活や生活習慣に十分な配慮をしたならば，老化知らずの快適な高齢化社会を迎えられることであろう。

　デザイナーフーズの果たす役割はすぐに老化防止に至らなくても，受験生用食品，美容食品，スポーツ食品，若さを保つ食品，各種疾病用食品等，機能性を明確に要求される身近な分野で，すでに発揮されつつある。筆者はVE，VCを越える植物素材をいくつかみつけており，スーパービタミン機能を持ったデザイナーフーズ開発が現在の興味あるテーマである。特に酸化的ストレスが大きく関与する老化は抗酸化物の摂取が重要であり，老化制御食品の中でスーパービタミンの役割は重大である。老化制御の次には若返りというテーマがクローズアップされると思われる。これは古くは中国の秦の始皇帝が2,500年前に抱いていた夢であり，人類共通の願望でもある。デザイナーフーズの完成により若返りが可能となる時代が近く到来するかもしれない。

文　　献

1) 日本がん予防研究会：News Letter, No.7, Mar. 1996, p.1
2) Caragay, A.B., 食品と開発, **26** (11), 45(1991)
3) 渡辺昌, 日本医師会雑誌, **108** (1), 112(1992)
4) 児玉昌彦, 大澤俊彦監修,「がん予防食品の開発」, シーエムシー, p.63(1995)
5) 西野輔翼,「がん抑制の食品」, 法研(1994)
6) 越智宏倫,「デザイナーフーズ」, 日本食糧新聞社, 156-158(1995)
7) Doll, R., Peto, R., *J. Nat. Cancer Inst.*, **66**, 1192(1982)
8) 越智宏倫,「老化制御食品の開発」, 光琳, p.61-65(1995)
9) 越智宏倫, 藤本大三郎編,「老化のメカニズムと制御」, アイピーシー, p.407(1993)

第3章 フリーラジカルによる各種疾病の発症と抗酸化物による予防

二木鋭雄[*1], 野口範子[*2]

1 はじめに

フリーラジカルが種々の疾患に深くかかわっているとされ,その機構の解明と予防方法の確立をめざして,これまで多くの研究がなされてきた。フリーラジカルの関与が示唆される各種疾病を表1にまとめた。この表から,様々な器官,臓器の様々な疾病にフリーラジカルが関与していることがわかる。本文ではフリーラジカルがこれらの各種疾病の発症にどうかかわるのか,また,それをどのようにして予防し得るのかを概説する。

表1 活性酸素,フリーラジカルが関与する疾患

組織・器官	代表的疾患
循環器系	動脈硬化,心筋梗塞,不整脈,虚血再循環傷害 血管攣縮
血液系	白血球:慢性肉芽腫症,白血病,AIDS,敗血症 赤血球:異常ヘモグロビン症(メトヘモグロビン,サラセミア,鎌状赤血球),ヘモクロマトーシス,プリマキン過敏症,血色素尿症,薬物性貧血,アカタラセミア 他の血液成分:α1-酸性タンパクの傷害,高脂血症 DIC,血小板異常症,出血性ショック
消化器系	胃潰瘍,潰瘍性大腸炎,クローン病,ベーチェット病,肝炎,肝硬変,ウィルソン病,薬物性肝傷害,肝移植病態,黄疸病変,膵炎
呼吸器系	肺炎,感染症,肺線維症,パラコート中毒,ARDS,喫煙傷害,肺気腫
泌尿器系	糸球体腎炎,溶血性腎傷害,薬物性腎傷害,ファンコニー症候群
内分泌系	糖尿病,副腎代謝傷害,ストレス反応
皮膚	火傷,日光皮膚炎,アトピー性皮膚炎,皮膚潰瘍
感覚器系	未熟児網膜症,網膜変性,白内障,角膜潰瘍
脳神経系	脳浮腫,脳虚血,脳梗塞,脳出血,外傷性てんかん,パーキンソン病
各臓器	発癌
その他	関節リウマチ,膠原病,自己免疫疾患

[*1] Etsuo Niki 東京大学 先端科学技術研究センター 教授
[*2] Noriko Noguchi 東京大学 先端科学技術研究センター

2 フリーラジカルとは

　フリーラジカルは，"不対電子を1つまたはそれ以上有する分子，原子"と定義されている。われわれの生体を含め，すべてのものは分子から成り立っている。その分子は原子核と電子から成り，分子の中の電子は通常2つ対をなして安定に存在しているが，まれに電子が対をなさず，1つだけで存在することがある。このように対をなしていない電子（不対電子）を含む分子や原子をフリーラジカルと呼んでいる。このためフリーラジカルは不安定で，反応性に富み，生体分子を攻撃することになる。

　一方，フリーラジカルとともに話題にされることが多い活性酸素という言葉は，われわれが呼吸する大気中の酸素よりも活性化された酸素，およびその関連分子を総称するものである。その中にはラジカルとラジカルでないものがある。表2に生体にかかわりの深い活性酸素について，これらを区別してまとめた。ヒドロキシルラジカル，ヒドロペルオキシルラジカル，ペルオキシルラジカル，アルコキシルラジカルなどはいずれも酸素に不対電子がある活性な酸素ラジカルである。最近注目されている一酸化窒素もフリーラジカルである。

　一方，一重項酸素やオゾン，過酸化水素，脂質ヒドロペルオキシド（過酸化脂質とも呼ばれる）などはラジカルではない。活性酸素としてよく知られているスーパーオキシドはラジカルではあるが，それ自身のラジカルとしての活性は小さく，むしろアニオンとしての作用がより重要である。

　フリーラジカルは一般に反応性が高いが，その活性の大きさは種類によって大きな差がある。また，標的分子の種類によってそれぞれの反応性は変わる。たとえば，スーパーオキシドのハロゲン化物に対する反応性はヒドロペルオキシルラジカルより大きく，また，一重項酸素やオゾンの不飽和化合物への付加反応はペルオキシルラジカルよりも大きい。脂質ヒドロペルオキシドや過酸化水素は鉄や銅などの遷移金属との反応（Fenton反応，Haber-Weise反応）によって活性なラジカルを生じる。また，スーパーオキシドはタンパクに結合している鉄を遊離させるため，

表2　活性酸素種と関連物質

ラジカル	非ラジカル
ヒドロキシルラジカル HO·	過酸化水素 H_2O_2
ヒドロペルオキシルラジカル $HO_2·$	一重項酸素 $^1O_2$
スーパーオキシド $O_2·^-$	脂質ヒドロペルオキシド LOOH
ペルオキシルラジカル $LO_2·$	次亜塩素酸 HOCl
アルコキシルラジカル LO·	鉄-酸素錯体 Fe=O
二酸化窒素 $NO_2·$	
一酸化窒素 ·NO	
チイルラジカル RS·	

やはりラジカルの発生を引き起こす結果に導く。一酸化窒素とスーパーオキシドの反応によって生成するペルオキシナイトライトもそれ自身はラジカルではないが，強い酸化力をもつ。活性種の種類は明らかになっていないが，これはペルオキシナイトライトがプロトン化した後分解し，発生したラジカルによるものと考えられる。したがって，これらはやはり文字どおり活性な酸素なのである[1]。

3 フリーラジカルによる酸化傷害

図1に示すように，非ラジカル反応は量論的（1：1の反応）であるのに対して，一般にラジカルは連鎖反応を引き起こす。たとえば，一重項酸素は1分子の脂質を酸化して1分子の脂質ヒドロペルオキシドを生成して反応は終わる。一方，1つのラジカルが脂質を攻撃すると，連鎖反応が開始され，何分子もの脂質を酸化し（この数を連鎖長という），それだけ傷害は増幅されることになる。赤血球[2]やリポタンパク（LDL[3,4]，HDL[5]）もラジカルによって酸化が開始されると，連鎖的に酸化が進行することが実験的に確かめられている。連鎖反応によって生成，蓄積した脂質ヒドロペルオキシドからマロンジアルデヒド[6]や4-ヒドロキシノネナール[7]など高い毒性をもつ種々のアルデヒドが二次生成物として生成する。

フリーラジカルが攻撃するものは脂質だけではなく，タンパク質も攻撃し，分子内，分子間の

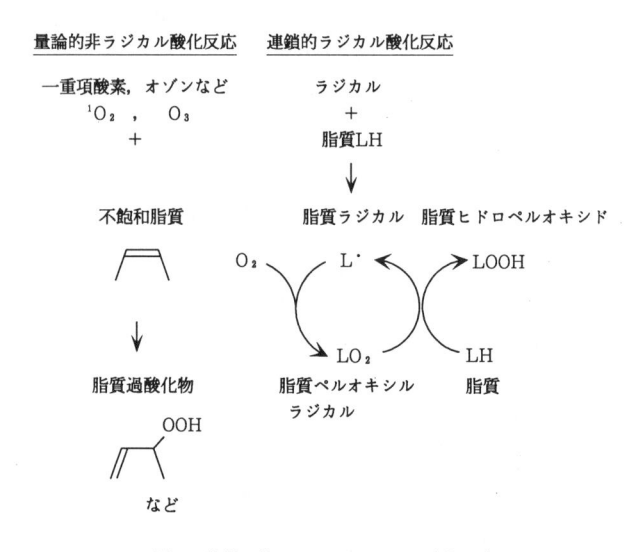

図1 脂質の非ラジカル，ラジカル酸化反応

架橋を形成したり,あるいは分断などを引き起こす[8]。また,脂質の酸化と同様に,タンパクペルオキシド[9]やカルボニル[10]が生成することも知られている。このようにタンパク質がラジカルによって酸化されると,酵素の失活や受容体結合能の変化などさまざまな細胞の機能変化をきたす。このようなタンパク質の変性はラジカルの直接攻撃によるものだけではなく,脂質の酸化生成物との反応によっても起こる[11]。

DNAもフリーラジカルの攻撃の対象となる。ヒドロキシルラジカルがグアニンやチミンを攻撃すると,8-ヒドロキシグアニン,チミングリコールがそれぞれ生成することや,DNA鎖の切断が起こることはよく知られている[12,13]。

それではフリーラジカルはどこでできるのだろうか。フリーラジカルはわれわれの生活環境のいたるところに存在している。大気中の汚染物質の中に多くのフリーラジカルは存在し,また,タバコの煙の中には多種多様なフリーラジカルが含まれているといわれる。食物中にもフリーラジカル,活性酸素は含まれる。成層圏のオゾンホールからさし込む紫外線は一重項酸素を発生させる。このようにわれわれは常にフリーラジカルにさらされ,それを体内に取り入れているのである。さらに,フリーラジカルはこれら外因性のものだけではない。生体の中で常時フリーラジカルは発生しているのである。表3に生体内でおこる活性酸素,フリーラジカルの生成反応をまとめた。ミトコンドリアにおける酸素呼吸や代謝の過程でのラジカルの発生は避けられない。細胞が食作用を行うときには,異物処理のためにラジカルを産生する。また,一酸化窒素の血管拡張作用のように[14],フリーラジカルの生理活性物質としての作用や,細胞内,細胞間情報伝達物質としての働きが最近注目されている[15]。

4 抗酸化物によるフリーラジカル傷害の防御

地球上の多くの生物が生命を維持するために酸素呼吸を行う過程でフリーラジカルの発生は避けて通れない。しかし,生物は酸素を利用して効率よくエネルギーを獲得することにより繁栄してきたのである。これはフリーラジカル,活性酸素傷害に対する優れた防御機構を備えているからにほかならない。つまり,こういった意味から生物の進化は酸素利用によるエネルギー獲得と酸素毒性に対する防御システム獲得の歴史であったといえる。

図2に示すように,この防御システムは機能別に分類することができる。第1番目の防御網は,フリーラジカルの生成を抑えるもので,予防的抗酸化物(preventive antioxidants)という。第2番目はフリーラジカルを捕捉して安定化するもので,ラジカル捕捉型抗酸化物(radical-scavenging antioxidants)という。第3番目は生じた傷害を修復し,再生するもので,repair, de novo機能である。最後に抗酸化酵素の誘導を加えて,合わせて4つの防御システムをわれわれの生体は兼ね備えている。

表3 生体内でおこるフリーラジカル，活性酸素の生成反応

ラジカル・活性酸素	生成反応
スーパーオキシド （ヒドロペルオキシルラジカル） $O_2^{-} \xrightarrow{H^+} HO_2^{\cdot} (pK=4.8)$	酸素の酵素的および非酵素的一電子還元 （虚血—再灌流，食作用，セミキノンラジカルなど） $O_2+e \rightarrow O_2^{-} \xrightarrow{H^+} HO_2^{\cdot}$
ヒドロキシラジカル $HO^{\cdot}$	水の放射線分解，過酸化水素の金属による分解 $H_2O_2+M^{n+} \rightarrow HO^{\cdot}+{}^-OH+M^{(n+1)+}$ スーパーオキシドとNOとの反応 $O_2^{-}+NO \rightarrow ONOO^{-} \xrightarrow{H^+} HO^{\cdot}+NO_2^{\cdot}$
鉄-酸素錯体 $Fe=O$ 一重項酸素 ${}^1O_2$	出血に伴うヘム鉄など 光増感反応，ペルオキシルラジカルの2分子反応，次亜塩素酸と過酸化水素の反応 $S \xrightarrow{h\nu} S^{*} \xrightarrow{O_2} S+{}^1O_2$ $2LO_2^{\cdot} \rightarrow$ アルコール+ケトン+${}^1O_2$ $H_2O_2+{}^-OCl \rightarrow {}^1O_2+Cl^-+H_2O$ ${}^-OONO+H_2O_2 \rightarrow {}^1O_2$
過酸化水素 H_2O_2 脂質ヒドロペルオキシド LOOH アルコキシルラジカル $LO^{\cdot}$ ペルオキシルラジカル $LO_2^{\cdot}$	スーパーオキシドの不均化，糖の酸化 脂質の過酸化，脂質の酵素的酸化 $LH \rightarrow L^{\cdot} \rightarrow LO_2^{\cdot} \rightarrow LOOH$ 金属イオンによるヒドロペルオキシドの分解 $LOOH+M^{n+} \rightarrow LO^{\cdot}+{}^-OH+M^{(n+1)+}$ $LOOH+M^{(n+1)+} \rightarrow LO_2^{\cdot}+H^++M^{n+}$ 脂質ラジカルと酸素の反応 $L^{\cdot}+O_2 \rightarrow LO_2^{\cdot}$
二酸化窒素 $NO_2^{\cdot}$	大気汚染物，喫煙など体外からの取り込み ペルオキシルラジカルとNOとの反応 $LO_2^{\cdot}+{}^{\cdot}NO \rightarrow LO^{\cdot}+NO_2^{\cdot}$ $O_2^{-}+{}^{\cdot}NO \rightarrow ONOO^{-} \xrightarrow{H^+} HO^{\cdot}+NO_2^{\cdot}$
一酸化窒素 ${}^{\cdot}NO$	一酸化窒素合成酵素（NOS），大気汚染物
チイルラジカル $RS^{\cdot}$	チオールからの水素移動

表4に代表的な予防型抗酸化物をまとめた。ラジカル発生源として，過酸化水素や脂質ヒドロペルオキシドと遷移金属の反応が重要であることは先に述べたとおりである。この反応を未然に抑えるためには過酸化物を分解することと，金属を安定化することが必要である。カタラーゼやグルタチオンペルオキシダーゼなどの酵素は過酸化物を還元し，トランスフェリン，フェリチ

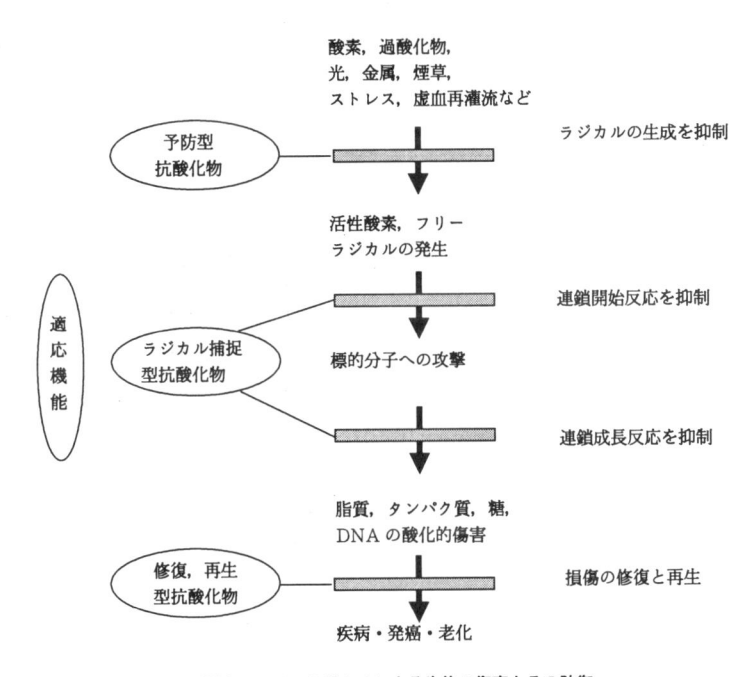

```
                    酸素, 過酸化物,
                    光, 金属, 煙草,
                    ストレス, 虚血再灌流など

        予防型                                      ラジカルの生成を抑制
        抗酸化物  ────▶ ▭

                    活性酸素, フリー
                    ラジカルの発生
  適                        ▭                      連鎖開始反応を抑制
  応      ラジカル捕捉
  機      型抗酸化物  ────▶ 標的分子への攻撃
  能
                            ▭                      連鎖成長反応を抑制

                    脂質, タンパク質, 糖,
                    DNA の酸化的傷害
        修復, 再生                                  損傷の修復と再生
        型抗酸化物  ────▶ ▭
                    疾病・発癌・老化
```

図2　フリーラジカルによる生体の傷害とその防御

ンは鉄イオンを，セルロプラスミンは銅イオンを結合し安定化している。これらのタンパク質から金属を遊離させるスーパーオキシドを不均化するスーパーオキシドディスムターゼ（SOD）も一種の予防的抗酸化物である。

　このようにフリーラジカルの生成は極力抑えられているが，それでもある場合には生成し，また外部から取り入れられることがある。このようなラジカルが標的分子を攻撃する前に捕捉して連鎖開始反応を抑制したり，連鎖成長反応の連鎖担体のペルオキシルラジカルを捕捉して連鎖反応を停止するのがラジカル捕捉型抗酸化物である。ラジカル捕捉型抗酸化物にはビタミンC，尿酸，アルブミン，ビリルビンのような水溶性のものと，ビタミンE，カロテノイド，ユビキノールのような脂溶性のものがある。これらはそれぞれの存在する場で単独に，あるいは互いに相乗的に作用している。

　近年，食物や緑茶，ワインなどに含まれるポリフェノール，フラボノイド類などの抗酸化物が注目されているが（表5），これらの多くはラジカル捕捉型抗酸化物として作用する。

　酸化的傷害をうけた脂質，タンパク質，DNAを修復する酵素が最近見出され注目されており，フリーラジカルによって生じた傷を修復し，また，新しいものと取り替えて再生するように準備

表4　機能からみた生体の酸化傷害に対する防御システム

I　予防的抗酸化物（Preventive antioxidants）：フリーラジカル，活性酸素の生成の抑制
　(a)　ヒドロペルオキシド，過酸化水素の非ラジカル的分解

　　　カタラーゼ　　　　　　　　　　　　　　　過酸化水素の分解：$2H_2O_2 \rightarrow 2H_2O+O_2$
　　　グルタチオンペルオキシダーゼ（細胞質）　　過酸化水素，脂肪酸ヒドロペルオキシドの分解：
　　　　　　　　　　　　　　　　　　　　　　　　$LOOH+2GSH \rightarrow LOH+H_2O+GSSG$
　　　　　　　　　　　　　　　　　　　　　　　　$H_2O_2+2GSH \rightarrow 2H_2O+GSSG$
　　　グルタチオンペルオキシダーゼ（血漿）　　　過酸化脂質，リン脂質ヒドロペルオキシドの分解
　　　リン脂質ヒドロペルオキシド　　　　　　　　リン脂質ヒドロペルオキシドの分解：
　　　　　グルタチオンペルオキシダーゼ　　　　　$PLOOH+2GSH \rightarrow PLOH+H_2O+GSSG$
　　　ペルオキシダーゼ　　　　　　　　　　　　　過酸化水素，脂質ヒドロペルオキシドの分解：
　　　　　　　　　　　　　　　　　　　　　　　　$LOOH+AH_2 \rightarrow LOH+H_2O+A$
　　　　　　　　　　　　　　　　　　　　　　　　$H_2O_2+AH_2 \rightarrow 2H_2O+A$
　　　グルタチオン-S-トランスフェラーゼ　　　　脂質ヒドロペルオキシドの分解

　(b)　金属イオンのキレート化，不活性化
　　　トランスフェリン，ラクトフェリン，　　　　鉄イオンの安定化
　　　ハプトグロビン　　　　　　　　　　　　　　ヘモグロビンの安定化
　　　ヘモペキシン　　　　　　　　　　　　　　　ヘムの安定化
　　　セルロプラスミン，アルブミン　　　　　　　銅イオンの安定化，鉄イオンの酸化

　(c)　活性酸素の消去，不均化
　　　スーパーオキシドディスムターゼ（SOD）　　スーパーオキシドの不均化：
　　　　　　　　　　　　　　　　　　　　　　　　$2O_2^{\cdot-}+2H^+ \rightarrow H_2O_2+O_2$
　　　カロテノイド　　　　　　　　　　　　　　　一重項酸素の消去

II　ラジカル捕捉型抗酸化物（Radical-scavenging antioxidants）
　　ラジカルを捕捉して連鎖開始反応を抑制し，また連鎖成長反応を断つ
　　水溶性
　　　ビタミンC，尿酸，ビリルビン，　　　　　　水溶性ラジカルの捕捉，ビタミEなど脂溶性
　　　アルブミン　　　　　　　　　　　　　　　　ラジカル捕捉型抗酸化物の再生
　　脂溶性
　　　ビタミンE，ユビキノール，　　　　　　　　脂溶性ラジカルおよび水溶性ラジカルの捕捉安定
　　　カロテノイド　　　　　　　　　　　　　　　化

III　修復・再生機能（Repair and de novo）
　　リパーゼ，プロテアーゼ，DNA修復酵素などによる損傷した膜脂質，タンパク，遺伝子の修復，
　　アシルトランスフェラーゼなどによる再生

IV　適応機能（Adaptation）
　　必要に応じて抗酸化酵素などを産生し，特定の場に遊走させる

表5　食品に含まれる抗酸化物質

1)	トコフェロール, トコトリエノール （ビタミンE）	胚芽, 植物油, ナッツ類
2)	コエンザイムQ	
3)	カロテノイド類	緑黄色野菜, 果物, 藻類
4)	アスコルビン酸（ビタミンC）	野菜, 果物
5)	フラボノイド	
	1) フラボノール	タマネギ, ブロッコリー
	2) イソフラボン類	大豆
	3) カテキン類	緑茶
6)	フェノール類	
	1) コーヒー酸誘導体	コーヒー豆, 大豆
	2) セサミノール	ごま
	3) その他	香辛料（カレー粉, クローブ, タイム等）
7)	フィチン酸	豆類, 穀類, 芋類
8)	微量金属（Seなど）	

されている。

5　おわりに

　活性酸素やフリーラジカルは両刃の剣として作用する。確かにプラスの働きもあるが，マイナスの作用もある。これらの作用機序を明らかにするとともに，それらに対処すべく抗酸化機能を高めて予防に努めることが重要であると考えられる。

文　　献

1) フリーラジカルに関する総説，成書を以下にいくつか示す。
   a) 八木國夫ほか，活性酸素，医歯薬出版（1987）
   b) 中野稔ほか，活性酸素，共立出版（1990）
   c) 日本化学会編，活性酸素種の化学，学会出版センター（1990）
   d) 近藤元治，フリーラジカルって何だ，日本医学館（1991）
   e) B. Halliwell *et al.*, "Free Radicals in Biology" 2nd Ed. Oxford (1989)

f) 近藤元治ら,フリーラジカル,メジカルビュー社 (1992)
2) Y. Yamamoto et al., *Biochim. Biophys. Acta*, **819**, 29 (1985)
3) K. Sato et al., *Arch. Biochem. Biophys.*, **279**, 402 (1990)
4) N. Noguchi et al., *Biochim. Biophys. Acta*, **1168**, 348 (1993)
5) V. Bowry et al., *Proc. Natl. Acad Sci.*, **89**, 10316 (1992)
6) H. Esterbauer et al., *J. Lipid. Res.*, **28**, 495 (1987)
7) G. Jürgens et al., *Biochim. Biophys. Acta*, **875**, 103 (1986)
8) 川岸舜朗,化学と生物, **30**, No.2, 122 (1992)
9) S. Gebicki et al., *Biochem. J.*, **289**, 743 (1993)
10) E. R. Stadtman, *Annu. Rev. Biochem*, **62**, 797 (1993)
11) U. R. Steinbrecher et al., *J. Biol. Chem.*, **264**, No.26, 15216 (1989)
12) M. G. Simic et al., Oxygen Radicals in Biology and Medicine, Plenum Press, (1988)
13) B. Halliwell et al., DNA and Free Radicals, Ellis Horwood (1993)
14) R. M. J. Palmer et al., *Nature*, **327**, 524 (1987)
15) J. S. Stamler, *Cell*, **78**, 931 (1994)

第4章 アレルギー防止と
低アレルギー食品素材

細山 浩[*1], 小幡明雄[*2], 浜野光年[*3]

1 はじめに

近年、様々なアレルギーに悩む人が増加しており、特に乳幼児を中心とするアトピー性皮膚炎患者において食品成分に起因する食物アレルギーが一種の社会問題ともなっている。実際、アレルギー患者を子供にもつ親が、病院で治療を受けさせたり、ワラをもすがる思いでアレルギーの起こらない食品や食材を探し求める苦労は、健康な子供を持つ家庭では想像もできないことだと思われる。一般に食物アレルギーといわれているものには表1[1)]に示されたような様々な過敏症と呼ばれる疾患が含まれる。特に患者の年齢、性別構成にも依存するが、アレルギー患者の多くは何らかの食品成分に対する特異的IgEを保有し、しかも複数の食品が関係することが明らかとなっている。IgEの関与するアレルギーは、図1[2)]のようなメカニズムによってケミカルメディエーターの生成と放出を伴いアレルギー反応を引き起こす、I型アレルギーと呼ばれている。表2に示すような物質を摂取することで、図1の系路を経ないで直接アレルギー反応を起こすこともあるが、これらの物質は仮性アレルゲン物質と呼ばれ、体内での免疫反応で起こる真性アレルゲン（抗原物質）とは区別されてい

表1 食物過敏症

反応	原因物質
（真性食物アレルギー）	
1. IgE関与反応（即時型）	牛乳、卵、大豆、米、小麦、果物、ナッツ、その他
2. 非IgE関与反応（遅延型）	同上
（その他の食物過敏症）	
1. 類過敏症	イチゴ
2. 代謝異常症	
a. 乳糖不耐症	乳糖
b. ファビズム（溶血性中毒症）	ソラマメ
3. 特異体質反応	
a. 亜硫酸誘導喘息	亜硫酸
b. アスパルテーム誘導喘息	アスパルテーム
c. セリアック症	小麦
d. タートラジン誘導喘息	タートラジン

[*1] Hiroshi Hosoyama ㈱アレルゲンフリー・テクノロジー研究所　キッコーマン㈱
[*2] Akio Obata ㈱アレルゲンフリー・テクノロジー研究所　キッコーマン㈱
[*3] Mitsutoshi Hamano キッコーマン㈱

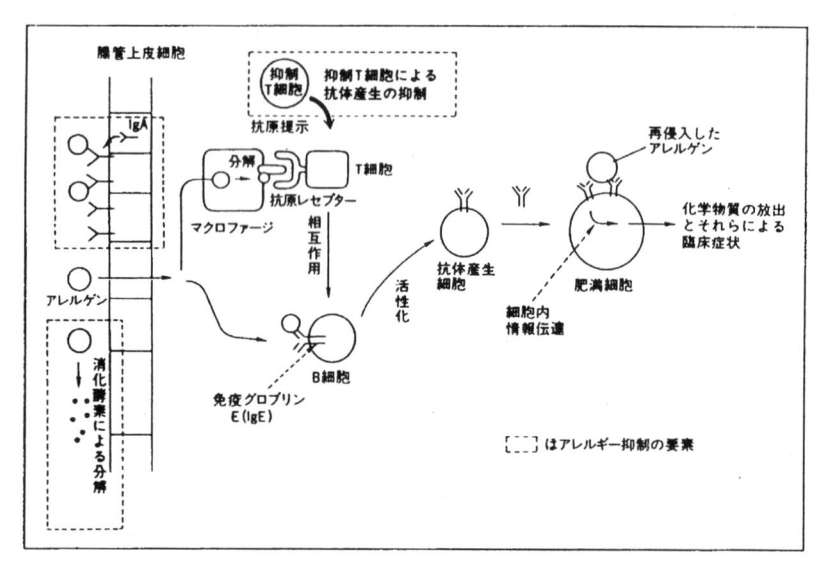

図1 食物アレルギーの発症機構（Ⅰ型）

表2 食物中に存在する仮性アレルゲンの例

仮性アレルゲン	食 物 名
ヒスタミン	ホウレンソウ，トマト，タケノコ，ジャガイモ，バナナ
セロトニン	トマト，バナナ，キウイ，パイナップル
トリメチルアミン	イカ，カニ，エビ，タラ，サメ，スズキ
フェニルエチルアミン	赤ワイン，チーズ
ノイリン	冷凍のタラ，塩漬のサケ，鮮度の落ちたサンマ
コリン	ナス，トマト，タケノコ，ヤマイモ，サトイモ
チラミン	オレンジ，バナナ，アボカド，チーズ，トマト

る。わが国において，卵，牛乳，大豆，米，小麦等が主要なアレルゲンとなっている。Ⅰ型アレルギーの場合，患者は感作された食品中の成分に対して特異的IgEを産生し，アレルギー症状を引き起こす。アレルゲン物質は消化酵素による分解を受けにくいものが多く，経口摂取されたアレルゲンの一部は未分解のまま腸管から吸収され，抗体生産が誘導される。特異的IgEがアレルゲンの侵入によって生産され，そのIgEは肥満細胞あるいは好塩基球の細胞膜に存在する好親和IgEレセプターと結合し，再度侵入したアレルゲンによってIgEが架橋されるとヒスタミンやロイコトリエン等のケミカルメディエーターが放出され，アレルギーの発症に至る。この発症機構をふまえたアレルギー反応低減化の方策として以下のようなことが考えられる[3]。

消化管免疫の主役を演じる IgA はアレルゲン物質と結合して，生体内への吸収を阻害するので I 型アレルギー反応に対して抑制的に作用する。また，I 型アレルギー反応ではアレルゲン特異的 IgG は IgE と競合してアレルギー反応を抑制するので，アレルゲンが特定されたアレルギー患者に対しては，アレルゲン特異的 IgG を誘導する減感作療法が試みられている。よって，I 型アレルギー反応を抑制するには IgE の生産を抑制し，IgA および IgG の産生を促進することが有効と考えられる。また，アレルゲン分解促進因子，ケミカルメディエータ産生阻害因子，放出阻害因子，分解促進因子等を考えることも重要であろう。しかし，このようなアレルギー反応低減化をふまえた，食物アレルギー疾患の決定的な治療法がない現状では，以下のような低アレルギー食品開発の考え方が示される[4]。

2　アレルゲンとなりうる食物を摂取しない

　除去食，代替食，制限食，無添加食といわれている考え方であり，市販されている食物アレルギー患者用食品の多くがこの範疇に入る。しかし，食物アレルギーの原因となっている食物は栄養価値が高いだけでなく摂取頻度の高いものが多く，摂取制限を行うと栄養的な問題を生じる。除去食を実施する場合は代替した食品のアレルゲン性についての配慮も重要である。アレルゲンの共通性（交差反応性）[5]は多重アレルギーの誘導を容易にしアトピー性皮膚炎の重症化をもたらす原因と考えられ，アワ，ヒエ，キビ等の雑穀類でさえ代替食として常用すれば有効でない場合もあることを示唆している。代替食も系統の異なる数種類を用意することが重要であり，とくに交差性を考え，生物学的に遠い系統の素材を組み合わせるのがポイントとなる。また除去食を実施するに当たって，完全な実施にばかり気をとられ，食品アレルギー患者が精神的に不安定になることも多いと報告されている。

3　アレルゲンとなりうる物質のみを除去する

　アレルゲンを含む食物をまったく摂取しない場合，上記したような問題点が生じる。そこで，摂取しないのではなくその食物に含まれるアレルゲン物質のみを消失または低減させる前処理を行って摂取するという考え方である。除去，もしくは低減化するには以下のような手法が考えられる。

3.1　物理的，化学的な方法によるアレルゲン分子の破壊，除去，修飾

　栄養学的，あるいは食味・食感の見地から，アレルゲン性の強い分子のみを選択的に除去する際に有効な手段となる。しかし，数種のアレルゲンタンパク質を一度に除去することが困難である。アレルゲンフリー・テクノロジー研究所（AFT）では米を pH12 以上のアルカリ性水溶液に

浸漬し，中和水洗することで低アレルゲン米を得ることに成功している[6]。池澤らは小麦粉を塩水処理して得られた低アレルゲン小麦粉の経口負荷試験を行い，その有効性を確認した[7]。また大豆に関して，筆者らは，11S-グロブリンが冷沈しないような条件で，かつ還元剤存在下で大豆メインアレルゲンタンパク質 *Gly m* Bd 30K を能率良く上澄みに回収可能であることを見いだしている[8]。また佐本らは *Gly m* Bd 30K の塩析しやすい性質を利用し，豆乳を高イオン強度（1M 硫酸ナトリウム）下で pH を 4.5 に下げ，遠心処理することで沈澱画分に回収できることを明らかにしている[9]。アレルゲン分子のみを除去し，他のタンパク質は残すこれらの手法は，大豆の場合，加工特性を保持するという観点からは有効な手段である。コーヒー，ココアに含まれる分子量約 18,000 ないし 40,000 の糖タンパク質を pH4〜4.5 において水溶液から沈澱させ，アレルゲン性を低減化させる試みもある[10]。さらに，穀類を加圧室に入れ 1,000 気圧以上 9,000 気圧以下の圧力をかけ内部を変質させることにより穀類中のグロブリン含量を減少させる方法[11]や調味料中の米アレルゲンタンパク質を限外濾過する方法[12]，大豆，大豆加工品を二軸エクストルーダーで高温（100〜300℃），高圧（10〜100kg/cm^2）処理してアレルゲン含有量を低減化させる方法[13]など機械的な面からの検討もある。オオバコ属 psyllium の種皮は下剤やコレステロール低下剤として有用である反面アレルゲン性のあるタンパク質を含んでいるが，適当なメッシュを選択してふるうことにより種皮の他の性質を損なわずしてアレルゲン画分を効率よく分離でき，60〜100％のアレルゲン性を低減化できるという[14]。

このように以上の手法は，物性を変えず特定のアレルゲンを除去する場合には有効であるが，複数アレルゲンが存在する場合適当でないことがある。

3.2 生化学的方法，すなわち酵素的分解など

酵素処理することで特定なアレルゲンだけでなくほぼすべてのアレルゲンを低減化することが可能である。例として牛乳タンパク質のプロテアーゼによる加水分解，渡辺らの米粒を破壊することなく米アレルゲンタンパク質を酵素的に分解する方法[15]等があげられる。米を水に浸漬し乳酸菌および糖類を添加し嫌気発酵させ，脱タンパク化させる試みもある[16]。また醤油，納豆など大豆発酵食品にて大豆メインアレルゲン *Gly m* Bd 30K が検出されないのは微生物の産出するタンパク質分解酵素によるものと考えられる。そこで筆者らは，醤油醸造の際に利用される麹菌のプロテアーゼを用い，苦みのない低アレルゲン豆乳を作製した[17]。また山西らにより納豆菌の酵素を用いた大豆の低アレルゲン化の試みもなされている[18]。酵素処理をする場合，苦みの発生等に注意する必要がある。大豆のようにその主成分がタンパク質である場合酵素処理により，立体構造に基づく加工適性が低下することがあり，豆乳以外の最終製品を考える場合加工特性を温存して，アレルゲンを選択的に分解可能なプロテイナーゼの開発が次の課題である。田辺らに

よりブロメラインを用いた小麦粉の低アレルゲン化も行われている[19]。しかも，アレルゲン性のあるパン酵母を使わずとも，処理した小麦粉が二酸化炭素保持能力を有していたため，炭酸水素ナトリウムを添加することで製パンに成功している。また，酵素的な方法は加水分解以外にもトランスグルタミナーゼによるアレルゲン低減化[20]，酸化還元酵素の利用などの試みがある[21]。

3.3 育種学的方法，既存および変異種からのアレルゲン成分欠質品種のスクリーニングと育種

西尾らは米のアレルゲンタンパク質の1つである16kDアレルゲンタンパク質を指標に突然変異系統からイネタンパク質変異体のスクリーニングを行い，16kDアレルゲンタンパク質が欠失あるいは少ない突然変異体を選抜した[22]。大豆メインアレルゲンタンパク質 $Gly\ m$ Bd 30K を含まない大豆の品種のスクリーニングが喜多村らによって行われているが，現在までに完全欠失大豆の存在は認められていない[23]。

$Gly\ m$ Bd 30K について強いアレルゲンであることが示された7S-グロブリンのα-サブユニットに関しては，その欠失品種が高橋らによって創出されている[24]。またγ線照射による米アレルゲンタンパク質の含量低減化等の試みもある[25]。小麦等は遺伝子が6倍体であることから育種によるアレルゲン低減化小麦を作出するのは容易ではない。

3.4 遺伝子工学的操作による除去

中村らは，米アレルゲンタンパク質の中の16kDアレルゲンタンパク質のアンチセンスRNAを米の中で発現させ，16kDアレルゲンタンパク質の発現量を抑えたトランスジェニックライスの作出を行っている[26]。また，高野らは大豆アレルゲンタンパク質（$Gly\ m$ Bd 30K）に関し遺伝子工学的手法によりアレルゲン低減化を試みている[27]。

3.5 非アレルゲン成分の抽出と再構成（組立食品）等

アレルゲンになる頻度の少ない成分を分離し，アレルギーを起こしにくい食品を構築する。たとえば，アレルゲン性の低い大豆11Sタンパク質を利用し低アレルゲン大豆製品を作成することなどが考えられる。

4 アレルゲン存在下でのアレルギー発症抑制

食品素材，あるいは他の天然物からアレルギー抑制物質などを探索し，アレルゲン活性抑制，無作用化，アレルギー発症進行の阻止などの効果を狙うという方法である。フラボノイドを使用した花粉アレルギー抑制食品や，脂肪酸組成バランスを整えてアレルギー体質を改善するなどの例がある。最近，ω3系脂肪酸のα-リノレイン酸，エイコサペンタエン酸，ドコサヘキサエン

酸が注目されており，これらω3系脂肪酸は喘息発作の原因ともなるアラキドン酸由来のロイコトリエンの抑制効果を有する[28]。その他，茶葉[29]，シソ[30]など，アレルギー抑制のメカニズムの解明など多くの課題が残されてはいるものの，興味深い物質が最近報告されている[4]。アレルギー発症は体質改善要素も強く，改善には長期的対応が必要であり，しかも発症予防の観点からすれば日常，摂取する食事で体質改善，症状の軽減化ができれば望ましい方法といえる。

5 アレルゲンを作らない（アレルゲンとしない）

体質改善，栄養コントロール，腸管の抗原侵入防止能力の改善など，生体側の環境を整え，アレルギーを引き起こしにくくするという考え方である。

わが国のアレルギー患者増加が大気汚染や生活環境の変化と関係しているとの見方がある。最近の気密性の高い新建材の家屋では，年間を通じて適温が保たれ，カビやダニの繁殖しやすい住宅環境になっている。松延は「アレルギー疾患という警告反応を無視していると，生体の外の問題つまり環境からの継続的な刺激が一層強まり，それに対する生体側の処理機構が破綻するおそれがある。」としてアレルギーの増加と生活環境変化の関連に関して警告している[31]。

さらに，近年食生活の洋風化に伴い，肉，卵，牛乳などタンパク質を大量に摂取するようになってきているが，消化不十分で吸収されたペプチドがアレルギー発症に影響を及ぼしているという推察もなされている。しかし健康な人の消化管には全身の免疫系とは別の独立した免疫機構，すなわち消化免疫系が備わっており，未消化のアレルゲン等の外来性抗原の生体内への侵入阻止や抗体生産量の調節をしている。健康な人はたとえ多量のタンパク質を摂取してもこの防御機構によりなんらの症状も呈さないが，能力不十分な人にとってはアレルゲン物質の体内への侵入が容易に起こりアレルギー症状を呈する。先に述べたように，消化管免疫の主役は消化管から分泌されるIgAである。IgAの産生能力の欠損者や産生能力の低い人に食物アレルギーが多いことから，IgAはアレルギーを抑制する作用があると考えられている。

また，大腸菌感染の阻止，抗生剤誘発下剤の改善作用を示す腸内細菌ビフィドバクテリウムのなかのビフィドバクテリウム・ブレーベはパイエル板（消化管粘膜免疫系の主要な組織であり分泌抗体産生細胞の前駆細胞を有する）の細胞の抗体産生を増強させ，骨髄由来細胞（B cell）の増殖促進作用があり，アレルギーの防御に役立つという[32]。

以上のような，食物の消化作用，消化管免疫機構，腸内細菌の働きを円滑に作用させる食品があれば，生体側の環境を改善するという観点からの低アレルゲン食品ととらえることができる。

6 成分表示などの情報提供

アレルギーに関する情報を提供し低アレルゲン食品の選択を容易にし，購入しやすくする。

原料の起源，生産方法，加工法，含有成分，添加物等の情報は，アレルギー患者が食品を選択する際，非常に重要な情報となる。カナダでは食品製造の際のアレルゲン混入防止や表示方法を指導するプログラムを作成したり[33]，欧州では添加物を含まない食品リストのデータベース化を進めている。英国のFood and Drink Federation, BDA (the British Dietetic Association) およびLFRA (the Leatherhead Food Research Association) では1987年以来，ミルク，ミルク由来物，卵，卵由来物，大豆，大豆由来物，小麦，小麦由来物，あるいはBHA，BHT，亜硫酸等の添加物を含まない食品の商品リストをデータベース化しており，その数は100社，3,700品目以上に及ぶ[34]。また，先に述べたような仮性アレルゲンを含む食品に関する情報も非常に重要である。例えば，ジアミン酸化酵素欠損者の場合は，ヒスタミン濃度の上昇によりアレルギー様の症状を示すことがある[35]。食物アレルギー患者や乳幼児の母親らは食品選択の際，その成分表示などを手がかりにしている。また，低アレルギー食品を求め，ヘルスフード店，自然食販売店を利用する人も増えてきている[36]。しかし，その際，正確な情報が記載されていることが重要である。アレルギー患者を抱える家族によって組織される団体も各地にあり医師，栄養士，患者，家族が一体となって，治療や学習に取り組んでいるところもある。消費者が成分表示等を見て，アレルギーに無関係であることが明確に判断できれば，その商品は患者にとって低アレルギー商品となりうる。

7 おわりに

近年，食物アレルゲンの同定やアレルギーの発症に関するかなり詳細なメカニズムが明らかになり，低アレルギー食品の開発が進んできている。一方で，臨床データと基礎的，生化学的データの一致しない現象も多くみられる。しかし，アレルギー患者にとって自由に食事をとりたいという気持ちは嗜好面，栄養面の上からも一刻を争うものである。そこで，低アレルギー食品開発の可能性と限界を充分認識することが重要となる。とくに，食物側の解析，そして食べる患者側の解析（たとえば同じ大豆アレルギー患者であっても反応する大豆中の成分が違う場合もある）が充分なされたうえで，低アレルゲン食物を摂取しなくてはならない。医師，栄養士，患者，家族，開発者が一体となって，協力し，情報交換することが重要である。現在，子供から成人，高齢者に至るまで多くの人がアレルギーに悩まされており，この傾向は社会環境等も相まって今後も増加するものと思われる。こうした意味でも，われわれ人間にとって欠かすことのできない「食の楽しみ」をアレルギー患者の人々が享受可能となるために，低アレルゲン食品の開発は非常に大きな使命である。

文　献

1) 小川正, 栄養学雑誌, **53**, 155(1995)
2) 上野川修, 治療学, **25**, 1154(1991)
3) 山田耕路, 食物アレルギー（菅野道廣等編集）光生館　p.67(1995)
4) 杉山宏, 低アレルギー食品の開発と展望（池澤善郎編集）, シーエムシー p.299(1995)
5) 椿和文ほか, 治療学, **25** (10) 1161(1991)
6) 特開平7-115920
7) 池澤善郎ほか, アレルギー, **43**, 679(1994)
8) 小幡明雄ほか, 日本農芸化学会講演要旨集, **68**, 343(1994)
9) M. Samoto et al., *Biosci. Biotech. Biochem.*, **58**, 2123(1994)
10) 特表昭57-501848
11) 特開平6-7777
12) 特開平4-169167
13) 特開平5-184308
14) USP 5271936
15) M. Watanabe et al., *J. Food Sci.*, **55**, 781(1990)
16) 特開平6-217719
17) 細山浩ほか, 日本農芸化学会講演要旨集, **68**, 343(1994)
18) R. Yamanishi et al., *Food Sci. Technol. Int.*, **1**, 111(1995)
19) 田辺創一ほか, 日本農芸化学会講演要旨集, **70**, 19(1996)
20) 特開平3-27253
21) 特開平7-8185
22) T. Nishio et al., *Theor. Appl. Genet.*, **86**, 317(1993)
23) 喜多村啓介, 農水省平成4年度単年度試験研究成績(1993)
24) 高橋浩司, 農林水産省技術会議事務局編バイオルネッサンス, p.29(1995)
25) 西尾剛ほか, 育種学会誌, **41** (別1)(1993)
26) 中村良ほか, 機能性食品の研究（荒井綜一監修）, 学会出版センター, p.238(1995)
27) 高野哲夫ほか, 大豆タンパク質研究会会誌, **16**, 58(1995)
28) 奥山治美, 臨床栄養, **87**(3), 255(1995)
29) 特開平2-264726
30) 特開平4-79852

31) 松延正之, 食品工業, 1992-10, 30号, p. 22
32) 特開平1-242532
33) *Food in Canada*, **46**, April(1994)
34) *Prepared Foods*, **163** (7), 49(1994)
35) F. Wantke *et al.*, *Clinical and Experimental Allergy*, **23**, 982(1993)
36) *Health Food Business*, **33**, Feb.(1990)

第5章　食品化学における最近の話題
—特定保健用食品，脂質を中心に—

島﨑弘幸[*]

1　はじめに

　特定保健用食品は，人びとの健康に寄与する食品の成分を厚生省が，医学的，栄養学的に評価して，その結果を消費者に正しく伝えるための標示を食品に認める制度である。1991年7月，栄養改善法の省令改正に基づいて発足した。1996年3月現在，特定保健用食品として厚生大臣より認可された食品は58品目にのぼる。その詳細は，滝本[1]により紹介されているのでここでは割愛する。ただし，脂質を成分とする食品はその中には含まれていない。脂質領域への特定保健用食品としての申請状況，および将来への可能性などについてここに紹介する。

2　特定保健用食品（脂質）の申請状況

　特定保健用食品の申請には，成分として有効性の有無を判断する第一段階の評価と，それに基づいてその成分を含む商品開発を行い，消費者にわたる最終食品としての有効性を評価する第二段階の審査に分かれる。第一段階は，㈶日本健康・栄養食品協会（特定保健用食品部）の内部評価であり，2名以上の専門委員の評価をもとに学術委員会で判断をする。ここで食品成分としての保健の用途，有効性が認められると，第二段階の申請となって，厚生省の検討委員会での評価が行われ，その承認を経て特定保健用食品として晴れて認可になる。

　脂質に関する成分では，γ-リノレン酸，EPA/DHA，レシチンがすでに申請され，第一段階の内部評価をパスしている（表1参照）。それらはいずれも，

表1　特保/脂質領域へ申請された成分と用途

（1996年3月）

成　分	保健の用途
γ-リノレン酸 （培養菌油）	アトピー性皮膚炎の臨床症状の緩和 血清高コレステロール値の低減
γ-リノレン酸 （月見草油）	同　上
γ-リノレン酸 （ボラージ油）	同　上
EPA・DHA 含有濃縮魚油	血中脂質濃度の適正化 血液粘度の低減
EPA 含有調整魚油	同　上
レ　シ　チ　ン	血中脂質調節機能

---

*　Hiroyuki Shimasaki　帝京大学　医学部　第一生化学

消費者にわたる最終商品の開発に進む段階であるが，現在までに，第二段階への申請が行われたのはγ-リノレン酸含有食品だけである．現時点では，5社から6品目の商品（菓子，調整油など）が，「アトピー性皮膚炎の臨床症状の緩和」を保健の用途として申請されている．これらは現在，厚生省の「評価検討会」において審査されているが，その他の成分（EPA／DHA，レシチン）はまだ申請に至っていない．

3　γ-リノレン酸の医学的・栄養学的評価

γ-リノレン酸は特定保健用食品として現在申請され，審査をされているが，いずれ認可されるものと思う．そこでγ-リノレン酸含有食品について医学的・栄養学的評価を内外の文献等を踏まえて紹介するとともに，今後の脂質関連，特定保健用食品開発のモデルとして考えてみたい．

3.1　開発の社会的背景

アトピー性皮膚炎（atopic dermatitis, AD）は，1932年Sulzberger[2]らにより提唱された概念で，世界的にみても小児を中心に非常に頻度の高い，ありふれた皮膚疾患である．青島ら[3]によれば，1991年度，同病院（皮膚科）での患者総数8,193名のうち，アトピー性皮膚炎と診断された患者は643名（7.8％）であった．アトピー性皮膚炎は，1994年に日本皮膚科学会より診断基準[4]が示されたものの，いまだにその発症機序や，治療法の確立に至っていない．また，最近は，小児だけでなく，大人の患者も増加する傾向にあり，症状が長期にわたることもあって，患者やその家族のQOL（Quality of Life）を悪化させ，社会的に大きな問題となっている．

アトピー性皮膚炎はその原因として，アレルギー疾患との認識から，アレルゲンの検査や，過度な食事療法が行われた経緯がある．しかし，今日では，アレルギーのみではアトピー性皮膚炎の臨床像を説明できず，やはり特異な体質（アトピー体質）において発生する多彩な皮膚症状ととらえられるようになっている．無論，アトピー性皮膚炎の治療は臨床医の指導のもとに，投薬を主とした治療が中心となる．しかし，現状では，いずれの方法においてもその根本原因を即座に取り除くまでには至っていない．アトピー性皮膚炎の臨床症状の改善のためには，投薬に加えて適切なスキンケア，生活環境の改変，あるいは体質の改善を目的とする食品の選択などが補助効果として有用となる．食品は，いうまでもなく，日常生活のなかで患者には自然に摂取されるものであり，小児に対しても薬物などの服用の負担を軽減できる．アトピー性皮膚炎疾患に対する「特定保健用食品」の開発が期待されるゆえんでもある．

3.2　医学的背景

1937年Hansen[5,6]らは，アトピー性皮膚炎患者の血清脂質代謝に異常のあることを報告した．

それはアラキドン酸（20：4n−6）に対するリノール酸（18：2n−6）の組成比が高いことで，後にManku[7,8]らは，これを追試して，アトピー性皮膚炎患者の血清リン脂質（PL）ではリノール酸/アラキドン酸（比）が高くなることを確認した。さらにその結果はΔ6−不飽和化酵素の活性低下が原因であり，リノール酸からγ−リノレン酸（18：3n−6）への代謝が抑制されるためであるという結論を導いた。また，Horrobin[8,9]らの研究グループは，実際にアトピー性皮膚炎患者にγ−リノレン酸（月見草油）を与えて治療効果のあることを報告するとともに，アトピー性皮膚炎の臨床症状に影響を与える因子として，ジホモ−γ−リノレン酸（20：3n−6）より生合成されるプロスタグランジンE_1（PGE_1）の代謝産物が係る可能性を指摘した。これらの研究成果をうけて，わが国でも各社が競って月見草油の商品開発（健康食品）を進めることになった。

3.3　γ−リノレン酸の作用機序

γ−リノレン酸によるアトピー性皮膚炎の改善効果について，Horrobin[8,9]らは次のように説明している。すなわち，アトピー性皮膚炎の患者では，Δ6−不飽和化酵素の機能が欠損，もしくは阻害されているために同酵素の活性が低下しており，リノール酸からγ−リノレン酸への代謝に障害が起こる（図1参照）。このために同患者では，リノール酸の増加（蓄積）がみられ，また，その逆にリノール酸の代謝産物（γ−リノレン酸，ジホモ−γ−リノレン酸，およびアラキドン酸）では含有量の低下が起こる[9]。

アトピー性皮膚炎にみられる皮膚症状は，エイコサノイド代謝のうちプロスタグランジンE_1

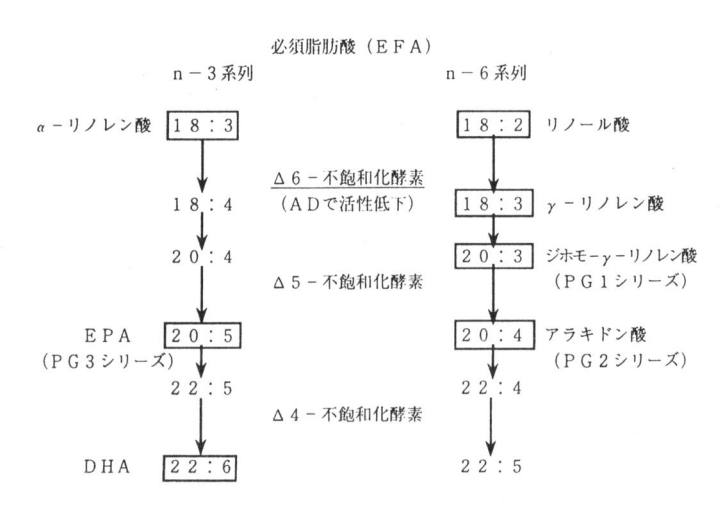

必須脂肪酸（EFA）

n−3系列		n−6系列
α−リノレン酸　18：3		18：2　リノール酸
↓	Δ6−不飽和化酵素（ADで活性低下）	↓
18：4		18：3　γ−リノレン酸
↓		↓
20：4		20：3　ジホモ−γ−リノレン酸（PG1シリーズ）
↓	Δ5−不飽和化酵素	↓
EPA　20：5（PG3シリーズ）		20：4　アラキドン酸（PG2シリーズ）
↓		↓
22：5	Δ4−不飽和化酵素	22：4
↓		↓
DHA　22：6		22：5

図1　ヒト（動物）での必須脂肪酸代謝経路とPGシリーズ

(PGE_1)が関与するものと考えられ，リノール酸から，γ-リノレン酸への代謝をバイパスする目的で，γ-リノレン酸を食物から摂取すると，必要量のPGE_1をスムースに生合成できるため，アトピー性皮膚炎の病状が改善できる。実際にManku[7]らは，アトピー性皮膚炎の患者60名に対して，12週ごとの二重盲検クロスオーバー試験を行い，180～540mg/日のγ-リノレン酸（月見草油カプセル）を与え，drop-outを除く50名について分析したところ，血漿中のジホモ-γ-リノレン酸の含有量が有意（$p<0.01$）に上昇していることを確認した。また，これらの患者では（完治ではないものの）アトピー性皮膚炎の病状に改善がみられた。この病状の改善に至るメカニズムであるが，すでに述べたように，アトピー性皮膚炎の原因や治療法が明確になっていない現状ではそれを正確に説明することは困難である。ただ，Horrobin[7,10]らは同患者において，細胞性免疫に係るT細胞，とくにサップレッサーT細胞の含有量が低いことを指摘するとともに，ジホモ-γ-リノレン酸から生成するPGE_1が胸腺において，T細胞の分化や機能を促進する効果があり，サップレッサーT細胞の機能亢進でアトピー性皮膚炎の病状改善をみると説明している。

　また，γ-リノレン酸の摂取により，患者で低下していたn-6系列の高度不飽和脂肪酸の含有量全体が上昇するので，生体膜の流動性や，透過性に改善がみられ，このことがアトピー性皮膚炎の改善につながるとの指摘もある[11]。実際に，必須脂肪酸の欠乏で現れる典型的な皮膚症状はn-6系列の欠乏で起こる。筆者らは，n-3系列の欠乏食で，ラットを4カ月～1年間飼育したが，n-6系列の欠乏でみられるような皮膚症状の悪化は観察できなかった。

3.4　わが国におけるアトピー性皮膚炎患者の血漿脂肪酸分析

　筆者らは，日本人の患者を対象として，その血漿脂質の脂肪酸分析を行った[12~14]。目的は，Hansen[5,6]らの指摘どおり，アトピー性皮膚炎患者において，リノール酸/アラキドン酸（比）が高くなるかどうかにあったが，その比は患者群と対象群で有意な差を認めなかった。しかし，患者の血漿脂質（高度不飽和脂肪酸量，$p<0.001$）は有意に低下しており，血漿中の脂質（あるいは脂肪酸）代謝に異常を認めた。

　すなわち，3歳から9歳までのアトピー性皮膚炎患者（51名）と，同年齢の健常者（30名）について調べた血漿中の総脂肪酸量（$\mu g/ml$血漿）は，健常者に対して低下をしているもののバラツキが大きく有意差は出なかった。しかし，n-3系列とn-6系列の高度不飽和脂肪酸（PUFA）について，その総量をみると，患者血漿において有意（$p<0.001$）に低下していた[14]。個々のPUFAでは，リノール酸（$p<0.01$），ジホモ-γ-リノレン酸（$p<0.05$），アラキドン酸（$p<0.05$）で有意な減少がみられた。また，n-3系列では個々のPUFA含有量に有意差を認めなかったが，アトピー性皮膚炎の患者血漿中では低い傾向を示した。これらの結果は，われ

われの先の研究成績[11]とほぼ一致しており再現性がみられる。

4 アトピー性皮膚炎に対するγ-リノレン酸含有食品の効果

4.1 血漿中の脂肪酸組成および異常値の改善

特定保健用食品として開発されたγ-リノレン酸含有食品（㈱エーザイ，EH008）について臨床試験が行われた。筆者もその食品を摂取したアトピー性皮膚炎患者のうち，食品を与える前後の同一患者（26名）から採取した血漿について脂肪酸組成の分析を行う機会があった。詳細はすでに報告[14]したが，アトピー性皮膚炎の患者血漿で異常値がみられたn-6系列の脂肪酸は，健常者のレベルまで回復していた（図2）。特にジホモ-γ-リノレン酸（20:3 n-6）の上昇が著しく，Manku[7]らの成績を支持する結果となった。また，当該食品はγ-リノレン酸含有食品であり，n-3系列の高度不飽和脂肪酸を含まないが，図3に示すとおり，18:3(n-3)，22:5(n-3)，22:6(n-3)のいずれも健常者のレベルを若干上回るまで回復していた。患者はいずれも通常の食事をしていることから，n-3系列の脂肪酸の増加は食餌性のものと思える。ただ，試験食を与える以前にも，

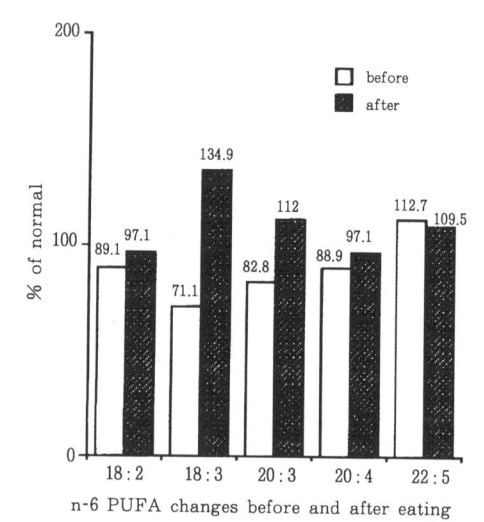

図2 γ-リノレン酸含有食品を与えた前後の患者血漿中のn-6 PUFA（正常値を100とする）[14]

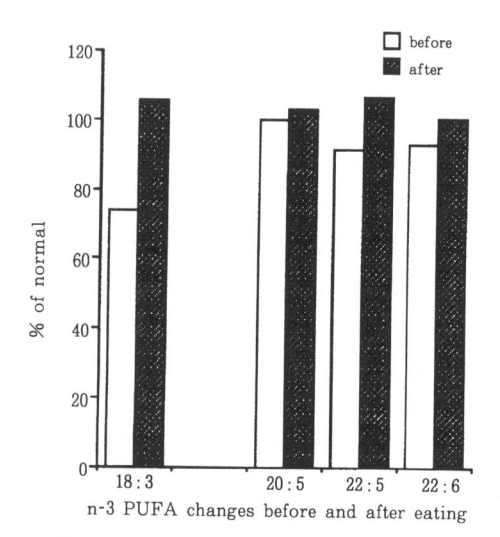

図3 γ-リノレン酸含有食品を与えた前後の患者血漿中のn-3 PUFA（正常値を100とする）[14]

患者は通常の食事をしていたはずであるが，図3にも示すとおり20：5（n-3）以外の同系列の脂肪酸は健常者よりも低い傾向にあった。その値が当該食品の摂取で健常者のレベルまで回復したことは興味深い結果ということができる。

また，試験期間中，当該食品（γ-リノレン酸として180mg/日）を8週間食べ続けた患者のいずれにおいても，血漿中の脂肪酸組成に異常は認められなかった。8週後，食品摂取の前に比べて最も上昇した脂肪酸はγ-リノレン酸であり，健常者のレベルに比べて1.35倍にまで上昇していたが（図2参照），リノール酸（0.97倍），ジホモ-γ-リノレン酸（1.12倍），アラキドン酸（0.97倍）など，いずれの脂肪酸も健常者のレベルを異常に超えて高くなることはなかった。

4.2　皮膚症状の改善と限界

血漿中の脂肪酸組成とその異常値の改善について，γ-リノレン酸含有食品の効果を前項に述べたが，アトピー性皮膚炎の皮膚症状はどのように影響されるか簡単にふれる。山本（国立小児病院皮膚科）[15]らを中心に，皮膚科医師（全国10施設，21名）が，アトピー性皮膚炎と診断された患者，小児を中心に136名について，γ-リノレン酸含有食品（EH008，γ-リノレン酸として180mg/日）を8週間にわたって与え，その改善度を調べた。詳細は原著[15]に譲るが，あらかじめ設定した服用規定違反の29名を対象外として，残る107名の症状別の改善度を報告した。それによれば，当該食品は，アトピー性皮膚炎の代表的な症状である皮疹，かゆみ，乾燥肌についてそれぞれ改善効果のあることが示された。8週目における全般改善度（表2）は，著明改善以上が23.0%，改善以上が49.4%，軽度改善度以上が85.1%であった。多くの研究施設で，多数の医師が独自に判断した結果の集計であることから，極めて信頼性の高いデータということができる。前項の血漿中の脂肪酸分析の結果と合わせて，当該食品は特定保健用食品としての有用性が認められるものと思う。しかし，症状別改善度[15]をみると，軽度以上の改善効果を認める患者が多い中で，不変とする患者も皮疹で約40%，夜間のかゆみ，および乾燥肌でそれぞれ約

表2　全般改善度の推移（有効性，有用性評価対象107症例中）[15]

判定 時期	著明改善	改善	軽度改善	不変	悪化	記載なし	計	改善率（%）*		
								著明改善以上	改善以上	軽度改善以上
2週間目	6	9	45	36	2	9	107	6.1	15.3	61.2
4週間目	7	27	35	26	3	9	107	7.1	34.7	70.4
6週間目	18	20	34	16	2	17	107	20.0	42.2	80.0
8週間目	20	23	31	11	2	20	107	23.0	49.4	85.1

（*：「記載なし」を除いた症例数に対する割合）

30％いることも事実である。特定保健用食品の健康改善効果に関する限界といえよう。

5 アトピー性皮膚炎に対する DHA の効果

EPA／DHA はその成分として有効性が認められ，特定保健用食品への開発が期待されている。しかしながら，現時点ではまだ申請に至っていない。アトピー性皮膚炎との関連で，健康食品としての DHA（マルハ㈱：シーヘルス DHA スーパー 45）を用いた南川[16]らの研究例について簡単に紹介する。田上（東北大医・皮膚科）らを中心に，皮膚科医師（4 施設，8 名）が，アトピー性皮膚炎と診断された患者，26 名（男子 19 例，女子 7 例，2～39 歳）について，DHA（DHA として 400～900mg／日）を約 14 週間にわたって与えその改善度を調べた。それによれば，かゆみ，皮膚の赤み（潮紅），皮疹のそれぞれについて服用開始後，2 週間程度から改善効果がみられ，総合的な効果判定では 88％に有効性がみられたと報告[16]している。また，血漿脂質分析では，DHA の上昇がみられ，アラキドン酸含有量に低下がみられた。関ら[17]も同様な成績を報告している。

6 まとめ

γ-リノレン酸含有食品は，省令改正後の早い時期から特定保健用食品として申請されたが，㈶日本健康・栄養食品協会での内部評価，および厚生省の評価検討委員会での審査に時間がかかって現時点では承認に至っていない。理由は特定保健用食品として標示内容が薬事法に抵触しないことの確認，および「アトピー性皮膚炎」という症状に対する有効性の判断に厳正な審査が行われているためである。これまで述べてきたように，多くの異なった病院，研究施設において，実際にアトピー性皮膚炎の患者を対象とした臨床試験が行われ，γ-リノレン酸含有食品や，DHA（カプセル）はアトピー性皮膚炎症状の改善に有用であるという結果が得られた。これらは統計学的に有意差をみたもので，一人ひとりの患者，あるいはすべての患者に有意な改善がみられるという意味ではないが，特定保健用食品の目的は，患者の体質改善の補助食品としての用途であり，アトピー性皮膚炎の治療薬を目的とするものではない。研究者はそれぞれ真摯に得られた結果を報告しており，内外の研究者によってまとめられたこれらの成績は十分に尊重されるべきであろう。

謝辞　本稿をまとめるにあたり，有益なご教示を頂いた ㈶日本健康・栄養食品協会（特定保健用食品部）中川邦男部長に感謝致します。

文　　献

1) 滝本浩司, フードケミカル, No.1, 85(1996)
2) M. B. Sulzberger, et al., J. Allergy, 3, 423(1932)
3) 青島敏行, 他, 皮膚科紀要, 90, 339(1995)
4) アトピー性皮膚炎ワーキンググループ, 日皮会誌, 104, 68(1994)
5) A. E. Hansen, Am. J. Dis. Child., 53, 933(1937)
6) A. E. Hansen, Proc. Soc. Exp. Biol. Med., 31, 160(1933)
7) M. S. Manku, et al., Prost. Leuk. Med., 9, 615(1982)
8) M. S. Manku, et al., Brit. J. Dermatol., 110, 643(1984)
9) D. F. Horrobin, Reviews in Contemporary Pharmacotherapy, Vol.1, p.1-45, Marius Press(1990)
10) C. R. Lovell, et al., Lanset, January 31, 278(1981)
11) P. S. Morse, et al., Brit. J. Dermatol., 121, 75(1989)
12) H. Shimasaki, et al., PUFA and Eicosanoids, ed W.E.M. Lands, p.450, Am. Oil Chem. Soc.(1987)
13) K. Sakai, et al., Jpn J. Allergol., 43, 37(1994)
14) H. Shimasaki, J. Clin. Biochem. Nutr., 19, 183(1995)
15) 山本一哉, 他, 小児科臨床, 48, 931(1995)
16) 南川伝憲, 他, けんしょくこん(創立10周年記念号), p.75(1995)
17) 関太輔, 他, 皮膚科紀要, 90, 559(1995)

第6章　加工食品の栄養表示に関する世界の動向とわが国の対応

福場博保*

1　はじめに

　1995年5月24日に食品衛生法および栄養改善法の改正が公布され，さらに1996年3月4日に，その施行に必要な栄養表示基準案要項が公衆衛生審議会から厚生大臣諮問のとおり答申され，栄養表示基準制度は1996年5月24日から施行された。しかし実際には経過措置期間を1998年3月31日までみているので，新製品を除いて，市販される加工食品等で何らかの栄養成分・熱量について，特定の栄養表示のついた商品が街に出回るのは1998年4月以降のこととなろう。

　なぜ急にこのような栄養表示制度が導入されたのであろうか。その背景等について考えてみたい。1994年9月に厚生省に「食と健康を考える懇談会」が設置され，食品保健行政の基本的な在り方の検討が行われ，21世紀に向けて，食品保健行政を総合的に展開するための基盤づくりが論じられた。そのような見直しを行う背景としては，①輸入食品の増大，②食品保健行政の国際化，③食品の安全性についての複雑化・多様化，④営業者による自主的衛生管理の重要性，⑤食品と健康づくり等の要因が考えられた。輸入食品の増加については今さら申すまでもないことだろう。最近ではカロリーベースでみても輸入食品は摂取エネルギーの約1/2を占めるに至っている。また，食生活の多様化の中で，加工食品の占める割合も多くなり，食料費支出でみると最近では60％を超え，特にレトルト食品，冷凍食品等の調理食品の増加が著しい。このような加工食品を選択する際，その含有成分について十分な知識を持つことが不可欠であろうが，何の表示もない加工品が市場に出回っている場合には，その食品をどのように利用することが各人の健康増進とどのように関わってくるのかまったく知らされないまま利用することとなろうし，場合によっては，商品に付けられている表示が不正確なため間違った判断をしてしまう場合も出てこよう。このようなことから表示の問題が世界的に取りあげられてきた。

　特にコーデックスおよびアメリカの動きに注目してみたい。

＊　Hiroyasu Fukuba　昭和女子大学　生活科学部

2 栄養表示に関するコーデックスの動き

コーデックス（Codex）委員会は1962年にFAOとWHOが合同で，国際貿易上重要な食品について国際的な食品規格を策定するために設立された委員会で，消費者の健康を保護し，食品取引の公正を確保することを目的としている。正式にはFAO／WHO合同食品規格委員会と呼ばれるもので，略してコーデックス委員会と称している。この委員会にはわが国も1966年に加盟し，総会，各部部会等に代表を送ってきた。この委員会の下部機関であるアジア地域調整委員会の本年度の会合は東京で行われ，現在北里大学客員教授である林先生が座長を務められたことはよく知られているところである。このようにわが国としてもコーデックスの動きはよく注視してきたところであるが，現在までに数多くの食品規格，衛生規範，残留農薬規格等がコーデックスで勧告規格として設定されているにもかかわらず，わが国が承認批准した規格の数はきわめて少なく，この点は政府が国際対応については今後大いに協調すると表明しているので，今後の政府の各種の動きがコーデックス規格の承認による国内規格の変更となる場合が多く出てくることであろう。

今回の栄養表示の問題もその一環として捉えることもできる。

コーデックス委員会には表1のように多くの下部機関が設置されていて，食品表示部会も1つの機関として存在し，現在ではカナダが委員長を出している。このFood Labelling委員会は1965年に設置されたもので，アメリカの栄養表示教育法が制定されてから，全世界的な栄養表示の義務化等について動きを強めているように思われる。

1991年3月のコーデックスFood Labelling委員会にカナダの代表団によって提案された栄養表示案は表2のような内容を含むものであり，この数値の多くは今回のわが国の基準値に近い数値が含まれているので注目されるものである。

この場合アメリカの栄養表示が一部の販売数量の少ない加工食品を除き，原則的に加工食品全体に対して強制表示としているのに対し，このコーデックスの提案では，栄養または健康に関し特殊な強調表示をしている場合に適用するとしている点は，今回のわが国の場合が同様に改正栄養改善法第17条で「販売に供する食品（特別用途食品を除く）につき，栄養成分又は熱量に関する表示をしようとする者及び本邦において販売に供する食品であって栄養表示がなされたものを輸入する者は，厚生大臣の定める栄養表示基準に従い，必要な表示をしなければならない」とあるのとまったく同じ発想によるもので，ヨーロッパでも1990年のEC指令に基づき1995年からコーデックスの定める表示基準が施行されている。

なおコーデックスの栄養・特殊用途食品規格部会では，1995年3月ボンで開催した第19回の部会総会で同様な基準が了承されているが，例えば飽和脂肪についてエネルギーの10％と指定（Food Lebelling部会では15％），糖について含まない食品として0.5g/100g（0.25g/100g）を

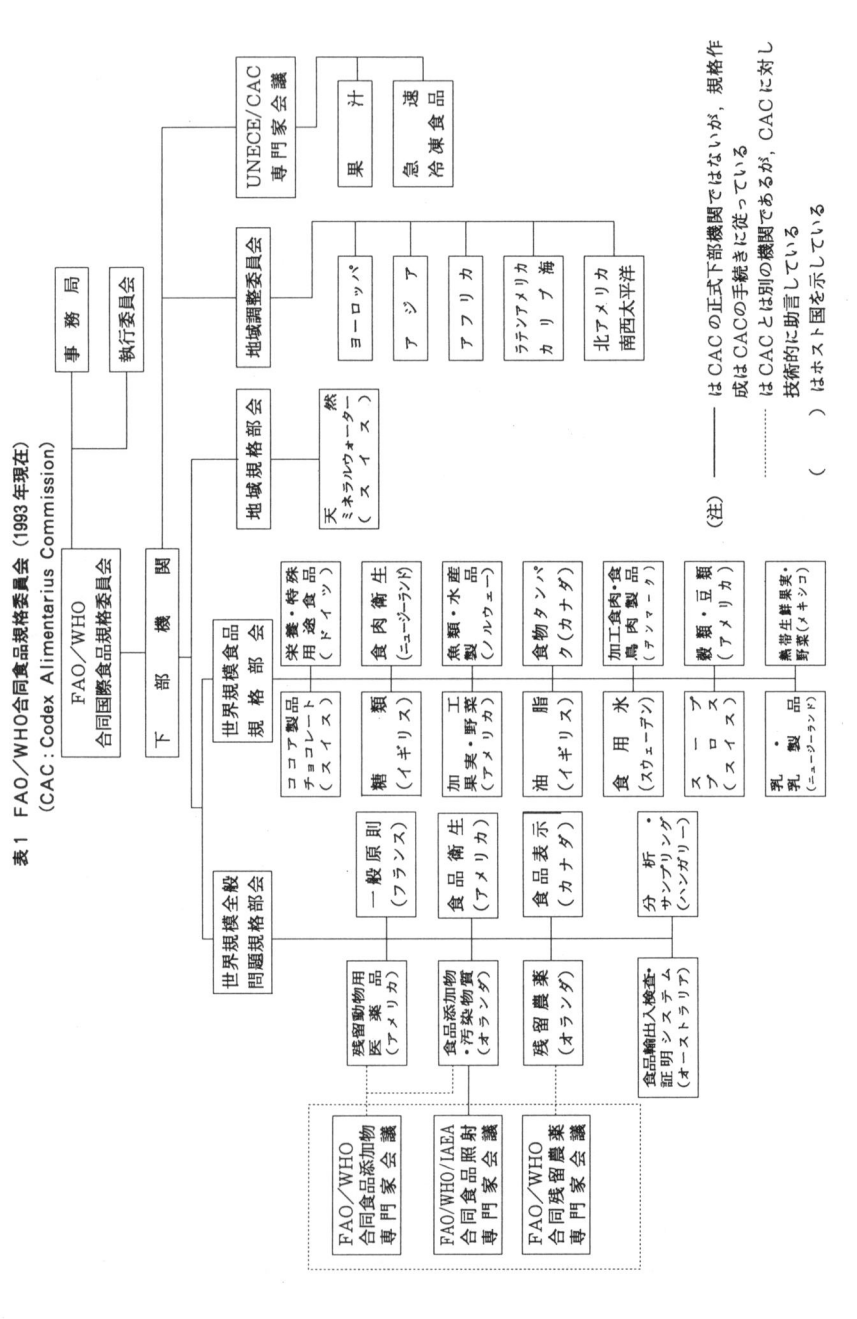

表1 FAO/WHO合同食品規格委員会（1993年現在）
(CAC：Codex Alimentarius Commission)

FAO/WHO 合同国際食品規格委員会

- 事務局
- 執行委員会

下部機関

地域規格部会
- 天然ミネラルウォーター（スイス）

地域調整委員会
- ヨーロッパ
- アジア
- アフリカ
- ラテンアメリカ・カリブ海
- 北アメリカ
- 南西太平洋

UNECE/CAC 専門家会議
- 果汁
- 速急冷凍食品

世界規格食品規格部会
- ココア製品・チョコレート（スイス）
- 糖類（イギリス）
- 加工果実・野菜（アメリカ）
- 油脂（イギリス）
- 食用水（スウェーデン）
- スープ・ブロス（スイス）
- 乳製品（ニュージーランド）
- 栄養・特殊用途食品（ドイツ）
- 食肉衛生（ニュージーランド）
- 魚類・水産製品（ノルウェー）
- 植物タンパク（カナダ）
- 加工食肉・食鳥肉製品（デンマーク）
- 穀類・豆類（アメリカ）
- 熱帯生鮮果実・野菜（メキシコ）

世界規模全般問題規格部会
- 一般原則（フランス）
- 食品衛生（アメリカ）
- 食品表示（カナダ）
- 分析・サンプリング（ハンガリー）
- 残留動物用医薬品（アメリカ）
- 食品添加物・汚染物質（オランダ）
- 残留農薬（オランダ）
- 食品輸出入検査・証明システム（オーストラリア）

- FAO/WHO 合同食品添加物専門家会議
- FAO/WHO/IAEA 合同食品照射専門家会議
- FAO/WHO 合同残留農薬専門家会議

（注）
——— は CAC の正式下部機関ではないが、規格作成は CAC の手続きに従っている
······· は CAC とは別の機関であるが、CAC に対し技術的に助言している
（ ）はホスト国を示している

表2

COMPONENT	CLAIM	CONDITIONS
Energy	Reduced Low	Not more than [60%/66 2/3%/75% of reference food] [40 kcal (170kJ) per serving and 40 kcal (170 kJ) per 100 g. (solids) or 20 kcal (80 kJ) per 100 ml (liquids)]
Fat	Low Free	[3 g per serving and 3 g. per 100 g/ml] [0.15 g. per 100 g/ml]
Saturated Fat	Low	[2 g per serving and 15% of energy]
Cholesterol	Low Free	[20 mg per serving and 20 mg per 100 g/ml and 5 g. total fat per serving and 20% total fat (dry basis)] [3 mg per 100 g/ml and 2 g. saturated fat per serving and 15% energy as saturated fat and 5 g. total fat per serving and 20% total fat (dry basis)]
Sugar	Low Free	[2 g. per serving and 10 g. per 100 g (dry basis)] [0.25 g. per 100 g/ml]
Sodium	Low Very Low Free	120 mg per 100 g and at least 50% less sodium 40 mg per 100 g. and at least 50% less sodium [5 mg per 100 g]
Fibre	Source High Very High	Not less than [2 g. per serving] [4 g. per serving] [6 g. per serving]
Protein	Source High Very High	[10% of reference RDA] [20% of reference RDA] [40% of reference RDA]
Vitamins and Minerals Except Vitamin C	Source High Very High	[5% of reference RDA] [15% of reference RDA] [30% of reference RDA]
Vitamin C	Source High Very High	[10% of reference RDA] [30% of reference RDA] [60% of reference RDA]

指定しているなど，両者に差違も見られている。

3　1994年アメリカ栄養表示，教育法

わが国では昭和30年以降の高度経済成長に伴って，農村人工の都市への大量移入と有職婦人の増加が起こり，核家族化とともに加工食品利用が増大したことが統計上読み取れるところであるが，アメリカの場合も，一番最初の引き金となったものは化学繊維の発達による南部で棉花栽培に従事していた労働者が失職し，逆に航空機産業および軍需産業の拡大によって，これら南部労働者が5大湖周辺の重工業地域に移住したことから人口移動が盛んになったようである。南部農村で素朴な生活をしていた労働者が大都市に移ると，まず生活費の高騰から婦人の就労が盛んになり，その結果わが国でみられたような加工食品の消費増が結果として招来されてきた。

われわれには豊かなアメリカが念頭にあるが，南部等で繊維産業の後退から失業者が多発するとともに，働き手と分かれた高齢者の食生活の問題が大きな社会問題となったのが1960年代のアメリカであろう。

このため1969年12月ニクソン大統領によって「食品・栄養と健康に関するホワイトハウス会議」がワシントンで開催された。まず飢えに苦しむ人々に対する食糧援助をどうするかが論議され，フッドクーポン制度が発足したが，同時に増大する加工食品に適切な栄養表示をして，正しい食生活を可能にする方策と，大衆に栄養の重要性を教育する栄養教育の問題が大きなテーマとなった。前者については「食品の包装と表示」に関するパネルディスカッションが開催され，加工食品，包装食品の栄養表示の重要性が強調され，これら食品への栄養表示が提案され，後者のほうはアメリカ栄養教育学会の発足となり，その会議は十分にその機能を発揮した。栄養表示問題は当初の強制表示には生産者，流通業者の反対があり，まがりなりにも任意表示という形でほとんどすべての食品を対象として1975年の12月からスタートした。

当初任意表示制度でスタートしたこの栄養表示も，次第に高まる加工食品消費の増大の中で，一般に食生活と健康に関する意識が高まり，特に高脂肪，高エネルギー食品を避けたい大衆の要望が表示制度の強制化への動機として十分に作用し，1990年11月に栄養表示・教育法が制定され，1994年5月から実施された。

アメリカの場合，栄養表示をする栄養素としては14項目が必須項目に指定され，任意項目として7項目が指定されている（表3）。特にビタミンやミネラルについ

表3　表示を行う栄養素

必須項目	任意項目
全カロリー	多価不飽和脂肪酸
脂肪カロリー	一価不飽和脂肪酸
脂　　　肪	カリウム
飽和脂肪	可溶性食物繊維
コレステロール	不溶性食物繊維
ナトリウム	糖アルコール
炭水化物	その他の炭水化物
食物繊維	
糖　　　質	
タンパク質	
ビタミンA	
ビタミンC	
カルシウム	
鉄	

て指定された栄養素以外が栄養補給の目的で添加された場合とか，その効果を特に強調する場合等ではその栄養成分を必ず表示するようになっている。

このようにして表示した成分が1日当たりの栄養量の何％に相当するのかが必要な情報であるが，各人の1日当たりの栄養成分の摂取量については，アメリカ人のための栄養所要量に基づいて3種の物差しが示されている。

3.1 RDI (Reference Daily Intake) 1日当たりの摂取基準量

この基準量は年令等によって次の5グループに分けられている。
①1歳未満の乳児，②1～4歳未満の幼児，③4歳以上の子供および成人，④妊婦，⑤授乳婦

この方は特にビタミン，ミネラルのように年令，妊娠等によって必要量が大きく変動する栄養素に利用されている（表4）。

表4 栄養表示にリストできるビタミンとミネラルおよびそのRDI

栄養素	UNIT	4歳以上	4歳以下	乳児	妊婦	授乳婦
ビタミンA	RE*	1,000	400	375	800	1,300
ビタミンC	mg	60	40	35	70	95
カルシウム	mg	1,200	800	600	1,200	1,200
鉄	mg	15	10	10	30	15
ビタミンD	μg^1	10	10	10	10	10
ビタミンE	ATE**	10	6.0	4	10	12
ビタミンK	ug	80	15	10	65	65
チアミン	mg	1.5	0.7	0.4	1.5	1.6
リボフラビン	mg	1.8	0.8	0.5	1.6	1.8
ナイアシン	NE***	20	9.0	6	17	20
ビタミンB_6	mg	2.0	1.0	0.6	2.2	2.1
葉酸	μg	400	50	35	400	400
ビタミンB_{12}	μg	2	0.7	0.5	2.2	2.6
リン	mg	1,200	800	500	1,200	1,200
マグネシウム	mg	400	80	60	320	355
亜鉛	mg	15	10	5	15	19
ヨウ素	μg	150	70	50	175	200
セレニウム	μg	70	20	15	65	75
塩素	mg	3,400	1,000	800	3,400	3,400
ビオチン	μg	65	20	15	65	65
パントテン酸	mg	5.5	3.0	3.0	5.5	5.5
銅	mg	2.5	0.9	0.7	2.5	2.5
マンガン	mg	3.5	1.3	0.8	3.5	3.5
フッ素	mg	3.0	1.0	0.6	3.0	3.0
クロム	μg	130	50	40	130	130
モリブデン	μg	160	38	30	160	160

*レチノール等価，**αトコフェロール等価，***ナイアシン等価　μg^1=microgrm

3.2 DRV (Daily Reference Value) 1日当たり基準量

4歳以上の子供あるいは成人が加工食品を摂取する場合の目安量を示したもので，全脂肪量，飽和脂肪量，コレステロール値，全炭水化物量，食物繊維量，ナトリウム量，カリウム量およびタンパク質量の8項目が2,000あるいは2,500kcalの1日当たり摂取エネルギーの場合どの程度の数値になるかを示している（表5）。このDRVに替えてDV (Daily Value) 1日当たり目安量も用いられている。

表5 1日基準量
（1日当たり2,000kcalの場合）

食品成分	単位	DRV
全 脂 肪	g	65
飽 和 脂 肪	g	20
コレステロール	mg	300
全 炭 水 化 物	g	300
食 物 繊 維	g	25
ナ ト リ ウ ム	mg	2,400
カ リ ウ ム	mg	3,500
タ ン パ ク 質	g	50

今回のアメリカの栄養表示で特徴のみられるのは，食品100g当たりで栄養量が示されているのではなく，サービングサイズ（Serving Size）当たりで示されている点である。このため前述したアメリカ栄養教育学会で，長年にわたってアメリカ人の通常の食事で，各種食品の摂取量調査を行ってきた。例えばトーストを食べる場合，平均的には1食当たりトースト55gに対し，テーブルスプーン1杯（14g）のバターをつけるなどの調査結果を活用している。

これを利用し，ある缶詰の場合，1缶何人前に相当しますと表示がされてあり，その1人前（one serving size）では各栄養素が1人分（2,000kcalの場合）の何％に相当するかが表示されている。今1食にA，B，Cの加工食品を利用するとし，それぞれ1人前のエネルギー量がDRVのa，b，c％であったとすれば，100≧a＋b＋c＋…になるように献立を考えればよいわけで，100g当たりより理解されやすい表示である。ただこのサービングサイズが平均的な値であり，男性の場合として2,500kcal，女性および子供の場合として2,000kcalが示されているが，個人差をどうするのか，やはり実際に活用するに当たっては配慮が必要であろう。ただ同一のアイテムの加工食品を比較するときには，どちらが低エネルギーとか低脂肪であるかを容易に判別できるので栄養表示のない場合より選択しやすくなっていることであろう。

4 平成7年改正栄養改善法における栄養表示

近年のわが国での食生活の実体を総理府が発行している家計調査によると，食料消費は概数的な分類では，主食費は10％程度であり，副食費50％，嗜好食品費20％，外食費20％と分類されている。また加工食品費と外食費の合計は65％とほぼ食料支出総計の2/3を占めるまでに上昇してきている。食生活と健康との関わりについては大多数の国民が大いに関心を持っているが，実際日常利用している加工食品および外食ではどのような栄養量の食品が販売されているのか，どの程度の栄養素配分の食事が提供されているのかまったく不明のまま利用されているのが現状であろう。ただ外食に関しては，厚生省が指導し，一部のレストランではその提供するメニュー

に栄養量を明示してある場合もあるが，その普及はまだ微々たるものであろう。

このような問題はアメリカでも同様で，ことに近年加工食品の普及が顕著で，また高脂肪，高エネルギーによる肥満を防止するための食生活を実践するには，市販加工食品の栄養価表示が必要条件として一般から要望されてきた。これに応えて政府では1993年に栄養表示・教育法を制定し，すべての加工食品の栄養価表示を強制施行した。

世界的にみると，すでにオーストラリアではアメリカ同様に加工食品の栄養価表示は義務付けており，カナダも実施を準備中で，コーデックスも前向きに取り組んでいる現在わが国としても，この世界の動向に対応する必要があり，平成6年8月に厚生大臣の私的な懇談会として「食と健康を考える懇談会」を設置し，当面対応が必要な各種案件に対する意見を求めた。この懇談会に出された案件の1つとしてこの栄養表示の問題も含まれていた。このような動きが実って，1995年食品衛生法および栄養改善法の改正が国会を通過し，当面栄養表示は部分的に実施されることとなった。

わが国における栄養表示問題も歴史的にみると約20年の歴史があり，表6にみられるように，1973年に検討が開始され，1980年頃には強制表示にする意向がほぼ固まりつつあった。しかし中曽根内閣当時のアクションプログラムによって基準認証制度の新設はすべて見送られ，任意制度として存続してきたし，今回の栄養改善法でもコーデックス，ECと同様に任意制度として再出発することとなった。

表6 加工食品の栄養成分表示制度（JSD制度）（経緯）

昭和48(1973)年	厚生省指導により（社）日本栄養食品協会が加工食品の栄養成分表示の自主制度の検討に着手
昭和50(1975)年	JSD食品として加工食品の栄養成分表示を実施
昭和52(1977)年	厚生科学研究「米国における加工食品の栄養価表示の実状について」調査研究
昭和54(1979)年	健康づくり特別研究委託「加工食品の栄養価表示に関する消費者ニーズについて」調査研究
昭和55(1980)年	第13回消費者保護会議で加工食品の栄養成分表示の検討を決定
	健康づくり特別研究委託「加工食品の栄養成分表示制度に関する調査研究」
昭和56(1981)年	公衆衛生審議会で制度化を図るよう意見が出される
昭和60(1985)年	栄養情報サービスシステム検討会を設置し，加工食品の栄養成分表示の制度化を検討
	政府・与党合同の対外経済対策推進本部「市場開放のための行動計画（骨子）」を発表（基準認証制度の創設は原則的に行われないこととされる）
昭和61(1986)年	栄養情報サービスシステム検討会「加工食品の栄養成分表示に関する意見」提出
	厚生省の指導を受け（社）日本栄養食品協会が加工食品の栄養成分表示に関わる新制度をスタート
平成4(1992)年	厚生省の指導を受け（社）日本栄養食品協会と（財）日本健康食品協会と統合して（財）日本健康・栄養食品協会となり，引き続きJSD制度を運用している

すなわち今回の表示制度では，前述のように，栄養改善法第17条で栄養表示基準としては，「販売に供する食品（特別用途食品を除く。）につき，栄養成分（厚生省令で定めるものに限る。以下この条において同じ。）又は熱量に関する表示（以下「栄養表示」という。）をしようとする者及び本邦において販売に供する食品であって栄養表示がなされたもの（第15条の承認に係わる食品を除く。以下この条において「栄養表示食品」という。）を輸入する者は，厚生大臣の定める栄養表示基準（以下単に「栄養表示基準」という。）に従い，必要な表示をしなければならない。ただし，販売に供する食品（特別用途食品を除く。）の容器包装及びこれに添付する文書以外の物に栄養表示をする場合その他政令で定める場合は，この限りではない。」
と記されている。このように栄養成分あるいは熱量に関して何らかの表示をしようとする場合に限って，栄養表示が義務付けられるわけで EC 型とかコーデックス型と呼ばれるのは，このような条件がつけられているためである。なお，この表示義務のある加工食品は一般消費者への販売を目的とする加工食品に限定されているので，液卵のように加工業者にのみ販売されるものは除外されている。

この法律に示されている栄養成分とは何を指すのかが問題になる。この範囲を考えるとき，一応目安となるものは，厚生省が出している「日本人の栄養所要量」であり，この解説書に記載されている，所要量，目標摂取量が示されたすべての栄養素が今回の表示の対象となっている。このため以下に示す栄養成分あるいは熱量について何らかの表示を行った場合には，それらの栄養成分あるいは熱量について含有量が表示されることとなる。

① 熱量
② タンパク質
③ 脂肪
④ 炭水化物
⑤ 無機質
　カルシウム，鉄，カリウム，リン，マグネシウム，亜鉛，銅，マンガン，ヨウ素，セレンおよびナトリウム
⑥ ビタミン
　ビタミンA，ビタミンB_1，ビタミンB_2，ビタミンB_6，ビタミンB_{12}，ナイアシン，ビタミンC，ビタミンD，ビタミンE，ビタミンKおよび葉酸

では，このすべての栄養成分および熱量についてその含有量を示すのかといえば，次のように，(ア)から(カ)までのものが必ず示されていなければならない項目であり，それ以外の栄養成分については，何らかの言及がない限り，表示の義務はない。

(ア) 熱量

(イ)　タンパク質
　(ウ)　脂質
　(エ)　糖質
　(オ)　ナトリウム
　(カ)　栄養表示された栄養成分

　ここで，糖質とは利用可能な炭水化物（炭水化物から食物繊維を除いたもの。）とされている。また，食物繊維の表示をしないものでは，当分の間，糖質に代えて炭水化物を記載することもできる。

　糖質の含有量を示すときは上記のように，総炭水化物量から食物繊維量を差し引いて計算するもので，この食物繊維の代わりに粗繊維量を用いることはできない。またこの(ア)から(カ)にいたる栄養成分の中0の場合にも0という重要な表現であり，必ず表示する必要があり，2種以上0の場合には一括して0と示すことも許されている。

　表示は原則として容器包装を開かなくても見える場所に読みやすく邦文で記載することとされている。このため一般には8ポイント以上の活字の使用が決められているが，特に表示面積が100cm²以下の場合には 5.5 ポイント以上の活字を使用することも認められている。

　これら栄養成分の表示に当たってどのような単位を用いるかについては，次のように指定されている。

〔単位〕

　(ア)　熱　　　量　　　　キロカロリー
　(イ)　タンパク質　　　　グラム
　(ウ)　脂　　質　　　　　グラム
　(エ)　糖　　質　　　　　グラム
　(オ)　カルシウム，鉄およびナトリウムについては，ミリグラム。
　　　　ただし，ナトリウムについて1,000ミリグラム以上の場合にあっては，グラム
　(カ)　ビタミンAおよびビタミンDについては，国際単位。
　　　　ビタミンB₁，ビタミンB₂，ナイアシンおよびビタミンCについては，ミリグラム

　また，これらの含量は 100 グラム当たりあるいは 100 ml 当たり，または業者が指定する1食当たりなどで示すことができるし，さらに一定値のみでなく，一定の幅で示すこともできる。この場合には上限値と下限値を示す。例えば，3〜4g 等の記載が可能である。一定値を示す場合には，当然保存時の減耗等も考慮する必要があるし，食品であれば一定値といっても若干の変動も考慮する必要があるので，分析値は以下の範囲内であることが要求されている。ただし幅表示した場合には必ず指示した範囲内に栄養成分が含まれていなければならない。

(キ) 熱量, タンパク質, 脂質, 糖質およびナトリウム   : －20％～＋20％
(ク) カルシウム, 鉄, ビタミンAおよびビタミンD   : －20％～＋50％
(ケ) ビタミンB_1, ビタミンB_2, ナイアシンおよびビタミンC：－20％～＋80％

含有量を求めるに当たって，どのような分析法を用いるかについても，細かく規定されている。
これらのなか一般成分としての各種成分分析については，表7の「栄養成分等の分析方法等」を参照されたい。また窒素－タンパク質換算係数については表8を，難消化性糖質のエネルギー換算係数については表9を参照されたい。特に糖アルコール，オリゴ糖等のエネルギー値については，「衛新第71号通知」による生理的燃焼熱測定法が厚生省から出されていたが，この方法は各種糖類が単一に存在するときは正確に測定できるが，食品中に混和された場合には，正確な値

表7　栄養成分等の分析方法等

栄養成分等名称	単位	分析方法等
エネルギー	kcal	エネルギーの算出に当たっては，次の係数を用いて，計算する。 (1) タンパク質　4キロカロリー／g (2) 脂　　質　9キロカロリー／g (3) 糖　　質　4キロカロリー／g ただし，アルコールについては7キロカロリー／gを，有機酸については3キロカロリー／gを，難消化性糖質については表9の係数を用いて計算する。 また，糖質に代えて炭水化物とその含有量を記載している場合にあっては，エネルギーの算出に当たっても糖質に代えて炭水化物を用いて計算する。
タンパク質	g	食品中のタンパク質の定量では，全窒素を定量し，それに表8の係数を乗じてタンパク質量とする。
脂　質	g	1) エーテル抽出法 2) 酸分解法 3) レーゼゴットリーブ法 4) ゲルベル法 5) クロロホルム・メタノール混液改良抽出法
飽和脂肪酸	g	ガスクロマトグラフ法
糖　質	g	糖質＝100－（水分＋タンパク質＋脂質＋灰分＋食物繊維）
糖　類	g	糖類＝単糖＋二糖－糖アルコール
単糖，オリゴ糖および糖アルコール	g	1) 高速液体クロマトグラフ法 2) ガスクロマトグラフ法
食物繊維	g	1) プロスキー法による総食物繊維の定量 2) 高速液体クロマトグラフ法
有機酸	g	高速液体クロマトグラフ法
アルコール	g	1) 浮ひょう法 2) ガスクロマトグラフ法 3) 酸化法
ナトリウム	mg	1) 原子吸光光度法（灰化法） 2) 原子吸光光度法（塩酸抽出法）

(つづく)

栄養成分等名称	単位	分析方法等
ナトリウム	mg	3) 誘導結合プラズマ発光分析法
カルシウム	mg	1) 過マンガン酸カリウム容量法 2) 原子吸光光度法 3) 誘導結合プラズマ発光分析法
鉄	mg	1) オルトフェナントロリン吸光光度法 2) 原子吸光光度法 3) 誘導結合プラズマ発光分析法
ビタミンA （レチノール， カロテン）	IU	1) 高速液体クロマトグラフ法 　（レチノール（ビタミンAアルコール），β-カロテン） 2) 吸光光度法（総カロテン）
ビタミンB_1	mg	1) 高速液体クロマトグラフ法 2) チオクローム法
ビタミンB_2	mg	1) 高速液体クロマトグラフ法 2) ルミフラビン法
ナイアシン	mg	1) 微生物学的定量法 2) 高速液体クロマトグラフ法
ビタミンC	mg	1) 高速液体クロマトグラフ法 2) 2,4-ジニトロフェニルヒドラジン法 3) インドフェノール・キシレン法 4) ヨウ素を用いた酸化還元滴定法
ビタミンD	IU	高速液体クロマトグラフ法
水分	g	1) 常圧加熱乾燥法 2) 減圧加熱乾燥法 3) 乾燥助剤法 4) プラスチックフィルム法 5) カールフィッシャー法
灰分	g	1) 直接灰化法 2) 酢酸マグネシウム添加灰化法 3) 硫酸添加灰化法

注) 表に定めていない栄養成分については，科学的に妥当な方法とする。

表8 窒素のタンパク質換算係数

食品名	換算係数
小麦（玄穀），大麦，ライ麦，えん麦	5.83
小麦（粉），うどん，マカロニ，スパゲティ	5.70
米	5.95
そば	6.31
落花生，ブラジルナッツ	5.46
くり，くるみ，ごま，その他のナッツ類	5.30
アーモンド	5.18
かぼちゃ，すいか，ひまわりの各種実	5.40
大豆，大豆製品	5.71
乳，乳製品，マーガリン	6.38

注) 上記以外の食品は6.25の係数を用いる。ただし，しょうゆについては大豆製品とみなし，5.71の係数を用いる。

が得られにくい欠点があり，今回は換算係数を用いることとされ，測定が簡便化された。

以上が「この食品にはビタミンCがレモン100個分入っています」といった含有量についての宣伝を行う場合に必要とされる栄養表示のケースであり，一応絶対表示と呼ぶとすれば，一般市販食品よりもこの食品では特定栄養成分が多い場合，少ない場合，あるいは無の場合等，比較表現をした場合の表示が問題となる。この場合も国民の栄養摂取状況からみて，欠乏が国民の健康の保持増進に影響を与えている栄養成分の場合もあれば，逆に過剰な摂取が影響を与えている成分もあり，前者では一定量以上の成分を，逆に後者では一定量以下の成分含有等であることが必要条件となる。

このような場合，各栄養成分ごとに基準が定められている。

まず，高含量とか補給ができ

表9　難消化性糖質のエネルギー換算係数

難 消 化 性 糖 質	エネルギー換算係数 (kcal/g)
エリスリトール	0
ソルボース マンニトール ラクチュロース イソマルチトール パラチニット マルチトール ラクチトール ガラクトシルスクロース（別名　ラクトスクロース） ガラクトシルラクトース キシロトリオース ケストース ラフィノース マルトトリイトール キシロビオース ゲンチオトリオース ゲンチオビオース スタキオース ニストース ゲンチオテトラオース フラクトフラノシルニストース α-サイクロデキストリン β-サイクロデキストリン マルトシル　β-サイクロデキストリン Galβ$_{1-3}$ Glc Galβ$_{1-6}$ Glc Galβ$_{1-6}$ Galβ$_{1-4}$ Glc	2
ソルビトール キシリトール テアンデオリゴ アルトテトライトール	3

る，供給源となるなどの表示を行うことのできる栄養成分は，次のものに限定される。

・タンパク質，食物繊維，カルシウム，鉄，ビタミンA，ビタミンB$_1$，ビタミンB$_2$，ナイアシン，ビタミンCおよびビタミンD

逆に無，低等の表示を行うことのできる栄養成分は次のものに限定されている。

・熱量，脂質，飽和脂肪酸，糖類（単糖類および二糖類に限り，糖アルコールは除く）およびナトリウム

また高あるいは供給源などの表示をする場合には表10に従って，それぞれが基準値以上であ

表10 補給ができる旨の表示について遵守すべき基準値一覧表

栄養成分	〔第1欄〕 高,多,豊富,強化,増などの表示をする場合は,いずれかの基準値以上であること			〔第2欄〕 源,供給などの表示をする場合は,次のいずれかの基準値以上であること		
	食品100g当たり（ ）内は,飲用に供する食品100ml当たりの場合		100kcal当たり	食品100g当たり（ ）内は,飲用に供する食品100ml当たりの場合		100kcal当たり
食物繊維	6g	(3g)	3g	3g	(1.5g)	1.5g
タンパク質	14g	(7g)	7g	7g	(3.5g)	3.5g
カルシウム	180mg	(90mg)	60mg	90mg	(50mg)	30mg
鉄	3mg	(1.5mg)	1mg	1.5mg	(0.8mg)	0.5mg
ビタミンA	600 IU	(300IU)	200 IU	300 IU	(150IU)	100 IU
ビタミンB_1	0.3mg	(0.15mg)	0.1mg	0.15mg	(0.08mg)	0.05mg
ビタミンB_2	0.42mg	(0.21mg)	0.14mg	0.21mg	(0.11mg)	0.07mg
ナイアシン	5.1mg	(2.6mg)	1.7mg	2.6mg	(1.3mg)	0.9mg
ビタミンC	15mg	(8mg)	5mg	8mg	(4mg)	3mg
ビタミンD	30 IU	(15IU)	10 IU	15 IU	(8IU)	5 IU

ることが要求され,用語によって,第1欄もしくは第2欄の基準が適用される。

また特に他の食品と比較して,「高」等の用語を用いるときには,当該食品での特定栄養成分の増加量が第2欄の基準値以上であることが求められる。この場合,比較対象食品および増加量あるいは増加割合を表示しなければならない。またこの増加量またはその割合表示値は分析値以上でなければならない。

今食物繊維を例にとれば,高食物繊維食品というためには100g当たり6g以上の食物繊維を含有していることが必要であるが,従来品（1g／100g）に比較して高食物繊維品というためには5g／100gでも,このような表示ができるわけで,この両者の区別を明確に把握しておく必要があろう。

反対に「無」,「ゼロ」等の表示をする場合は,表11の1欄の基準値に満たないことが必要であり,「低」,「ひかえめ」等の表示には第2欄の基準値以下であることが必要となる。

脚注にもあるように,当分の間JAS規格との関連で,ノンオイルドレッシングの場合には,ノンオイルとうたっているが,脂肪は0.5gではなく3g／100mlが適用される。

また,比較表現の場合には比較対象食品および低減量または割合を表示したうえで表11第2欄の基準値以上であれば,表示可能となる。ただし,醤油のナトリウムについては低減割合が20％以上であれば,ナトリウム量が120mgを超えている場合でも比較食品に対して低塩醤油と書くことができることとされている。

表11 適切な摂取ができる旨の表示について遵守すべき基準値一覧表

栄養成分	[第1欄] 無，ゼロ，ノンなどの表示は次の基準値に満たないこと 食品100g当たり (飲用に供する食品にあっては100ml当たり)		[第2欄] 低，軽，ひかえめ，低減，カット，オフなどの表示は次の基準値以下であること 食品100g当たり ( ) 内は飲用に供する食品100ml当たり	
熱　　量	5 kcal		40 kcal	(20 kcal)
脂　　質	0.5 g		3 g	(1.5 g)
飽和脂肪酸	0.1 g		1.5 g かつ飽和脂肪酸由来エネルギーが全エネルギーの10％	(0.75 g) かつ飽和脂肪酸由来エネルギーが全エネルギーの10％)
糖　　類	0.5 g		5 g	(2.5 g)
ナトリウム	5 mg		120 mg	(120 mg)

注)「ノンオイルドレッシング」について，脂質の無，ゼロ，ノンなどの表示については「0.5g」を，当分の間「3g」とする。

表12 各国における栄養成分表示および健康に関連する表示制度の概要

国　名	米　国	E U	日	本
根　拠	栄養表示教育法 (平成2年・平成6年5月施行)	食品材料の栄養表示に関する理事会指令 (平成2年)	栄養改善法 (昭和27年)	加工食品の栄養成分表示制度 (昭和61年局長通知)
表示 栄養成分	○原則としてすべての包装食品(ただし生鮮食品，食鳥肉，生鮮果実，野菜等，生鮮魚介類等を除く。)に表示義務付け	○栄養等に関する何らかの表示をする食品に表示義務づけ	○特殊栄養食品の許可を受けた食品に義務づけ	○㈶日本健康・栄養食品協会による認定制度
強調表示 栄養	○一定の規格に適合している食品に表示可能 例：無，低，減，ライト，強化等	○一定の規格に適合している食品に表示可能 例：無，低，減，ライト，強化等	○特殊栄養食品とまぎらわしい表現の禁止： 例：高タンパク，低カロリー，減塩等	
強調表示 健康	○一定の規格に適合している食品に表示可能 ・カルシウムと骨粗鬆症 ・脂肪と心臓病 ・脂肪とがん ・ナトリウムと高血圧等に関する強調表示が可能	禁　止	○特定保健用食品の許可を受けた食品に表示可能	

平成8年5月24日からこの法律は施行されているが，経過措置として，現在市販中のものに限って平成10年3月31日まで，この規則によらない表示食品の市販も認められている。しかし，新規食品については，当然この期間中であってもこの法律による表示が必要である。

　全体として，今回採用された数値等は既述のコーデックスの基準値が採用されたものが多いことに気付かれることであろう。

　栄養表示とともに問題とされるものに健康表示制度があり，前者は各国足並みが揃ってきたが，後者のほうはアメリカの健康強調表示制度（Health Claim）が突出した感じと，わが国の特定保健用食品制度がこれに次ぎ，ECでは今のところまったく認められていないので，この表示については今後の各国の対応が注目されることであろう。一応各国の制度をまとめて表12として示した。

第7章 臨床におけるフリーラジカル スカベンジャー

吉川敏一[*1], 中村泰也[*2], 近藤元治[*3]

1 はじめに

近年,各種疾患や老化の病態に,活性酸素・フリーラジカルが重要な役割を果たしていることが注目され,活性酸素・フリーラジカルを制御することによる疾病の予防・治療や老化の制御の可能性が模索されている。このような状況の中で,食品や嗜好品にはさまざまの抗酸化物質が含まれていることが注目され,それらの生理機能に対して大きな期待が寄せられている。また,抗酸化作用を持つ種々の薬品が開発され臨床応用されているほか,東洋医学で古来から使用されてきた漢方薬にも優れた抗酸化作用があることが知られるようになってきた。本稿では活性酸素・フリーラジカルによる障害に対する各種の抗酸化物質・薬剤の作用について概説する。

2 活性酸素・フリーラジカルによる障害と生体の持つ消去機構

活性酸素やフリーラジカルは一般に不安定で反応性に富むため,生体内で過剰に生じた場合,脂質・タンパク・核酸・酵素等,あらゆる生体内分子を攻撃しうる。

すべての細胞膜中に局在する高度不飽和脂肪酸は,フリーラジカルによって攻撃され,連鎖的脂質過酸化反応を介して過酸化脂質を生成する。この生成された過酸化脂質の直接的あるいは間接的作用により生体膜障害が引き起こされ,生体膜上に存在するタンパクの酵素作用や受容体機能の障害を惹起する。フリーラジカル・活性酸素のタンパクに対する酸化的な変化は,分子の多量化と断片化および特定アミノ酸残基の酸化分解が主たるものであるが,タンパクの構造変化や酵素活性の失活が惹起される。また,活性酸素は核酸の塩基部・糖部・エステル結合部のいずれとも反応し酸化することが明らかにされ,核酸の酸化的障害が突然変異を惹起し最終的に発癌に関連すると考えられている。

ヒトをはじめとする好気性生物は組織や細胞内外のさまざまな区画に抗酸化機能を備え,フリーラジカル・活性酸素による酸化的障害から生体を守っている。すなわち,①フリーラジカルの生

[*1] Toshikazu Yoshikawa　京都府立医科大学　第一内科
[*2] Yasunari Nakamura　京都府立医科大学　第一内科
[*3] Motoharu Kondo　京都府立医科大学　第一内科

成を抑制する機構（予防的抗酸化物），②生成したフリーラジカルをすみやかに消去する機構（ラジカル捕捉型抗酸化物），③フリーラジカルによって障害を受けた DNA・脂質・タンパク等を修復・再生する機構（修復・再生機構）という3段階の精巧な防御機構によって自らを護っている。表1にこれらの抗酸化機構のうち代表的なものを示す。

しかし，これらの抗酸化機構も完全とはいえず，種々の酸化的ストレスによって過剰のフリーラジカルが発生した場合，あるいは抗酸化機構が減弱化したときには，生体はフリーラジカルによる酸化的障害を被ることになり，種々の病態が惹起されることになる。

表1 生体内抗酸化機構

予防的抗酸化機構
  1．ヒドロペルオキシド，過酸化水素の還元
    グルタチオンペルオキシダーゼ，カタラーゼ，
    グルタチオン-S-トランスフェラーゼ，ペルオキシダーゼ
  2．金属イオンのキレート化
    トランスフェリン，フェリチン，セルロプラスミン，
    ラクトフェリン，アルブミン
  3．一重項酸素の消去
    β-カロチン，ビリルビン
ラジカル捕捉型抗酸化物
  1．脂質層のラジカルを捕捉
    ビタミンE
  2．水層のラジカルを捕捉
    ビタミンC，尿酸，ビリルビン
  3．スーパーオキシド（O_2^-）を捕捉
    スーパーオキシドジスムターゼ
修復・再生機能
  フォスフォリパーゼA_2
  プロテアーゼ
  エンドヌクレアーゼ

3 抗酸化系

抗酸化系の主なものは，スーパーオキシド消去系と過酸化水素・脂質過酸化物消去系であるが，その他の抗酸化系も存在する。ここでは抗酸化物質を，酵素系，非酵素タンパク系，低分子物質に大別して紹介する。

3.1 酵素系

① スーパーオキシドジスムターゼ

superoxide dismutase (SOD) は，スーパーオキシドアニオンラジカルを不均化する反応 (1) を触媒する酵素である。

$$O_2^- + O_2^- + 2H^+ \rightarrow O_2 + H_2O_2 \tag{1}$$

SOD は，その活性中心に存在する金属により，Cu, Zn-SOD, Mn-SOD, Fe-SOD の3種類が存在する。

Cu, Zn-SODは分子量約32,000で，真菌類や粘菌より高度な多くの動植物に存在し，脊椎動物ではすべての細胞質に存在する。Cu, Zn-SODは一般に肝，副腎，腎などの臓器に多く含まれ[1]，細胞内では特に細胞質にその活性が高いがリソソームや核，ミトコンドリアなどにも存在する[2]。Cu, Zn-SODは，高圧酸素やパラコートなどのフリーラジカル障害により誘導されることが知られている[3]。

　Mn-SODは分子量約85,000～90,000で，副腎や肝，心筋に多く含まれ，細胞内では主にミトコンドリアに含まれる[4]。Mn-SODは，心筋の虚血により誘導されることが知られているが，TNFやinterleukin-1(IL-1)などのサイトカインによっても誘導される[5,6]。

　Fe-SODは原核生物や高等植物に存在する。

　extracellular-SOD(EC-SOD)は細胞外に存在する分子量約135,000の4量体で，銅と糖を含む。血清，腹水，リンパ液などの種々の体液中に存在し，極微量ながら細胞内にも存在する[7]。

② カタラーゼ

　スーパーオキシド消去反応は，しばしば過酸化水素の生成を伴う。過酸化水素はそれ自身が毒性をもち生体膜を容易に通過し，またヒドロキシルラジカルの生成源ともなりうるので，スーパーオキシドスカベンジャーが効果的に機能するためには，過酸化水素の消去系の存在が不可欠である。カタラーゼは過酸化水素の不均化反応(2)を触媒する，分子量約240,000の4量体分子である[8]。カタラーゼは好気性生物に普遍的に存在し，肝・腎・赤血球などに多く，ペルオキシソームに局在する[9]。

$$2H_2O_2 \rightarrow O_2 + 2H_2O \tag{2}$$

③ グルタチオンペルオキシダーゼ

　グルタチオンペルオキシダーゼはグルタチオンを補酵素として，過酸化水素(3)や脂質過酸化物(4)などのペルオキシドを水やアルコールに還元する酵素である。

$$2GSH + H_2O_2 \rightarrow 2H_2O + GS\text{-}SG \tag{3}$$

$$2GSH + LOOH \rightarrow LOH + H_2O + GS\text{-}SG \tag{4}$$

　この酵素は，分子量68,000～88,000の4量体で，各サブユニットに1個のセレノシステインを含み，ここに活性中心をもつ[10]。グルタチオンペルオキシダーゼは肝・腎に高く，細胞質(75％)やミトコンドリアなどに広範に存在し[11]，過酸化水素や過酸化脂質の消去にあたる。

④ グルタチオン-s-トランスフェラーゼ

　グルタチオン-s-トランスフェラーゼは，細胞質（分子量48,000～58,000の2量体）とミトコンドリアや小胞体膜（分子量15,000）に存在し，発癌活性代謝物質にグルタチオンを結合し解毒する反応の一部を触媒する[12]。同時にこの酵素は脂質過酸化物を基質とし，グルタチオンを補酵素とし，アルコールへと還元する反応も触媒する[13]。肝や副腎に含有量が多い。

⑤ アスコルビン酸ペルオキシダーゼ

アスコルビン酸ペルオキシダーゼは，アスコルビン酸を特異電子供与体として，過酸化水素や脂質過酸化物を還元する酵素で，元来植物に広く存在すると考えられていたが，網膜色素上皮や脈絡膜にも含まれていることが明らかになった[14]。

⑥ フォスフォリパーゼ

フリーラジカルによって障害を受けた脂質を修復・再生する機構にフォスフォリパーゼ A_2 がある。リン脂質の2位にある LOOH をもつ脂肪酸部を切り出してリゾ型にし，それがアシルトランスフェラーゼによって再びアシル化して元のリン脂質に戻される。切り出された遊離脂肪酸 LOOH はグルタチオンペルオキシダーゼとグルタチオンによって還元されてアルコールになる[15]。このように，生体膜の過酸化脂質を除去できる酵素として注目されており，広い意味での抗酸化酵素といえる。

そのほかに，広義での抗酸化酵素としては，タンパクの障害に対して作用するプロテアーゼや，核酸の障害に対して作用するエンドヌクレアーゼも存在する。

3.2 非酵素タンパク系

① セルロプラスミン

セルロプラスミンは分子量約160,000の血漿糖タンパクで，1分子中に6～7個の銅原子を含み，銅の運搬をつかさどる。セルロプラスミンはスーパーオキシドに対して SOD 様の活性を持つことが知られており，その速度定数は SOD の約1/5,000であるという[16]。しかし，細胞外液中には Cu, Zn-SOD や Mn-SOD は存在せず，セルロプラスミンは血中に大量に含まれることから，血管内に発生したスーパーオキシドに対するスカベンジャーとして，EC-SOD とともに無視できない存在であると考えられる。

また，セルロプラスミンは2価鉄イオンを不活性な3価鉄イオンに変えるフェロオキシダーゼ活性を持ち，脂質過酸化反応の阻害剤としても抗酸化能を発揮する[17]。

② トランスフェリン

遊離鉄は脂質過酸化反応の開始に重要である。トランスフェリンは細胞外液のみに，ラクトフェリンは細胞内外液に存在し，3価の鉄イオンに対して強い親和性を持つ。これらの鉄結合性タンパクは，脂質過酸化反応に関与する遊離鉄や鉄錯体中の鉄を取り込み，強力な抗酸化剤として働く[18]。

③ アルブミン

アルブミンは次亜塩素酸やペルオキシラジカル，ヒドロキシルラジカルを消去できる。アルブミンの中でもトリプトファン，チロシン，ヒスチジン，システインが攻撃を受け[19]，酸化したア

ルブミンは加水分解を受けやすくなる[20]。

④ メタロチオネイン

メタロチオネインは分子量約6,000の金属結合タンパクで，構成アミノ酸のおよそ30％がシステインである。スーパーオキシドおよびヒドロキシルラジカルを消去し，脂質過酸化を抑制する[21]。

3.3 低分子物質・その他

① ビリルビン

ビリルビンは脂質，特にアルブミンに結合した脂肪酸の酸化を抑制する[22]。また，抱合型ビリルビンの次亜塩素酸捕捉能や，ビタミンEの再生作用も報告されている[23,24]。

② 尿　酸

尿酸は鉄イオンと安定な複合体を形成し，脂質過酸化を抑制する[25]。また，水層で生じたヒドロキシルラジカルや一重項酸素，ペルオキシラジカルや二酸化窒素ラジカルを消去できる[26]。尿酸はフリーラジカル捕捉により尿酸ラジカルになると考えられるが，このラジカルは速やかにアスコルビン酸によって消去される[27]。

③ グルタチオン

グルタチオンはグルタチオンペルオキシダーゼの基質として脂質過酸化物の分解に関与するが，フリーラジカルを直接的に消去することによっても抗酸化能を示す。グルタチオンはスーパーオキシドを速やかに消去する[28]。ビタミンEの再生も可能であるが，その速度はビタミンCに比べるとかなり遅い。

④ ビタミンC

ビタミンC（アスコルビン酸）はコラーゲン代謝以外に種々の生化学反応と共役して，スカベンジャー機能を果たす。ビタミンCはSODの1/7,000の速度でスーパーオキシドと反応することが知られており，組織内濃度によっては十分スーパーオキシドスカベンジャーとしての生理的機能を果たしうるものと考えられている[29]。その他にビタミンCはヒドロキシルラジカルや一重項酸素や過酸化水素のスカベンジャーとしても機能しうる[30,31]。ヒト血漿中ではビタミンCは，水層のフリーラジカル発生に対し，もっとも強力な抗酸化作用を発揮する。

⑤ ビタミンE

フリーラジカルや活性酸素による脂質過酸化反応が生体膜上で生じると，連鎖反応が繰り返されて膜障害が進行していく。ビタミンEは，このフリーラジカル連鎖反応をペルオキシラジカルを捕捉することによって停止させる[32]。この反応で生じたビタミンEラジカル（クロマノキシラジカル）は反応性が低いために再び脂質を攻撃して連鎖反応を続けることは少ない。ビタミ

ンEラジカルはもう1つのペルオキシラジカルと反応して安定するものと考えられる。

このように生体膜などの疎水性部分ではビタミンEは消費されていくが，膜の外側の親水性部分で抗酸化作用を発揮しているビタミンCとの間で互いに膜の内外で協力的に働き，ビタミンEラジカルは水層側に位置するビタミンCによって容易に再還元され，元のビタミンEに再生されていると考えられる。このように，膜の脂質過酸化反応には，ビタミンCとビタミンEの相乗的抗酸化作用が重要である[33,34]。

⑥ β-カロチン

β-カロチンは脂溶性でプロビタミンAといわれ，ヒトの生体内で酸化還元されてレチノール（ビタミンA）となるが，ビタミンAの前駆物質としてだけではなく，それ自身が抗酸化作用を持つことが注目されている。

β-カロチンは，脂質過酸化反応で生じる脂質ペルオキシラジカルを消去するが，その血漿での存在場所はリポタンパク中であり，成人ではLDL中に多く含まれている[35]。ビタミンEと同様，生体膜中など脂溶性部位でラジカルに対する抗酸化作用を発揮しているが，ビタミンEは膜の比較的表面に存在して作用するのに対し，β-カロチンは膜の深部に存在し，主に膜の中で発生したラジカルを消去しているものと考えられている。

また，発癌とβ-カロチンとの関係を示唆する報告も多くみられ，高β-カロチン含有野菜摂取は癌発生リスクが低いといった報告がされている[36,37]。

⑦ コエンザイムQ

コエンザイムQ（ユビキノン）は，ミトコンドリアの呼吸鎖電子伝達系の成分としてATP合成に働く以外に，その抗酸化作用が注目されている[38]。ビタミンEと同様，生体膜内で生成する脂質ペルオキシラジカルを消去したり[39]，ビタミンEを再生することにより抗酸化作用を示すと想定されている[40]。臨床的には心不全など循環器疾患で使用されているが，抗癌剤のアドリアマイシンによる心毒性を防止することもよく知られている。

⑧ 抗酸化作用をもつ食品

食品の中には自然界に存在する抗酸化物質を豊富に含むものがある（表2）[41]。なかにはゴマに含まれるセサミノール[42]や茶に含まれるカテキン[43]のように，*in vitro* でビタミンEに比肩するほどの抗酸化能を示すものもあるが，*in vivo* での検討は途上であり，これからの課題である。

⑨ 抗酸化能を持つ薬剤

カルシウム拮抗剤[44]，抗不整脈剤[45]，精神安定剤[46]など，すでに臨床使用されている薬剤の中にも，その薬理作用と抗酸化能との関連が報告されている。

また，抗酸化作用を持つ微量元素含有化合物として，セレン（Se）化合物（エブセレン）と亜

表2 食品に含まれる抗酸化物質とその素材[41]

1. フェノール	2. トコフェロール類
1) モノフェノール	3. アスコルビン酸，レダクトン類
2) ポリフェノール	4. カロチノイド類
3) NDGA	5. アミノ酸，ペプチド類
4) 没食子酸エステル	6. 核酸塩基
5) フラボノイド	7. 含硫黄化合物
6) クマリン	8. クエン酸，有機酸
7) タンニン	9. メラノイジン
8) エラーグ酸	10. β-ジケトン
9) フェノールテルペン	11. リン脂質
10) リグナンフェノール	12. レジン
	13. 糖アルコール

1. 植　物	3. 生　薬（和漢薬）
油糧種子	4. 藻　類
穀　類	5. 微生物代謝物
豆　類	6. 動物食品
野菜, 果物	7. 発酵食品
植物葉, リーフ	8. タンパク質加水分解物
ワックス	9. アミノカルボニル反応生成物
樹皮, 根	10. その他
2. 香辛料	

鉛（Zn）化合物（Z-103）が臨床応用へ向けて新規合成された。エブセレンはグルタチオンの存在下でグルタチオンペルオキシダーゼ様の活性を示すほか[47]，食細胞からの活性酸素産生抑制作用などもあり[48,49]，現在臨床試験中である。亜鉛とL-カルノシンのキレート化合物であるZ-103は，脂質過酸化抑制作用やスーパーオキシド消去作用を持ち[50]，抗潰瘍剤として臨床使用されるようになった。

　植物に含まれるタンニン類にもスーパーオキシド消去活性はみられる[51]。タンニンは漢方薬の原料となる生薬に，しばしば大量に含まれている。そのほか，フラボノイドなど，漢方薬中には抗酸化作用や食細胞からの活性酸素産生抑制作用をもつ成分が含まれている[52,53]。

　また，スーパーオキシドジスムターゼ（SOD）はラジカル連鎖反応の反応初期に効率よく作用することができるため，臨床応用が期待されている。しかし，SODは血中に投与されても腎からの排泄がきわめて速いためにそのままでは生体内で有効な抗酸化能が得られないため，レシチン化[54]，スチレインマレイン酸結合型[55]，ヘパリン結合型[56]など，ドラッグデリバリーシステムに基づいたSOD誘導体が開発され，検討が進められている。

4 おわりに

　活性酸素・フリーラジカルは多くの疾患や病態，そして老化などの生理現象に多彩に関与している。ここで紹介した各種の抗酸化系は，疾患や老化の原因に密接に関与するとともに，治療もしくは予防に役立つ可能性を持っている。抗酸化系に関する研究は in vitro のレベルではかなり進んできているものの，動物への（長期）投与実験に関してはいまだ不十分であり，いわんやヒトにおける知見ははなはだ少ない。今後のこの分野の研究のさらなる発展と臨床における応用

に期待したい。

文献

1) Peeters-Joris, C. et al., *Biochem. J.*, **150**, 31(1975)
2) Chang, L. Y. et al., *J. Cell. Biol.*, **107**, 2169(1988)
3) Kimball, R. E. et al., *Am. J. Phisiol.*, **240**, 1425(1976)
4) 谷口直之ほか, 活性酸素・フリーラジカル, **2**: 67 (1991)
5) Wong, G. H. W. et al., *Science*, **242**, 941(1988)
6) Masuda, A. et al., *FASEB. J.*, **2**: 3087(1988)
7) Hjalmarsson, S. L. et al., *Proc Natl. Acad. Sci. USA*, **84**, 6340(1987)
8) Murthy, M. R. N. et al., *J. Mol. Biol.*, **211**, 465(1981)
9) Holmes, R. S. et al., *Arch. Biochem. Biophys.*, **148**, 217(1972)
10) Landenstein, R. et al., *J. Mol. Biol.*, **134**, 199(1979)
11) Wendel, A. "Enzymatic basis of detoxication" p.333, Academic Press, New York (1980)
12) 渡部 烈ほか, 蛋白質, 核酸, 酵素, 臨時増刊, **33**: 1405(1988)
13) 渡部 烈ほか, 過酸化脂質研究, **10**:26(1986)
14) Kaul, K. et al., *Curr Eyes Res.*, **7**: 675(1988)
15) Arduini, A. et al., "Biological Free Radical Oxidations and Antioxidants", p.159, CLEUP, Padova (1992)
16) Bannister, J. V. et al., *FEBS Lett.*, **118**: 127(1980)
17) Ooaki, S. et al., *J. Biol. Chem.*, **241**: 2746(1966)
18) 中野 稔, 活性酸素・フリーラジカル, **2**: 75(1991)
19) Davies, K. J. A. et al., *J. Biol. Chem.*, **262**: 9902(1987)
20) Davies, K. J. A. et al., *J. Biol. Chem.*, **262**: 9914(1987)
21) Shiraishi, M. et al., *Phisiol. Chem. Phys.*, **14**: 533(1982)
22) Stocker, R. et al., *Proc. Natl. Acad. Sci. USA*, **84**, 5918(1987)
23) Stocker, R. et al., *Free Rad. Res. Commun.*, **6**, 57(1989)
24) Stocker, R. et al., *Biochim. Biophys. Acta*, **1002**, 238(1989)

25) Davies, K. J. A. et al., Biochem. J., **235**, 747(1986)
26) Simic, M. G. et al., J. Am. Chem. Soc., **111**, 5778(1989)
27) Haliwell, B. et al., Arch. Biochem. Biophys., **280**, 1(1990)
28) Asada, K., Agric. Biol. Chem., **40**, 1659(1976)
29) Nishikimi, M., Biochem. Biophys. Res. Commun., **63**, 463(1975)
30) Rose, R. C., Biochem. Biophys. Res. Commun., **169**, 430(1990)
31) Chon, P-I., et al., Biochem. Biophys. Res. Commun., **115**, 932(1983)
32) 二木鋭雄, 化学総説, **7**, 177 (1990)
33) Niki, E. et al., Bull. Chem. Soc. Jpn., **58**, 1971(1985)
34) Packer, J. E. et al., Nature, **278**, 737(1979)
35) 末木一夫, Fragrance J., **5**, 16(1992)
36) Shekelle, R. B. et al., Lancet, **2**, 1185(1981)
37) Wald, N. J. et al., Br. J. Cancer, **57**, 428(1988)
38) Landi, L. et al., Biochem. J., **222**, 463(1984)
39) Burton, G. W., Science, **224**, 569(1984)
40) Mukai, K. et al., Biochim. Biophys. Acta, **1035**, 77(1990)
41) 並木満夫, 活性酸素・フリーラジカル, **2**：173 (1991)
42) 福田靖子ほか, ゴマの食品科学, 朝倉書店 (1989)
43) 松崎妙子ほか, 農化誌, **59**, 129 (1985)
44) Janero, D. R., et al., Biochem. Pharmacol., **38**, 4344(1989)
45) Rekka, E., et al., Biochem. Pharmacol., **39**, 95(1990)
46) Slater, T. F. et al., Biochem. J., **106**, 155(1968)
47) Muller, A. et al., Biochem. Pharmacol., **33**, 3235(1984)
48) Wakamura, K. et al., J. Pharmacobiol-Dyn., **13**, 421(1990)
49) Timmerman, R. L. H., et al., Biochem. Int., **18**, 295(1989)
50) Yoshikawa, T. et al., Biochim. Biophys. Acta, **1115**, 15(1991)
51) Hatano, T. et al., Chem. Pharm. Bull., **37**, 2016(1986)
52) Tauber, A. I. et al., Biochem. Pharmacol., **33**, 1367(1984)
53) Pagonis, C., et al., Biochem. Pharmacol., **35**, 237(1986)
54) Igarashi, R. et al., J. Pharmacol. Exp. Ther., **262**, 1214(1992)
55) Ohbayashi, H. et al., Proc. Soc. Exp. Biol. Med., **196**, 164(1990)
56) Inoue, M. et al., FEBS Lett., **269**: 89(1990)

〈素材編〉

第1章　高付加価値を持つビタミン
1.1　β-カロチン

末木一夫*

1.1.1　組成・構造式
分子式：$C_{40}H_{56}$
分子量：536.88
構造式

1.1.2　製　法
β-イオノンを出発物質として，その側鎖をβ-C_{14}，C_{15}，C_{19}アルデヒドに延長した後，これら2分子をグリニヤル反応で結合させてβ-C_{40}-ジオールとする。その後，脱水，水素添加をして製する（図1）。

1.1.3　性状・特性
純品は，赤紫～暗赤色の結晶または結晶性の粉末で，わずかに特異なにおいと味がある。

非常に親油性の強い物質で，シクロヘキサン溶液で最大吸収波長は可視部の455nm付近にある。また，非常に酸化されやすく，熱，光，酸塩基などによっても分解されやすいため密閉容器に入れて冷暗所に保管することが望ましい。

なお，油懸濁液や粉末製剤等への製剤化したものについては，ビタミンCやビタミンEの酸化防止剤が添加されていることにより，安定性は純品に比べて格段によい。純品の物理化学的性質を表1に示した。

---

* Kazuo Sueki　日本ロシュ㈱　化学品本部　ヒューマンニュートリション部　学術課

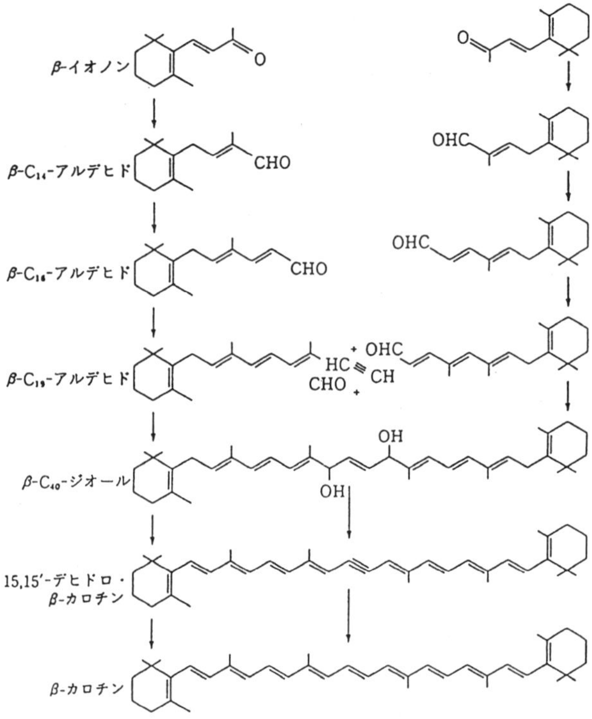

図1　β-カロチンの合成経路

1.1.4　安全性

　食品，薬品および化粧品に使用する着色料として，FDA（アメリカ合衆国の食品医薬品局）により認可されているとともに，GRAS（一般に安全であると認識されている）物質である。また，ビタミン補給剤および栄養剤の成分として用いられている。

　さらに，FAO / WHO の安全性評価では，A(1) にランクされており，ADI は $0 \sim 5$ mg/kg である。

　ビタミンAの前駆体であることから，ビタミンA過剰症が予測されるが，ヒトおよび動物試験でも発症しないことが明らかになっている。また，発がん性，変異原性，胚毒性，催奇形性，繁殖毒性，網膜への沈着は認められない。

　長期間，30mg/日以上を摂取し続けると，皮膚が黄変する症状（柑皮症）がみられる場合があ

表1　β-カロチンの物理化学的性質

	β-カロチン
油 脂 中 の 色	黄～橙色
融　　　　点	176～182℃
溶解度 (g/100ml, 20℃)	
油　　　脂	0.05～0.08
オ レ ン ジ 油	0.2～1.0
水・グリセリン	不溶
エ タ ノ ー ル	0.01以下
メ タ ノ ー ル	0.01以下
シクロヘキサン	約0.1
エ ー テ ル	約0.1
塩化メチレン	約0.5
ベ ン ゼ ン	約2
クロロホルム	約3
ア セ ト ン	約0.1
二 硫 化 炭 素	約0.5
最 大 吸 収 波 長 (λmax. シクロヘキサン)	455～456nm
吸　光　度 ($E^{1\%}_{1cm}$ シクロヘキサン)	456nm＞2,400 485nm＞2,030
安　定　性	酸化されやすく、熱、光、酸塩基などによっても分解する
貯法（保存法）	密封容器

るが、白眼の部分は黄変しない。この症状は健康上問題はないと考えられており、摂取量を減らせば元にもどる。

結論として、1日に25mg以上の高用量のβ-カロチンを約12年間、毎日摂取しても何ら副作用は認められていない。したがって、β-カロチンの安全性は非常に高く、野菜、果物あるいはβ-カロチンを含む加工食品、飲料などからの通常摂取量では体内で有効であっても、害はまったくないといえる。なお、毒性に関する情報を表2に示す。

1.1.5　機能・効果・生理活性

(1) プロビタミンA作用

β-カロチンは、プロビタミンA（体内でビタミンAになる）活性を持つカロチノイドの中でもっとも強い活性を持つ（表3）とともに、ビタミンAの安全な供給源である。ビタミンAとβ-カロチンの効力換算は、日本食品標準成分表（1982年）およびFAO/WHO（1970年）の算定方法による

表2　β-カロチンの安全性試験のまとめ[1]

急性毒性				
	ラット	筋肉注	LD_{50}＞1,000mg/kg	油溶液[2]
	イヌ	経口	LD_{50}＞8,000mg/kg	油溶液[3]

〈亜急性毒性〉ヒトにβ-カロチンを毎日60mg、3カ月間投与したところ、1カ月後血清カロチンレベルは128μg/100mlから最高308μg/100mlに上昇したが、ビタミンAレベルには変化がみられず、ビタミンA過剰症も現れなかった[4]。毎日数ポンドの生ニンジンを摂取したものに皮膚の変色がみられ、β-カロチンが乳汁中に出現した[2]。ラットとイヌに過大量（ラットで1,000mg/kg/日、100日間）投与してもヒトの場合と同様、なんらの毒性は認められなかった。

〈慢性毒性〉β-カロチンを1,000ppm飼料に添加し、4世代にわたって110週間、ラットを飼育したが、どの世代にもなんら有害な影響は現れなかった[5]。

と次のとおりである。

ビタミンA 1 I.U.（国際単位）＝
β-カロチン6 μg＝レチノール3 μg

(2) 生体内抗酸化作用

β-カロチンは，ヒト組織中で強い一重項酸素（$^1O_2$：フリーラジカルの前駆体）消去能を示すために，生体内での抗酸化作用を示すことが考えられる。

表3 カロチノイドのラットにおけるビタミンA活性[6]

カロチノイド	ビタミンA活性*IU/g
β-カロチン	1,667,000
α-カロチン	880,000
γ-カロチン	750,000
クリプトキサンチン	950,000
β-アポ-8′-カロチナール	1,100,000

*ビタミンA1IUはオールトランスビタミンA酢酸エステル0.344μgの生物活性に相当

すなわち，フリーラジカルによるDNAの酸化損傷によるがん発症率の増加，LDLコレステロールの酸化損傷による心血管系疾病発症率の増加，眼の中にある，水晶体タンパク質の酸化損傷による白内障発症率の増加等の成人病発症に対して体質改善すなわち生体内抗酸化作用によって，これら疾病発症の確率を低下させる。すなわち予防の可能性を持つ。例えば，がんの疫学調査試験では，β-カロチンの低摂取群，血中β-カロチンの低濃度群は，β-カロチンの高摂取群，血中β-カロチンの高濃度群より，がん罹患率が高いことが報告されている（表4）。また口腔前がん病変の減少が，β-カロチン投与群で，また胃がん発症率の低下がβ-カロチン，ビタミンEおよびセレニウム投与群で低下したことがインド（図2）および中国の試験（図3）でそれぞれ報告されている。日本における疫学調査でも，血中β-カロチン低濃度群は，胃がんの発症率が高いことが報告されている（図4）。

表4 ガンと食事からのβ-カロチン摂取との関係

ガンの部位	総報告数	ガンのリスクの低下を認めた報告数	有意にリスクの低下を認めた報告数
肺	26	25	18
胃	15	14	8
食道	7	7	4
子宮	6	5	4
膵臓	7	5	2
大腸	18	15	5
乳	18	15	3
前立腺	10	5	3

*肺ガンおよび胃ガンで最も強い相関がみられた。
*全ガンについて全部で200以上の報告がある。

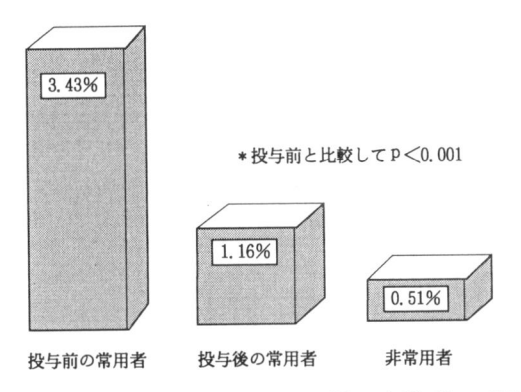

図2 β-カロチンの小核口腔粘膜細胞（前がん細胞）数への効果[7]
図中の百分率は口腔内における前がん細胞の率を示す。

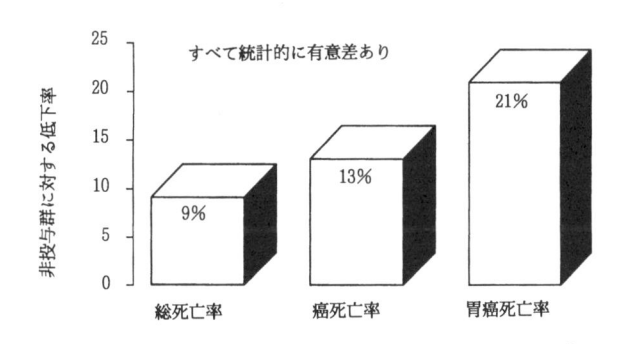

図3 中国 Linxian（林県）における栄養介入試験[8]
——一般人試験——低下率（%）
参加者数 29,584人　β-カロチン＋ビタミンE＋セレン投与群（因子D）
Blot, WJ et al, J Natl Cancer Inst, Vol 85, No 18 (1993)

心血管系疾病についても，がん発症と同様に疫学調査で，β-カロチン摂取量および血中β-カロチンの低グループは，心疾患発症率が高いことが報告されている（図5，6）。また，β-カロチンの投与試験でも，β-カロチン単独あるいはビタミンEとの併用で抑制作用を示している（表5）。

(3) その他

β-カロチンは，さらに免疫能増強作用，抗変異原作用，光からの組織の保護作用等がある。

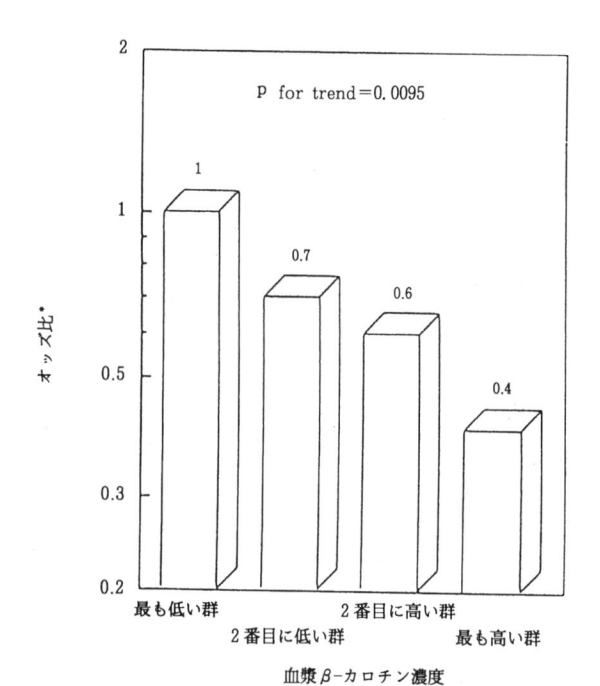

図4　血漿β-カロチン濃度レベル別の血清学的萎縮性胃炎保有リスク[9]
＊値が大きいほど萎縮性胃炎に罹患する危険率

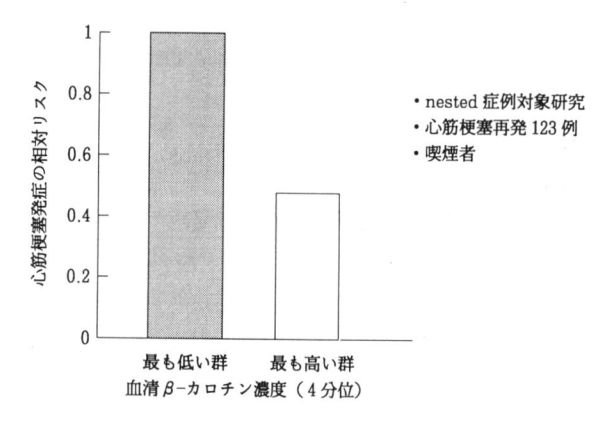

図5　血清β-カロチン濃度と心血管疾病発症リスク

図6 血清β-カロチン濃度と心血管疾病発症リスク

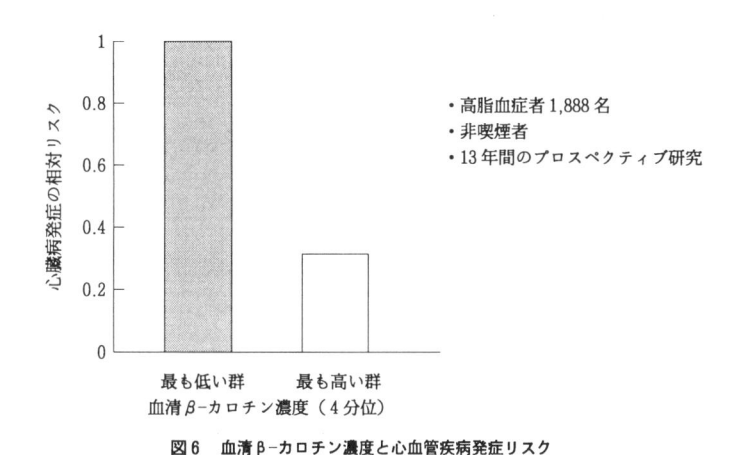

- 高脂血症者 1,888 名
- 非喫煙者
- 13年間のプロスペクティブ研究

(グラフ：心臓病発症の相対リスク、血清β-カロチン濃度（4分位）、最も低い群 1.0、最も高い群 約0.3)

表5 β-カロチンおよびビタミンEの心血管疾病の介入試験

研究者	被験者集団	抗酸化栄養素摂取内容	結果
Gaziano (1990)	狭心症者 333名	β-カロチン：50mg/2日 5年間	血管系疾病発症 54%低下
Blot (1993)	健常者 29,000名	β-カロチン 15mg/日 ビタミンE 30mg/日 セレニウム 50mg/日 5年間	卒中発作発症 10%低下
ATBC (1994)	喫煙者 29,000名	β-カロチン 20mg/日 ビタミンE 50mg/日 5〜8年間	虚血性心疾病発症 β-カロチン群：11%低下 ビタミンE群：5 〃 虚血性卒中発作発症 ビタミンE群．10%低下
De Maio (1992)	血管形成術を受けたグループ 100名	ビタミンE 1200IU/日 4カ月間	再発狭窄症再発率 30%低下

1.1.6 応用例・製品例

バタークッキー，アイスクリーム，清涼飲料の例を表6〜8に，製品例を表9に示す。

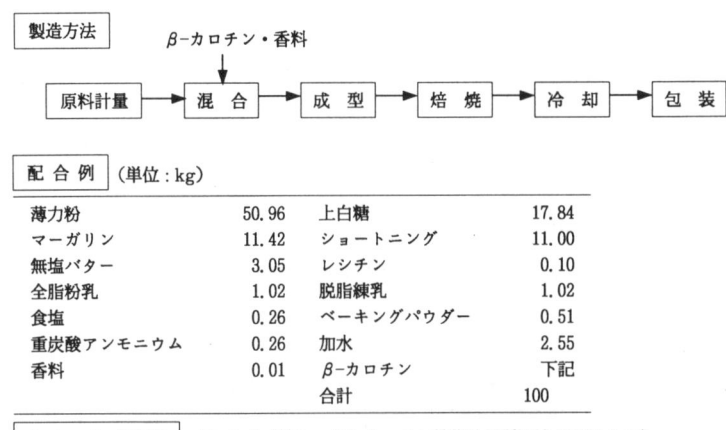

表6　バタークッキー

製造方法

原料計量 → 混合 → 成型 → 焙焼 → 冷却 → 包装
（混合時に β-カロチン・香料 を添加）

配合例　（単位：kg）

薄力粉	50.96	上白糖	17.84
マーガリン	11.42	ショートニング	11.00
無塩バター	3.05	レシチン	0.10
全脂粉乳	1.02	脱脂練乳	1.02
食塩	0.26	ベーキングパウダー	0.51
重炭酸アンモニウム	0.26	加水	2.55
香料	0.01	β-カロチン	下記
		合計	100

β-カロチン添加量　10〜2.5g/100kg（β-カロチン植物油混懸濁液30%として）

表7　アイスクリーム

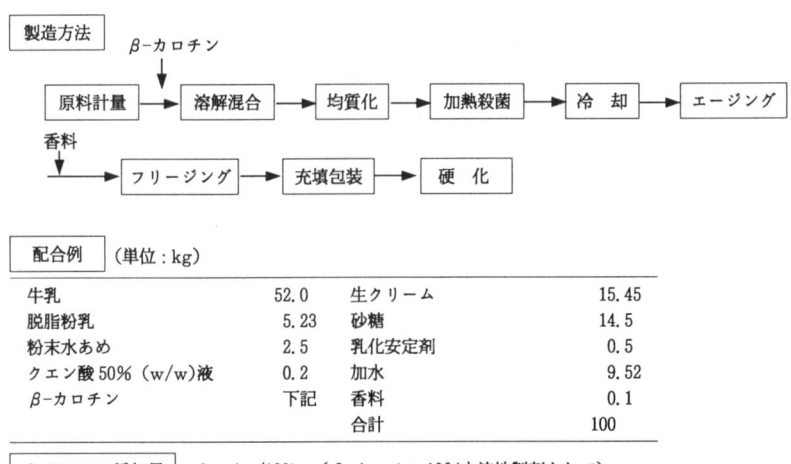

製造方法

原料計量 → 溶解混合 → 均質化 → 加熱殺菌 → 冷却 → エージング
（溶解混合時に β-カロチン を添加）
香料 → フリージング → 充填包装 → 硬化

配合例　（単位：kg）

牛乳	52.0	生クリーム	15.45
脱脂粉乳	5.23	砂糖	14.5
粉末水あめ	2.5	乳化安定剤	0.5
クエン酸50%（w/w）液	0.2	加水	9.52
β-カロチン	下記	香料	0.1
		合計	100

β-カロチン添加量　8〜1g/100kg（β-カロチン10%水溶性製剤として）

表8 清涼飲料

原材料	使用量（kg）	備考
果糖ブドウ糖液糖	135.0	BX75, 果糖55%
無水クエン酸（50%液）	5.0	
クエン酸Na（20%液）	2.0	
β-カロチン	0.12	5%エマルジョン
アスコルビン酸	0.50	
ビタミンE	2.5	
安息香酸Na（20%液）	1.0	
香料(1)	0.6	Fantasy
香料(2)	0.4	Orange
水	残量	
計	100.0kg	

表9 製品および用途

製品名	成分（%）		保存方法	用途
β-カロチン（結晶）	β-カロチン	100	遮光した密封容器に入れ，空気を不活性ガスで置換して保存すること	栄養強化，着色料
β-カロチン30%懸濁液Ⓒ	β-カロチン dl-α-トコフェロール 食品素材	30 0.7 69.3	同上	栄養強化，着色料
ベータ・タブ20%	β-カロチン ゼラチン dl-α-トコフェロール アスコルビン酸パルミチン酸エステル アスコルビン酸ナトリウム 食品素材	20 29.5	同上	栄養強化，着色料 特に打錠用に適す
ベータ・タブ10% E	β-カロチン dl-α-トコフェロール アスコルビン酸パルミチン酸エステル アスコルビン酸ナトリウム ゼラチン イソマルト 食品素材	10	同上	栄養強化，着色料 特に発泡錠用に適す
β-カロチン10%冷水可溶性粉末	β-カロチン アスコルビン酸パルミチン酸エステル dl-α-トコフェロール ゼラチン 食品素材	10 5 1.5 18 65.5	同上	栄養強化，着色料

（つづく）

製品名	成分(%)		保存方法	用途
β-カロチン10% B	β-カロチン dl-α-トコフェロール アスコルビン酸パルミチン酸エステル ゼラチン グリセロール 食品素材	10	同上	栄養強化,本品は添加する食品に色の影響を与えないため,着色料としては適さない
ベータ・タブ75	β-カロチン アスコルビン酸パルミチン酸エステル dl-α-トコフェロール ゼラチン 食品素材	7.5 2 1 45 44.5	同上	栄養強化,着色料 錠菓,錠剤(健康食品等)の直打用に適す
β-カロチン5%エマルジョン	β-カロチン dl-α-トコフェロール ショ糖脂肪酸エステル 食品素材	5 1 1.5 92.5	同上	栄養強化,着色料
β-カロチン1%冷水可溶性粉末	β-カロチン アスコルビン酸ナトリウム dl-α-トコフェロール アラビアガム 食品素材	1 0.5 0.1 33.4 65	同上	栄養強化,着色料

1.1.7 メーカー・生産量・価格

〈メーカー〉

エフ・ホフマン・ラ・ロシュ,BASF

〈生産量〉

不明

〈価格〉

30%懸濁液で25,000〜30,000円/kg

文献

1) "第5版食品添加物公定書解説書" 広川書店 (1987) D-204
2) Zbinden, J., et al., Z. Lebensm. Forsch **108**, 114 (1958)
3) Nieman, H., et al., Vit. Horm. **12**, 60 (1954)
4) Greenberg, R., et al., J. Invest. Dermatol. **32**, 599 (1959)

5) Bagdon, R. E., *et al.*, Toxicol. Appl. Pharmacol. **2**, 223 (1960)
6) A. Bendich., *et al.*, Fed. Proc. **43**, 787 (1983)
7) H. F. Stitch *et al.*, Mutation Research. **214**, 47 (1989)
8) W. J. Blot *et al.*, J. Natl. Cancer Inst, **85**, 1483 (1993)
9) S. Tsugane *et al.*, J. Epidemiol. **2**, 75 (1992)

1.2 α-カロチン

田中嘉郎*

1.2.1 はじめに

　天然に存在するカロチノイドは，約600種同定されているが，そのなかで最もよく知られているのがβ-カロチンである。ほとんどの植物にはβ-カロチンが含まれているのに対してα-カロチンは，特異的な植物に含まれているケースが多くその量もあまり多くない[1]。表1にα-カロチンとβ-カロチンの存在例を示す。比較的α-カロチンを多く含有しているのは，パーム油とにんじんである。ここでは，α-カロチンとα/β混合カロチンであるパームカロチンについてβ-カロチンと対比しながら述べる。

表1　α-/β-カロチンの存在例

種類	存在
α-カロチン	パーム油，にんじん，かぼちゃ，とうもろこし，ししとうがらし，すいか，じゃがいも，オレンジ，りんご，桃，さくらんぼ，くり，いちじく，ぶどう，バナナ，ベリー，パイナップル，草木
β-カロチン	草木，野菜，にんじん，さつまいも，かぼちゃ，ほうれん草，トマト，しそ，パセリ，梨，いちご，パイナップル，パプリカ，オレンジ，つるこけもも，いちじく，ぶどう，プルーン，ベリー，アプリコット，桃，りんご，すいか，パーム油，小麦，とうもろこし，パスタ，牧草，藻類，甲殻類動物，2枚貝，卵，魚，アルファルファー，海苔

1.2.2 組成・構造式

　α-カロチンは，$C_{40}H_{56}$の炭化水素であり，β-カロチンの分子量536.88と同じ構造異性体である。α-カロチンとβ-カロチンの違いは，1個所だけ2重結合の位置が異なっているだけである。一方，パームカロチンはα-カロチン：β-カロチン＝35：65の複合カロチンであり，微量にγ-カロチンやリコペンも含まれている。これらカロチンの構造式の比較を図1に示す。

---

*　Yoshiro Tanaka　ライオン㈱　研究開発本部

	構　　　造	分子式	分子量
α-カロチン		$C_{40}H_{56}$	536.88
β-カロチン		同上	同上
γ-カロチン		同上	同上
リコペン		同上	同上

図1　カロチン構造異性対

1.2.3　製　　法

　現在α-カロチンは，β-カロチンのように合成法では製造されず，天然カロチンから分離精製されている。そこで，まずパームカロチンの製造プロセスの概要を図2に示す。はじめにパーム原油とメタノールとのエステル交換反応によりメチルエステルとする。次に，メタノール水によりカロチンを抽出，濃縮し[2]，分子蒸留によりエステルを除き，液体クロマトにより精製し植物油を加えて，パームカロチン30％植物油懸濁液としている。市販しているのは，この形態であり，α-カロチン単品の市販はしていないが，液体クロマトによりβ-カロチンと分離し試薬レベルのα-カロチンの製造も可能である。

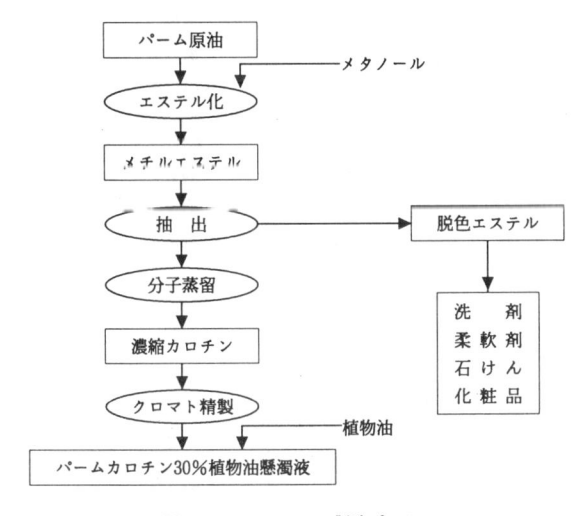

図2　パームカロチン製造プロセス

1.2.4 物理化学的性質

α-カロチンとβ-カロチンおよびパームカロチンを比較した物性を表2に示す。構造からもわかるように非常に物性は似ており、同様の取り扱いが必要である。カロチンの特徴は、その共役二重結合が多いことにあり、黄色から赤色を示す。α-カロチンとβ-カロチンの色調の違いはわずかであり、その最大吸光波長からもわかるように、α-カロチンのほうが低波長側にシフトしており、黄色が強い。このような、構造異性体以外にそれぞれのカロチンには、立体異性体が存在する。天然に存在するカロチンは、トランス体が主体といわれているが、光や熱により容易にシス体に変化する[3]。シス体カロチンは、トランス体に比べると、吸光係数が小さくなり（色調が弱くなる）、最大吸光波長が低波長にシフトし、黄色が強くなり、溶媒への溶解度が高くなる。パームカロチンの溶解度が、トランス体のα-カロチンやβ-カロチンと異なっているのは、シス体のα/β-カロチンが25〜35％程含まれているためである。

表2 カロチンの物理化学的性質

	トランス α-カロチン	トランス β-カロチン	パームカロチン
油脂中の色	黄〜橙色	黄〜橙色	黄〜橙色
融　　　点	176〜182℃	176〜182℃	176〜182℃
旋　光　性	有	無	有
溶解度 (g/100ml)			
油脂	0.05〜0.08	0.05〜0.08	1.7
水・グリセリン	不溶	不溶	不溶
エタノール	0.01以下	0.01以下	0.01
メタノール	0.01以下	0.01以下	0.03
シクロヘキサン	約0.1	約0.1	2.7
エーテル	約0.1	約0.1	0.9
ベンゼン	約2	約2	3.3
クロロホルム	約3	約3	25
最大吸光波長 (λmax. シクロヘキサン)	450〜451nm	455〜456nm	446〜452
吸　光　度 ($E_{1cm}^{1\%}$ シクロヘキサン)	2572	2450	2195 (ただし、規格では2450使用)
安　定　性	酸化されやすく、熱・光・酸塩基などによっても分解する	同左	同左
保　存　法	気密容器	同左	同左

1.2.5 規格および安全性

α-カロチン単独ではなく，パームカロチン30％植物油懸濁液により，その性状や規格，安全性を確認しており表3にそれらを示す。パーム油は，パーム果肉から搾油しているが，西アフリカや東南アジアでは精製せずにそのまま食べられているケースもあり，食経験の長い植物である[4]。一方，カロチンそのものの安全性についても，β-カロチンにおいては，最も安全性の高いGRAS (Generally Recognized As Safe) 物質の1つにあげられている[5]。ほかのカロチノイドについても日常的に野菜や，果物から摂取しており，安全性について問題視されたことはない。ただし，肺がんハイリスク者（喫煙者）においては，β-カロチン単独（30 mg/日以上）の過剰摂取は避けるようにCARET臨床試験において指摘されている。そして，NCI（米国立ガン研究所）では，野菜や果物から6 mg/日のカロチン摂取を推奨している。

表3　パームカロチン30％植物油懸濁液の性状

(1) 一般性状

外　　観	赤褐色油状
溶 解 性	シクロヘキサンに可溶 水に不溶
香　　味	わずかに特有のにおいを有する
吸光度 $E^{1\%}_{1cm}$ (448nm)	735

(2) 規格

項　目		規格値	試験法
カロチン含有量　(%)		30以上（β-カロチン換算）	吸光度法（吸光係数2,450）
結晶粒径		10 μm 以下の粒子90％以上	希釈後顕微鏡写真で計測
ヒ素（ヒ素として）(mg/kg)		2以下	食品添加物公定書（第6版）一般試験法ヒ素試験法に準拠
重金属（鉛として）(mg/kg)		10以下	食品添加物公定書（第6版）一般試験法重金属試験法に準拠
微生物	一般生菌数	1,000個/g 以下	食品衛生検査指針微生物編に準拠
	大腸菌群	陰性	食品衛生検査指針微生物編に準拠

(3) 毒性

急性毒性 (LD_{50})	4800mg/kg 以上
亜急性毒性	833mg/kg 以上
変異原性	認められない
催寄性	認められない
慢性毒性	食用経験あり

1.2.6 機能・生理活性

α-カロチンは，β-カロチンと同様の機能をもつとともに，異なった生理活性も見出されている。はじめにふれておかねばならないのが，プロビタミンAの機能であろう。カロチノイドのなかでは，β-カロチンのビタミンA活性が最も高く，α-カロチンは，β-カロチンの約半分のビタミンA活性といわれている[6]。経口摂取されたカロチンは，小腸粘膜の酵素によりビタミンAに変換されるが，血液中のビタミンAはコントロールされ，カロチンを過剰摂取しても，ビタミンA過剰症とはならない。その意味では，カロチンは安全なビタミンA源といわれている。

次にカロチンの機能で最も注目されているのが一重項酸素（活性酸素）消去能であろう。これは，カロチンに特徴的な機能であり，β-カロチンよりα-カロチンのほうが，少し高い消去能を示す[7]。この抗酸化作用が，各種疾病の予防に中心的な役割をになっていると考えられている。その代表的な疾病予防は，がん予防作用である。がんは，他の成人病同様かなり長時間を要して，発病するケースが多い。がん化メカニズムでよくいわれるのが，2段階発がんであり，イニシエーション段階（遺伝子が障害を受ける）からプロモーション段階（がん細胞が完成），プログレッション段階（がん細胞増殖）へ進行するとの説である。カロチンは，そのイニシエーション段階において最も効果的に働き発がん予防作用を示していると考えられている。α-カロチンは，カロチノイドに共通なこれらの機能以外に特異な機能も見出されている。その1つは，ある種のがん細胞に対しては増殖を休止させる機能がある。もう1つは，がん細胞を正常細胞にもどす分化誘導作用である。動物実験においては，β-カロチン単独ではがん抑制作用の弱いケースが多く，α-カロチンやパームカロチンのほうが発がん抑制作用が強い結果を得ている[8]。

さらにカロチンによる疾病予防としては心疾患や，高齢者疾患にも期待がもたれている。とくに動脈硬化や，アルツハイマー型痴呆症の予防[9]に関しては盛んに研究がなされている。カロチンの抗酸化作用は，皮膚においても重要な役割をになっている。経口摂取したカロチンは，全身に移行するが皮膚にも蓄積され，紫外線などによる皮脂の過酸化を抑制し，しみや皮膚病の緩和に効果のあることも確認されている。なお，カロチンの機能としては抗酸化以外にも免疫系への関わりや，光からの保護，ラジカル捕足能，変異原の防止，核損傷の減少などがあり，これらが複合的に作用しているものと思われる[10]。

1.2.7 応用，製品例

パームカロチンの製品例としては，食品の着色，栄養強化，健康食品用に大別される。着色剤としては，飲料（ジュース），チーズ，マーガリン，シャーベット，インスタントラーメン，ゼリー，ドレッシング，クッキーなどに使用されており，栄養強化や健康食品ではソフトカプセル，タブレット，パウダーなどが製品化されている。

これらの製品にカロチンを添加するには，カロチン自体の製剤化が必要である。油性製品であるマーガリンやドレッシング，ソフトカプセルには，カロチン植物油懸濁液の形態でよいが，ジュースなどの飲料には，カロチン乳液（水分散性カロチン）の製剤が必要となる。また，同じ水分散性でも粉末の形態もあり，麺類やタブレット，クッキー，ドレッシングなどに使用されている。

1.2.8 価格，生産量，メーカー

カロチンは，原体で使用されることはほとんどなく，様々な製剤の形態で市販されており，価格はその形態や濃度によりかなり異なっている。また，α-カロチン単品の場合は試薬（シグマ社）で市販されており，その価格は，18,000円/25mgとかなり高価である。従って，α-カロチンの単品を着色剤や，健康食品に利用することは，価格的に無理があり，パームカロチンのような，α/β混合カロチンの使用が現実的である。

パームカロチンの生産量は，30％カロチン懸濁品で20～30トン/年程度であり，今後需要が増加すれば，増産できるように対応を予定している。

文　献

1) 谷村顕雄他編，天然着色料ハンドブック，p.157-163, ㈱光琳（1979）
2) ライオン㈱，特公平4-66231
3) 月田　潔，ビタミン, **58** (516), 185-196 (1984)
4) PORIM, New Findings and Facts on Palm Oil, Jan. 1989
5) Life Sciences Research Office ."Evaluation of the Health Aspects of carotene (β Carotene) as a Food Ingredient. "Bethesda, MD : FASEB, 1979 (Contract No FDA 223-75-2004)
6) A. Bendich. et al., *Fed. Proc.*, **43**, 787 (1983)
7) Mascio. PD. et al., *Arch. Biochem. Biophys.*, **274**, 532-538 (1989)
8) Nishino. H. et al., *C. R. Soc. Biol.*, **183**, 85-89 (1989)
9) 宮澤陽夫, フードケミカル, **11** (3), 27-31 (1995)
10) A. Bendich, *J. Nutr.*, **119**, 112-115 (1989)

1.3 トコフェロール

中村哲也[*1], 浅野俊孝[*2]

1.3.1 構造式

ビタミンE活性を持つ化合物は少なくとも8種が植物から単離されている。これらは4種のトコフェロール同族体および4種のトコトリエノール同族体として存在する（図1）。これらの化合物は一般にビタミンE活性を持つ誘導体を含めてビタミンEと総括的に呼ばれることもある。本章では天然トコフェロールに限って述べる。

メチル基の置換位置	通　称　（略　号）	
	トコフェロール	トコトリエノール
5, 7, 8	α-トコフェロール（α-T）	α-トコトリエノール（α-T-3）
5, 8	β-トコフェロール（β-T）	β-トコトリエノール（β-T-3）
7, 8	γ-トコフェロール（γ-T）	γ-トコトリエノール（γ-T-3）
8	δ-トコフェロール（δ-T）	δ-トコトリエノール（δ-T-3）

図1　ビタミンE活性を持つトコフェロールおよびトコトリエノール同族体

---

*1　Tetsuya Nakamura　エーザイ㈱　医薬情報研究部
*2　Toshitaka Asano　エーザイ㈱　食品・化学事業部

1.3.2 製　　法

　ビタミンEは動物および植物に広く分布している。特に植物油に豊富である（表1）[1]。同族体の組成比を決めるのは各植物の生合成過程の特異性によるらしい（図2）[2]。動物に摂取されてからの同族体間の変換については現在のところ決定的な報告はない。天然資源としては植物油の脱臭工程で副産される留出物（スカム），特に大豆のスカムがよく用いられる。濃縮，精製には溶媒抽出，ケン化，分子蒸留，イオン交換樹脂処理などが行われる。

表1　植物油中のトコフェロール含量[1]　　　　（μg/g）

	α-T	β-T	γ-T	δ-T	α-T-3	β-T-3	δ-T-3
ココナツ油	11	—	—	6	5	1	19
トウモロコシ油	159	50	602	—	—	—	—
綿実油	440	—	387	—	—	—	—
オリーブ油	100	—	—	—	—	—	—
落花生油	189	—	214	21	—	—	—
アブラナ油	236	—	380	12	—	—	—
ベニバナ油	396	—	174	—	—	—	—
大豆油	79	—	593	264	—	—	—
ヒマワリ油	487	—	51	8	—	—	—
コムギ麦芽油	1194	710	260	271	26	181	—
パーム油	211	—	316	—	143	32	286
マーガリン							
ソフト	139	—	252	63	—	—	—
ハード	108	—	272	32	—	—	—

1.3.3 性　　状

　α-トコフェロールは水に不溶，アセトン，アルコール，クロロフォルム，エーテル，ベンゼンなどの有機溶剤に可溶である。物理化学的性質を表2に示す。大気中の酸素で緩徐に酸化される。光，熱，およびアルカリなどへの暴露および鉄あるいは銅塩などの存在で酸化が加速される。主な酸化生成物はトコフェリールキノン［Ｉ］である。α-トコフェロールのフェノール性水酸基は酸素の存在下で不安定なので酢酸エステルとして用いられることが多い。酢酸エステル自体に抗酸化力はないが，生体に吸収される際に容易に加水分解を受けて活性の遊離体（α-トコフェロール）となる[3]。

［Ｉ］

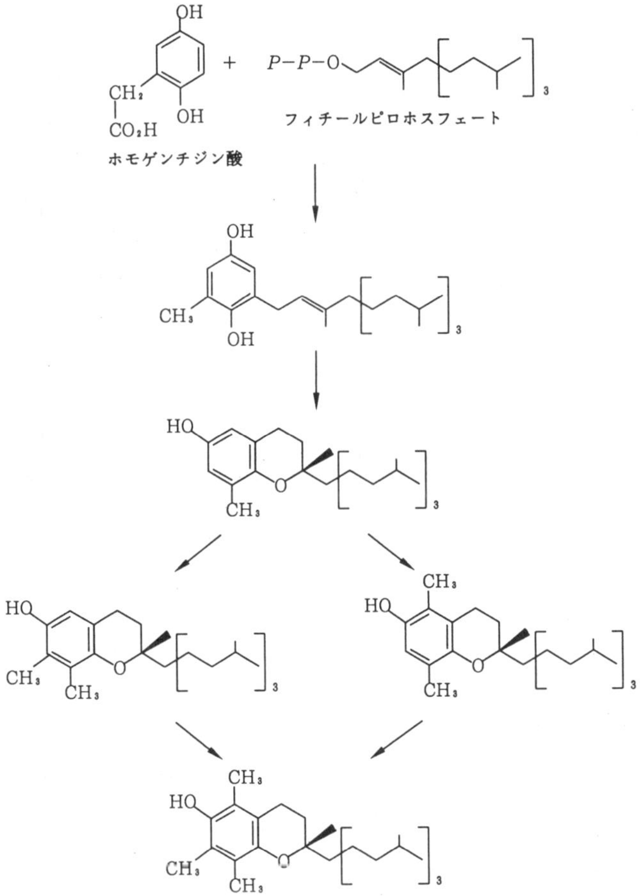

図2 α-トコフェロールの生合成ルート[2]

表2 トコフェロールおよび酢酸トコフェロールの化学的物性[1]

項　目	d-α-トコフェロール	酢酸 d-α-トコフェロール
色調	無色ないし淡黄色, 粘稠な油	無色ないし淡黄色, 粘稠な油
沸点（℃）	－	－
分子量	430.69	472.73
分光学的データ		
吸収極大（nm）	292〜294	285.5
$E_{1cm}^{1\%}$（エタノール）	72〜76	40〜44

1.3.4 安全性

抗酸化ビタミン類（ビタミンE，ビタミンC，β-カロチン）が疾病治療あるいは予防に有望視されているので高用量，長期間投与時の安全性については関心が寄せられている。ビタミンE活性の最も高いRRR-α-トコフェロールを用いて 600 mg(900IU／日)，12週間，経口投与でのヒト治験が行われた。血中濃度は投与前値の2.5ないし3倍に上昇した（図3）が，甲状腺，肝，腎機能のいずれにおいても，また凝固活性にも何ら変化はなかった[4]。ワーファリンのような抗凝固薬物の投与でビタミンKの低下を来たしている場合にはα-トコフェロールの高用量は出血傾向を促進する。その機序は酸化生成物である［Ｉ］のメチル基が血液凝固能を調節しているビタミンK依存性カルボキシラーゼのSH基と結合して阻害剤となることによる[5]。

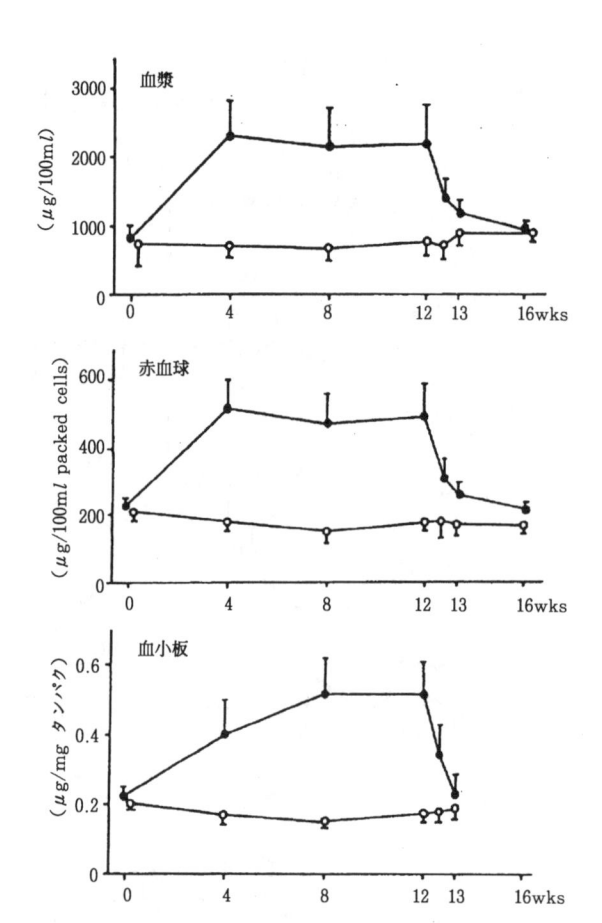

図3 健常成人男性にRRR-α-トコフェロール600mg (900IU)/日を12週間にわたり経口投与した際の血漿，赤血球および血小板α-トコフェロール濃度の推移[4]
●:投与群, ○:対照群（プラセボカプセル投与）

1.3.5 機能，効能，生理活性

トコフェロールがその脂溶性から広く生体膜に分布し，非特異的な抗酸化作用により酸化ストレスから生体を防御していることが疾病の治療，予防に役立つ機序と考えられている。ビタミン

Eの心虚血,脳虚血に対する効果,血小板凝集抑制作用,抗動脈硬化作用などについては別途紹介した[6]。ビタミンEの生体での利用に際して同族体のなかで特異的にα-トコフェロールの利用を有利にする機構としてα-トコフェロール輸送タンパク（α-TTP）のあることが最近見出された[7]。さらに従来から脂質のうちでもビタミンEだけが低下して発症し,ビタミンEに治療効果のあることが知られていた単独性ビタミンE欠乏症[8]はα-TTP遺伝子の point mutation によることが判明した[9]。α-トコフェロールが生体で効率よく抗酸化能を発揮する際に酸化中間体トコフェロキシラジカル［Ⅱ］からの還元性物質によるα-トコフェロール再生説がある[10]。しかし in vivo の系ではなお議論がある[11]。ビタミンEの新しい作用機序として抗酸化作用とは独立して細胞情報伝達に際してC-キナーゼ活性化抑制作用が注目される[12]。最近のアテローム性動脈硬化患者を対象に実施された二重盲験試験でRRR-α-トコフェロール400ないし800IU/日,510日の経口投与では,非致死性心臓発作をプラセボ群に対して64％低下させた[13]。

［Ⅱ］

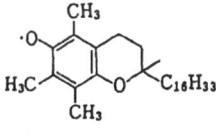

1.3.6 応用例,メーカー名,商品例

トコフェロールの応用例を表3に示す。取り扱っているメーカーには甘曹化学産業,エーザイ,光洋商会,三共,武田薬品工業,日清精油,藤沢薬品工業,ヘンケル白水,ホーネンコーポレーション,理研ビタミンなどがある。一部の製品名および内容を表4に示す。

表3 トコフェロールの応用例

対象分野	応 用 例
油脂,油脂加工	フライ油（植物性油脂,動物性油脂）,ショートニング,マーガリン
調味料類	たれ,スープ類,ドレッシング
小麦粉加工品	即席麺,菓子パン,シリアル製品
飲　　　料	加工乳,育児粉乳,清涼飲料,インスタントコーヒー
菓　　子	揚げ菓子（米菓,ポテトチップスなど）,チョコレート（ナッツ入り）,ガム
冷 凍 食 品	フライ加工品
水 産 加 工 品	煮干し,干物,つみれ,魚油
食 肉 加 工 品	ロースハム,ソーセージ,ベーコン,ハンバーグなど
その他食品	凍結乾燥食品（即席麺の具,スープなど）,レトルト食品,栄養補助食品（健康食品など）,ペットフード

表4 トコフェロールの製品名および内容[14]

	商品名	VEの含有率	性状	主な用途	使用方法
酸化防止用	イーミックス-80	80%以上	オイル	油脂, マーガリン等	食品中の油脂分に対しトコフェロールとして0.02〜0.10%を添加する。
	イーミックス-60	60%以上	オイル	油脂, マーガリン等	
	イーミックス-40	40%以上	オイル	油脂, マーガリン等	
	イーミックス-D	96%以上 (d-δ-Toc86%以上)	オイル	フライオイル, 即席めん, ポテトチップス等	
	イーミックス-P20	20%	乳化粉末	凍結乾燥品, レトルト食品, 畜肉ハム・ソーセージ等	
	イーミックス-FK	10%	乳化液	水産加工品, 冷凍食品	
栄養強化用	イーミックス-A40	80%以上 (d-α-Toc40%以上)	オイル	健康食品(軟カプセル), 加工食品	
	イーミックス-A16	80%以上 (d-α-Toc16%以上)	オイル	育児粉乳, 加工食品	
	イーミックス-AP	20% (d-α-Toc10%)	乳化粉末	乳製品, 加工食品	
	アデカエコローム VE-8α	8% (d-α-Toc 4%)	可溶化液	スポーツドリンク, 栄養ドリンク	

文献

1) L. J. Machlin, "Handbook of Vitamins" p.99, Marcel Dekker Inc., New York(1991)
2) J. F. Pennock, *Biochem. Soc. Trans.*, **11**, 504(1983)
3) 中村哲也, 「ビタミンE, 基礎と臨床」, 医歯薬出版, p.33(1985)
4) M. Kitagawa & M. Mino, *J. Nutr. Sci. Vitaminol.*, **35**, 133(1989)
5) P. Dowd & Z. B. Zheng, *Proc. Natl. Acad. Sci. USA*, **92**, 8171(1995)
6) 中村哲也, 川島英敏, 「ビタミンE研究の進歩, V」, p.343, 共立出版 (1995)
7) Y. Sato et al., *J. Biol. Chem.*, **268**, 17705(1993)
8) R. J. Sokol, *J. Lab. Clin. Med.*, **111**, 548(1988)
9) T. Gotoda, *N. Eng. J. Med.*, **333**, 1313(1995)
10) E. Niki, *Am. J. Clin. Nutr.*, **62** (suppl), 1322S(1995)
11) G. W. Burton et al., *Lipids*, **25**, 199(1990)
12) D. O. Boscoboinik et al., *Biochim. Biophys. Acta*, **1224**, 418(1994)
13) N. G. Stephens et al., *Lancet*, **347**, 781(1996)
14) エーザイの食品添加物・食材, エーザイ㈱

1.4 リコピン

坂本秀樹[*1]，石黒幸雄[*2]

1.4.1 はじめに

リコピン（リコペン，Lycopene）はカロチノイドに属する赤色色素であり，植物界，動物界に広く分布している。その名称はトマト（*Lycopersicon esculentum Mill.*）から最初に単離されたことに由来する[1]。カロチノイドは自然界に約600種類以上の存在が知られているが，ヒト体内で確認されているものは数十種類程度に過ぎない。その中でも特に高い濃度で存在しているものは，人参を始めとする緑黄色野菜に多く含まれるβ-カロチンそしてトマトに多く含まれるリコピンである。リコピンについては，プロビタミンA活性を持たない理由からβ-カロチンに比べてあまり知られていなかったが，近年になって強い抗酸化作用および発癌抑制作用を有することが明らかにされつつあり，今後の有力な機能性素材として注目されている。

1.4.2 リコピンの物理化学的特性とその分布

リコピンは分子式$C_{40}H_{56}$，分子量537の二重結合を13個持った炭化水素カロチノイドで，β-カロチンとは末端が環化されていない点で異なっている（図1）。β-カロチンが橙色板状結晶（ヘキサン/エーテルより再結晶）であるのに対して，リコピンは赤褐色柱状結晶（ヘキサン/エーテルから再結晶）あるいは赤色針状結晶（二硫化炭素/エタノールより再結晶）を呈す。融点は174～175℃。溶媒への溶解性は，その極性の低さからメタノール，エタノールには難溶，水には不溶である。吸収極大は477，507.5，548nm（二硫化炭素中）である[2]。リコピンの結晶は光，酸素等の影響を受け酸化されやすいが，トマトの組織内に存在する場合にはかなり安定であり[3]，ト

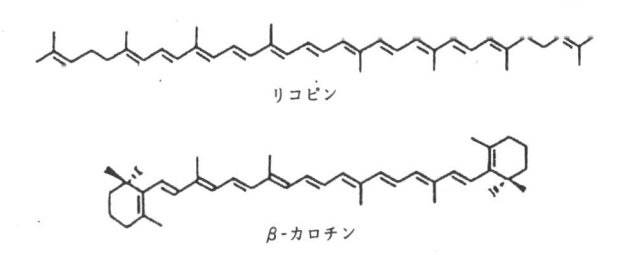

図1 リコピンおよびβ-カロチンの構造

[*1] Hideki Sakamoto カゴメ㈱ 総合研究所
[*2] Yukio Ishiguro カゴメ㈱ 総合研究所

マトペースト，ピューレー，ジュース中では100℃で10時間の加熱をしても分解はわずかである[3]。また，ジュース中の安定性はアスコルビン酸やクエン酸などの添加により向上する[4]。

リコピンの植物界への分布はトマト果実，金時系人参およびスイカや赤いグレープフルーツの果肉などと幅広いが，とりわけトマト果実に最も多い[5]。トマトの場合，品種や熟度の違いによりその含量は大きく変わってくるが，平均的には3～14mg％の濃度である。生食用トマトに多いピンク色系のトマトと，ケチャップ，ジュース等の原料となる加工用の赤色系トマトのリコピン含量を比較すると，双方とも熟度が増すにつれ増加するが，赤色系トマトのほうがピンク色系トマトに比べて3倍程度（完熟期）高い[6]。植物体では，ほとんどがオールトランス体であるが，一部シス体も存在する。

1.4.3 リコピンのヒト体内への分布と吸収

ヒトはカロチノイドを生合成できないことから，体内の分布は，日常の食物摂取に起因する。ヒト体内で確認されているカロチノイドは数十種類程度であるが，特に高い濃度で存在しているものは，緑黄色野菜共通のβ-カロチン，トマトに多いリコピンである。リコピンの血漿中濃度は，食生活の違いにより左右されるが，日本人の場合約0.35～0.70uM程度であり[7]，β-カロチンとほぼ同程度に多く含まれている。また，リコピンは体内の多くの組織中に分布し，特に，肝臓や副腎あるいは精巣や卵巣に高濃度で存在している（表1）[8]。このような生体にとって非常に重要な組織に分布しているのは，リコピンが各組織内で何らかの機能的な役割を果たしているものと考えられ興味深い。さらに，体内ではリコピンの幾何異性体の存在が確認されている[9]。シス体の存在比はβ-カロチンに比べると高く，組織によりその異性体比も異なっている。

リコピンおよびリコピンを多く含む食品の摂取によるヒト体内でのリコピンの増加に関する研究も行われてきている。6日間および4週間にわたるトマトジュースの摂取により，血清中のリコピン濃度は大きく増加するものの，トリグリセリドおよび総コレステロール濃度には顕著な変

表1　ヒト血清および組織中のカロチノイド含有量

組織	総カロチノイド	クリプトキサンチン	リコピン	α-カロチン	β-カロチン
血清	1.1±0.9	0.27	0.29	0.07	0.42
肝臓	5.1±3.6	0.32	1.28	0.51	3.02
腎臓	0.9±0.7	0.09	0.15	0.07	0.55
副腎	9.4±7.8	0.66	1.90	1.22	5.60
脂肪	0.8±0.8	0.08	0.20	0.13	0.38
睾丸	7.6±6.9	0.16	4.34	0.37	2.68
卵巣	0.9±0.5	0.08	0.25	0.08	0.45
脳幹	＜0.04	n.d.	n.d.	n.d.	n.d.

注）単位：血清［nmol/ml］；組織［nmol/g wet tissue］, n.d.：検出限界以下

化はなかったことから，トマトジュースの飲用は血清中の脂質濃度を変えずにリコピン濃度を増加させるのに有効であるといえる[10]。同様に，トマトジュースの飲用によるヒトLDL（低密度リポタンパク質）中のリコピン含量の変化も検討されており，顕著な増加が報告[11]されている（図2）。

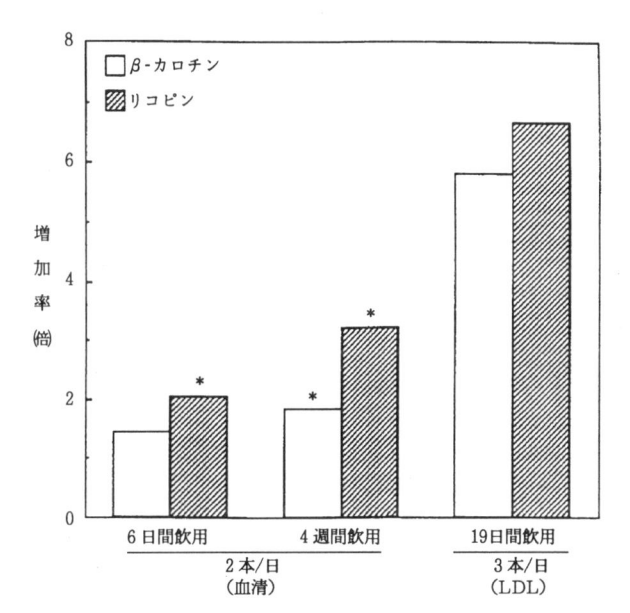

図2 トマトジュース飲用による血清およびLDL中カロチノイドの上昇
飲用前を1として算出
（＊；危険率1％以下で有意差あり）

1.4.4　リコピンの機能性（抗酸化作用と抗癌作用）

　カロチノイドは多数の共役二重結合を持っていることから，優れた一重項酸素消去能を有する。また，ヒト体内のような低酸素分圧下ではより強いフリーラジカル捕捉作用を示す。リコピンは一重項酸素消去速度定数からみると，抗酸化剤の中でも最も強力な消去作用を示す物質である（表2）[12]。In vitroにおける，膜モデル，血漿およびLDLを用いた系でのカロチノイドの抗酸化作用の研究によると，その抗酸化作用は活性酸素の発生およびカロチノイドの存在する位置に依存することが示唆され，例えばLDLの内部からの活性酸素の攻撃に対してはリコピンが有効な役割を果たすであろう[13]と考えられている。LDLの酸化は，動脈硬化の発生と密接な関係があることから，リコピンの摂取による疾病予防が期待される。

　癌予防効果については，これまでβ-カロチンを中心に大規模な疫学的調査，介入試験が行われてきたが，同様にリコピンについての報告も増えてきている。in vitroでの腫瘍細胞増殖抑制作用に対する研究では，リコピンはβ-カロチンとともにグリオーム細胞，白血病細胞（HL-60）の増殖を抑制するという報告[14,15]がある。カロチノイドが発癌抑制を示す作用機序としては，細

表2 カロチノイド等抗酸化物質の一重項酸素消去能

化合物	一重項酸素消去速度定数 (k_q) [$10^9 M^{-1}s^{-1}$]
リコピン	31
α-カロチン	19
β-カロチン	14
γ-カロチン	25
ゼアキサンチン	10
ルテイン	8
クリプトキサンチン	6
アスタキサンチン	24
カンタキサンチン	21
ビキシン	14
クロシン	1.1
ビリルビン	3.2
ビリベルジン	2.3
ビリルビンジタウレート	1.2
α-トコフェロール	0.3
レチノイン酸	消去能なし

胞のリン脂質代謝の活性化阻害やオルニチン脱炭酸酵素誘導阻害などが示唆されている[16]。また、細胞間のギャップ結合を構築するタンパク質の合成促進作用[17]やインスリン様成長因子(IGF-I)の投与による癌細胞の増殖に対する抑制作用[18]、さらには免疫細胞を賦活する作用のあることも報告[19]されている。一方、疫学的な研究においてもその有効性が明らかになってきている。表3にリコピンが関与する主な疫学および介入試験研究の報告[20,21]をまとめた。血清中のリコピン濃度の低レベルと膵臓癌、膀胱癌および子宮頸癌の発生と相関性のあることが、また、肝硬変患者でもリコピン濃度が低いことが明らかにされている。最近の米国の介入試験では、前立腺癌の発症抑制とトマトの摂取が有為な相関を示したこと、食事由来のカロチノイドとしては、リコピンのみにその因果関係が認められたことが報告[21]され話題となっている。

表3 リコピン(トマト)を対象とした疫学調査および介入試験

年度	研究者 (調査地域)	内容
1989	Morris ら (ワシントン州)	血清中リコピン濃度の低レベルと膀胱癌、膵臓癌の発生に相関性のあることを報告
1991	Casalgrandi ら (イタリア)	肝硬変患者は血清中リコピン濃度が低いことを報告
1991	Bowen ら (シカゴ)	血清中リコピン濃度の低レベルと子宮頸部腫瘍の発生に相関性のあることを報告
1994	Negri ら (北イタリア)	トマトの摂取量と消化器系癌の発生率が逆相関することを報告(リコピンの関与を示唆)
1995	Willett ら (米国)	トマトおよびリコピンの摂取量と前立腺癌の発生率が逆相関することを報告

1.4.5 食品添加物としてのリコピン

　食品添加物としては，化学的合成品以外の添加物（天然添加物）の中の着色料区分に「トマト色素」がすでにある。トマトより油脂または有機溶剤で抽出して得られたリコピンが主体とされており，黄色～赤色を呈する。リコピンとしては，これまで商業ベースの流通はなかったが，最近，リコピン含量の高いトマトから抽出した素材がイスラエルのメーカーを中心に出回りつつある。

　この商品形態は，有機溶媒で抽出した後に得られる結晶リコピンをトマト由来の油分に懸濁した状態（オレオレジン）であり，リコピン濃度は5％前後とされているが特有の臭いがある。色調は，溶解度および溶媒により異なり，黄色～赤色を呈する。黄色の力価は高く，β-カロチンの約6倍を有している[22]。また，今後はβ-カロチンと同様に合成法によるリコピン製品も出てくることが考えられる。リコピンは，抗酸化作用に優れている反面，酸素や光などに対して不安定であるために，ゼラチンカプセルなどの形態で商品化が先行している。今後，多様な商品形態に対応できるため，乳化タイプを始めとする用途の広い，安定な素材開発のための技術確立が望まれている。

　安全性は，ラットに5,000mg/kgを経口投与した場合でも副作用はみられず，5％のオレオレジンを用いた13週の亜急性毒性試験においても，リコピン換算にして225mg/kg BW/dの投与で安全であったことが確認されている[22]。

　前述したように，商業ベースでのリコピンの流通は途についたばかりであることから，価格は参考価格であり，5％オレオレジンの状態で40,000円/kg程度とされている。

文　　献

1) 化学大辞典編集委員会編，化学大辞典9，共立出版　p.594(1962)
2) 谷村顕雄編，天然着色料ハンドブック，光琳　p.232(1979)
3) 木村進，農産加工技研誌，3, 203(1956)
4) 木村進ほか，日食品工会誌，10, 169(1963)
5) A. R. Mangels et al., J. Amer. Diet. Assoc., 93, 284(1993)
6) 坂本秀樹ほか，投稿中
7) 伊藤宜則ほか，医学と生物学，121(1990)
8) L. A. Kaplan et al., Clin. Physiol. Biochem., 8, 1(1990)

9) W. Stahl et al., *Arch. Biochem. Biophys.*, **294**, 173(1992)
10) 坂本秀樹ほか，日栄養・食糧会誌, **47**, 93(1994)
11) 大嶋俊二ほか，日本ビタミン学会第47回大会講演要旨（1995）
12) P. Di Mascio et al., *Arch. Biochem. Biophys.*, **274**, 532(1989)
13) F. Ojima et al., *Free Radical Biol. Med.*, **15**, 377(1993)
14) C. J. Wang et al., *Cancer Letters*, **48**, 135(1989)
15) C. Countryman et al., *Clin. Chem.*, **37**, 1056(1991)
16) 西野輔翼，New Food Industry, **36**, No. 5, 6(1994)
17) L. X. Zhang et al., *Carcinogenesis*, **12**, 2109(1991)
18) J. Levy et al., *Second International Conference of the Antioxidant Vitamins and β-carotene in Disease Prevention* (1994)
19) P. B. Bewvard, *Internat. J. Vit. Nutr. Res.*, **63**, 21(1992)
20) E. Giovannucci et al., *J. National Cancer Institute*, **87**, 1767(1995)
21) 坂本秀樹ほか，フレッシュフードシステム, **24**, 13, 10(1995)
22) Z. Nir et al., *Int. Food Ingredients*, **6**, 45(1993)

1.5 L-アスコルビン酸（ビタミンC）および L-アスコルビン酸ナトリウム（ビタミンCナトリウム）

古本重廣*

1.5.1 構造式

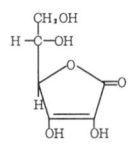

(L-アスコルビン酸)
分子式：$C_6H_8O_6$
分子量：176.13
CAS No.：50-81-7

(L-アスコルビン酸ナトリウム)
分子式：$C_6H_7NaO_6$
分子量：198.11
CAS No.：134-03-2

1.5.2 製法

各種の合成法があるが，一例として次の方法がある。すなわち，D-ソルビトールを醗酵法によって酸化しL-ソルボースを得，次にアセトンを付加・脱水してジアセトン-L-ソルボースを得る。さらに，酸化工程等をへて2-ケト-L-グロン酸からアスコルビン酸を合成する[1]。

1.5.3 性状・特性[2]

L-アスコルビン酸

　白〜帯黄色の結晶または結晶性の粉末で，においがなく酸味がある。1gは水約3mlに溶ける。

L-アスコルビン酸ナトリウム

　白〜帯黄白色の結晶性の粉末，粒または細粒で，においがなく，わずかに塩味がある。水に溶けやすく，1gは水約2mlに溶ける。

＊　Shigehiro　Furumoto　武田薬品工業㈱　フード・ビタミンカンパニー

1.5.4 食品中の分布

ビタミンCを多く含む代表的な食品と100g当たりの含有量は次のとおりである。

パセリ（200mg），ブロッコリー（160mg），いちご（80mg），ピーマン（80mg），小松菜（75mg），ほうれん草（65mg），さつまいも（30mg）[3]。

1.5.5 安全性

ビタミンCの毒性はきわめて低い。マウス，ラット，モルモットに経口投与した場合，LD_{50}は，体重60kgに換算して300g以上である。ナトリウム塩はさらに毒性が低く，LD_{50}は1,000g前後の値になる[4]。

1.5.6 所要量

成人の所要量は日本では50mg/日，米国では60mg/日である。ただし，米国NIH（国立健康研究所）のマーク・レビン博士らによって行われた最近の研究[5]（4～6カ月間，1日の食事内容を厳しく管理された7人の健康な男性を対象に行った調査）によると，1日の推奨所要量は200mgとしている。この結果に基づき，国立科学アカデミーの食品と栄養委員会は，慢性疾患予防に対するビタミンCの量を考慮して1日所要量の変更について検討を開始している。また，喫煙すると血清や白血球中のビタミンC濃度が低下するという多くの報告があり，喫煙者の所要量は非喫煙者よりも所要量を多くすべきといわれている[6,10]。

1.5.7 欠乏症

ビタミンC欠乏症は壊血病である。症状は全体倦怠感，疲労感，関節痛などの一般的な症状のほかに，毛細管の脆弱化のために起こる身体各部からの出血である。特に歯茎や皮膚に最初に認められる[7]。

1.5.8 機能・生理活性

L-アスコルビン酸は容易に酸化されてL-デヒドロアスコルビン酸になる。アスコルビン酸の生理作用はこのように水素原子を授受することにより，生体内の酸化還元反応に関与することである。

過去，非常に多くの生理・薬理効果が列挙されてきた。これらの最新の知見については，最近発表された総説[8,9]にまとめられているが，主なものを列挙すると次のような働きがある。

① コラーゲンの生成と維持に必要である。
② 鉄の吸収を高める。

③ 発ガン物質であるニトロソアミンの生成を抑制する。
④ 免疫能増強作用がある。
⑤ 活性酸素種を含む各種ラジカル類を補足して生体膜の酸化・傷害防止に役立つ。

このほか，風邪の予防効果，癌の予防効果，糖尿病の予防効果等についても多くの研究がなされているが，生化学的，生理学的に十分には実証されていない。

しかし，最近のいくつかの疫学研究の結果[10]から，ビタミンCは心臓病，癌，白内障の予防に効果があるかもしれないという知見が得られている。また，これらのデータから，少なくとも1日80〜120mgのビタミンC摂取が，これらの慢性疾患の危険性を少なくするために必要であろうと推論されている。

1.5.9 用　　途

L-アスコルビン酸，L-アスコルビン酸ナトリウムとも強化剤または酸化防止剤の目的で使用される。使用基準はない。酸化防止剤としての機能により色・味・香りの保持，発色促進，退色防止効果等が得られる。特殊な例として，パンの品質改良剤に使用されている。

1.5.10 メーカー

武田薬品工業，ロシュ，BASF，メルクほか。

1.5.11 市場価格

2,100〜3,000円/kg

文　　献

1) Reichstein et al., *Helv. Chim. Acta.*, **16**, 1019(1933)
2) 石館守三ほか，第6版食品添加物公定書解説書，廣川書店(1992)
3) 香川綾，四訂食品成分表，女子栄養大学出版部(1996)
4) 村田晃，ビタミンC，メディカルトリビューン，p. 145 (1982)
5) M. Levine et al., *Proc. Natl. Acad. Sci.*, **93**, 3704-3709 (1996)
6) 日本ビタミン学会編，ビタミンハンドブック；ビタミンと医学，p. 163-165(1989)

7) 糸川嘉則, 栄養の生理学, 裳華房, p.97(1990)
8) 村田晃, 日本農芸化学会誌, **64**, 1834-1845(1990)
9) ILSI-JAPAN, 栄養学レビュー, **2**(4), 21-36(1994)
10) P. Weber *et al.*, *Internat. J. Vit. Nutr. Res.*, **66**, 19-30(1996)

1.6 葉　酸

古本重廣*

1.6.1 構造式

分子式：$C_{19}H_{19}N_7O_6$　分子量：441.40
CAS No.：59-30-3

1.6.2 製　法

各種の合成法があるが，一例として次の方法[1]がある。すなわち，2,4,5-トリアミノ-6-ヒドロキシピリミジン，p-アミノベンゾイルグルタミン酸の等モル溶液をpH4に保ちつつ，α, β-ジブロモプロピオンアルデヒドのアルコール溶液を滴下縮合させたのち，各種方法で精製する。

1.6.3 性状・特性

黄～だいだい黄色の結晶性の粉末で，においがない。水またはそのほかの有機溶媒にはほとんど溶けないが，氷酢酸，フェノール，ピリジンには溶けやすい[2]。

1.6.4 食品中の分布

天然物中の葉酸含有量は，穀類約0.3ppm，芋類0.1～0.5ppm，豆類・種実類約2ppm，魚介類約1ppm，獣鳥鯨肉類約3ppm，卵類約0.25ppm，乳類0.01～0.25ppm，野菜類約1.4ppm，果実類約0.4ppmである[3]。

1.6.5 安　全　性

過剰症は特に報告されておらず，ヒトに1日15mgを投与しても毒性はみられなかったが大量投与では腎障害を招くおそれがある[4]。最近の研究では，葉酸の過剰摂取はビタミンB_{12}不足から生じる悪性貧血症状を覆い隠し神経障害を見逃すおそれがあると考えられており，過剰に摂取

---

* Shigehiro Furumoto　武田薬品工業㈱　フード・ビタミンカンパニー

することはすすめられないとしている。

1.6.6 所要量

通常の食品を摂取していれば欠乏症は起こらないといわれており，日本では葉酸の所要量は決められていない。米国では，成人男子で200 μg/日，成人女子で180 μg/日，妊婦で400 μg/日に設定されている[5]。

1.6.7 欠乏症

葉酸の欠乏症としては，①貧血（大赤血球性貧血：赤血球の成熟障害，骨髄における巨赤芽球の出現），②出血傾向，③口内炎・舌炎，④下痢・腹痛，⑤Neural Tube Defects（NTD：神経管欠損症）などがある。

NTDは，Neural Tube（神経管）の発達が起こる時期（妊娠18〜20日目）に，何らかの影響で神経管形成が阻害され，脳と神経管に発生する疾患の総称である。主な疾患には，二分脊椎（脊柱の構造の部分的欠陥。椎弓の欠落により，脊髄膜が突出する。下肢の部分的な麻痺を引き起こす。）や無脳症（大部分の脳が欠損している。致死性の疾患），そして精神遅滞を引き起こすような水頭症がある。発生率は国によって異なるが，米国では毎年約2,500人（出生児1,000人当たり0.6人）の新生児に発生し，さらに1,500人以上の胎児がNTDと診断されて堕胎されている。日本では，正確な数字は把握されていないが，発生率はさほど高くない。NTDの危険因子は，いくつかの要因が複雑にからんでいると思われるが，一度NTDの赤ん坊を産んだ母親は，それ以外の母親に比べ10倍近く危険率が高くなる。一方，NTD予防として葉酸の摂取が効果のあることが疫学調査から示唆されている[6]。

1.6.8 機能・生理活性

葉酸同族体は他種類の酵素の補酵素となる。葉酸の作用は第1にヌクレオチド類の生成・分解系によりDNA，RNAを生合成し，細胞分裂，発育，繁殖に関与することである。また，アミノ酸代謝系によりアミノ酸の分解反応を触媒する作用がある。さらに，コリンやメチオニンのメチル基の生成にもあたっている[7]。

葉酸の新たな働きとして前述のNTD予防の他に癌の化学予防（ケモプリベンション）の分野でも以下のような報告がある。

① 赤血球中の葉酸レベルが高いと，Ulcerative Colitis（潰瘍性大腸炎）患者の病変の異形成化および癌の進行を抑制する[8]。

② 葉酸が欠乏すると，Human Papillomavirus（HPV：ヒト乳頭腫ウィルス）に関与する

子宮頚管の異形成のリスクが増加する可能性がある[9]。

1.6.9 用　　途

日本；強化剤の目的で使用される。使用基準はない。

米国；1996年2月29日，FDAは新生児の神経管欠損症発生の危険性を減少させる目的で，強化食品（強化小麦粉，パスタ等）へ葉酸を添加する指示・指令を出すことを決定した。この法律の完全実施は1998年1月から。推奨添加量は強化小麦粉が1ポンド当たり0.7mg，朝食用シリアルが1人当たり100μgを超えない量。添加量は1日当たりの葉酸摂取量を1mg以下に押さえ，かつ妊婦の食品からの1日当たりの葉酸摂取量が0.4mgとなるように計算された値となっている。

1.6.10 メーカー

武田薬品，ロシュ，金剛薬品ほか。

1.6.11 市場価格

25,000〜50,000円/kg

文　　献

1) C. W. Waller et al., J. Am. Chem. Soc., **70**, 19(1948)
2) 石館守三ほか，第6版食品添加物公定書解説書，廣川書店(1992)
3) 谷村顕雄ほか，食品中の食品添加物分析法解説書，p.747，講談社
4) L. S. Goodman, L. Gilman, The Pharmacol. Basis of Therap. Macmillan Co. (1970)
5) R. J. Havel et al., RDA 10th Ed., 150-156, National Academy Press(1989)
6) MRC Vitamin Study Research Group, The Lancet, **338**, 131-137(1991)
7) 糸川嘉則，栄養の生理学，裳華房，p.97(1990)
8) B. A. Lashner, J. Cancer Res. Clin. Oncol., **119**, 549-554(1993)
9) J. M. Harper et al., Acta. Cytol., **38**, 324-330(1994)

1.7　ビタミンK

磯部洋祐[*1]，佐藤俊郎[*2]

ビタミンK₁が，1929年にH.Damによって血液凝固に関与する因子として発見されて以来，ビタミンKに関して数々の研究がなされてきた。現在では，ビタミンK欠乏性出血症，骨粗鬆症の治療薬として利用されている。

1.7.1　組成・構造・自然界の分布・分析法

ビタミンKは，その基本骨格にナフトキノン環を有し，K_1〜K_7が化学的に合成されているが，天然にはK_1およびK_2群が存在する（図1）。天然のK_1，K_2ともトランス体である[1]。

K_1は主に植物によって合成される。K_2群の中には側鎖長の違いによりメナキノン(MK)−1〜14までが知られており，主に微生物によって合成される。食品中では，K_1は特に緑色野菜，茶，植物油，海藻等に多く含まれ，K_2(MK-7)は納豆に多く含まれている（表1）[2〜6]。最近，K含量の高い食品として，納豆が注目されている。

定性分析には，TLCが簡便である。定量分析にはGCまたはHPLCが一般的に用いられている。ある程度の含量であれば，機器に導入する前に適当なクリーンアップを行うことにより，FID，UV等一般的検出法が適用できるが，含量の極めて少ない食品や，生体内物質の分析には，GC-MS[9]やHPLC−還元−蛍光検出[2]等の高感度検出法が用いられる。

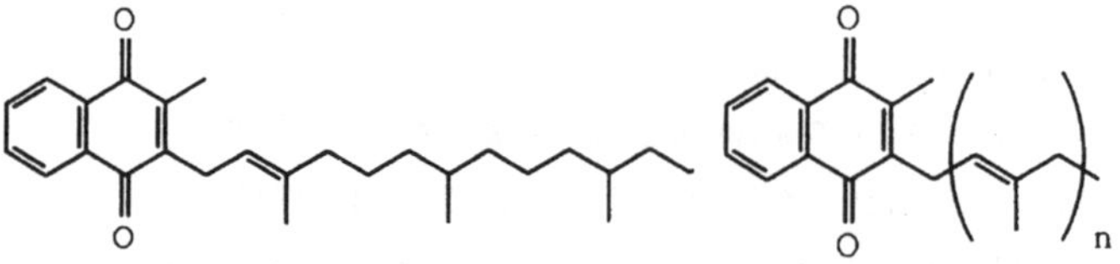

Vitamin K₁(Philloquinone)　　Vitamin K₂(Menaquinone-n)

図1　天然ビタミンK[1]

*1　Yousuke Isobe　㈱ホーネンコーポレーション　油脂事業技術室
*2　Toshiro Sato　㈱ホーネンコーポレーション　化学品開発研究所

表1 食品中の天然ビタミンK [2]

Food	n	K_1	MK-4	MK-5	MK-6	MK-7	MK-8	MK-9	MK-10
Cereals									
Rice	3	1.4	—	—	—	—	—	—	—
Glutinous rice	1	3.5	—	—	—	—	—	—	—
Glutinous rice flour	3	0.8	—	—	—	—	—	—	—
Wheat(soft flour)	3	1.5	—	—	—	—	—	—	—
Wheat(hard flour)	1	0.9	—	—	—	—	—	—	—
Roasted barley flour	3	13.0	—	—	—	—	—	—	—
Buckwheat flour	3	68.0	0.5	3.7	—	—	—	—	—
Potatoes and Starches									
Potatoes	2	4.0	—	—	—	—	—	—	—
Fats and Oils									
Margarine	5	509.0	90.0	—	—	—	—	—	—
Salad oil	3	1,479.0	—	—	—	—	—	—	—
Sesame oil	3	47.0	—	—	—	—	—	—	—
Olieve oil	3	421.0	—	—	—	—	—	—	—
Nuts and Seeds									
Sesame seed(white)	1	21.0	3.0	—	—	—	—	—	—
Sesame seed(black)	1	71.0	4.0	—	—	—	—	—	—
Pulses									
Roasted soybean	3	368.0	—	19.0	2.8	—	—	—	—
Soy-milk	1	51.0	—	—	—	—	—	—	—
Itohiki-natto	4	100.0	13.0	79.0	330.0	8,636.0	96.0	—	—
Miso(dry)	4	111.0	8.2	8.1	2.9	20.0	5.9	—	—
Vegetables									
Spinach(leaf)	2	4,785.0	—	—	—	—	—	—	—
Spinach(stalk)	1	664.0	—	—	—	—	—	—	—
Welsh onion(green)	2	2,426.0	—	—	—	—	—	—	—
Welsh onion(white)	1	49.0	—	—	—	—	—	—	—
Broccoli	2	2,050.0	—	—	—	—	—	—	—
Sweet pepper	2	298.0	—	—	—	—	—	—	—
Carrot	2	40.0	—	—	—	—	—	—	—
Tomato juice	3	23.0	—	—	—	—	—	—	—
Tomato juice cocktail	3	50.0	—	—	—	—	—	—	—
Fungi									
Shiitake(raw)	5	—	—	—	—	—	—	—	—
Shimeji	3	—	—	—	—	—	—	—	—
Nameko	3	—	—	—	—	4.7	0.2	—	—
Fruits									
Orange juice	3	1.0	—	—	—	—	—	—	—
Grapefruit juice	3	0.3	—	—	—	—	—	—	—
Apple juice	3	1.9	—	—	—	—	—	—	—
Grape juice	3	2.2	—	—	—	—	—	—	—
Prune juice	2	6.3	—	—	—	—	—	—	—
Pineapple juice	1	6.6	—	—	—	—	—	—	—
Algae									
Green laver	3	36.0	—	—	57.0	38.0	—	—	—
Purple laver	3	13,854.0	—	—	1.5	—	—	—	—
Konbu	3	663.0	—	—	8.7	—	—	—	—
Hijiki	3	3,273.0	—	—	29.0	12.0	—	—	—
Wakame(raw)	1	20,837.0	7.4	—	—	—	—	—	—
Wakame(dry)	3	2,531.0	1.8	—	—	—	—	—	—
Beverage									
Sake	3	—	—	—	—	—	—	—	—
Wine	1	—	—	—	—	—	—	—	—
Green tea	4	14,280.0	(214.0)[a]	—	—	—	—	—	—
Black tea	3	2,620.0	(116.0)	—	—	—	—	—	—
Coffee	4	195.0	(1.2)	—	—	—	—	—	—
Seasonings and Spices									
Shoyu(Koikuchi)	4	—	—	—	0.9	1.8	1.0	—	—
Shoyu(Usukuchi)	2	—	—	—	—	0.1	0.1	—	—
Worcester sauce(Common)	3	4.3	0.2	0.1	0.1	1.2	0.3	—	—
Worcester sauce(Thick)	3	20.0	—	1.3	1.1	0.8	0.6	—	—

—: Not detected   a) Extract(1 g/100ml of boiling water)

1.7.2 製　法

天然ビタミンK_1は，工業的には，主に植物油に関連した原料から，高真空蒸留，溶媒分別，カラムクロマトグラフィー等の方法で分離，精製される[10～13]。また，タバコ[14]，白甘藷[15]の組織培養による製法も明らかにされている。

ビタミンK_2に関しては，合成のMK-4が医薬品として利用されてきたことから，MK-4の発酵生産を目指した研究開発がなされてきた[16～19]。しかしながら，MK-4の発酵生産では，合成MK-4と比較してコスト面で優れた方法が開発されておらず，現在のところ実用化されてはいない。筆者らは，納豆のMK-7を分離，精製し(特許出願中)，食品への応用を検討している。

1.7.3 性状・特性[1]

(1) ビタミンK_1

黄色粘性の油状で，無味無臭。分子量450.68。石油エーテルやヘキサンに易溶，エタノールやイソプロピルアルコールにやや溶けにくく，水にはほとんど溶けない。アルカリや還元剤によって分解，光に対しては極めて不安定。融点＝－20℃。

(2) ビタミンK_2(MK-4)

黄色の結晶または油状の物質で，無味無臭。分子量444.66。有機溶媒に対する溶解性はビタミンK_1とほぼ同じ。光やアルカリによって分解。融点は34－38℃。

(3) ビタミンK_2(MK-7)

黄淡色の結晶。分子量649.02。溶解性・安定性はMK-4とほぼ同様。融点は54℃。

1.7.4 安　全　性

ビタミンKは，血液凝固の因子であることから，かつて，ビタミンKによって健常人の血液が固まりやすくなり，循環器系の疾病の原因となるといわれていたが，最近はそのようなことはないといわれている。しかしながら，抗凝血療法で用いられている医薬品ワルファリンカリウム（ワーファリン）の作用を減弱するため，これによる治療を受けている患者はビタミンKの摂取は控えたほうがよいといわれている。

ビタミンKは，前述のように日常的に食する納豆中に多く含まれ，その食経験から，食品レベルの摂取では安全な素材といえる。また，出血症へのK_1製剤，K_2製剤の長い使用経験の中で，特に副作用の報告がなされていないことも，安全性の高さを裏付けている。さらに，最近の骨粗鬆症治療薬の臨床試験でも安全であるといわれている[20～22]。しかし，側鎖のない合成ビタ

ミンK$_3$には溶血性貧血や肝臓障害などの過剰症があり，これがビタミンKの毒性として紹介されることがあるが，K$_3$は天然には存在せず，現在では，医薬品としても使用されていない。

筆者らが，大豆油由来の天然ビタミンK$_1$製剤および納豆由来の天然ビタミンK$_2$製剤に関して，変異原性ならびに急性毒性試験を行ったところ，両者とも認められず，食品としても安全であることが確認された。

また，マウスに経口投与した場合，ビタミンK$_1$のLD50は53.7g/kg以上[23]，MK-4は5g/kg以上[24]と報告されている。

1.7.5 機能・効能・生理活性

ビタミンKの代表的な作用は，ビタミンK依存性タンパク質のグルタミン酸残基を，カルボキシラーゼがγ-カルボキシル化（Gla化）する際に補酵素として機能するものである（図2）。

血液凝固の因子にはビタミンK依存性の成分が多く[25]，ビタミンKは血液凝固系を正常に機能させる効果があると考えられている。これに必要なビタミンK必要量は微量で，健常な成人では普通の食事や腸内細菌から得られる量で十分とされている。しかしながら，新生児や抗生物質を投与した場合にビタミンK不足による出血症が現れる場合があり[26]，その治療のため医薬品が用いられている。また，新生児出血症や乳児の出血症の予防のため，粉ミルクや授乳婦用食品にビタミンK$_1$の供給源として大豆油または濃縮製剤が添加されている。

最近，ビタミンKの生理作用で注目されているのが，骨に対する作用である。ビタミンKの中でも，特にビタミンK$_2$に骨粗鬆症の治療効果が認められ[21,22]，合成MK-4が治療薬として昨年から使用されている。

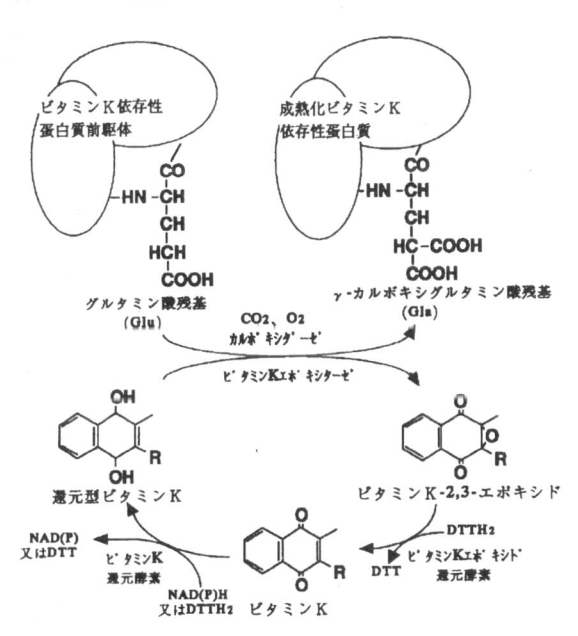

図2 ビタミンK依存性タンパク質のプロセッシングにおけるビタミンKの役割とビタミンKの代謝

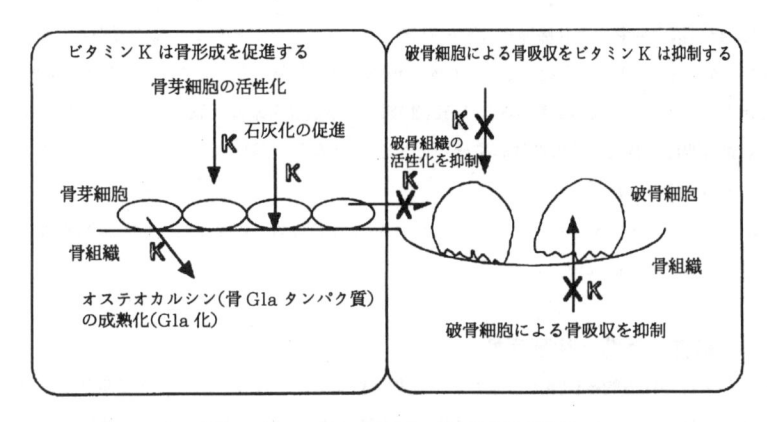

図3　ビタミンK₂の骨形成に対する効果（概略）

図3にビタミンKの骨作用メカニズムの概略を示した。ビタミンKは、
①骨glaタンパク質（オステオカルシン）の成熟化（Gla化）に補酵素として働く[27]。
②骨芽細胞を活性化して[28]，石灰化を促進する[29]。
③破骨細胞の活性化を抑制して、破骨細胞により骨が吸収（壊されてカルシウムが溶出する）されるのを防ぐ[30,31]。

等の作用を示す。筆者らは、納豆由来のMK-7にもMK-4と同様の骨作用があることを骨組織培養で明らかにした（投稿中）。

骨粗鬆症は、今後予防に重点がおかれることが予測される。そのためには、食品レベルで予防効果の期待できる成分を積極的に摂取することが望ましい。現在、その成分として、カルシウム、ビタミンD、CPP等が利用されているが、ビタミンKは、骨作用メカニズムがビタミンDとは異なるため相乗効果が得られる[29]ことから、カルシウム、ビタミンDに加えて使用しうる新たな食品成分として期待されている。所要量、形態等は今後の検討課題である。

そのほか、骨髄腫細胞の分化を誘導する作用[32]やアレルギーの抑制効果[33]などが報告されている。

1.7.6　応用例・製品例

粉ミルクには、20〜30μg/100gのビタミンK₁が含有される。このK₁は、栄養源として添加される大豆油によって供給されるが、それだけで不足する場合、天然K₁濃縮物を添加している。

1.7.7 メーカー・生産量・価格

① 天然ビタミンK_1含有トコフェロール製剤
　ホーネンコーポレーション
② 天然ビタミンK_2濃縮油
　ホーネンコーポレーション

文　献

1) 勝井五一郎(日本ビタミン学会編)：ビタミン学(I), 242 (1980)
2) Haines-Nutt, R. F., Adams, P. : *Anal. Proc.*, **21**, 241 (1984)
3) Zonta, F., Stancher, B. : *J. Chrom.*, **329**, 257 (1985)
4) 佐藤孝義, 八尋政利, 下田幸三, 浅居良輝, 浜本典男：日本栄養・食糧学会誌, **38**, 451 (1985)
5) 小高要, 氏家隆, 上野順士, 斎藤實：日本栄養・食糧学会誌, **39**, 124 (1986)
6) 坂野俊幸, 野津本茂, 長岡忠義, 森本厚, 藤本恭子, 増田佐智子, 鈴木由紀子, 平内三政：ビタミン, **62**, 393 (1988)
7) 木村美恵子, 平池秀和：島津科学計測ジャーナル, **3**, 275 (1991)
8) Collins, M. D., Jones, D. : *Microbiol. Rev.*, **45**, 316 (1981)
9) 篠光正, 山城智子, 山田浩司, 森豊, 里忠, 河部靖, 岡田和夫：薬学雑誌, **102**, 651 (1982)
10) 特公昭63-17817
11) 特公平4-69979
12) 特公平5-78537
13) 特開平5-155803
14) 特開平1-128783
15) 特開平1-128784
16) Tani, Y., Sakurai, N. : *Agric. Biol. Chem.*, **51**, 2409 (1987)
17) 特公平3-67674
18) 特公平4-8039
19) 特公平5-23749
20) 白木正孝, 折茂肇：診療と新薬, **29** (5), 1139 (1992)

21) 折茂肇:新薬と臨床, **41**(6), 1249 (1992)
22) 折茂肇, 白木正孝 : *Clin. Evil.*, **20**, 45 (1992)
23) 井関統裕, 森田茂, 柳本行雄, 金子巌, 長井正信, 田中健一:ビタミン, **36**, 86 (1967)
24) 特開平 7 - 215849
25) 白幡聡:衛生検査, **39**, 1495 (1990)
26) 平池秀和 : *Pharma Medica*, **10**, 25 (1992)
27) Price, P. A. *et al.* : *J. Biol. Chem.*, **256**, 12760 (1981)
28) Akedo, Y. *et al.* : *Biochem. Biophys. Res. Commun.*, **187**, 814 (1992)
29) 腰原康子ら:医学の歩み, **161**, 439 (1992)
30) Koshihara, Y. *et al.* : *Biochem. Pharmacol.*, **46**, 1355 (1993)
31) Hara, K. *et al.* : *J. Bone Miner Res.*, **8**, 535 (1993)
32) Sakai, I. *et al.* : *Biochem. Biophys. Res. Commun.*, **205**, 1305 (1994)
33) Kimura, I. *et al.* : *Acta Med. Okayama*, **29**, 73 (1975)

第2章 高付加価値を持つミネラル
2.1 セレン

和田 攻*

2.1.1 はじめに

　セレンは現在では，ヒトの必須微量元素の1つに数えられている。その理由は，体内で抗酸化作用を有するグルタチオンペルオキシターゼという酵素に含まれ，重要な役割を果たしていることが証明されたことによる[1,3]。

　セレンの有効性はこの抗酸化作用によって説明されている。現在の癌，動脈硬化をはじめ成人病の多くは過酸化，すなわち活性酸素の作用によって生ずるとされ，加齢も過酸化で説明されようとしており，この意味でスーパーオキシドディスムターゼ（SOD）と並んで重視されつつあるセレン酵素である。

　ヒトの健康との関係では，癌を抑制するという疫学結果や動物実験結果と，心筋梗塞などの虚血性心疾患が低セレン摂取者で増加するという報告がある[1,3]。

2.1.2　有効成分と1日摂取量

　今のところ，とくに限定した有効セレン含有化合物は推定されていない。したがって，精製も合成も商品化もされていない。

　多くの実験や調査では，セレンそのものを原子吸光法で測定し，その値を用いて摂取量や含有量としている。また投与実験では，一般に食品中に含まれている型のSe-メチル-セレノメチオニン，セレノシステインを用いたり，無機のセレン化合物，とくに亜セレン酸を用いている。これらの製品は，一般試薬として販売されているものである。

　ヒトの通常のセレン摂取量は40～200μg/日である。セレンの摂取量は，第一にセレンの土壌中含量が地域によって著しい差があり，そのため，そこでとれる穀物中ないし食物中の含量が高低さまざまであるため，大きな相違がみられること，第二は，セレンの栄養レベルの幅が狭いこと，すなわち，1ケタ低いと欠乏症，1ケタ多いと中毒をおこす危険性があること，の問題がある（表1）[1,2]。セレン摂取量と全血中セレン濃度の国際比較は図1のごときである[4]。

＊　Osamu Wada　東京大学名誉教授・埼玉医科大学　教授

表1 セレンの欠乏，栄養および過剰レベル[1,2]

	1日セレン摂取量 (mg)	食品中セレン (PPM)	ヒト報告例	血液 セレン (ng/ml)
欠乏レベル	0.01 (0.003〜0.022)	0.005〜0.01	克山病（中国）	8〜22
準欠乏レベル	0.03	0.01〜0.02	虚血性心疾患，癌 （フィンランド, NZ）	30〜80 (45以下でリスク)
栄養レベル	0.1 (0.04〜0.23)	0.05〜0.2		100〜200
過剰レベル	0.2		ベネズエラ，米国	355
中毒危険レベル	1.0 (0.24〜1.5)	0.5〜1.0	中国	440
中毒レベル	5.0 (3.2〜6.7)	5〜10	セレノーシス（中国）	3,200

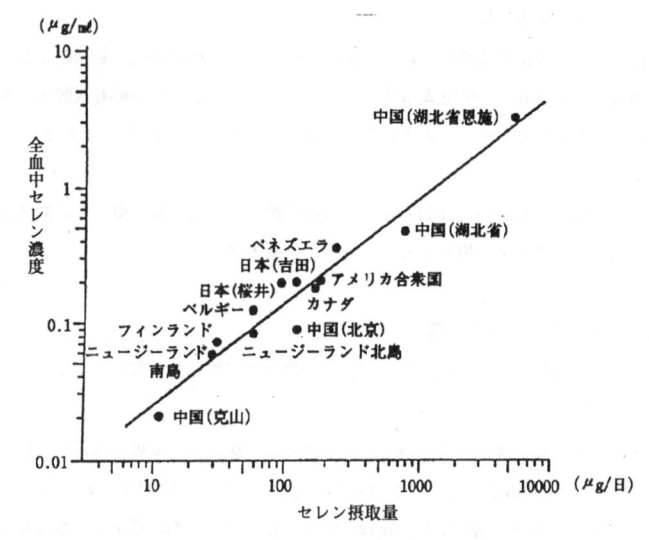

図1 セレン摂取量と全血中セレン量[4]

2.1.3 セレン欠乏症 ― その有効性の根拠

(1) 克山病

克山病は1935年頃から中国黒龍江省克山県でみつかり，その後，中国の東北部から西南部，チベットにかけての山岳地帯や農村でみられた中国の三大風土病の1つで，11歳以下の小児や妊娠期の女性にみられる心筋症である。発生地やその農作物のセレン含量はきわめて低く，患者の血液中セレン含量も低く（図1参照），亜セレン酸週1回，0.5〜1mgの経口投与で患者やその死亡の著しい減少がみられたものである。表2のごとく，亜セレン酸投与で低下がみられている[5]。

食物の経口摂取不能のヒトに行う高カロリー輸液でも，セレン欠乏が招来されることはきわめてまれではあるが，心筋症もみられている。これらの患者には，セレノメチオニンの型で，1日にセレン100μgを同時輸液して7日で改善している[1]。

(2) 虚血性心疾患

最初の報告は，低セレン地域であるフィンランド東部の住民11,000人について，血清セレン濃度と心筋梗塞罹患率を調べたもので，低セレン者の冠動脈疾患死や心筋梗塞死の著しい増加がみられている（図2）[6]。

(3) 癌

1969年頃からの多くの疫学調査で，大腸癌，乳癌，前立腺癌，直腸癌，白血病その他の多くの癌で，居住地の土壌中セレン量や，血中セレン量と，これらの癌の死亡率の間に負の相関，すなわち低セレン状態で癌が多くなるという報告が出されている（図3）[7]。最近のデータでは血清セレン濃度45μg/l以下の者の癌罹患の相対リスクは3.1であった。ただし一部の報告では関連なしとするものもある。

動物の発癌実験や自然発癌率に対するセレンの効果も多くの報告で明確に示されている[8]。

その他カシンベック症，動脈硬化症，線維性のう包症などで，セレン欠乏との関係が推定されている。

表2 セレン予防投与（亜セレン酸0.5～1μg/週）による克山病の減少[5]

年	群	対象数	症状			
			数	生存数	慢性化数	死亡数
1974	対照群	3,985	54	27	2	27
	治療群	4,510	10	10	1	0
1975	対照群	5,445	52	26	3	26
	治療群	6,767	7	6	0	0
1976	対照群	212	1	1	0	0
	治療群	12,579	4	2	0	2
1977	対照群	—				
	治療群	12,749	0	0	0	0

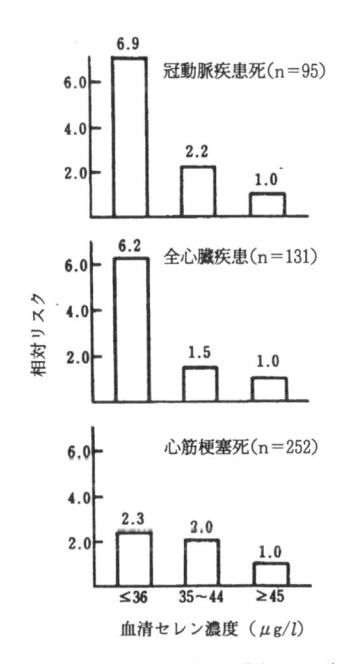

図2 低セレン血者の心臓病リスク[6]

2.1.4 セレンの毒性と安全性[1,2]

前述のごとく，セレンの安全幅は狭いとされている。セレン中毒は工業界では，眼の粘膜の障害，ニンニク臭，脱毛などで知られているが，一般環境では1961～1964年の中国の土壌や食物から

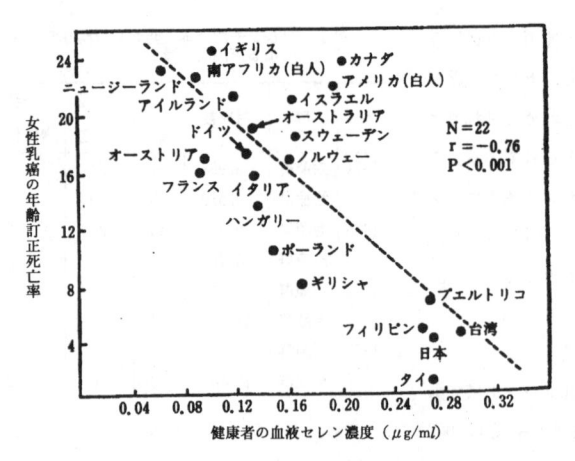

図3 各国の血液中セレン量と女性の乳癌の死亡率の関係[7]

のセレン中毒がみられている。セレンの1日摂取量は3〜7mgに達していた。また米国ではセレン錠が抗癌作用がある保健薬として販売されているが、1錠中150μgのセレン含量であるところを製薬会社が間違えて、その182倍の27.3mgの錠剤を服用して急性セレン中毒がニューヨークで発生している。長期間の摂取による過剰症は1日200μg〜1mgでみられるとされている。

文　献

1) 和田攻他, トキシュロジーフォーラム 8: H8, 1985
2) 和田攻, Biomed. Res. Trace Elements 4: 227, 1993
3) Lockitch, G., Crit. Rev. Clin. Lab. Sci., 27: 483, 1993
4) 姫野誠, ミネラル微量元素の栄養学（鈴木, 和田編）第一出版, p.150, 1993
5) Keshan direase research group; China Med. J. 92: 471, 1979
6) Salonen. J. T. et al., Lancet. II, 175. 1982
7) Schrauzer. G. N. et al., Bioinorg. Chem. 7: 23, 1977
8) Whanger. P. D., tund. Appl. Toxicol. 3: 424, 1983

2.2 クロム

和田　攻*

2.2.1　クロムの生理活性物質としての歴史[1〜3]

栄養素としてのクロムは，現在，糖代謝の改善効果と脂質代謝の改善効果のうえから注目されているが，現在のところその有効成分は精製されていない。

クロムの必須性が問題となったのは1957年で，クロム欠乏動物で耐糖能（血糖を一定にする能力でインスリンを介して調節されている）の低下，すなわち糖尿病状態がみられ，クロム化合物，とくにクロム含量の多いブリューワーイーストやクロム含有腎臓抽出物を動物に与えると，その改善がみられたことによる。

その後米国の調査で，加齢とともにクロムの体内量が減少すること，これは文明の発展とともに穀物の精製による食品中のクロム含量の低下および糖の摂取の過剰により，体内のクロム含量が低下する（糖が体内に入ると，体内のクロム含有耐糖因子が血中に出，糖の細胞への吸収を促進し，使い終わったクロムは体外へ排拙されると考えられているため）ことによるとされ，また，後述するように，クロム欠乏で脂質代謝の悪化，すなわち高脂血症が招来されることから，文明国での糖尿病や動脈硬化症の頻発の増加を招いているとの考えもある（図1）。

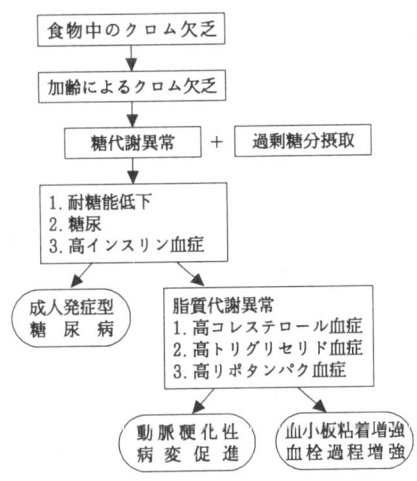

図1　クロム欠乏による成人病の出現

2.2.2　クロム含有の有効成分 ── 組成，性状，製法など

上述の糖代謝，脂質代謝の改善物質は1959年頃から，その存在が指摘されており，耐糖因子（glucose-tolerance factor; CTF）と呼ばれているが，今のところ精製されていない。これは精製中に失活するためである。

---

*　Osamu Wada　東京大学名誉教授・埼玉医科大学　教授

精製の試みは，イースト（ビール酵母 Saccharomyces carlbergens など）から行われ，希アルコール抽出，イオン交換クロマトグラフィーで活性物質が得られ，分析でクロム，ニコチン酸，グリシン，グルタミン酸，システインを含むとされている（表1）[4]。同様の物質は，上記の各含有物をアルコール中で混合孵置しても得られるともされ，同様にこれから精製が試みられている。またイースト粉末より簡単な，しかも温和な条件下での精製法も発表されている。10gのイースト粉末（メルク）をブタノール：水（1：1）200ml中で室温で3時間孵置し，水層を2倍量の水で透析し，ついでメンブランフィルターで分子量3,500以上のものを取り去り，濃縮後，DEAE −11 セルロースカラム（CL型）を通し，水で溶出することにより，部分精製された GTF 様活性物質が得られ，さらに Dowex 500w×8（H$^+$型）を通し，水洗後，0.25M NH$_4$OH 液で溶出している[5]。

表1　合成耐糖因子の組成[4]

構成分	%	μg mol/mg	クロムに対する分子比
クロム	5.66	1.09	
総窒素量	16.46		
NH$_3$窒素量	8.96	5.27	4.8
結合窒素	7.50		
ニコチン酸	28.17	2.29	2.1
グリシン	14.70	1.96	1.8
グルタミン酸	17.64	1.20	1.1
システイン	13.20	1.10	1.0

われわれもクロムを与えた動物の肝や牛の初乳から，同様の物質を精製している[3]。

これらの物質の精製は完全でないが（これ以上精製で失活するため），その性状は表2のごとくとされている。GFTは直接のインスリン作用はないが in vitro 系のラット脂肪細胞へのグルコースの取り込みや，酵母培養液中の炭酸ガス生成に対するインスリン作用を増強する（また，これによって検討される），クロムはいずれも3価である。

表2　ビール酵母から得られた耐糖因子の性状[4,5]

	CTF (Cr^{3+})	Cr^{3+}
インスリン増強作用 in vitro	‖	+
耐糖能改善作用	‖	+
腸管吸収率	～25%	1%
胎盤通過性	+	−
特異クロムコンポーネントへ（インスリンにより動員）	+	
LD$_{50}$ I.V.	>1g/kg	60mg/kg
存　在	食品中にあり体内で合成されうる（肝？）	一般環境
インスリンによる血中動員および尿中排泄	+	−
性　質	低分子，水溶性，熱安定性，262nmに吸収	
構　造	ニコチン酸2分子/Crシステイン，グリシングルタミン酸	
1日必要量	Crとして10～30μg ビール酵母，黒コショウ，肝，肉に多し	

2.2.3 クロム含有耐糖因子の有効性

GTFが精製されておらず，入手不能であるため，多くの実験はクロムを培地に添加して生育させたビール酵母の粉末を用いて，経口投与が行われている[1〜3]。

対照をおいた，より正確なクロムのヒトへの補充実験は，表3のごとき報告がある[6]。全例でないにしても，有効性が証明されている。その一例としてビール酵母10gを8カ月与えたときのブドウ糖負荷試験の成績を図2に示す。血糖は低下し必要インスリンの低下もみられている。

また近年，経口的食物摂取不能者（手術など）に直接，静脈内に栄養を与える高カロリー輸液が盛んに行われるようになり，亜鉛をはじめ，多くの微量元素欠乏症が報告されるようになったが，クロム欠乏症の報告も今までに4つの報告があり，すべてクロム添加で，糖尿病状態が改善している（表4）[6]。

表3 対照を置いたクロム補充実験の詳細[6]

報告者（年）	μmol Cr/日	対象（人数）	結果
Clinsman, Mertz(1966)	3〜20	成人糖尿病者(6)	6人中3人で耐糖能改善
Hopkins, ら(1968)	5	栄養不良児(12)	耐糖能改善，5人の対照は不変
Gurson, Saner(1971)	1	栄養不良児(14)	14人中9人で耐糖能改善，対照は不変
Mossop(1983)	40	糖尿病者(13)	耐糖能改善，HDL-C増加，対照は不変
Martinez, ら(1985)	4	耐糖能低下の成人女性，治療なし(8)	耐糖能改善，インスリン低下，対照は不変
Anderson, ら(1983)	4	軽度耐糖能低下成人(20)	プラセボ期に対し有意の耐糖能の改善
Anderson, ら(1991)	4	低Cr摂取の軽度耐糖能低下男女(8)	プラセボ期に対し有意の耐糖能の改善
Riales, Albrink(1981)	2	中年の男性(12)	インスリン低下を伴う耐糖能の改善，対照は不変
Wang, ら(1989)	1	中年の男性(10)	総-C，LDL-Cの低下，インスリン低下
Uusitupa, ら(1983)	4	非インスリン依存糖尿病者(10)	インスリンの低下，GTTは不変
Press, ら(1990)	4	軽度の高コレステロール者(28)	総-C，LDL-Cの低下，アポ-Bの低下アポ-Aの増加
Abraham, ら(1992)	5	軽度の高コレステロール者(76)	HDL-Cの増加，中性脂肪の低下，糖は不変

HDL-C：高比重リポタンパクコレステロール
LDL-C：低比重リポタンパクコレステロール
GTT：グルコース負荷試験

表4　高カロリー輸液（TPN）によるヒトのクロム欠乏症（糖尿病）とクロム投与による改善の報告[6]

報告者	患者	血清クロム値	無機クロム添加量	血糖値の変化 (mg/dl)	インスリン必要量 (U/日)
Jeejeebhoy ら (1977)	35歳, ♀ (TPN 3.5年)	0.55ng/ml (正常5–10)	250μg×14日* (TPN)	75〜175 ↓ 73〜110	45 ↓ 0
Freund ら (1979)	45歳, ♀ (TPN 5月)	0.5μg/dl (正常下限)	150μg×55日* (TPN)	200〜600 ↓ 73〜200	20〜35 ↓ 0
Brown ら (1986)	63歳, ♀ (TPN 7月)	0.1μg/dl (正常2–4)	200μg×14日* (TPN)	120〜300 ↓ 100〜110	30 ↓ 0
Anderson ら** (1989)			12μg/日*** (TPN)	450 ↓ 150	

*その後，20–26μg/日量で正常糖状態維持できた
**クロム添加中止で糖尿病悪化，再添加で改善
***添加前のTPN液中には12μg/日のクロム含有あり，それにさらに12μg/日量添加

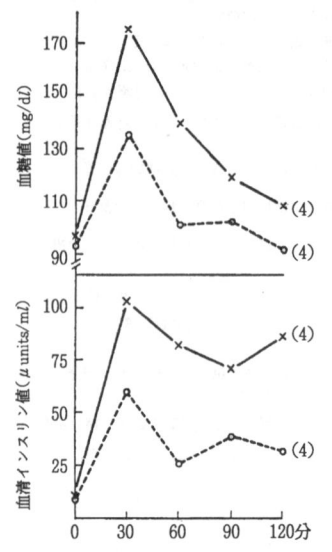

図2　耐糖因子含有のビール酵母摂取による糖代謝の改善（ブドウ糖負荷試験）[7]
（-×-投与前，…○…投与後）

2.2.4　クロムの安全性[6]

クロムは毒性が強く，発癌性があるとされているが，これは6価クロムで，3価クロムの毒性は少ない。毒性値を表5に示す。

3価クロムの安全量は，これは無機化合物としてであり，GTFはより毒性は少ないが，動物実験の長期無作用量は，1,468mg/日（3カ月）で，現在ではそれに安全率1/1,000をかけて約1日1.0mg/kg/日とされている。ヒトの栄養所要量は50〜200μg/日であり，かなりの安全性がある。

表5　3価クロムと6価クロムの毒性等の比較[6]

毒　性　等	3価クロム	6価クロム	3価/6価比
急性毒性			
経口 LD_{50}（50％致死量）	1900〜11260mg/kg	50〜114mg/kg	39〜99
経皮 LD_{50}	極めて大	≫ 400〜700Crmg/kg	
皮膚刺激性	極めて小	≪ 極めて大	
皮膚アレルギー	極めて小	≪ 大	
細胞毒性（in vitro）	極めて小	≪ 0.1〜1.0μM	
慢性毒性			
経口無作用量（長期に換算）	147mg/kg/日	0.5mg/kg/日	294
吸入無作用量（　〃　）	600×10^{-7}mg/kg/日	1.9×10^{-7}mg/kg/日	316
発癌性			
短期遺伝毒性	48/209（23％）に（+）	397/450（88.2％）に（+）	4
経口発癌性	多くの実験で（−）	多くの実験で（−）	
経皮発癌性	不明	不明	
吸入発癌性	多くの実験で（−）	難〜非水溶性化合物で（++）41mg/kg/日以上であり	
許容濃度（OSHA）	$0.5mgCr/m^3$	$0.001mgCr/m^3$（発癌性）	500

文　献

1) 和田攻：Biomed. Res. Trace Elements 2：273, 1991
2) 鈴木継美, 和田攻（編）：ミネラル微量元素の栄養学, 第一出版, 1994
3) 和田攻他, 代謝, 20：33, 1983
4) Toepfer, E. W. et al, J. Agric. Food chem. 25；162, 1977
5) Mirsky. N. et al. J. Inorgy. Biochem. 15. 275, 1981
6) 和田攻：平成5年度厚生科学研究報告書（厚生省）1993
7) Doisy. R. J. et al. Trace Elements in Human Health and Dieases. p. 76. Acad. Press. 1976

2.3　酵素処理ヘム鉄

清水俊雄*

2.3.1　はじめに

　鉄は，人間にとって，生命を維持するうえで不可欠のミネラルである。酸素を運搬する赤血球中のヘモグロビンの主要成分であるとともに，筋肉中のミオグロビンおよび体内の酸化還元に関与する酵素の成分として重要な役割を担っている。

　日本での調査では，有経女性の半数が鉄欠乏であることが報告されている。また離乳期・成長期の子供が鉄欠乏となる傾向があることや，動物性食品への嗜好性の低下，胃酸分泌の欠乏による高齢者の鉄欠乏が増加しているとも指摘されている。

　鉄の欠乏が進行すると，ヘモグロビン生合成が減少して，貧血が生じる。貧血になると，酸素を肺から全身の組織に運搬する能力が低下するため，各組織が低酸素の状態となる。このため，運動能力は低下し，精神・神経に臨床症状を呈するようになる。

　通常，鉄は食物から摂取されるが，動物性食物に含まれるヘム鉄と，植物性食物に多く含まれる非ヘム鉄との2種類に分けられる。非ヘム鉄は，吸収が悪いうえ，ほかの食品成分により吸収阻害を受ける。通常の日本の食事では，非ヘム鉄を摂取する割合が高いため，吸収できる鉄は非常に少ない。

　ただし，ヘム鉄をヘモグロビンとして直接摂取すると，鉄の含量が低いため多量に摂取しなければならない。酵素分解によりヘム鉄含有率を高めたのが，ここで紹介する酵素処理ヘム鉄である。

2.3.2　成分・構造式

　酵素処理ヘム鉄は図1に示すポルフィリン環と鉄の複合体であるヘム鉄にポリペプチドが配位した化合物である。ポリペプチド部分を除去したヘム鉄のみを取り出すと，鉄の吸収は低下する。そのため，吸収性を保持したヘム鉄にはペプチドが必須であり，その分子量は2,000以上であると考

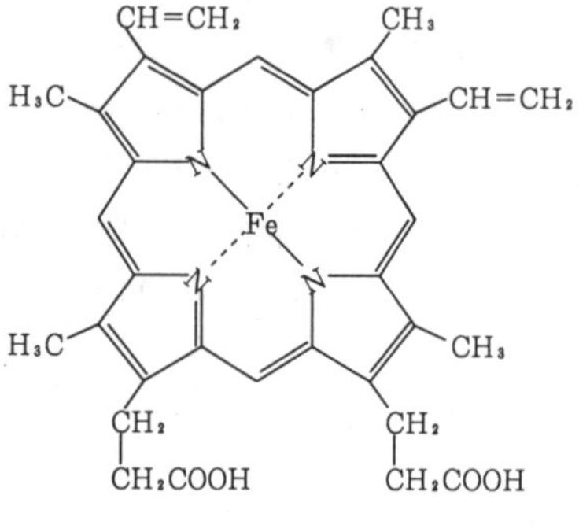

図1　ヘム鉄の構造

---

* Toshio Shimizu　旭化成工業㈱　食品事業部

えられている。

2.3.3 製法

　天然には，筋肉のミオグロビンおよび血液のヘモグロビンに含まれているが，そのままでは含有率が0.1%以下と低いため，通常，酵素分解によりタンパク質を分解し，ヘム鉄リッチなペプチドを分離して用いる。

　ヘモグロビンを原料とする場合が一般的であるので，その製法を述べる。原料となるヘモグロビンは，衛生的な設備により採取した赤血球に水を加え，浸透圧により溶血させて得る。酵素反応が進みやすいように，アルカリを加えてヘモグロビンの立体構造を変性させた後，タンパク質分解酵素（アルカリプロテアーゼが好ましい）を用いてグロビンタンパク質を分解する。

　酵素反応液中のヘム鉄を含有しない不要ペプチドとヘム鉄-ペプチド複合体とを分離する方法には，限外濾過法と等電点沈澱法とがある。いずれの方法においても，乾燥後，鉄含有率1.0%以上の製品が得られる。

　しかしながら，限外濾過法による製品は，等電点沈澱法に比較して，腸管での吸収率が高く，吸収のよい酵素処理ヘム鉄を精製する方法としては，限外濾過法が優れている（詳細は後述）。

2.3.4 性状・特性

(1) 性状

黒色粉末，水溶液は黒色

鉄含有率：1.0〜1.5%

ヘム含有率：10〜16%

タンパク含有率：80〜90%

水分含有率：1〜5%

(2) 溶解度

　ヘム鉄-ペプチド複合体の溶解度を表1に示す。

　表からわかるように，限外濾過法で得られたヘム鉄が，等電点沈澱法で得られたヘム鉄に比較して溶解度が高い。

表1　ヘム鉄の溶解度

試料	可溶ヘム($g/100ml\ H_2O$, pH7)
限外濾過法	2〜5
等電点沈澱法	0.3

(3) 安定性

　図2に示すように，110℃の加熱下，4時間では，ヘム鉄として90%以上安定な形で保持され

図2　熱安定性

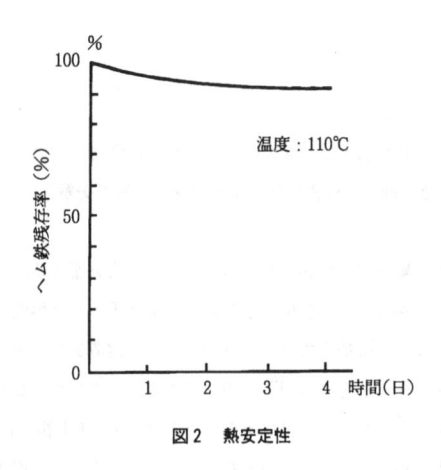

ている。

2.3.5　安全性

畜肉および肉加工食品に含まれているヘモグロビンを原料としており長期間の食経験がある。5週令マウスに限外濾過法ヘム鉄を，物理的最大投与3,000mg/kgまで経口投与を行い，7日間観察したが全く毒性の発現は認められなかった。

2.3.6　機能・効能・生理活性

ヘム鉄と非ヘム鉄は，異なる吸収機構を有している。ヘム鉄が，鉄−ポルフィリン複合体のまま腸粘膜細胞から吸収される経路を有しているのに対して，非ヘム鉄は消化分解され，イオン状態に遊離されて初めて吸収される。しかも，ヘム鉄がイオン価数に左右されずに吸収されるのに対し，非ヘム鉄は，2価イオンのみが吸収され，3価イオンは吸収されずに排泄されてしまう。

また，非ヘム鉄はほかの食品成分により吸収阻害を受けやすい。お茶，コーヒー中のタンニンのほか，食物繊維，カルシウム，リン酸などにより，鉄は吸収されにくい状態になり，吸収率が低下する。

人間を対象とし，放射性鉄を用いてヘム鉄と非ヘム鉄の吸収を比較した研究結果および成書，総説に記載されている鉄の吸収率を表2に示す。これらの報告から，酵素処理ヘム鉄は非ヘム鉄の約4〜8倍の吸収率を有していると考えられる[1〜4]。

ラット反転腸管を用いて，鉄分の吸収を測定した結果を表3に示す[5]。また人間を対象に，放射性の酵素処理ヘム鉄を用いて，吸収性を測定した結果を表4に示す[6]。いずれの結果も，限外

表2 ヘム鉄と非ヘム鉄の吸収率の比較

文献	吸収率(%) ヘム鉄	吸収率(%) 非ヘム鉄	備考
1)	37.3±2.8	5.3±1.8	○ヘム鉄1.0mg, 非ヘム鉄16.4mgを含有する食事 ○対象人員 8名
2)	23.6±2.5	9.4±2.46	○2.5mgの放射性鉄で強化したハンバーグ ○対象人員 20名
3)	23〜25	3〜8	
4)	25	<5	

表3 ラット腸管を用いたHIPの吸収

試料	n数	吸収鉄量(μg)	相対値
ヘモグロビン	1	31.4±4.7	1.0
ヘム鉄(限外濾過)	12	27.9±2.3	0.83
ヘム鉄(等電点沈澱)	3	18.0±4.3	0.33
ヘム鉄(限外濾過)+フィチン	3	27.8±7.1	0.83

表4 人間でのヘム鉄の吸収

試料	吸収量(mg)			吸収比
	n数	^{55}Fe	^{59}Fe	(ヘム鉄/ヘモグロビン)
ヘム鉄(限外濾過)$-^{55}$Fe + ヘモグロビン$-^{59}$Fe	10	0.35±0.08	0.39±0.06	0.89
ヘム鉄(等電点沈澱)$-^{55}$Fe + ヘモグロビン$-^{59}$Fe	10	0.15±0.02	0.33±0.07	0.45

濾過法により得られた酵素処理ヘム鉄は，天然のヘモグロビン態ヘム鉄の吸収鉄量と比較して，80〜90%の吸収性を保持しており，ほとんど差がない。一方，等電点沈澱法により得られた酵素処理ヘム鉄はヘモグロビン態ヘム鉄の吸収の半分以下に低下している。

限外濾過法により製造した酵素処理ヘム鉄を用いて，人間に対する効果を非ヘム鉄と比較した結果を図3に示す。

この結果，限外濾過法ヘム鉄は，非ヘム鉄に比較して貧血の改善効果が高いことが示された。

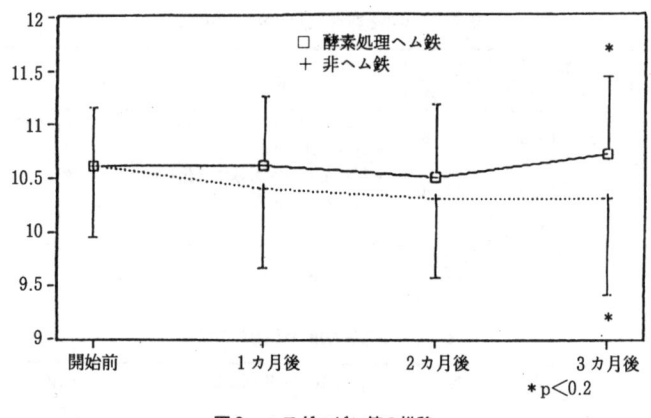

図3 ヘモグロビン値の推移

2.3.7 応用例・製品例

　鉄強化食品は，鉄欠乏を予防・改善するための有効な方法である．特に，酵素処理ヘム鉄は吸収がよいヘム鉄の含有率が高いことから，実用化の検討も種々なされている．

　ヘム鉄による鉄欠乏改善に関する大規模な試験がチリで行われており，75万人の鉄欠乏の子供に，ヘモグロビン添加のチョコレートクッキーを与えた結果，鉄欠乏が改善されたと報告されている[7]．しかし，ヘモグロビンは，ヘム鉄含有率が低いため，必要量の鉄分を摂取するためには，多量の添加が必要となり，食品として味覚，フレーバーを損なうことがある．

　これに対して酵素処理ヘム鉄は，ヘモグロビンのヘム鉄含有量を5～10倍に高めてあるので，食品用途への展開が容易である．また，酵素処理ヘム鉄は，無機鉄と異なり，金属臭，金属味は少ない．

　ただし酵素処理ヘム鉄も，多量に添加すると，着色，オフフレーバーなどの問題が生じる可能性があるので，個々の食品について，添加量，添加方法を検討することが望ましい．

　酵素処理ヘム鉄添加の食品の開発例としては，飲料，クッキー，キャンディー，ゼリー，パン，スープ，ふりかけ，顆粒，錠剤，カプセルなどがある．

2.3.8 メーカー・価格

　①ヘモグロビンを原料とするメーカーは，旭化成工業，伊藤ハム，三菱化学フーズなどである．
　②価格は，酵素処理ヘム鉄の含有量，吸収性により異なるが，7,000円/kgから15,000円/kgの間であると考えられる．

2.3.9 おわりに

現在の日本は，食生活が質量ともに豊かになり，飽食の時代とさえいわれている。しかし，最近では，女性のダイエット志向，若年層の偏食傾向，加工食品の増加に伴い，栄養素の不足による健康障害が存在することが明らかになってきている。

特に鉄分は，有経の女性および成長期の子供において不足傾向にあることが報告されている。そこで，欧米では，政府の指導に基づいて，食品への鉄強化が行われ，鉄欠乏が改善されつつあるが，日本では，鉄強化食品がまだ普及していない。

95年10月に旭化成が製造する限外濾過法による酵素処理ヘム鉄含有飲料が，特定保健用食品として認可され，「貧血気味の方の食生活改善」に役立つ旨の健康表示が許可された。

これを機会に，吸収のよい酵素処理ヘム鉄が普及し，日本でも，女性や若年層の鉄欠乏が解消できればと期待している。

文　献

1) E. B. Rausmussen et al., *J. Clin. Inv.*, **53**, 247(1974)
2) L. Hallberg et al., *Scand. J. Gastroent.*, **14**, 769(1979)
3) 内田立身, 鉄欠乏性貧血-鉄の生理と病態-, 新興医学出版社 11(1984)
4) J. D. Cook et al., "Iron Metabolism in Man", Blackwell Scientific Publication, London, 24(1979)
5) 田村幸永ほか, 日本栄養・食糧学会誌, **41**, 490(1988)
6) L. Hallberg, unpublished(1981)
7) A. Stekel, Pro. Ann. Meet. Int. Nutr. Anem. Consult. Group, New York(1981)

2.4 オリゴガラクチュロン酸

中西 昇*

2.4.1 開発の背景

オリゴガラクチュロン酸（以下 OGA と略す）はすでにワイン中に認められている生体への吸収性・利用性の高い2価鉄・オリゴ糖コンプレックスの研究にヒントを得て，鉄の利用性を高め造血に寄与する素材として開発されたものである。消化管からの鉄の吸収性については一般に3価鉄よりも2価鉄が優れていること，またアスコルビン酸に代表されるある種の有機酸，アミノ酸，糖は鉄と可溶性のキレートを形成し吸収性を高める[1]ことが知られている。

ワイン中にも種々の有機性の鉄が存在しており，古くから造血作用があるといわれてきたが，田端らはその中から吸収性およびヘモグロビンへの取り込み効率が高い2価鉄・オリゴ糖コンプレックスを単離した。そして，その構成糖にはガラクチュロン酸が含まれ，鉄とのキレートに関与していることや，オリゴ糖鎖自身が消化管内での鉄の溶存性を高め，さらに外因性の吸収阻害因子から鉄を保護する役割を果たしていることを明らかにした[2]。

その研究成果を受け，鉄の吸収活性がガラクチュロン酸とオリゴ糖鎖の2点に集約されることに着眼し，一般の食品原料を基に食品性が高く，安定に生産・供給可能な鉄利用性促進素材の完成を目指して開発されたのが OGA である。

2.4.2 組成・構造式

OGA は，ジャムやゼリー等に汎用されている食品原料であるペクチン（α-1,4結合からなるガラクチュロン酸のポリマーを主鎖とする）をペクチナーゼで加水分解して得られる。市販のペクチンには品質規格の違いによって構成糖であるガラクチュロン酸のカルボキシル基がメチル化，またはアミド化されているものもあるが，OGA は遊離のカルボキシル基が多いノンアミド・低メトキシペクチンを出発原料としているので，概略としては図1に示す構造を有する。

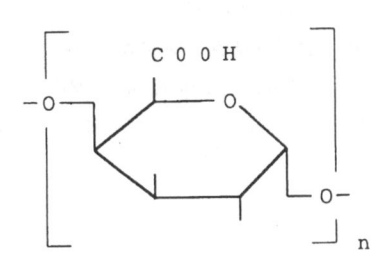

図1 OGA の推定構造
n = 1～8

---

* Noboru Nakanishi ポーラ化成工業㈱ 食品研究所

2.4.3 製法・性状

ペクチンの水溶（分散）液を調製し，40 ℃にてペクチナーゼを一定時間作用させて加水分解した後，分子量3000カットの限外濾過膜で処理し，その濾液を減圧下で濃縮して得られる液状原料である。表1は原料規格値であるが，HPLCによるゲル濾過分析の結果，約60 %を占める可溶性固形分のうちの過半数が推定重合度6のオリゴマーである（図2）。

表1　OGAの原料規格

外観・性状	黄褐色液状
香　味	特有の酸味を有する
可溶性固形分	57 %以上
pH	3.0～4.0
重金属	20 ppm 以下
ヒ　素	2 ppm 以下
一般生菌数	1,000個/g 以下
真菌類	100個/g 以下
大腸菌群	陰　性

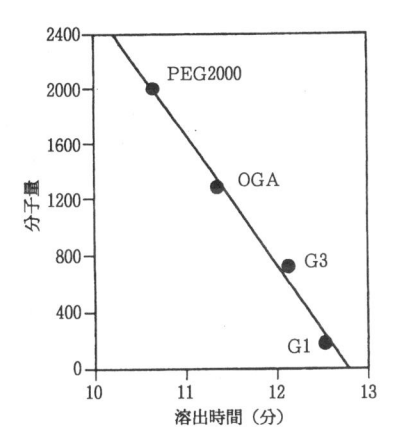

図2　OGA 主要画分の分子量

PEG2000；ポリエチレングリコール2000
OGA；OGA 主要画分
G3；マルトトリオース
G1；グルコース

2.4.4 化学的な特性

OGA は鉄を還元する作用を有しており，塩化第二鉄溶液では鉄1モルに対しガラクチュロン酸として2モルとなるように添加し，室温で攪拌処理した際に，すべての鉄が2価に還元されていることが確認された（α, α-ジピリジン法）[3]。さらに中性～アルカリ性域における溶存安定性を極めて高めることも明らかになり，鉄が消化管からの吸収に有利な形態へと変化していることが判明した（図3）。これらの性質は冒頭に述べた2価鉄・オリゴ糖コンプレックスと共通するものである。また，硫酸第一鉄溶液においても，同様に鉄1モルに対しガラクチュ

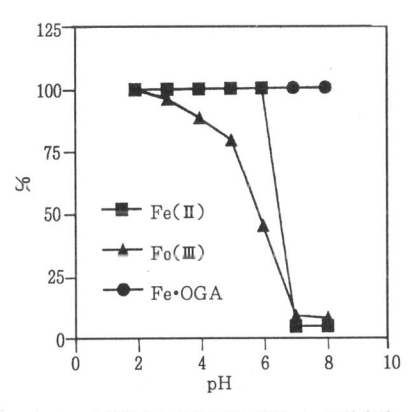

図3　水溶液中における鉄溶存率の pH 依存性
Fe(II)；硫酸第一鉄，Fe(III)；塩化第二鉄，または Fe-OGA；OGA 処理塩化第二鉄の水溶液（各々鉄濃度は400 ppm）について pH 調整後，5000 rpm で30分間遠心し，上澄液の鉄量を測定

ロン酸として2モルとなるようにOGAを添加し，分子量1000カットの限外濾過膜で濾過すると，未添加の場合はすべての鉄が膜を透過したのに対し，OGAの共存下では約55％が阻止された（図4）。この結果は鉄とOGAとのコンプレックスが形成されていることを裏付けるものである。

なお，以上の試験における鉄とガラクチュロン酸のモル比の設定は2価の鉄イオン1に対し2つのカルボキシル基が作用するという推定に基づいたものである（図5）。

2.4.5 3価鉄の利用性向上

OGAは3価鉄の生体利用性を向上させヘモグロビンを増加させる機能を有することが宮田らによって見出されている[4]。図6は鉄乏飼料，対照飼料（塩化第二鉄を鉄として12 ppm添加），またはOGA飼料（対照飼料にOGAを0.1％配合）でそれぞれ3週間飼育したラットの飼育開始時からのヘモグロビン増加量を示したものである。OGA飼料群は対照群に比べてヘモグロビン量が有意に増加しており，飼料中の塩化第二鉄が摂取後，消化管に吸収されるまでの過程（この過程は水系ととらえることができる）においてOGAの作用を受け利用性が高められたものと解釈できる。

日本人の通常の食生活においては吸収率の低い非ヘム鉄（主に3価）が量的には主要な鉄供給源[5]となっている。従って，この結果からOGAの配合により効率のよい鉄補給食品の設計・開発が可能になるものと期待される。

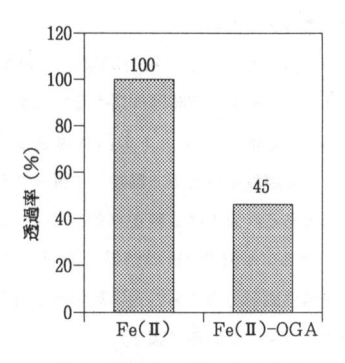

図4　OGAによる鉄イオンのキレート
Fe(Ⅱ)；硫酸第一鉄，Fe(Ⅱ)-OGA；OGA処理硫酸第一鉄の水溶液の分子量1000カットの限外濾過膜の透過率

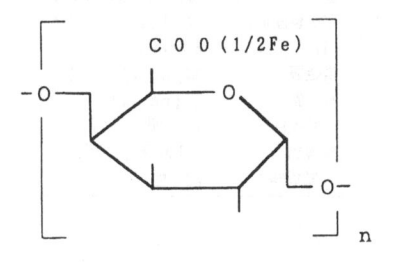

図5　2価鉄OGAの推定構造
n＝1～8

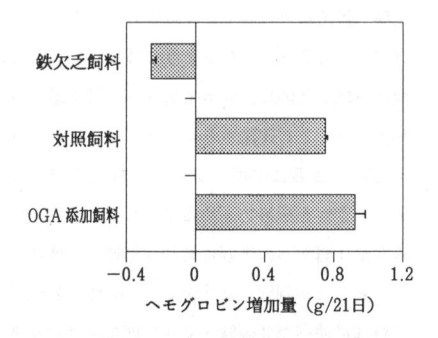

図6　3価鉄の生体利用におけるOGA添加効果
棒グラフは平均±SEM（n＝5），有意差検定は危険率5％で実施

2.4.6 安全性

OGA はペクチンを出発原料としペクチナーゼで分解,精製したものであり一般的な食品素材として位置づけられる。また,果実や野菜等にも熟成に伴う自己消化によるペクチン分解物として幅広く存在[6]しており,日常の食生活において摂取され得る成分でもある。従ってその安全性については通常の食品の範囲でとらえることができる。

ちなみにラットによる試験においては3週間にわたり約170mg/kg・体重の OGA を与え続けた結果,何ら毒性は認められなかった。

2.4.7 メーカー,価格,生産量

OGA はポーラ化成工業㈱静岡工場で生産されている。日産〜200 kg 程度の生産能力があり,包装形態は 20 kg または 50 kg 入りのポリ容器である。なお,保管については冷蔵または冷凍保管が望ましい。

現在のところ原料としての一般販売は行っていないので価格は未設定であるが,サンプルの提供については秘密保持等の条件が伴うケースもあるが可能である。

文　　献

1) Ivan Bernat, Iron metabolism Plenum Press, p. 41 (1983)
2) S. Tabata and K. Tanaka, *Chem. Pharm. Bull.* **35**, 3343 (1987)
3) 化学大辞典4,共立出版, p.426 (1972)
4) 宮田富弘他,日本農芸化学会誌,67, No. 3, 1993年度大会講演要旨集, 78 (1993)
5) 厚生省保険医療局,日本人の栄養所要量第五次改訂,第一出版, p.97 (1994)
6) 吉岡博人,日本食品工業学会誌,39, No. 8, 733 (1992)

2.5 乳清カルシウム
（ミルクカルシウム）

髙田幸宏[*1]，青江誠一郎[*2]

2.5.1 はじめに

　牛乳は，ミネラルを始めとして消化吸収性の優れた栄養素をバランスよく含む総合栄養食品である。牛乳の無機質含量は約0.7％で，カルシウムが約0.1％含まれており[1]，良質なカルシウムの給源となっている。また，牛乳および乳製品に含まれているカルシウムは，魚や野菜等に比べて，吸収性に優れていることが報告されている[2~3]。その理由の1つとして，カルシウムが吸収されやすい形態で乳中に存在することがあげられる。牛乳中のカルシウムの約70％は，カゼインミセル中にコロイド状リン酸カルシウムまたはカゼイン結合性カルシウムとして組み込まれて存在し，カゼイン結合性カルシウムが約30％，コロイド状リン酸カルシウムが約40％である。また，牛乳中のカルシウムの約30％が可溶性カルシウムであり，可溶性カルシウムのうちで約30％がイオン性のカルシウム，約60％がクエン酸カルシウム，残り約10％はリン酸カルシウムとなっている（表1）[1,5~7]。乳清カルシウム（ミルクカルシウム）は，牛乳由来のカルシウムであるため，消費者にも受け入れられやすくカルシウム強化剤として有用な素材であると考えられる。

　日本人のカルシウムの摂取量は，昭和60年以降平成5年まで横ばいであり[8]，栄養所要量を下回っている。来たるべき21世紀の高齢社会を迎えるにあたり，日本人の所要量である1日当たり600 mgの摂取を達成するためにも，積極的なカルシウム摂取が必要である。

表1　牛乳中のカルシウムの形態と組成

	mg/100ml	(％)
総カルシウム	117.8	100
コロイド状カルシウム	49.7	42
カゼイン結合性カルシウム	31.4	27
可溶性カルシウム*	36.7	31

J.C.D. White et al., J. Dairy Res., **25**, 236 (1958)

*クエン酸カルシウム　55～60％
　カルシウムイオン　　30～35％
　リン酸カルシウム　　10％

岩尾ほか，食の科学，**32**, 111 (1976)

---

*1　Yukihiro Takada　雪印乳業㈱　栄養科学研究所
*2　Seiichiro Aoe　雪印乳業㈱　栄養科学研究所

2.5.2 組　成

　乳清カルシウムの組成として ALAMIN（DAIRY BOARD 社，ニュージーランド）と Lactoval（DMV 社，オランダ）を，乳清ミネラルの組成として NWP-20（協同乳業）[9] を表 2 に例示した。乳清ミネラルは，多種のミネラルを含み食塩にかわるバランス塩として用いられているが，カルシウム含量は 2〜3％ と少ない。乳清カルシウムは，乳清ミネラルに比べてカルシウム含量が高い点で，乳清ミネラルと組成が異なる。

表 2　乳清カルシウムと乳清ミネラルの組成

	乳清カルシウム		乳清ミネラル
	ALAMIN(%)[1]	Lactoval(%)[1]	NWP-20(%)[2]
水　分	7.0	4.0	3.1
乳　糖	4.0	6.0	66.3
タンパク質	9.0	8.5	2.0
脂　質	1.0	0.5	0.4
灰　分	74.0	66.0	20.1
┌ Ca	25.0	16.3	2.2
│ PO_4	40.0	30.5	2.6
│ Na	0.35	0.4	2.5
│ K	0.20	1.0	3.6
│ Mg	0.7	1.0	0.2
└ Cl	0.07	0.3	0.9

1) 商品説明パンフレットより
2) 田辺正彰，月刊フードケミカル，(2)，85 (1991)

2.5.3 製　法

　乳清カルシウムは，カゼインまたはチーズの副生成物である乳清より作られている。代表的な乳清カルシウムの製造例として，ALAMIN と Lactoval の製法を図 1 に示した。ほとんどの乳清カルシウムは，ALAMIN のように乳清から中和および加温によるカルシウム沈殿法を用いて，乳糖または乳清タンパク質を除く工程で製造されている。一方，Lactoval は，膜処理で乳糖および乳清タンパク質を除く工程で製造されている。 ALAMIN は，カルシウム含量が 25％ と高く，カルシウム強化剤として利用しやすい。一方，Lactoval は，カルシウム含量は 16％ と ALAMIN よりも低いものの，膜によりタンパク質と乳糖を分離している点で，乳の本来の形態であるコロイド状リン酸カルシウム構造をより維持していることが考えられる。乳のコロイド状のカルシウム形態は生体利用性が良いことが報告[7,10〜11]されていることから，乳の本来の形態に近い乳清カルシウムが，より生体利用性も高いことが推定される。乳清カルシウムの吸収性およ

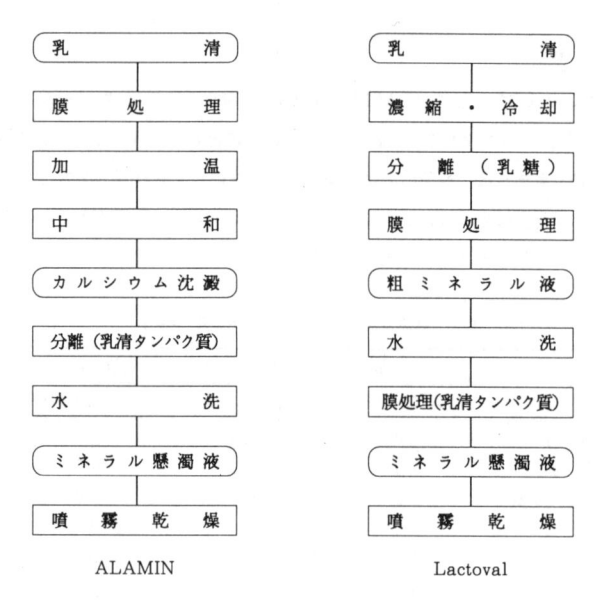

```
   乳      清              乳      清
     ↓                        ↓
  膜  処  理              濃縮・冷却
     ↓                        ↓
   加      温              分 離（乳糖）
     ↓                        ↓
   中      和              膜  処  理
     ↓                        ↓
  カルシウム沈澱           粗ミネラル液
     ↓                        ↓
 分離（乳清タンパク質）      水      洗
     ↓                        ↓
   水      洗            膜処理(乳清タンパク質)
     ↓                        ↓
  ミネラル懸濁液           ミネラル懸濁液
     ↓                        ↓
  噴  霧  乾  燥           噴  霧  乾  燥
   ALAMIN                   Lactoval
```

図1　乳清カルシウムの製造法

び生体利用性を検討する際には，製造工程によるカルシウムの形態変化および最終的なカルシウムの形態にも考慮する必要があると考えられる。

2.5.4 安全性

乳清カルシウムは，乳清を原料として膜処理または沈澱形成法により製造されているので，安全性は高いと考えられる。カルシウムの摂取は，健常者においてカルシウム摂取量が1,000～2,500mg/日の範囲であれば高カルシウム血症にならないという報告があり，よほどの過剰摂取でないかぎり安全である[12]。ただし，カルシウム元素量として1日当たりの3,000～4,000mgより多く摂取すると高カルシウム血症になる[13]ので注意を要する。

2.5.5 機能・効能

カルシウムは，生体内では5番目に多く含まれる元素であり，約99％は骨格中に存在し，約1％が細胞内に，約0.1％が血液中に存在する[14]。カルシウムの生理作用は，歯，骨の形成，筋肉の収縮，神経刺激の伝達，血液凝固因子の活性化，細胞増殖，ホルモンの調節，酵素の補助因子などであり，多くの生理学的機能に関与している。特に，カルシウムは，高齢化の進行とともに問題となっている骨粗鬆症の予防または改善に有効である。乳清カルシウムは，カルシウムの強

化剤としてたいへん有用である。乳清カルシウムを卵巣摘出による骨粗鬆症モデルラットに投与すると，大腿骨の骨破断応力と破断エネルギーが，炭酸カルシウムやリン酸カルシウムに比べてともに有意に高いことが報告[15]されている。また，乳清カルシウムは，カルシウム以外にも多種の無機質を含む点で，貴重な無機質の供給源でもある。

2.5.6 応用例・製品例

乳清カルシウムは，風味への影響が少ないため各種食品および飲料のカルシウム強化剤として幅広く利用が可能であると考えられる。乳清カルシウムを使用した製品は，各社から販売されており詳しい製品例に関する記述は省略するが，一例として毎日骨太スキム（雪印乳業）などがある。

2.5.7 メーカー・生産量・価格

メーカーとして，オランダのDMV社，ニュージーランドのDAIRY BORD社，デンマークのMDフーズ社，協和発酵，明治乳業，森永乳業などがある。また，取扱商社として，DMVジャパン，日本プロティン，MDフーズジャパン，三菱商事などがある。

生産量は，国内需要量の高まりとともに増加している。図2に国内需要量の年次変化を示した。乳清カルシウムの国内需要量は，1992年の調査で30トンであったものが，1995年の調査で370

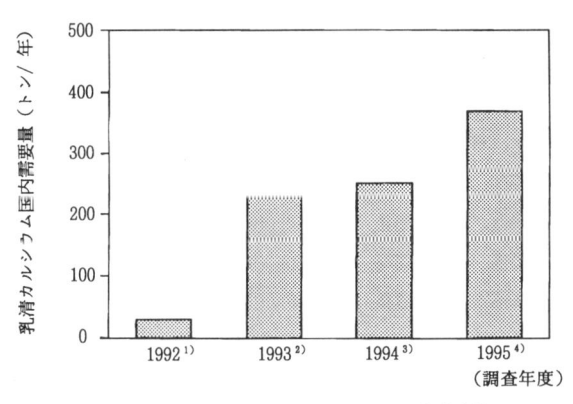

図2 日本国内乳清カルシウム需要量の年次変化

1) 食品と開発編集部，食品と開発，27 (5), 34 (1992)
2) 食品と開発編集部，食品と開発，28 (5), 33 (1993)
3) 食品と開発編集部，食品と開発，29 (5), 36 (1994)
4) 食品と開発編集部，食品と開発，30 (5), 40 (1995)

トンと急増している[16~19]。今後も，乳清カルシウムの国内需要量は，増加していくことが予想される。価格は，約2,000～4,000円/kg である。

文　　献

1) 渡辺乾二，ミルクのサイエンスⅠ，（社）全国農協プラント協会，p.94 (1991)
2) 兼松重幸，栄養と食糧，**6**, 47 (1953)
3) A. G. Poneros-Schneier et al., *J. Food Sci.*, **54**, 150 (1989)
4) V. K. Kansal et al., *Milchwissenschaft*, **37**, 261 (1982)
5) 岩尾ほか，食の科学，**32**, 111 (1976)
6) J. C. D. White et al., *J. Dairy Res.*, **25**, 236 (1958)
7) 高田幸宏ほか，牛乳成分の特性と健康（山内邦夫，今村経明，守田哲郎編），p.171 (1993)
8) 厚生省保健医療局健康増進栄養課，平成7年度版国民栄養の現状，第一出版，33 (1995)
9) 田辺正彰，月刊フードケミカル，(2), 85 (1991)
10) N. P. Wong et al., *Nutrition Reports International.*, **21**, 673 (1980)
11) 加藤健ほか，栄養・食糧学会誌，**47**, 385 (1995)
12) Food and Drug Administration, *Fed. Regist.*, **44**, 16175 (1979)
13) P. Ivanovich et al., (1967) *Ann. Intern. Med.*, **66**, 917 (1967)
14) Mitchell et al., *J. Biol. Chem.*, **158**, 625 (1945)
15) 五十嵐千恵ほか，日本栄養・食糧学会誌，**43**, 437 (1990)
16) 食品と開発編集部，食品と開発，27(5), 34 (1992)
17) 食品と開発編集部，食品と開発，28(5), 33 (1993)
18) 食品と開発編集部，食品と開発，29(5), 36 (1994)
19) 食品と開発編集部，食品と開発，30(5), 40 (1995)

2.6 マグネシウム

糸川嘉則[*]

2.6.1 構造,性状,特性

マグネシウム (Mg) は地殻の 2.3% を占める。海水中には 1,350ppm 存在し,資源的にはマグネサイト ($MgCO_3$),ブルーサイト ($Mg(OH)_2$) などのマグネシウムを含む天然鉱石が世界各地で産出する。その他種々なマグネシウム化合物がある。主要なものを以下に記す。

(1) 金属マグネシウム (Mg)

mol wt : 24.32,比重 : 1.74,銀白色の軽金属である。軽合金,発火照明剤に用いる。

(2) 塩化マグネシウム ($MgCl_2 \cdot 6H_2O$)

mol wt : 203.33,比重 : 1.56,白色粉末,緩下剤,LD_{50} : i.v. 176mg/kg(ラット)

(3) 炭酸マグネシウム (($MgCO_3)_4 \cdot Mg(OH)_2 \cdot 5H_2O$)

mol wt : 485.74,白色粉末,緩下剤,制酸剤

(4) 水酸化マグネシウム ($Mg(OH)_2$)

mol wt : 58.31,白色粉末,制酸剤,緩下剤

(5) 酸化マグネシウム (MgO)

mol wt : 40.32,白色粉末,制酸剤,緩下剤

(6) 硫酸マグネシウム ($MgSO_4 \cdot 7H_2O$)

mol wt : 246.50,比重 : 1.67,無色粉末,苦み,塩辛みあり
別名 : epsom salts LD_{50} : i.v. 750mg/kg(犬)

---

[*] Yoshinori Itokawa 京都大学 医学研究科 教授

(7) 葉緑素 (chlorophyll)

植物の緑色部分に含まれる。乾燥緑葉中に重量比で0.6～1.2％存在する。クロロフィルa：$C_{55}H_{72}MgN_4O_5$ mol wt：893.48 とクロロフィルb：$C_{55}H_{70}MgN_4O_6$ mol wt：907.46 を3：1の割合で含む（図1）。

このほかに2種類のマグネシウム化合物，ドイツで mono-magnesium-L-aspartate-hydrochloride (Mg-Asp-HCl；Verla Pharm，D-8132 Tutzing)[1]，イタリアで pyrrolidone carboxylic acid magnesium salt (Mag 2-Lirca Synthelabo) が医薬品として用いられているが詳細は不明である[2]。

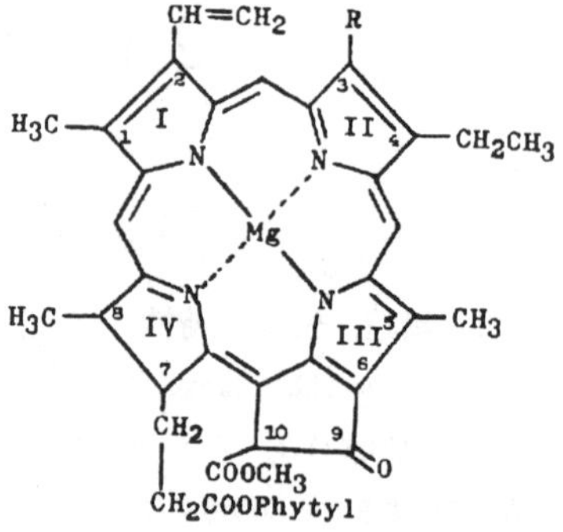

chlorophyll a：R＝CH_3
chlorophyll b：R＝CHO

図1　クロロフィルの構造

葉緑素以外の食品中に含まれるマグネシウムの形態についてはほとんど情報がない。日本では土壌にマグネシウムが少ない地域が多く，マグネシウムを肥料成分として用いると食品植物の収穫が増加する。肥料には酸化マグネシウム，硫酸マグネシウム，水酸化マグネシウムなどが用いられる。動物性食品には高分子物質と結合したマグネシウムが多いと考えられる。

2.6.2　安全性[3]

過剰量のマグネシウム化合物を経口投与した場合は腸管からの吸収が抑制され，体内に取り込まれても過剰量は速やかに尿から排泄されるから，過剰症が発生することはまれである。

ただ，腎不全などで糸球体濾過率が低下したり，糖尿病性アチドーシスなどで細胞内マグネシウムが細胞外に流出したりして，血液中マグネシウム濃度が上昇すると神経筋刺激伝導系のブロックと心刺激伝導系が抑制され心臓停止が起こる。腎臓に障害がある場合には注意が必要である。

2.6.3　機能・効能・生理活性

(1) 酵素作用

マグネシウムの生理作用として重要なのは300種類以上の酵素がその活性化にマグネシウムを必要とすることである。

マグネシウムを必要とする酵素には，まず基質とマグネシウムが結合して反応が起きる第1群と，酵素とマグネシウムが先に結合してそれから基質に作用する第2群がある。この2群の酵素はマグネシウムがなければ働かない。したがって，マグネシウムは生体内の300種類以上の反応

に関与し，種々な新陳代謝を調節しているのである。

(2) エネルギー産生・能動輸送維持作用

体内でエネルギー源となる酵素であるATPase [EC 3・6・1・3] は，マグネシウムを必要とする酵素群のうちの第1群酵素であり，まず，基質のATPがマグネシウムと結合し，ついで酵素が働きADPとエネルギーを産生する。

生体の膜に存在するナトリウム-カリウムポンプ，カルシウムポンプ，ナトリウム-カルシウム交換ポンプなどはATPaseにより作動される。したがってナトリウム，カルシウムは細胞外液中に多く，カリウム，マグネシウムが細胞内に多いという生体のミネラル濃度勾配を維持する役割を有する。マグネシウム欠乏になり，ATPaseの機能が弱まると，ナトリウム，カルシウムは細胞内に流入し，カリウム，マグネシウムは細胞外に流出し，ミネラル濃度勾配が保てなくなる。血管平滑筋の細胞内のカルシウム濃度が上昇すると筋収縮が起こり，血管径が細くなる。ナトリウムが細胞内に増加するとナトリウム-カルシウム交換ポンプによりカルシウム濃度はさらに増加する。この現象が次の循環器疾患の発生に関係する。

(3) 循環器疾患予防作用

実験的研究や疫学的研究[4〜7]によりマグネシウムは虚血性心疾患などの循環器疾患を予防する作用があることが明らかにされている。この作用は前述の能動輸送を維持する作用やカルシウムと拮抗する作用により，血管平滑筋内へのカルシウムの流入を防ぐ作用を有するのである。マグネシウム欠乏による血管平滑筋の収縮が心臓冠動脈血管に起これば虚血性心疾患，脳血管に起これば脳梗塞の誘因になり，その他の末梢血管に起これば血圧上昇につながる。マグネシウムには天然のカルシウム拮抗剤としての機能が期待できる。

2.6.4 栄養学上の問題

図2に示すように食事中のカルシウムに対するマグネシウムの比率が低いと循環器疾患の危険因子となる[8]。種々な論文を参考にすると，カルシウム/マグネシウム比（重量比）は2：1以上にならないようにすることが望ましい。わが国の成人のカルシウム所要量は1日に600mgであるから，マグネシウムは300mg以上摂ることが望ましい（目標摂取量）。しかし，種々の調査研究ではわが国のマグネシウム摂取量は1日に200〜250mgであり，50〜100mg不足していると思われる（図2のわが国のデータは古い時代の成績である）。循環器疾患予防のために，何らかの方法でマグネシウムを補給する必要がある。

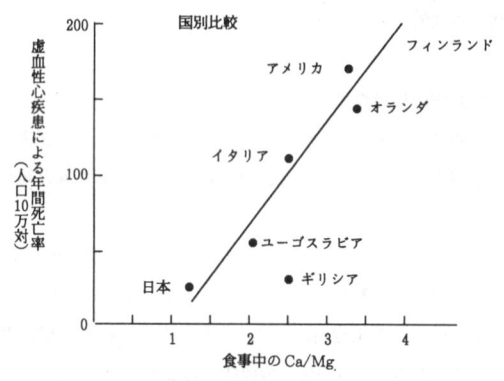

(H. Karppanen ら：Advances in Cardiology, p.25, 1978)
図2　虚血性心疾患死と食事中カルシウム，マグネシウム比の関係

2.6.5　生体利用性の高いマグネシウム補給

　マグネシウムを食品から補給する場合，他の食品成分との相互作用により，生体利用性への影響があることが推察される。

　フィチン酸は，リン酸塩グループを6個もつ環式化合物でイノシトールヘキサリン酸ともよばれ，大豆などに乾燥重量の1.0〜1.5%程度含まれている（図3）。このフィチン酸が，カルシウム，マグネシウム，亜鉛，鉄など二価や三価の酸をキレートし，消化管から容易に吸収されにくい難溶性複合体を形成してしまう[9]ことなどにより，これが多く含まれる大豆製品などにおけるマグネシウムの生体利用性は低くなっており，カルシウム同様マグネシウムに関しても，乳糖やカゼインなどの乳成分と一緒に摂取するほうが生体利用性を高めるうえでは有用であるとの報告がある[10,11]。

図3　フィチン酸の構造

　最近，物性改良の側面から酸カゼインに炭酸マグネシウムを作用させて得た乳タンパク素材がある。これは目的とする物性改良面のみならず生理的側面からも意味のあることと思われる。この素材中のマグネシウムはマイナスの電子を帯びたリン酸に結合し，カゼインの酸沈殿工程で溶

け出したカルシウムの代わりにサブミセルを架橋しカゼインミセルを再形成する形で乳タンパク中に結合して存在している。

文　献

1) H. F. Schimatschek et al., *Magnesium Res.*, **2**, 78(1989)
2) G. Sandrini et al., *Magnesium Res.*, **2**, 122(1989)
3) 大野丞二, Current Concepts in Magnesium Metabolism, 1, 4(1985)
4) H. A. Schroeder et al., *J. Chronic Dis.*, **12**, 586(1969)
5) B. M. Altura et al., *Science* **233**, 1315(1984)
6) Y. Itokawa, *Proc. Finn. Dent. Soc.* **87**, 15(1991)
7) 糸川嘉則, 外科と代謝・栄養, **24**, 543(1990)
8) H. Karppanen, et al., *Adv. Cardiol.* **25**, 9(1978)
9) Liener, I. E., *Critical Rev. in Food Sci. and Nutr.*, **34**(1), 31(1994)
10) Brink, E. J. et al., *Brit. J. Nutr.*, **68**, 271(1992)
11) Brink, E. J. et al., *J. Nutr.*, **122**, 1910(1992)

2.7 亜　　鉛

糸川嘉則*

2.7.1 構造，性状，特性

亜鉛（Zn）は地殻中に 70ppm 存在し，ミネラル中では 24 番目に多い。海水中には 10ppb 含まれる。もっとも多量に存在する鉱石は閃亜鉛鉱（主成分：ZnS）と菱亜鉛鉱（主成分：$ZnCO_3$）である。このほかに種々の亜鉛化合物がある。主要なものを以下に記す。

(1) 金属亜鉛（Zn）

mol wt : 65.38, 比重：7.14, 青白色光沢のある重金属で，銀より硬く銅より軟らかい。空気中では安定。市販品には鉛が混じっている場合が多い。トタン，合金の製造，還元剤などに用いる。

(2) 酢酸亜鉛（$Zn(CH_3COO)_2・6H_2O$）

mol wt : 219.50, 比重：1.74, 板状結晶，止血剤，収斂剤，防腐剤。皮膚，粘膜を刺激する作用あり。

(3) 塩化亜鉛（$ZnCl_2$）

mol wt : 136.29, 比重：2.91, 潮解性の白色粉末，LD_{50}：i.v. 75mg/kg（ラット）防腐剤，収斂剤，アストリンゼント，皮膚には 1〜2％，粘膜には 0.2〜0.5％溶液として使用する。皮膚，粘膜刺激作用あり。

(4) バチトラチン・亜鉛混合物

バチトラチン Bacitoracin は Bacillus subtilis より作成した抗菌性を有するポリペプチドで，主要な化合物は Bacitoracin A で mol wt : 1411。Bacitoracin 溶液に亜鉛を入れて作成する。重量比で約 7％の亜鉛を含む。Bacitoracin より苦みが少なく，安定である。抗菌剤として主として家畜に投与する。軟膏，錠剤等がある。

＊ Yoshinori Itokawa　京都大学　医学研究科　教授

(5) クエン酸亜鉛 $(Zn(C_6H_5O_7)_2 \cdot 2H_2O)$

mol wt : 610.37。臭いのない粉末。毒性は弱いが，多量に経口的摂取すると胃腸を刺激することがある。

(6) 酸化亜鉛（亜鉛華）(ZnO)

mol wt : 81.38。白色あるいは淡黄色の粉末。白ペンキの原料，顔料，収斂剤，防腐剤，皮膚疾患の保護。動物では湿疹や傷口に対する膏薬。フュームとして吸入すると金属熱を起こす。

(7) 燐化亜鉛 (Zn_3P_2)

mol wt : 97.45。灰色の立方体結晶。LD_{50}：経口投与47.5mg／kg（ラット）。殺鼠剤に用いる。ヒト神経系疾患にも使用する場合がある。有毒物質 phosphine PH_3 を遊離する。

(8) ステアリン酸亜鉛 $(Zn(C_{18}H_{35}O_2)_2)$

mol wt : 632.30。通常パルミチン酸亜鉛等を含む混合物。特異な臭気を有する粉末。防水剤，乾燥剤，防腐剤。毒性は弱い。

(9) 硫酸亜鉛 $(ZnSO_4)$

mol wt : 161.44。無臭の結晶あるいは粉末。催吐剤，止血剤，収斂剤。皮膚，粘膜を刺激する。

2.7.2 安全性

ヒトは亜鉛に対してはホメオスタシス機構が発達しているため，重金属としては比較的毒性の弱い部類に属する。亜鉛を過剰に添加された輸液で経静脈栄養を実施したため亜鉛過剰症が発生したという報告[1]がある。毎日1時間10mgの亜鉛を投与したところ，4日めから大量の汗をかき，目がかすみ，意識も軽度障害され，脈拍は早くなり，体温は低下した。血清亜鉛濃度は2.0 $\mu g/ml$（正常値0.7〜1.3 $\mu g/ml$）と高値を示した。この患者は3時間後に回復している。しかし，輸液で3gの亜鉛を60時間投与された患者は死亡している。このときの血清亜鉛濃度は48.1 $\mu g/ml$であった[2]。一方，経口投与では2日間で12gの金属亜鉛を服用した男性は嗜眠傾向，めまい，失調性歩行，書字不能などの神経症状が発生し膵臓障害の症状も発生している。キレート剤の投与で回復している[3]。気道よりフュームの形で吸入された場合は金属熱という一過性の発熱がみられる。

亜鉛の慢性中毒に関しては一定の見解は得られていない。

2.7.3 機能・効能・生理活性

(1) 酵素作用
亜鉛は炭酸脱水素酵素，アルコール脱水素酵素，アルカリホスファターゼ，DNAポリメラーゼなど種々の酵素の活性中心となり，物質代謝，核酸・タンパク質合成などに重要な役割を有している。

(2) ホルモンに関与する作用
亜鉛はインスリンの合成，貯蔵に関与していると考えられている。亜鉛はインスリンの構造保持にある種の役割を有しているものと思われる。卵胞刺激ホルモン，黄体形成ホルモンの作用も亜鉛を加えると増強される。

(3) 解毒作用
メタロチオネインという亜鉛結合タンパク質は重金属を捕捉して毒性を軽減させる作用がある。

(4) 味覚保持作用
富田[4]は味覚異常を訴えて来院した患者の50％は血清亜鉛濃度が低く，これらの患者に大量の亜鉛を与えると味覚異常が治癒することを認めている。しかし，亜鉛が味覚の維持に関与する機構は不明である。

(5) 創傷治癒効果
亜鉛は古くから創傷の治療に用いられていた。火傷や手術の後には尿中亜鉛排泄量が増加し，傷の治りが悪くなるが毎日3回，50mgの亜鉛を内服することにより傷の治癒が早くなったという報告[5]がある。創傷や胃潰瘍を亜鉛を用いて治療したという多くの報告もみられる。この作用はタンパク質合成や白血球機能に関連したものと考えられるが詳細は不明である。

2.7.4 栄養学上の問題
成人女子に対する出納試験で平衡維持量は1日に10mgと推定されている[6]。この結果から亜鉛は15mg/日が推奨される摂取量と考えられる。図1に示すように亜鉛摂取量が10mg/日を下回ると血漿亜鉛濃度が正常値を割るものがでてくる。この研究からも亜鉛の最少必要量は10mg/日と推定できる[7]。種々の調査でも日本人の亜鉛摂取量は8～15mg/日であり，ほとんどの国民は推奨値に達していないのではないかと考えられる。

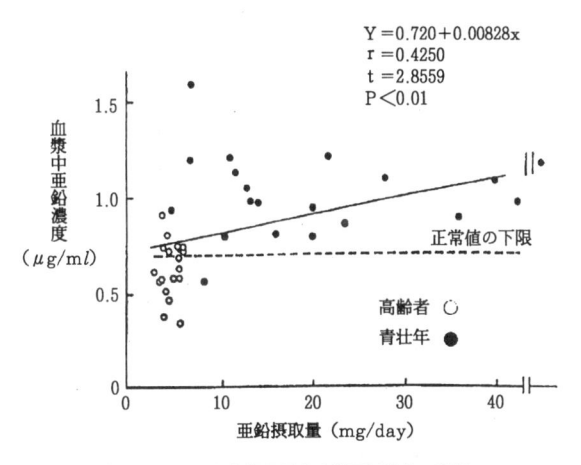

図1 亜鉛摂取量と血漿亜鉛濃度の関係

グラフ中:
$Y = 0.720 + 0.00828x$
$r = 0.4250$
$t = 2.8559$
$P < 0.01$

縦軸:血漿中亜鉛濃度（μg/ml）
横軸:亜鉛摂取量（mg/day）
正常値の下限
高齢者 ○
青壮年 ●

文　　献

1) L. P. Bos, et al., Neth. J. Med., **20**, 263 (1977)
2) A. Brocks, et al., Br. Med. J., **1**, 1390 (1977)
3) J. V. Murphy, J. Am. Med. Assoc., **212**, 2119 (1970)
4) 富田寛, 臨床医, **8**, 1600 (1982)
5) W. J. Pories, et al., Ann. Surg., **165**, 432 (1967)
6) 鈴木和春ほか, 日本栄養・食糧学会誌, **40**, 443 (1987)
7) 糸川嘉則, フードケミカル **10**, 19(1995)

第3章 高付加価値を持つ油脂
3.1 γ-リノレン酸

藤田裕之[*]

3.1.1 はじめに

生体内には，様々な種類の多価不飽和脂肪酸が存在し，これはそれらの代謝経路の違いにより ω-6 (n-6) 系と ω-3 (n-3) 系に大別される。ガンマーリノレン酸（GLA）はこの ω-6 系に分類される多価不飽和脂肪酸であり，近年その多様な生理作用が明らかになってきている。GLAは天然界ではその分布が限られており，ムラサキ科に属するボラージ（和名：ルリチシャ），アカバナ科に属する月見草，ユキノシタ科に属するスグリなどの植物の種子や，一部の苔類，糸状菌類が含有するのみであり，一般の食用油には含まれていない。当社では，このGLAをオイル中に20％以上の高濃度に含有しているボラージ種子油に着目し，そのオイルの商品化を行ってきた。ここでは本オイルの特徴について説明していくなかで，このGLAの持つ特徴ならびに最近の開発動向について述べていきたい。

3.1.2 GLAの構造

GLAは炭素数18の不飽和脂肪酸で，化学構造式は図1のように示される。

脂肪酸組成はその用いた原料により異なっており，表1に示したようにボラージオイル，月見草油，クロスグリ油とを比較すると，ボラージオイルが最も高くGLAを含有しているため，GLAの摂取に最も適していることがわかる。ところで，最近の知見では，グリセリンには3つ

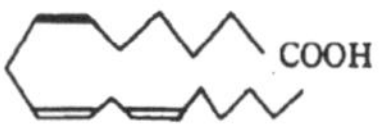

表1　GLA含有植物種子油中の脂肪酸組成

脂肪酸	ボラージオイル	月見草油	クロスグリ油
$C_{16:0}$	10.6	6.8	6.9
$C_{18:1}$	16.0	9.3	10.8
$C_{18:2}$	40.1	72.3	46.7
$C_{18:3}$ (GLA)	22.8	8.8	15.9
$C_{18:3}$ (ALA)	0.0	0.0	13.0

文献：Lawson, L. D. et al., *Lipids* **23**, 313 (1988)

図1　ガンマーリノレン酸の構造

---

[*] Hiroyuki Fujita　日本合成化学工業㈱　中央研究所

表2　2位に占めるGLAの割合

	ボラージオイル	月見草油	クロスグリ油
$\dfrac{2位のGLA含有量}{全GLA含有量}$(%)	58.5	38.3	48.4
$\dfrac{2位のGLA含有量}{全脂肪酸量}$(%)	13.4	5.8	3.6

文献：Mederhwa, J.M. et al., *Oleagineux* 42, 208 (1987)

の脂肪酸が結合する水酸基を持っているが(1～3位)，この中でも特に中心の2位に存在する脂肪酸の吸収性の良いことがわかってきた。ボラージオイルは表2に示したように，この1,3位と比べ2位にGLAを多く含有していることからも他の由来のオイルと比較して，吸収性に関しても優位なオイルであることがわかる。

3.1.3　製造方法

GLA含有油脂は図2に示したような一般的な食用油脂の製造フローで製造される。なお，当社で製造しているボラージオイル（商品名：ニチゴー食用ボラージオイル）は，ボラージ種子中に豊富にオイルを含有しており，機械的圧搾のみで搾油できるため，有機溶媒を使用するような抽出工程が不要であり，溶媒による汚染はまったくなく，自然なまま安心して食べていただくことができる。

3.1.4　安全性

安全性に関しては，食用油脂と同等と考えてよく，GLA含有油脂を摂取することによる副作用に関する報告はない。GLAは母乳中にも含まれている脂肪酸であり，また，その食経験からも非常に安全なオイルであるといえる。

3.1.5　GLAの生理学的意義

一般的に，多価不飽和脂肪酸はエイコサ

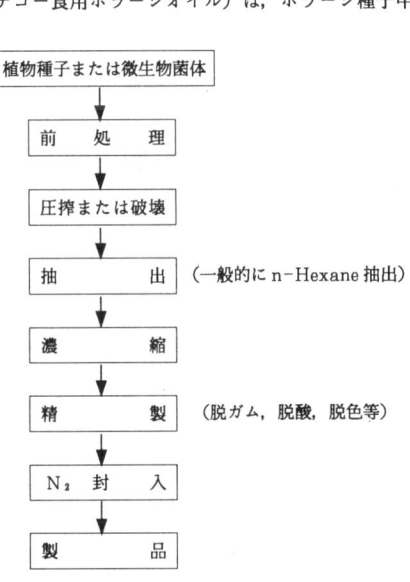

植物種子または微生物菌体 → 前処理 → 圧搾または破壊 → 抽出（一般的にn-Hexane抽出）→ 濃縮 → 精製（脱ガム，脱酸，脱色等）→ N_2封入 → 製品

図2　食用油脂製造フロー

ノイドの前駆体物質として重要な役割を果たしている。図3はω-6系脂肪酸の生体内での代謝系を示しており，GLAはリノール酸からdelta-6-desaturase (D6D) という不飽和化酵素により生成される。この反応は様々な要因（例えば，高齢化，ストレス，細菌感染，過度の飲酒，飽和脂肪酸の取りすぎなど）により阻害されることがわかっている。このような場合，体内でGLAを合成できないため，ω-6系の代謝全体に支障を与える。その結果ジホモ-γ-リノレン酸 (DGLA) の生成量が減少し，最終的にエイコサノイドのプロスタグランディン E_1 (PGE_1)，15 (OH) DGLAの量が減少する。この PGE_1 は図3に示したように非常に多様な効果を示す物質である。また，もう1つの15 (OH) DGLAは，アラキドン酸から生成され非常に強力な炎症作用を示すロイコトリエン B_4 (LTB_4) の生成を阻害し，その結果抗炎症作用を示すことが知られている。以上のことから，ω-6系の代謝異常により種々の疾病を発症すると考えられ，以下のようなGLA投与による生理作用が明らかになってきている。

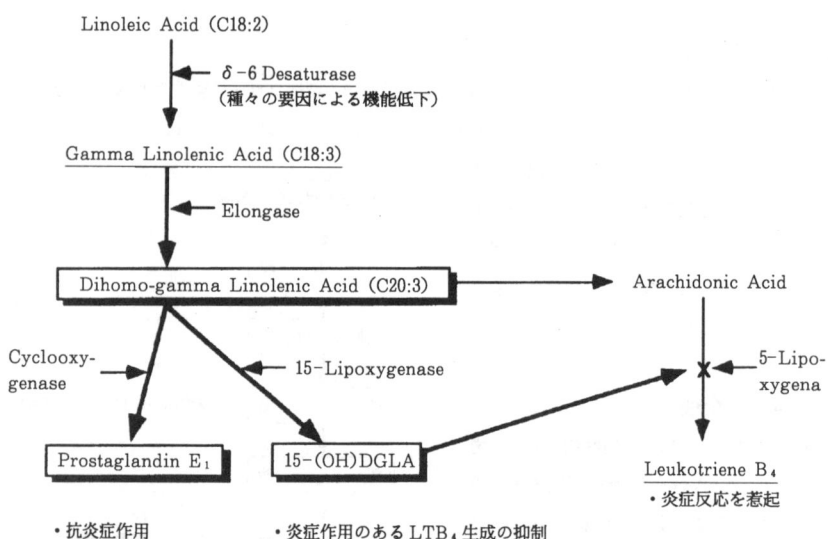

Linoleic Acid (C18:2)
↓ ← δ-6 Desaturase
（種々の要因による機能低下）
Gamma Linolenic Acid (C18:3)
↓ ← Elongase
Dihomo-gamma Linolenic Acid (C20:3) → Arachidonic Acid
Cyclooxygenase ↓　15-Lipoxygenase ↓　✕ ← 5-Lipoxygena
Prostaglandin E_1　　15-(OH)DGLA　　Leukotriene B_4
・炎症反応を惹起

・抗炎症作用　　　・炎症作用のある LTB_4 生成の抑制
・抗感染症作用
・皮膚水分調節作用
・コレステロール合成阻害作用
・血管拡張作用
・血小板凝固抑制作用

図3　ω-6系脂肪酸の代謝経路

(1) アトピー性皮膚炎に対する作用

GLA等の油脂をアトピー性皮膚炎の治療に用いる試みはHansenによるものが最初の報告である[1]。表3はGLA投与により改善効果を示した臨床結果についてまとめたものである。これらの治験では、いずれもアトピー性皮膚炎患者にGLA含有油脂を経口投与し、プラセボを用いた2重盲検・クロスオーバー試験により評価している。このため客観的で非常に信頼性の高い結果であると考えられる。われわれも実際にボラージオイルをアトピー性皮膚炎患者に投与し、投与後12週間で63.2%の改善作用のあったことを確認している[7]。アトピー性皮膚炎患者はD6Dの活性の低下が示唆されており、この代謝系が改善されたためと考えられる。

表3 アトピー性皮膚炎患者に対するGLA投与による改善作用

被験者数	GLA投与量	投与期間	主な改善効果	引用文献
成人 60名 子供 39名	180 mg/kg 90 mg/kg	12週間	痒みの改善	2)
成人 15名 子供 17名	360 mg/kg 180 mg/kg	6週間	痒みの改善 全体疾患の改善	3)
成人 25名	360 mg/kg	12週間	痒みの改善 全体疾患の改善	4)
成人 16名 子供 16名	172 mg/kg 130 mg/kg	8週間	全体疾患の改善	5)
成人,子供 総数 311名	180 mg/kg	8〜12週間	痒みの改善 全体疾患の改善	6)

(2) コレステロール調節機能

血中コレステロール値の高い人ではやはりD6Dの機能が低下していることが示され、GLAの投与により改善されるものと考えられた。表4にその臨床例を示した。

表4 高コレステロール血漿患者に対するGLA投与による改善作用

被験者数	GLA投与量	投与期間	主な改善効果	引用文献
60名	180 mg/kg	12週間	血漿コレステロールの低下	8)
19名	300 mg/kg	8週間	血漿コレステロールの低下	9)
21名	285 mg/kg	8週間	血漿コレステロールの低下	10)

(3) アルコール代謝に対する作用

GLA を投与することにより,アルコール酸化能力が増加し,これによりアルコール代謝能が改善されると考えられる。これにより二日酔いの改善作用が期待される[11〜13]。

(4) 月経前症候群(PMS)改善作用

月経前症候群（月経前の身体的,心理的症状の悪化）の患者では血漿中の GLA 代謝が抑制されていることが報告されており,その改善作用が臨床的に示されている[14〜16]。

(5) その他の生理機能

GLA には上述した生理機能のほかに糖尿病,痛風,慢性関節炎リウマチ,高血圧,血栓症などに対する多数の作用が報告されている。

3.1.6 GLA 加工製品

GLA 含有油脂は,日本国内外で一般食品をはじめ,ペットフードあるいは化粧品等,幅広く利用されている。GLA はご存じのとおりこの1,2年で非常に注目されるようになってきた素材であるため,その製造メーカー,あるいはその加工商品の販売数量に関してその実数を把握できないのが現状である。当社では,ボラージオイルの加工食品である GLA 補助食品として「ボラージ60」を1988年より販売しており,大変好評を得ている。

3.1.7 おわりに

GLA の生理作用は非常に多岐にわたっており,非常に注目されるべき素材である。また,その作用も臨床試験に裏打ちされたものとなってきており,今後積極的な用途開発が行われるであろう。

文　　献

1) Hansen, A. E., *Proc. Soc. Exp. Biol. Med.*, **31**, 160(1933)
2) Wright, S. et al., *The Lancet*. **20**, 1120(1982)
3) Lovell, C. R. et al., *The Lancet*. **31**, 278(1981)
4) Karrila, M. S. et al., *British J. Dermatol.*, **117**, 11(1987)

5) 須貝哲朗, 皮膚, **29**, 330(1987)
6) Morse. P. F. *et al.*, *British J. Dermatol.*, **121**, 75(1989)
7) 瀧川雅浩ら, 皮膚科紀要, 印刷中
8) Horrobin, D. F. *et al.*, *Lipids*, **18**, 558(1983)
9) Ishikawa, T. *et al.*, *Atherosclerosis*. **75**, 95(1989)
10) 葉山洋子ら, 動脈硬化, **15**, 1587(1988)
11) Horrobin, D. F., *Medical Hypothesis*, **6**, 929(1980)
12) Glen, E. *et al.*, Crooms-Helm, London , p. 311(1984)
13) Tsukamoto, S. *et al.*, *Nihon Univ. J. Med.*, **34**, 43(1992)
14) Horrobin, D. F., *Medical Hypothesis*, **5**, 599(1979)
15) Brush, M. G., *J. Psychsomat. Obset. Gynalcol*, **2**, 35(1983)
16) Puolakka, J. *et al.*, *J. Report. Med.* **30**, 149(1985)

3.2 高純度オレイン酸

鈴木正夫*

3.2.1 はじめに

オレイン酸は天然油脂や生体脂質を構成している主要脂肪酸であり，次の構造式によって示される代表的なシス-モノエン不飽和脂肪酸である。

$CH_3-(CH_2)_7-CH=CH-(CH_2)_7-COOH$

オレイン酸：cis-9-octadecenoic acid

多少の差異はあるがオレイン酸はほとんどの食物に含まれているので，人間は毎食オレイン酸を摂取していることになる。

また，オレイン酸は人間の脂肪酸生合成によって産生される最も基本的でかつメジャーな不飽和脂肪酸であり体全体に広く分布している。

このように，オレイン酸は人間にとって身近な物質であるにもかかわらず，最近までその固有の性質はほとんど明らかになっていなかった。しかし，近年の高純度試料を用いた物性研究や分子生物学的な生理機能の追究によって，次第にオレイン酸の本質が解き明かされつつある。このような背景の中で，オレイン酸固有の特性を生かした用途開発や製品開発が活発化してきており，このようなニーズに応える製品として高純度オレイン酸およびその誘導体がある。

3.2.2 メーカーと製法

高純度オレイン酸製造のための実験室的な試みはこれまでに種々なされてきているが，99％以上の高純度オレイン酸を工業生産しているのは日本油脂のみである。したがって，ここでは日本油脂が工業化している製造法[1]について紹介する。

この製造法は，オレイン酸の品質・機能阻害要因としてマクロな不純物である他の脂肪酸成分はもとより，酸化生成物等のミクロな不純物も重要であることを見出し，これらすべての不純物を効率よく除去するための方法として開発したもので，99.9％以上の高純度を実現している。この製造法の概略を図1

```
原料油脂
  ↓
酵素加水分解
 （リパーゼ）
  ↓
分離・精製
（Complex法）
  ↓
分子蒸留
  ↓
高純度オレイン酸
```

図1 高純度オレイン酸の製造法

---

* Masao Suzuki 日本油脂㈱ 油化学研究所

に示した。

　このプロセスの特長は，脂肪酸系および非脂肪酸系不純物のシャープな分離を実現していること，すべての工程においてオレイン酸の品質劣化の原因となる高温の熱履歴を避けていること，コンタミネーションの原因となるような薬剤を使用していないことなどにあり，その結果，高純度でかつ高品質な製品を経済的に製造することが可能になっている。

3.2.3 高純度オレイン酸およびその誘導体の製品

　商品化されている高純度オレイン酸は，高純度不飽和脂肪酸 "EXTRA SERIES" の主力製品として，また高純度オレイン酸の各種誘導体は "NOFABLE SERIES" として日本油脂から市販されている（表1)[2,3]。主な製品例は，高純度オレイン酸としては純度が99.9%以上のEXTRA OLEIC-999，99%以上のEXTRA OLEIC-99，約90%のEXTRA OLEIC-90である。また，誘導体は各種の油性基材と界面活性剤からなっている。

表1　高純度オレイン酸および高純度オレイン酸誘導体の主な製品

高純度オレイン酸 "EXTRA OLEIC SERIES"		
	製 品 名	純 度（GLC%）
1	EXTRA OLEIC-999	99.9%以上
2	EXTRA OLEIC-99	99%以上
3	EXTRA OLEIC-90	約90%
高純度オレイン酸誘導体 "NOFABLE SERIES"		
	物 質 名	製 品 名
1	グリセロールオレート	NOFABLE GO SERIES
2	ポリグリセロールオレート	NOFABLE PGO SERIES
3	ソルビタンオレート	NOFABLE SO SERIES
4	ポリオキシエチレンソルビタンオレート	NOFABLE ESO SERIES
5	ポリオキシエチレンオレイルエーテル	NOFABLE EAO SERIES
6	石けん	NOFABLE BO SERIES
7	オレイルアルコール	NOFABLE AO SERIES
8	オレイルオレート	NOFABLE OO SERIES
9	コレステロールオレート	NOFABLE CO SERIES
10	エチルオレート	NOFABLE EO SERIES
11	デシルオレート	NOFABLE DO SERIES

3.2.4 特　性

オレイン酸の特性は，その純度や組成，精製度等に強く相関するが，さらにその製法にも依存する。前記の方法によって得られる高純度オレイン酸の品質特性，分子物性，生理作用について概述する。

(1) 品質特性[1,4]

純度99.9%以上に精製されたオレイン酸（商品名：EXTRA OLEIC-999）の主な品質特性は次のとおりである。

①無色無臭である

②安定性が高い

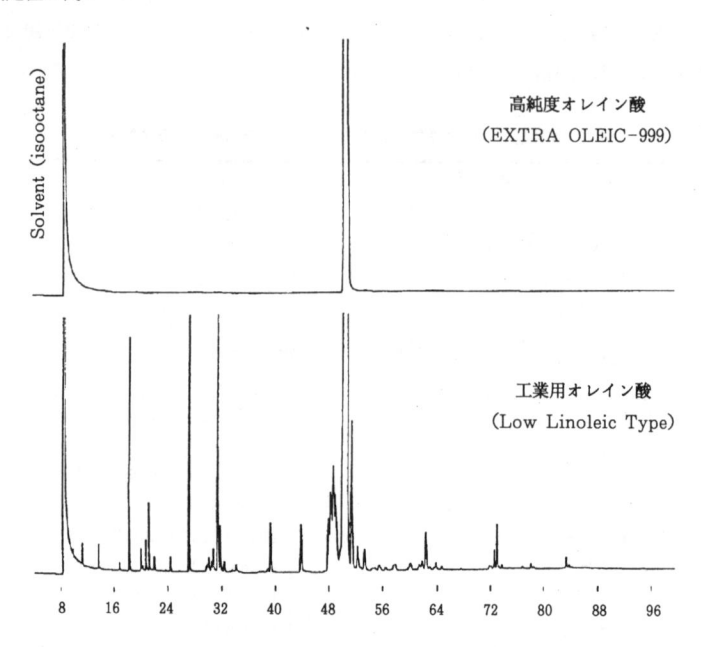

図2　オレイン酸のガスクロマトグラム
（オレイン酸のピークの大きさは両者同じ）

【GLC Conditions】
Instrument : Shimadzu GC-9A
Column（Capillary）: SP-2560, 100m×0.25mm
Program : 160℃×60min $\xrightarrow{2.5℃/min}$ 210℃×40min

③安全性が高い
④固有の物性（分子物性）をシャープに発現する（(2)項に記）
⑤固有の生理作用を示す（(3)項に記）

多くの用途においてまず最初に求められる品質要素は色とにおいであるが，オレイン酸は基本的に無色無臭の物質であるということである。従来オレイン酸が有している色やにおいは不純成分に原因するものである。

図2にEXTRA OLEIC-999と従来オレイン酸のキャピラリーカラムによるガスクロマトグラムを示した。従来製品は，オレイン酸純度が約60％で30種類以上の脂肪酸からなる混合物であり，オレイン酸固有の性質はまったく示さないことが明らかになっている。

図3には酸化安定性試験の結果を，従来オレイン酸，純度99.2％のステアリン酸および化粧用グレードのイソステアリン酸を比較例として示した。比較試料については再蒸留をして試験に用いた。100℃の通気条件下では，従来オレイン酸は急速に酸化されるが，純度99.9％以上の高純度オレイン酸（EXTRA OLEIC-999）はステアリン酸やイソステアリン酸をしのぐ安定性を示した。従来オレイン酸の酸化安定性が悪かったために，これまでオレイン酸は酸化されやすい物質と考えられていた。しかし原料を吟味し，基質を傷めないようにして他の脂肪酸や酸化生成物などの酸化促進性不純物を除去して得られる高純度オレイン酸は，化粧品や医薬品，食品などの生体用途分野の使用にも耐えうる酸化安定性を有するものである。

河合法[5]による皮膚刺激性試験の結果を表2に示した。オレイン酸の皮膚刺激性は純度が高くなるに従って低下し，99.9％以上の純度まで精製されるとまったく皮膚刺激性を示さなくなる[6]。そのレベルは，皮膚刺激性の少ない物質として化粧品分野で汎用されている流動パラフィンをもしのぐものであった。皮膚刺激性の原因物質究明の一環として，皮膚刺激性が陰性のEXTRA OLEIC-999を純酸素ガスを用いて酸化し，一次酸化生成物であるハイドロパーオキサイドを高めた試料とこのハイドロパーオキサイドを熱分解してカルボニルを中心ととする二次酸化生成物に変換した試料を調製して皮膚刺激性試験を行った。その結果，酸化生成物はいずれも有力な皮膚刺激性物質であるが，一次酸化生成物より二次酸化生成物のほうが強い皮膚刺激性を示すということが明らかになった。

(2) 分子物性

オレイン酸の分子物性として最も重要なものが多形現象である。多形現象とは，1つの化学種が条件によって分子構造や分子集合状態を変化させて異なった物性体を形成する現象のことであり，長鎖状分子とりわけ脂肪酸系化合物に顕著に発現する分子ダイナミクスである。筆者らは，脂肪酸の化学構造と多形現象との相関を調べているが，オレイン酸の多形現象はとりわけ独特で

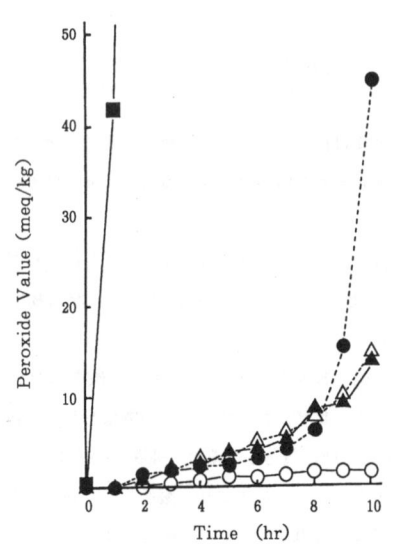

酸化条件：100℃加熱
　　　　エアレーション　600ml/min

○ - ○　EXTRA OLEIC-999
● - ●　EXTRA OLEIC-90
■ - ■　市販オレイン酸
△ - △　ステアリン酸
▲ - ▲　イソステアリン酸

図3　脂肪酸の酸化安定性

表2　皮膚刺激性（河合法）

試　　料	POV[1] (meq./kg)	COV[2] (meq./kg)	判定結果 (B刺激指数)
EXTRA OLEIC-999	0	0.3	陰　性(0)
EXTRA OLEIC-99	0	0.5	準陰性(1)
EXTRA OLEIC-90	0	0.9	準陰性(2)
強制一次酸化した OLEIC-999[3]	47.2	8.8	準陽性(3)
強制二次酸化した OLEIC-999[4]	0.2	23.0	陽　性(4)
市販オレイン酸（工業用）	0.8	15.6	陽　性(5)
イソステアリン酸（化粧用）[5]	0.3	5.2	陽　性(5)
流動パラフィン#72（化粧用）			準陰性(1)

* 1　過酸化物価
* 2　カルボニル価（A.S. Henick, JAOCS, 31, 88 (1954) による Satd. と Unsatd. の合計値
* 3　酸素ガスにより Hydroperoxide を高めたもの
* 4　強制一次酸化した OLEIC-999 の Hydroperoxide を熱分解して二次酸化生成物に変換したもの
* 5　実験室再留品

多彩かつシャープである。99.9%以上の高純度オレイン酸を用いて固相における多形現象[7~10]と融液構造[11~13]について調べた結果のプロフィールを図4に示した。オレイン酸の最安定相であるβ相は，他の脂肪酸にはみられないオレイン酸の象徴的多形変態であり，その分子構造とパッキング構造は極めてユニークである[10]。またα相のオレイン酸分子は，二重結合からメチル末端側の炭化水素鎖のみが選択的に融解している構造を有している[9]。γ相は，二重結合と両隣りの炭素間のコンフォメーションがほぼskew-cis-skew'型で他の炭素間の結合はすべてtrans型である[9]。そして，αとγは固相系で可逆相転移をする[7, 8]。

一方，融液状態にあるオレイン酸は無秩序な運動をしており構造を持たないものと思われていたが，種々の解析方法を用いて調べた結果，オレイン酸には3つの異なる融液構造が存在することが明らかになった[11]。すなわち，融点から30℃までは準スメクチック液晶相，30℃から55℃までは準ネマチック液晶相，それ以上の温度における等方液体相である。準スメクチック液晶相の長面間隔はオレイン酸の1分子長に相当することから，その構造はダイマーを基本構成単位として，隣接するダイマーとは1分子鎖長ずれた形で集合したクラスターを形成しているものと思われる。この分子集合構造は，固相系における最安定相であるβ_1と同じ様式である。また，カルボキシル基間の会合は温度の上昇とともに徐々に解離が起こり，融液構造の変化に関与していることが明らかになっている[12, 13]。図5にγ-α-準スメクチック液晶の相転移系列の分子モデルを示した。また，多形現象の圧力相関性[14]やオレイン酸と他のモノエン不飽和脂肪酸の分子間相互作用[15~17]なども明らかになってきている。

高純度オレイン酸を用いた実験により，これまでにオレイン酸固有の形や動き，集まり方，並

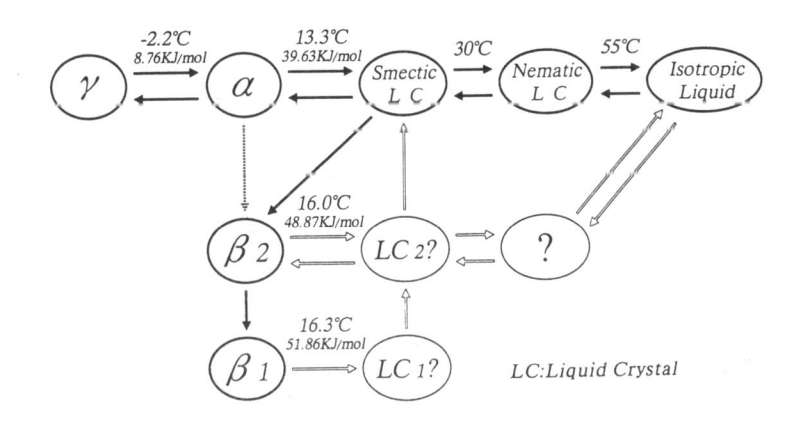

図4　オレイン酸の分子ダイナミクス―多系現象と相転移―

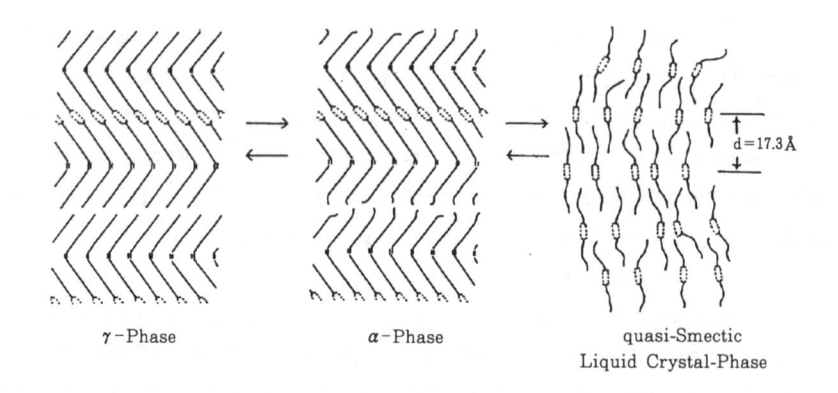

γ-Phase　　　　　　α-Phase　　　　　quasi-Smectic
　　　　　　　　　　　　　　　　　　　　Liquid Crystal-Phase

図5　オレイン酸のγ-α-準スメクチック液晶転移の分子モデル

び方，などに関する物性はかなり詳細に明らかになってきている。そしてこのような分子物性が，オレイン酸系製品の機能の根源になっていることが明らかになってきている。

(3) 生理作用

　生物の種類によって生合成できる脂肪酸の種類は異なるが，オレイン酸は人間を含むほとんどすべての生物が生合成している骨格的な生体脂質成分であり，また生合成によって最初に導入される不飽和脂肪酸である。このオレイン酸が基質となって多種多様な不飽和脂肪酸，さらにはプロスタグランジン等の強い生理活性物質が生合成されている。このように，オレイン酸は生体脂質の中枢的位置にある物質でありながら，これまでその生体機能や生理作用がほとんど注目されることなく今日に至っていた。しかし，近年の分子生物学的な生体物質の機能追究の高まりの中にあって，個々の脂肪酸についてもその機能性が次第に明らかになってきており，高度不飽和脂肪酸の生理活性が注目される一方で不飽和脂肪酸のルーツであるオレイン酸の生理作用も生化学，生物物理，栄養，薬学，医学，などの観点から注目されてきている。

　オレイン酸の生理作用として，最近特に注目を集めているのが血中コレステロールの選択的低下作用である[18〜21]。リノール酸の血中コレステロール低下作用は，Low Density Lipoprotein (LDL，悪玉コレステロール)とHigh Density Lipoprotein (HDL，善玉コレステロール)のいずれも低下させるのに対して，オレイン酸のLDLの低下能はリノール酸とほぼ同等であるが，HDLの低下はみられず，血中ブドウ糖濃度の減少やコラーゲンに対する血小板凝集の感度低下を示すなど優れた生理作用を有していることが明らかになっており，栄養学的観点からもオレイン酸の評価が高まっている。われわれの研究においても，ほぼ同様な結果が得られている[22]。

さらに，脂肪酸の種類と変異原性抑制作用や血小板凝集抑制作用，動脈硬化および血栓形成傾向との関係式が報告されるなど，生理・栄養学的基礎データが徐々に充実してきている。

医薬分野では，高純度オレイン酸系製品の薬物吸収促進剤としての研究と応用が活発に進められており，すでに数点が商品化されている。図6には，インドメタシンの経皮吸収性を純度の異なるオレイン酸をオレイン酸の純分換算で等量になるようにして加えて調べた結果を示した[23]。インドメタシンの経皮吸収性はオレイン酸の純度が高くなるに従って向上し，その効果はオレイン酸の量ではなく純度に強く相関していることがわかる。この吸収促進効果は，オレイン酸が皮膚脂質に揺らぎを誘起することに起因しており，揺らぎの大きさに比例して経皮吸収性が増大することが明らかになっている。また，皮膚タンパク質に対する副作用を調べた結果，99.9%高純度オレイン酸ではほとんどないが純度の低下とともにその損傷が大きくなる。人為的に調製した酸化オレイン酸を用いた実験により，酸化生成物が皮膚タンパク質に損傷を与えている有力な原因物質であることが明らかになっている。オレイン酸の吸収促進作用は腸管においても皮膚の場合とほぼ同様である。

また，多くの科学者や技術者の興味の対象になっているのが生体膜における個々の脂肪酸の物理化学的な機能であるが，この点についてはこれからの課題である。

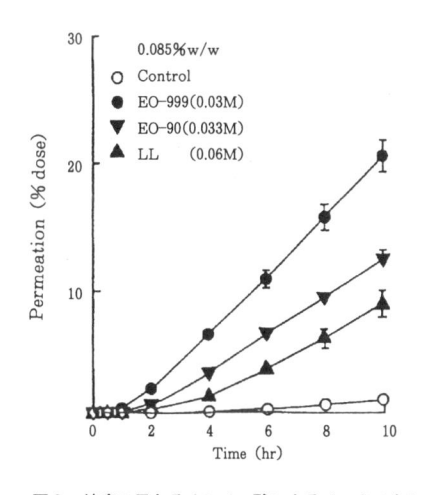

図6 純度の異なるオレイン酸によるインドメタシンの経皮吸収促進効果
皮膚：ラット腹部，n=4

3.2.5 高純度オレイン酸系界面活性剤の特性[4,24〜26]

従来のオレイン酸系界面活性剤は，低純度で低品質なオレイン酸を原料にしているために，結果として純度，におい，色，味，安定性，安全性などの品質特性がよくない。そのため，化粧品や医薬品，食品等の生体関連分野では，本質的な機能である界面活性能について問われる以前に不適当な材料という烙印を押されることが多かった。しかし，オレイン酸やその誘導体は生体の主要な構成成分であることから，オレイン酸系材料は生体分子あるいはそれに近いものとして利用が可能である。現在商品化している高純度オレイン酸系界面活性剤は非イオン性界面活性剤が

中心になっており，高純度オレイン酸誘導体"NOFABLE SERIES"の主要製品となっている。高純度オレイン酸系界面活性剤の合成に際しては，親水基を形成する原料の吟味，基質を傷めないような反応条件の採用とその後の精製，などに配慮している。製品は高純度オレイン酸の純度，親水基の種類，HLB，などの違いによって50種類以上になっている。

高純度オレイン酸系界面活性剤の主な特長は次のとおりである[4]。
①ほとんど無色無臭である
②安定性，安全性が高い
③界面活性能が高く，油性成分に対する選択性が強い
④配向性が高く，ラメラ凝集性が強い
⑤延びがよく，皮膚使用感がさっぱりしており，エモリエント効果に優れている

3.2.6 高純度オレイン酸系製品の応用

EXTRA OLEIC-999などの純度99.9%以上の超高純度オレイン酸系製品は，固有の性質をシャープに発現するので，基本特性の解析など主に研究材料として用いられている。また，純度99%以上の高純度オレイン酸系製品は医薬用途やスペシャリティ・ケミカル分野に，純度90%レベルの高純度オレイン酸系製品は化粧品や食品分野に主に利用されている。

高純度オレイン酸系製品の中で最も広くかつ多量に利用されているのが界面活性剤であり，その品質や機能が認められて，最近では化粧品や医薬品の分野において広く用いられるようになってきている。その応用機能は，乳化，可溶化，分散，洗浄，などの界面活性剤としての利用のほか，敏感肌用石鹸[27~29]，保湿剤やエモリエント剤などの化粧品主剤としての利用，医薬主剤やアジュバント[30~32]などの生理活性成分としての利用などである。

3.2.7 高純度オレイン酸系製品の市場性

高純度オレイン酸系製品の価格は，純度や製品種，数量によって異なるが，kg当たりでおおむね，純度99%系製品で数万～10万円，90%系製品で数千～数万円である。99.9%系製品は特注品であり，価格は10万円以上/kgである。

市場は発展途上にあり，規模は約100トン/年となっている。

3.2.8 おわりに

オレイン酸は，最近までその機能に対して強い関心がもたれていなかった。しかし，近年の十分に吟味された試料を用いた緻密な研究によって次々と新しい知見が見出されつつあり，秘められた機能性は奥深いものがある。

オレイン酸の奥義にアプローチするための重要な鍵は，構造とダイナミクスであろう。

文　献

1) 鈴木正夫，バイオ新素材，シーエムシー，p. 242(1987)
2) 日本油脂（株）パンフレット
3) 鈴木正夫,機能性脂質の開発と応用,シーエムシー, p. 106(1992)
4) 鈴木正夫, *Fragrance Journal*, **5**, 105(1995)
5) 河合享三, *Fragrance Journal*, **2**, 46(1974)
6) 鈴木正夫，第 24 回油化学研究発表会要旨集, 104(1985)
7) M. Suzuki, T. Ogaki and K. Sato, *J. Am. Oil Chem. Soc.*, **62**, 1600(1985)
8) K. Sato and M. Suzuki, *J. Am. Oil. Chem. Soc.*, **63**, 1356(1986)
9) M. Kobayashi, F. Kaneko, K. Sato and M. Suzuki, *J. Phys. Chem.*, **90**, 6371(1986)
10) F. Kaneko, M. Kobayashi, K. Sato and M. Suzuki, *J. Phys. Chem.*, in press
11) M. Iwahashi, Y. Yamaguchi, T. Kato, T. Horiuchi, I. Sakurai and M. Suzuki, *J. Phys. Chem.*, **95**, 445(1991)
12) M. Iwahashi, N. Hachiya, Y. Hayashi, H. Matsuzawa, M. Suzuki, Y. Fujimoto and Y. Ozaki, *J. Phys. Chem.*, **97**, 3129(1993)
13) M. Iwahashi, M. Suzuki, M. A. Czarnecki, Y. Liu and Y. Ozaki, *J. Chem. Soc. Faraday Trans.*, **91**, 697(1995)
14) N. Hiramatsu, T. Inoue, M. Suzuki and K. Sato, *Chem. Phys. Lipids*, **51**, 47(1989)
15) N. Yoshimoto, T. Nakamura, M. Suzuki and K. Sato, *J. Phys. Chem.*, **95**, 3384(1991)
16) T. Inoue, I. Motoda, N. Hiramatsu, M. Suzuki and K. Sato, *Chem. Phys. Lipids*, **63**, 243(1992)
17) S. Ueno, T. Suetake, J. Yano, M. Suzuki and K. Sato, *Chem. Phys. Lipids*, **72**, 27(1994)
18) F. H. Mattson and S. M. Grundy, *J. Lipid Res.*, **26**, 194(1985)
19) C. R. Sirtori et al., *Am. J. Clin. Nutr.*, **44**, 635(1986)
20) G. B. Ambrosio et al., *Am. J. Clin. Nutr.*, **47**, 960(1988)

21) R. P. Mensink and M. B. Katan, *N. Engl. J. MED.*, **321**, 436(1989)
22) 川端輝江, 日田安寿美, 鈴木正夫, 長谷川恭子, 日本栄養・食糧学会誌, **47**, 185(1994)
23) K. Morimoto, H. Tojima, T. Haruta, M. Suzuki and M. Kakemi, *J. Pharm. Phamacol.*, in press
24) H. Maeda, Y. Eguchi and M. Suzuki, *J. Phys. Chem.*, **96**, 10487(1992)
25) 阿部政彦, 高坂健一, 吉原慶一, 荻野圭三, 斉藤晃一, 鈴木正夫, 色材, **68**, 41(1995)
26) 高坂健一, 吉原慶一, 平野芳和, 酒井秀樹, 斉藤晃一, 鈴木正夫, 阿部正彦, 材料技術, **13**, 279(1995)
27) 山本一哉, 佐々木りか子, 川島忠興, 大畑智, 新庄路子, 北島岳, 日小皮会誌, **11**, 203(1992)
28) 川島忠興, 日小皮会誌, **12**, 135(1993)
29) 佐々木りか子, 山本一哉, 川島忠興, 日小皮会誌, **13**, 239(1994)
30) 山田進二, 本田隆, 宮原徳治, 酒井英史, 種子野章, 畜産の研究, **47**, 1271(1993)
31) 山田進二, 本田隆, 宮原徳治, 酒井英史, 種子野章, 畜産の研究, **48**, 25(1994)
32) 山田進二, 本田隆, 宮原徳治, 酒井英史, 種子野章, 畜産の研究, **49**, 240(1994)

3.3 MCT

田中善晴*

3.3.1 組成, 構造式

MCT とは Medium Chiain Triglyceride の略である。トリグリセリドとはグリセリンと脂肪酸とのエステル結合したもので、その構造式を図1に示す。

一般に炭素数1～6までの脂肪酸を短鎖脂肪酸, 8～10のものを中鎖脂肪酸, 12以上のものを長鎖脂肪酸という。

MCTとは, 研究者によって異なるが, 通常は図1に示す脂肪酸基が炭素数8のカプリル酸と炭素数10のカプリン酸を構成脂肪酸とするトリグリセリドである。

また炭素数12のラウリン酸以上の炭素数の脂肪酸を構成脂肪酸とするものを長鎖脂肪酸トリグリセリド（LCT）と呼んでいる。

MCTは炭素数8と10を構成脂肪酸とするトリグリセリドであり, このトリグリセリドは図1のR_1（R_3）, R_2に結合するこの2種の脂肪酸の組み合わせによって6種のトリグリセリドを組成する。市販のMCT製品はこれらのトリグリセリドの混合物である。

CH_2-OCOR_1
$|$
CH_2-OCOR_2
$|$
CH_2-OCOR_3

（R_1, R_2, R_3＝アルキル基）

図1　トリグリセリドの構造式

3.3.2 製　　法

天然の油脂中にMCTを含有するものは少なく, 動物の乳汁, ヤシの実, ニレの実, ババス油, パーム核油などにわずかに含まれる程度である。そのうちMCTを構成する脂肪酸は主にヤシ油中に含まれており, その含有率はカプリル酸が8％, カプリン酸が7％程度である[1]。

MCTは工業的な合成によって製造される。一般的にはヤシ油を高圧蒸気によって加水分解し, ヤシ油混合脂肪酸を得る。この混合脂肪酸から分別蒸留してカプリル酸, カプリン酸留分を取り出し, これらを単独あるいは必要とする割合に調整し, グリセリンとのエステル化を行う。このエステル化物すなわちMCTは脱酸, 水洗, 乾燥, 脱色の工程を経て製造される[2]。

MCTの原料資源として, ヤシ油以外に北米大陸南西部原産のクヘア（Cuphea）の種子油があり, それには中鎖脂肪酸が40～80％含まれている。また最近のINFORMは, カルジー社はカノーラ中の中鎖脂肪酸を高める研究を行っていると記している[3]。

＊　Yoshiharu　Tanaka　日本油脂㈱　食品研究所

3.3.3 性状，特性（物理化学的性質）

MCT は 3.3.1 で示した 6 種のトリグリセリドの単独あるいは混合物であり，無色～微黄色の透明液で，無臭かまたはわずかに特異なにおいがある。

MCT は日本薬局方医薬品成分規格に収載されており[4]，その品質規格は，酸価 0.5 以下，ケン化価 320～385，水酸基価 10 以下，不ケン化物 1.0％以下，ヨウ素価 1.0 以下，水分 0.2％以下，強熱残分 0.10％以下である。

表 1 には各種単体脂肪酸から誘導される単酸基トリグリセリドの物理定数を示す[5]。

表 1 単酸基トリグリセリドの特性[5]

項目	グリセリド	トリカプロン	トリカプリリン	トリカプリン	トリラウリン
		*┌ 6 ├ 6 └ 6	┌ 8 ├ 8 └ 8	┌ 10 ├ 10 └ 10	┌ 12 ├ 12 └ 12
融点（℃） （注1）	結晶形 α 結晶形 β' 結晶形 β	— — −25	— −21 8.3	−15 18 31.5	14 34 43.9
沸点（℃, 0.01mmHg）		112.5	159	188	218
比重 d_4^t		1.03424 (20℃)	0.9867 (25℃)	—	—
屈折率 n_D^t		1.44268 (20℃)	1.44268 (20℃)	—	—
表面張力 N_2 (dyn/cm)		29.0 (35.3℃)	28.7 (35.0℃)	27.6 (35.4℃)	29.2 (64.7℃)
蒸発熱 (Cal/g)		58.6	59.1	53.7	50.9
粘度 (C.P.)	85℃ 70℃ 40℃	— — —	— — —	5.51 6.88 18.79	7.22 10.30 —

注1）トリグリセリド結晶は多形現象を有し，4種類の変態（α，β'，中間，β）が知られている。トリグリセリドの結晶は α 形が最初に生じ，ついで β' 形に転移し，さらに中間形になった後，β 形に転移する。

＊ E はグリセリンを表わし，数字は脂肪酸の鎖長を示す。

MCT の物理化学的特性を以下に示す。

① MCT は酸価安定性に優れている。これは MCT が飽和脂肪酸のみから構成されているので，空気中の酸素と反応しにくいためである。その結果経時的に油の劣化が少なく，その保存安定性はきわめて良好といえる。

② MCT は他の植物油と比較して，凝固点が低く，粘度，表面張力が小さく，また皮膚上における展延性に富んでおり，浸透性が優れている。

③ MCT はエチルアルコールなど，ほとんどの有機溶剤とよく相溶し，ビタミン類，殺菌剤，ホルモン，抗生物質，保存料，着色料などの各種化合物に対する溶剤作用に優れている。
④ MCT は大豆油等と比較して O/W 乳化性が弱い[6]。

3.3.4 安全性

MCT はグリセリンと中鎖脂肪酸からなるトリグリセリドであり，天然のヤシ油，動物の乳汁などに含有されていることから，毒性は極めて低い。

パナセート 810（商品名，日本油脂㈱製）のマウスによる経口急性毒性試験の結果では，投与量の限界である 54.99mℓ/kg を投与しても 100％死亡せず，LD_{50} はそれ以上と考えられる。なお急性毒性表示方法（American Indeustrial Hygiene Association）では，LD_{50} が 15g/kg 以上は無毒としている[7]。

MCT の臨床応用例において，MCT を一度に多量に摂取すると，人により腹部不快感，一過性下痢を伴うことがある。これは MCT の吸収が速いこと，低分子の中鎖脂肪酸が小腸管腔内に遊離してその結果生じる高浸透圧により，多量の腸液が分泌されることによるものと思われる。予防策としては患者の消化吸収機能に応じ，少量から始め，漸増させることである。1 日の使用量は 30～50g を目安とし，3～5 回に分けて摂取することが望ましい[8]。

3.3.5 機能，効能，生理活性

MCT の生理的特性とそれに伴った臨床応用面の一覧を表 2 に示した[9]。また図 2 に MCT と LCT の消化吸収経路および代謝経路を示した[10]。

MCT は図 2 に示すように胆汁酸とのミセルを形成する必要もなく，膵リパーゼにより LCT より速く加水分解され，またトリグリセリドのままでも吸収され，これが小腸上皮細胞中に存在する腸粘膜リパーゼによって加水分解される。これらは LCT と異なり，再エステル化されることなく，したがってカイロミクロンを形成することなく，そのまま門脈系へ吸収されていく。

肝臓内に取り込まれた中鎖脂肪酸は，細胞中のミトコンドリア膜をカルニチンの存在なしに容易に通過し（長鎖脂肪酸のミトコンドリア膜の通過にはカルニチンが必要），β酸化され，アセチル CoA を生じる。アセチル CoA は TCA サイクルに取り込まれ，CO_2 と H_2O とに完全に酸化される。肝臓での中鎖脂肪酸の酸化は，長鎖脂肪酸と比較して約 10 倍速く CO_2 に変換される。ラットの肝細胞では過剰のアセチル CoA の大部分はケトン体合成に用いられる。

MCT の消化吸収および代謝特性を生かした臨床応用面の一覧を表 2 に示した。その具体的な応用例として吸収不良症候群，脂肪誘起性高脂血症，アルコール性脂肪肝，肝硬変時の Shunt の診断などがある[9]。

表2 MCTの特性と臨床応用

物理化学的特性	生 理 的 特 性	臨 床 応 用
①低い融点 ②比較的小さい分子 ③ある程度の水溶性	①吸収にあたってミセル形成に際して胆汁酸をほとんど必要としない。 ②消化酵素による加水分解が容易である。 ③そのままでも吸収される。小腸上皮で加水分解をうける。 ④小腸での吸収能力が大きい。（LCTの約4倍） ⑤カロリーが大きい。(8.3〜8.4kcal/g)	A) 吸収不良症候群－脂肪便 Celiac disease　Blind loop Cystic fibrosis　限局性小腸炎 慢性膵炎　　　慢性肝炎 胆道閉塞　　　肝硬変 小腸切除　　　サルコイドーシス 胃切除　　　　Cholestyramine 　　　　　　　使用
	⑥吸収にあたってカイロマイクロンを作る必要がない。(アルブミンと結合) ⑦門脈路で吸収される。	B) 脂肪誘起性高脂血症 (Type I) 無β-リポタンパク血症 Intestinal Lymphangiectasia Whipple 病 乳 び 胸　　　乳び腹水 乳 び 尿　　　リンパ性浮腫
	⑧酸化されやすい。(LCTの10倍) ⑨エステル化（蓄積脂肪）されにくい。 ⑩カルニチンを必要としない。	C) アルコール性脂肪肝 肥 満 症 D) 肝硬変時の Shunt の診断
	⑪その他 (i) ケトン体形成　(ii) インスリン分泌刺激　(iii) 高トリグリセリド血症 (iv) 血清コレステロール降下　(v) リノール酸，アラキドン酸節約作用	

* 文献9）に一部追加

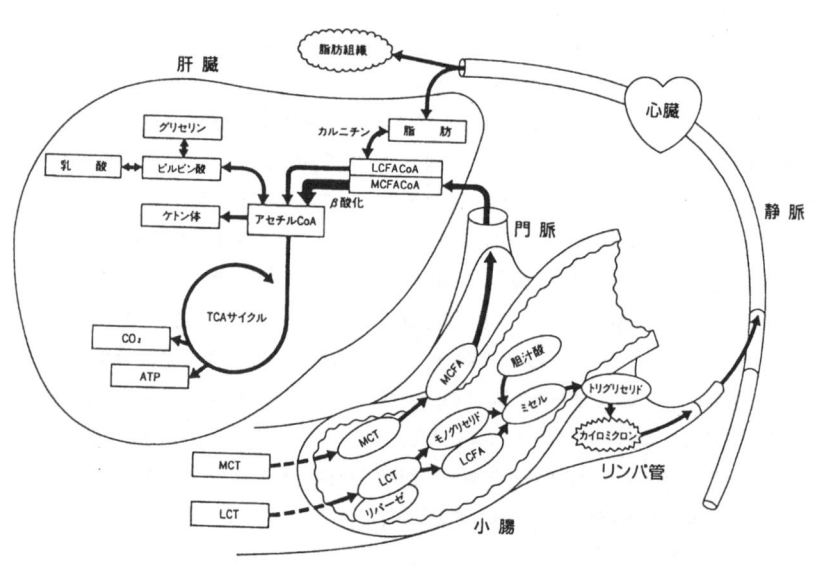

図2　MCTとLCTの消化吸収経路および代謝経路

3.3.6 応用例，製品名
(1) 治療食
　MCTを使用した治療食は，①吸収不良症候群，②胃・腸の切除後，③膵臓・胆嚢・肝疾患，④急性・慢性腎不全，⑤肥満症，⑥難治性てんかん，⑦脂肪起因性高脂血症等の栄養補給および栄養管理に用いられる[8]。

　MCTを使用した代表的な治療食にマクトン製品（商品名，日本油脂㈱製）がある[11]。マクトン製品には手軽な加工品としてMCT入りのゼリー，クッキー，ビスキーがあり，これらはタンパク質やリン，カリウムを抑えた高カロリー菓子である。またMCTを主成分とする素材として，厚生省が定める特別用途食品のパウダーとオイルがある[10]。

(2) 人工濃厚流動食，脂肪乳剤
　人工濃厚流動食は，タンパク質，糖質，脂質，ビタミン，ミネラルを栄養的にバランスよく配合したもので，脂肪はカロリー源および必須脂肪酸源として，20〜30％の熱構成割合になるように配合される。

　人工濃厚流動食は栄養素の吸収が障害されている患者に投与される場合が多いことから，これの脂質としてMCTを配合することは有効である。すでに数多くのMCTを含有する市販品が出回っている。

　脂肪乳剤は脂質を経静脈的，あるいは経口的に栄養補給する場合に使用される。

　MCTとLCT混合，あるいは中鎖脂肪酸と長鎖脂肪酸を同じトリグリセリド分子中に含有するように合成されたトリグリセリドを用いたものの開発が進んでいる。

(3) 離型油[12]
　離型油は，パンや焼菓子の型からのはがれをスムーズにする目的で使用されており，使用方法により，鉄板油，ボックス油，デバイダー油等と呼ばれているが，いずれも付着防止，すなわち離型効果のあることが必須特性である。

　MCTを一部使用した油脂は，安全性，伸展性に優れ，かつ離型効果も大きいために，これらの製品に広く使用されている。

(4) その他
　油溶性香料，着色料などの溶剤，粉末製品の水への易溶性向上のための配合油，食品製造機械の潤滑油，食缶用鋼板等の表面処理油，コーティング用油脂等に，MCTはその物理化学的特性を生かして有効に使用できる。

3.3.7 メーカー,市場規模,価格[13]

MCT の主要メーカーとしては,日清製油㈱(商品名:ODO),日本油脂㈱(商品名:パナセート),花王㈱(商品名:ココナード),理研ビタミン㈱(商品名:アクター)などがある。各社ともに,炭素数 8 と 10 の脂肪酸組成を変えた品種をそろえている。

日本の市場規模は 1,500～2,000 トン/年と推定される。

価格は 500～900 円/kg 程度である。

文　献

1) 山下政続ほか,薬局,**31**, 9, 75(1980)
2) 原健次,油脂,**45**, 5, 90(1992)
3) INFORM, **6**, 12, 1314(1995)
4) 日本薬局方外医薬品成分規格,薬事時報社,p.1280(1991)
5) 油脂化学便覧,日本油化学協会編,丸善㈱,p.149(1990)
6) 田中善晴ほか,食用加工油脂技術研究会会報　第 46 号,㈶全日本マーガリン協会,p.3 (1987)
7) パナセート 810 パンフレット,日本油脂㈱
8) 高橋ゆかりほか,臨床栄養,**85**, 4, 519(1994.9)
9) 内藤周幸,臨床栄養,**37**, 5, 635(1970)
10) マクトンパンフレット,日本油脂㈱
11) 臼井昭子,臨床栄養,**79**, 3, 259(1991.9)
12) 阿部島紀于ほか,New Food Industry, **27**, 1(1985)
13) 天野晴之,月刊フードケミカル,**4**, 56(1995)

3.4 DHA

山根耕治[*]

3.4.1 構　造

　DHA（ドコサヘキサエン酸, docosahexaenoic acid）は，油脂に含まれる脂肪酸の一種で，自然界ではEPA（イコサペンタエン酸）とともに水産動植物の油脂中に存在する。

　DHAは，炭素が直鎖状に22個つながった，二重結合を6個持つ「n-3系」の多価不飽和脂肪酸である。化学構造式は下記のとおり。

$$H-\underset{H}{\overset{H}{C}}-\underset{H}{\overset{H}{C}}-\underset{H}{\overset{H}{C}}=\overset{H}{C}-\underset{H}{\overset{H}{C}}-\overset{H}{C}=\overset{H}{C}-\underset{H}{\overset{H}{C}}-\overset{H}{C}=\overset{H}{C}-\underset{H}{\overset{H}{C}}-\overset{H}{C}=\overset{H}{C}-\underset{H}{\overset{H}{C}}-\overset{H}{C}=\overset{H}{C}-\underset{H}{\overset{H}{C}}-\overset{H}{C}=\overset{H}{C}-\underset{H}{\overset{H}{C}}-\underset{H}{\overset{H}{C}}-\overset{O}{\underset{}{C}}-H$$

DHA　C22:6n-3

　二重結合の位置がメチル基の末端から3番目の炭素原子から始まるものがn-3系（またはω3系）で，主な不飽和脂肪酸にはα-リノレン酸（C18:3），EPA（C20:5），DHA（C22:6）などがある。

　参考までに，6番目の炭素原子から始まる脂肪酸はn-6系（またはω6系）と呼び，リノール酸（C18:2），γ-リノレン酸（C18:3），アラキドン酸（C20:4）などがある。

3.4.2 製　法

(1) 原　料

　魚の眼玉の後の脂肪（眼窩脂肪）にDHAが濃縮されており，魚体が大きく取り扱いやすいマグロやカツオの頭部が原料となる。魚の内臓にもDHAは多く含まれているが，水産加工場などで得られる内臓を含む原料から抽出した油には，不純物が多く含まれ，精製の工程が増え収率も下がり，食用としての利用価値は少ない。

---

[*] Koji Yamane　ハリマ化成㈱　健食営業課

(2) 採油方法
① 吸引法
解凍した生のマグロの眼窩脂肪から，減圧下で油を吸引する。
② 圧搾法
原料をプレス圧搾し，得られた液汁を遠心分離機にかけ油分を分離する。
③ 煮取法
原料を砕き水とともに加熱攪拌後，圧搾して生じた液汁を遠心分離機で油分を分離する。
④ 溶剤抽出法
ヘキサンなどの溶剤で原料から抽出し，その後蒸留で溶剤を除く。

DHA の採油方法は，原料が魚体であることから，③の方法が実用的だが，熱をかけ過ぎると品質を損なうため，手間はかかるが，①の方法も実施されている。

(3) 精　製
DHA 原料油の一般的な精製工程は次のとおり[1,2]。

脱ガム（有機物質の除去）→脱酸（遊離脂肪酸等の除去）→脱色→ウインタリング（融点の高い他の脂肪酸の除去）→脱臭（臭い成分，微量成分除去）。

最近，魚の臭気を充分に除くこと[3,4]，PCB や DDT 等の不純物を徹底して除くために，脱臭工程の中で分子蒸留を使用することが多い。この方法で得られる DHA 油は，DHA を 25〜40% 含有する。

さらに高濃度の DHA 油を得るには，上記精製法で得られた精製油を，酵素（リパーゼ）を用いて DHA 以外の脂肪酸を加水分解，除去する方法[5]がとられる（DHA40%〜55%含有）。

90%以上の高純度 DHA を得るには，脂肪酸エチルエステルにして精製する方法が報告[6,7]されている（実験段階で 95〜99%純度）。高純度 DHA は食用として認可されておらず，臨床実験用として開発途上である。

3.4.3　性　状
代表的な市販 DHA 油の品質を表1にまとめた。現実的には，DHA 含有量が 22〜50%ぐらいの範囲の油が利用されている。

表1 代表的な市販DHAオイルの品質

DHA含有率			25%	27%	30%	35%	45%	50%
酸 価（AV）		mgKOH/g	0.04	0.03	0.03	0.03	0.05	0.05
過酸化物価（POV）		meq/kg	0.4	0.4	0.5	0.5	0.8	0.8
ヨウ素価（IV）		gI$_2$/100g	200	210	220	240	265	275
ケン化価（SV）		mgKOH/g	188	188	187	187	180	175
色 数（CN）		Gardner	4	4	4	4	5	5
EPA含有量		%	6.5	7.0	7.2	8.0	6.5	5.7

3.4.4 効 能

各研究機関の報告に基づくDHAの代表的な効能は以下のとおり。

① 健脳作用・学習機能の向上
② 網膜反射能向上作用
③ 心血管系疾患の改善作用
④ 抗アレルギー作用
⑤ 抗炎症作用
⑥ 抗皮膚炎作用
⑦ 抗腫瘍作用
⑧ 抗糖尿病作用
⑨ 肝臓機能維持作用,その他

上記の効果は,n-3系不飽和脂肪酸に共通する作用であるが,①と②はDHAの特徴と考えられる。

3.4.5 安全性

(1) 過酸化脂質障害説

DHAなどのn-3系多価不飽和脂肪酸を摂取すると,体内の活性酸素により酸化されて過酸化脂質[8]を生じ,老化や動脈硬化,糖尿病,肝臓障害などの慢性病やガンなどの原因となるという説がある。また,生体内には酵素や抗酸化物質(ビタミンE,C)などが過酸化を防いでいるが,n-3/n-6の比率を上げてn-3系の二重結合の多い脂質を多量に摂取すると防御しきれなくなるので,魚系の脂肪酸の摂取は控えめにすべきというものである。

(2) 障害説に対する疑問

魚を多食する地域では,動脈硬化や心筋梗塞が少ないという疫学調査結果があること。
厚生省で認可されたEPA製剤エパデールは,動脈硬化症の治療に効果を上げていること。多

くの動物実験では，動脈硬化，アレルギー，ガンなどに対して，n-3系不飽和脂肪酸はむしろ抑制的に作用することが明らかにされていることなどがある。いずれにせよ，この件については今後の学会での研究データが望まれる。

(3) 不 純 物

世界的な海洋汚染が進むなか，回遊型の魚が摂取するエサに含まれる有害物や放射能についても配慮する必要がある。幸い放射能の影響は今時点ではみられないが，魚油にごく微量のDDTとPCBが検出された事例がある。国内の食品の基準値以下ではあるが，より安全を期すため分子蒸留やロ過工程を組み合わせて，分析限界値以下の製品で各企業は出荷しているのが現状である。

3.4.6 DHAの応用例

DHAを食品にブレンドする方法は，精製油そのままを添加する以外に，DHA含有粉末や水溶性DHAとして利用する場合も多い。

これまでに市販されたDHA含有食品の事例を表2にまとめた。

表2 市販のDHA含有食品の事例

分 類 別	製 造/販売会社	商 品 名
育児用調製粉乳	明治乳業 森永乳業 和光堂	F&P，ニューステップ チルミルあゆみ，ペプチドミルクE レーベンスf
乳製品	明治乳業 森永乳業 関西ルナ クロレラライト 四日市乳業協組 日本シャクリー ヤクルト本社	明治ヘルシーDHA低脂肪 DHA入り幼児用ヨーグルト カルシウムとDHAのとれるヨーグルト 海からのサポーターDHA カルリードα ProteinBCal 新ミルミル
ソーセージ 魚肉ソーセージ	プイマハム 日本水産 丸大食品 マルハ 東洋水産 日本水産 信州ハム 日本ハム	おりこうさんのウインナー シーフードソーセージ DHA入りフレッシュソーセージ アジなハンバーグ 忍たま乱太郎ソーセージ 頭のちからDHA，ヒノマルハム DHA健脳ウインナー，MrDHA DHACa入りチーズinかまぼこ

表2 市販のDHA含有食品の事例(つづき)

分類別	製造/販売会社	商品名
パン・パン粉	フジパン	秀才君列車
	敷島製パン	DHA入り食パン, DHA入りミルクロール
	山崎製パン	DHA入り食パン
	大川食品	カラット天才くん
菓子・キャンディー・プリン等	ノーベル製菓	DHA＋ビタミンCキャンディー
	ブルボン	DHA ウエハース, DHA Ice Mint
	メタボリックダイエットセンター	DHA博士, カルシウムDHA博士
	コーワ	開運願かけ健康長寿DHA入り飴
	篠崎製菓	こどもヨーグルト
	クロス	海からのプレゼント
	ハマダコンフェクト	噂のDHAウエハース
	サン食品	蒟蒻倶楽部・頭脳明晰
	大木	メモラップDHAウエファース
	マザーハウス	DHA入りさかなの目玉商品
	東鳩	C-カルサンド
	明治乳業	明治プリンはぐくみ
	エースベーカリー	ザ・バウム
缶詰・瓶詰	いなば食品	JリーグツナDHAフレーク
	マルニ水産	TUNA愛
	日本水産	ライトツナ
	カキヤ	鮪の目だま
	丸善食品工業	えのき茸味付
飲料	ノーベル	ノーベルアップ
	メロディアン	知恵ちゃんと学くんのDHA
	キリンビバレッジ	キリン力水
	三国コカ・コーラ	ミカタ
	常盤薬品工業	Lapis
	日本サンガリアビバレッジ	かしこい果実グレープフルーツスカッシュ
	ビオールケミカル	がんばらなくっ茶
	明治製菓	合格君ココア
その他食品	トップ卵	DHAたまごスープ
	佐野食品	たまごスープ
	明治乳業	アンパンマンベビーチーズ
	バイオックス	DHAビーフカレー
	大森屋	DHA入り海の野菜ふりかけミニ
	窪田味噌	百歳食
	上高地味噌	健
	マルマン	健康一番
	一正蒲鉾	卵とうふ
	トップ卵	DHA卵とうふ

表3 DHAバルク市場規模推移

		1991年	1992年	1993年	1994年 (見込み)	1995年 (見込み)
数	量（トン） （前年比）	120	255 (213)	525 (206)	790 (151)	950 (120)
金	額（百万円） （前年比）	1,680	3,060 (182)	5,200 (170)	7,110 (137)	7,600 (107)

3.4.7 メーカー・生産量・価格

　DHA油の市場規模は，1991年度約120トンであったが，1993年度は約525トンで，1995年度は推定950トンにも達する見込である（表3）。主要バルクメーカーは，マルハ，日本水産，日本油脂，タマ生化学，ハリマ化成，備前化成，日本合成化学，昭和産業，日本化学飼料など。DHA油の価格は，DHAの含有量により決まり，27%の汎用品の価格は7,000～8,000円/kgで，高濃度の45%品が25,000円/kg前後が標準である。しかし，最近の価格競争により従来の価格より20%ほど低下している。

3.4.8 おわりに

　DHAは，日本では1991年ごろから急速に広がり，健康食品の素材の一つとして確立した感がある。が，その実体は明確でなく，今も多くの研究機関で有効性を研究している（老人性痴呆症/群馬大学，アトピー性皮膚炎/岐阜大学，高脂血症（脂肪肝）/奈良県立医大，ベーチェット症/横浜市大，家族性ポリポーシス/大阪府立成人病センター，妊娠中毒症/神戸大学など）。

　1992年7月に，世界で初めて水産庁の指導による「DHA高度精製抽出技術研究組合[9]」を設立し，民間企業15社で基礎的な研究や多くの知見を得ている。

　今後ともDHAの食品への利用がますます発展し，広く世の中に役立つことを心より願うものである。

文　　献

1) 太田静行：食用油脂製造技術（ビジネスセンター社）
2) 高橋是太郎：油化学，**40**，931-941(1991)
3) 特許，油脂類の脱臭法，特開平3-263498

4) 特許，魚油の脱臭方法及び魚油含有食品，特開平5-331487
5) 安田聖，松本渉，中井英二，公開特許：昭60-234589
6) 三澤嘉久，近藤寿，矢澤一良，近藤聖：日本化学会第61春季年会予稿集，p. 1245(1991)
7) 山口，田中ら：油化学，**40**, 959(1991)
8) Harman, D. (1968) *J. Gerontol.*, **23**, 476-482
9) DHA高度精製抽出技術研究組合

第4章 複合糖質
4.1 大豆レシチン

菰田 衛[*]

4.1.1 定　義

レシチンという言葉によって表わされる物質は取り扱う分野により異なる。生化学，医学，薬学などの分野における学術用語では特定のリン脂質，すなわち，ホスファチジルコリンだけに使用しているが，商業的，あるいは工業的にはリン脂質混合物の総称として使われている。

4.1.2 組成・構造

大豆レシチンは大豆から物理的操作により分離したもので，ホスファチジルコリン，ホスファチジルエタノールアミンおよびホスファチジルイノシトールなどのリン脂質を主成分とし，これに大豆油，脂肪酸，糖脂質，色素などを含む複雑な混合物である。

表1　大豆レシチンの組成

	含量（%）
大豆油・遊離脂肪酸	33～35
ステロール	2～5
炭水化物	5
ホスファチジルコリン	19～21
ホスファチジルエタノールアミン	8～20
ホスファチジルイノシトール	20～21
その他のリン脂質	5～11
水　分	1

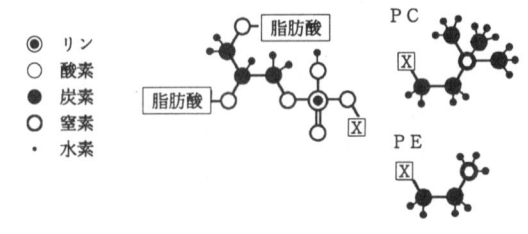

リン脂質	略号	X
ホスファチジルコリン	PC	$-CH_2-CH_2-N(CH_3)_3$
ホスファチジルエタノールアミン	PE	$-CH_2-CH_2-NH_3$
ホスファチジルイノシトール	PI	$-C_6H_6-(OH)_6$
ホスファチジルセリン	PS	$-CH_2-CH-NH_3-COO$
ホスファチジン酸	PA	$-H$

図1　大豆レシチンに含まれる主要リン脂質の構造

---

[*] Mamoru Komoda　㈱杉山産業化学研究所

4.1.3 製　　法
(1) 採　油
　大豆レシチンは，大豆サラダ油や天ぷら油を製造する際の副産物として生産される。

　大豆はすでに生産地で精選してあっても，大豆以外の茎や他の穀類とか雑草の種子などが混入している。製品の品質をよくするためには，大豆そのものについても完熟した正常品と，未熟種子，あるいは損傷を受けたもの，カビや雑菌で汚染されたものとを厳重に選別しなければならない。大豆に付着した土砂や混入した金属片にも配慮が必要である。

　次に，大豆をクラッキングロールと呼ばれる2本の溝付きロールに通して，1/4〜1/6分割に荒砕きし，皮を分離する。破砕された大豆の温度を調整してから，今度は平滑な圧扁ロールに通し，薄いフレーク状としたものを抽出機に入れ，ヘキサンを用いて大豆油を抽出する。

(2) ガム質の水和と分離（脱ガム）
　抽出機から出てくる油と溶剤との混合溶液を「ミセラ」と称し，このミセラを注意深く蒸留して大豆粗油を得る。粗油には，大豆油以外の成分が随伴してくるが，このうちリン脂質が量的に最も多い。

　粗油を加熱し，水を加えて十分攪拌するとリン脂質は水和し，膨潤して油から分離してくる。このものを遠心分離して得られる比重の大きい部分をガム質と称している。

(3) ガム質の乾燥
　ガム質は約50％の水を含み，微生物の汚染を受けやすいので，分離後直ちに水分1％以下に乾燥する。

　バッチ式乾燥は減圧下で加熱攪拌しながら脱水する。水分が蒸発している間はガム質の温度は低く保たれ，乾燥温度を低く調整できるので，レシチンの着色が防止できる利点があるが，作業時間や処理能力は連続式に劣る。現在はほとんど連続式乾燥法が採用されている。

(4) 組成調整
　食品添加物のレシチン規格は，アセトン可溶物40

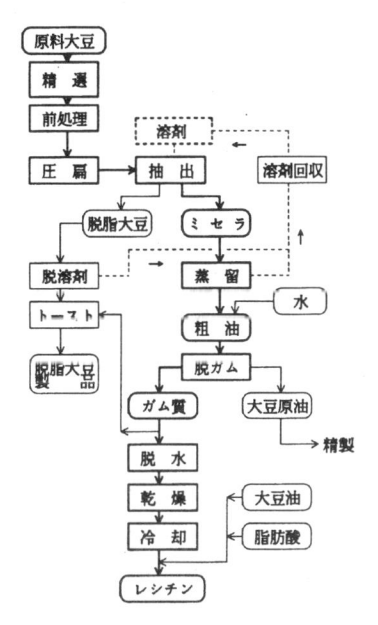

図2　大豆レシチン製造工程

%以下，酸価40以下と規定している。レシチンはアセトンに不溶な区分であるから，レシチン含量60%以上を規定していることになる。

粗製レシチンは，使用する原料により品質と特性にバラツキがあり，一般にリン脂質含量60～70%，酸価20前後である。製品の大豆レシチンは，これらの特性，成分を標準化するため，また，レシチンの流動性を高めるため，大豆油や脂肪酸を添加することがある。

(5) 加工レシチン

粗製のペースト状レシチンをアセトンで洗浄し，リン脂質含量を高めた粉末レシチンや，酵素処理，分画，水素添加など，高機能化されたレシチンが様々な用途に使われている。

表2 大豆レシチンの種類[9]

種類	特徴	用途
ペースト状レシチン	液状，リン脂質60%以上，大豆油40%以下，水分1%前後	食品用乳化剤，工業用，その他
脱脂レシチン（粉末・顆粒状）	リン脂質95%以上に純度を高めたもの	食品，健康食品，飼料
分別レシチン	リン脂質の中のPCおよびPE，PIを分画，濃度を高めてある	医薬用，化粧品用
酸素分解レシチン	リン脂質を酵素分解し，リゾレシチンに変換したもの	食品用，医薬用，化粧品用
水素添加レシチン	リン脂質の全体あるいは一部を水素添加したもの	医薬用，化粧品用

4.1.4 特性・性状

大豆レシチンは食品をはじめ化粧品，医薬品，飼料，工業薬品などに利用される。その場合，利用される特性は，界面活性作用，抗酸化作用および生理作用に大別される。

(1) 乳化作用

大豆レシチンは数種のリン脂質より構成された混合物であるので，リン脂質の組成により乳化特性が異なる。また，リン脂質を構成する脂肪酸は親油性を示すのに対して，コリンやエタノールアミンなどは親水性を有する。したがって大豆レシチンは，親水性と親油性の両方の特性を有する物質であり，食品関連での用途はこれらの特性を利用している。

粗製大豆レシチンのHLBは7～9に相当し，通常O/W型エマルジョンを形成する。このレシチンを精製あるいは分画したり，さらに酵素的，化学的に加工して，界面化学的性状を変えると，乳化，分散性が向上する。

(2) 抗酸化作用

大豆レシチンの酸化防止作用は弱いが，食用油中で酸化促進物質とキレートを生成したり，あるいは他の酸化防止剤との相乗作用に優れた効果を示す。特にトコフェロールとの間に著しい相乗効果を示すことが認められている。リン脂質の種類により，トコフェロールとの相乗作用に差があり，ホスファチジン酸以外のリン脂質はいずれも有用であるが，ホスファチジルエタノールアミンが最も相乗作用が強いようである。

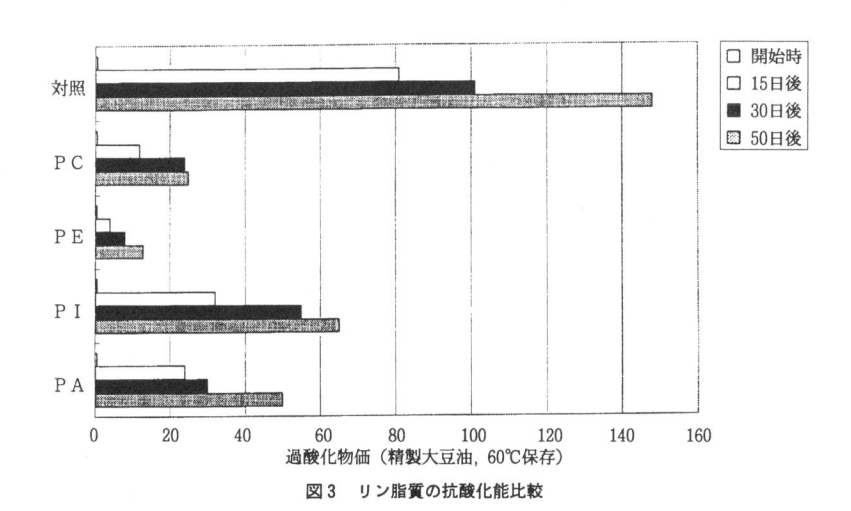

図3 リン脂質の抗酸化能比較

(3) 生理作用 [1～3]

大豆レシチンは，主としてコレステロールを除く硬化や肝機能強化に役立つといわれている。今までに解明され，または話題になったレシチンの機能としては次のようなものがある。

①生体膜の主成分として，脂質2分子膜を形成し，生体膜に結合した酵素の制御に関与している
②油脂や脂溶性ビタミンの消化，吸収を促進する
③コリン，イノシトール，リン，必須脂肪酸の供給源
④コレステロールを代謝し，血中コレステロール量を安定に保つ
⑤血清中の脂質量のコントロール
⑥タンパク質の機能発現に適した環境を作り出す
⑦肝臓，胆嚢の代謝機能に関与
⑧プロスタグランジンおよび関連物質の前駆物質

⑨免疫応答における役割
⑩肺表面活性物質としての機能
⑪神経組織における役割
⑫リポソーム

(4) 色

大豆レシチンが黄～赤橙～褐色を呈するのは主としてカロチノイド系の色素で，分析例では，最高130ppm，平均60ppmである。この色素は有機溶剤に易溶であるから，アセトン処理を施した脱油レシチンやその他の分別レシチンには含まれていない。

ペースト状の粗製大豆レシチンのスペクトルを測定すると，クロロフィルの吸収が認められる。しかし，クロロフィル関連物質の分析例は少ない。

(5) においと味

粗製大豆レシチンは大豆原油特有の刺激臭を持ち，これをアセトンで処理し，粉末あるいは顆粒状にしたレシチンは，ナッツ様の食感と風味があり嗜好性が向上する。

脱油したレシチンに含まれる揮発性物質を分析した結果，大部分は不飽和脂肪酸が自動酸化し，さらに分解して生成した物質であることが確認されている。この中に特記すべき化合物が2種あり[4]，その1つである4,5-ジメチルイソキサゾールはホスファチジルエタノールアミンの酸化分解物と1,3-ジカルボニル化合物との反応により生成する。また，粉末レシチンや顆粒レシチンが古くなって嫌なにおいを感じるようになるのはイソホロンに起因し，粗製レシチンの脱油に使用したアセトンから縮合反応により生成すると考えられている。

4.1.5 安全性

ヒトが摂取するレシチンは，大豆からのものよりもむしろ加工食品から摂取する量が多い。例えば，パンやケーキなどの焼きもの製品，インスタント食品，サラダドレッシング，チョコレートやその他の菓子類，および乳製品などである。

日本人の場合は，成人で1日当たり1～4gのリン脂質を摂取するといわれ，外国人の摂取量に比べて少ないようである[5～6]。いずれにしても，大豆レシチンは一般的な食品に含まれた状態で摂取されているので安全性は特に問題はない。例えば1日35gを数日間続けて摂取しても副作用はみられなかった。しかし，大豆レシチンは不飽和脂肪酸を含むので，多量に摂取した場合は，カロリー源としての影響を配慮する必要があるであろう。

4.1.6 レシチンの用途

レシチンは分子内に持っている親水基と疎水基の両方の性質が基本となって,食品,非食品分野で極めて広い用途がある。すなわち,食品,化粧品分野では主として乳化剤として利用され,また,その生理活性を利用した健康補助食品が市販されている。医薬,薬学分野においては,レシチンの両親媒性を利用して,リポソームとよばれる閉鎖小胞体を人工的に作り,薬剤運搬体,人工血液などとして利用し,工学的分野においては人工細胞への展開が考えらている。

このように,レシチンの用途は多種多様であり,粗製レシチンのまま食品や工業用途に,あるいは分別精製を施し純度を高めた製品が,バイオテクノロジーからエレクトロニクスに至るまで各分野における新素材として,重要な地位を占めるようになった。

表3 大豆レシチンの利用と機能[7]

製 品	機 能	効 果
食 品		
製菓・製パン	グルテンの安定化,油脂の乳化・安定化,酸化防止,湿潤剤	ローフ容量の増大,風味,テクスチャーの改善,油脂の乳化
パスタ類	モノ,ジグリセリドとの乳化相乗効果,酸化防止剤	乳化,風味,テクスチャーの改善
チョコレート	乳化,湿潤剤,剥離作用	粘度調整,融点・結晶性の改善,乾燥防止
マーガリン・ショートニング	乳化の安定化,酸化防止	ハネ防止,乳化改善,きめの改善
キャンディ	乳化,粘度調整,湿潤剤,分散剤	糖分,脂肪の分離防止,水分調整,芳香保持
肉類(スライスベーコン等)	剥離性,酸化防止	冷凍製品の剥離性向上,品質保持
インスタント食品	乳化,分散,酸化防止,栄養補給	テクスチャーの改善,乳化促進,シェルフライフの改善
健康食品	乳化,酸化防止,湿潤剤,栄養補給	分散・乳化性の改善
医薬品	乳化,キャリア,酸化防止 コリン,リノール酸の供給源	乳化,分散性向上,シェルフライフの向上
化粧品	乳化・泡沫の安定化,皮膚の軟化・緩和剤,湿潤作用,酸化防止,コリン・イノシトール・リノール酸・ビタミン類の供給源	乳化性向上,色素類の分散,シェルライフの延長
飼 料	乳化作用,酸化防止,栄養補給	乳化・分散の改善,脂肪吸収改善
工業製品		
皮 革	乳化,軟化剤,油の浸透作用	
殺虫剤	乳化・分散・安定剤	
インク・ペイント	乳化・分散・安定剤,湿潤剤,酸化防止	
ゴム・プラスチック	乳化・分散・剥離剤,酸化防止	
磁気テープ	乳化・分散,酸化防止	
織 物	色素の分散,軟化剤,潤滑剤	

4.1.7 大豆レシチンの市場

大豆レシチンの市場規模は1994年に70億円と推定されている[8]。グレード別の市場規模を表4に示した。

表4 大豆レシチンの市場規模[9]

	需要量 (トン/年)	平均単価 (円/kg)	金額 (万円)	備考
ペースト状	7,500	250	187,500	
脱脂高純度品	1,000	1,500	150,000	リン脂質98%
その他,加工品	300	2,000	60,000	分離,酵素分解,水素添加,その他
計	8,800		397,500	

表5 大豆レシチンの生産と取扱業者[9]

	ペースト状 レシチン 生産量 (トン/年)	高純度 レシチン 生産量 (トン/年)	取扱商社	生産者
味の素	2,500		日本シーベルヘグナー	Lucas Meyer GmbH & Company (ドイツ)
ホーネン コーポレーション	2,200	全体で 1,000		
リノール油脂	800		三井物産,三菱商事他	Central Soya Company, Inc. (アメリカ)
昭和産業	1,800			
日清製油	2,000		光洋商会	Riceland Foods, Inc. (アメリカ)
ツルーレシチン工業	1,800			American Lecithin Company (アメリカ)
日本油脂				
日本精化				
理研ビタミン				
日清製粉				
計	11,100	1,000		

文　　献

1) ツルーレシチン工業研究開発室, フレグランスジャーナル, **43**, 57 (1980)
2) 中村重信, 内科, **42**, 744 (1978)
3) 中村重信, 加茂久樹, *medicica*, **20**, 2132 (1983)
4) Heasook Kim, et al., *J. Am. Oil Chemist's Soc.*, **61**, 1235 (1984)
5) S. Fujita and K. Suzuki, *Proceding of ISF-JOCS World Congress* 1988, vol. II (1989) p. 748
6) J. H. Growdon and R. J. Wurtman, *"Nutrition and the brain"*, vol. 5, Ravin Press. New York (1979), p. 73-81
7) J. P. Cherry and M. S. Gray, *J. Am. Oil Chemist's Soc.*, **58**, 903 (1981)
8) 食品と開発, **30**, 22 (1995)
9) 月刊フードケミカル, 1989 (12), p. 18-26

4.2 酵素改質大豆レシチン

高　行植[*1]，園　良治[*2]

4.2.1 組成・構造式

　大豆レシチンの主要成分の構造式およびホスフォリパーゼ（PL）の作用部位を図1に示す。大豆レシチンの酵素改質に用いるPLとしては，A1，A2，B，C，Dの5種類があるが，PL-B，PL-C処理では界面活性能が失われるため，食品素材としては対象外となる。

　PL-A1またはPL-A2を用いた**酵素分解レシチン（リゾレシチン）**では，もっぱらNovo社のPL-A2であるLecitase 10Lを用いたリゾレシチンが製造され，商品化されているので，こ

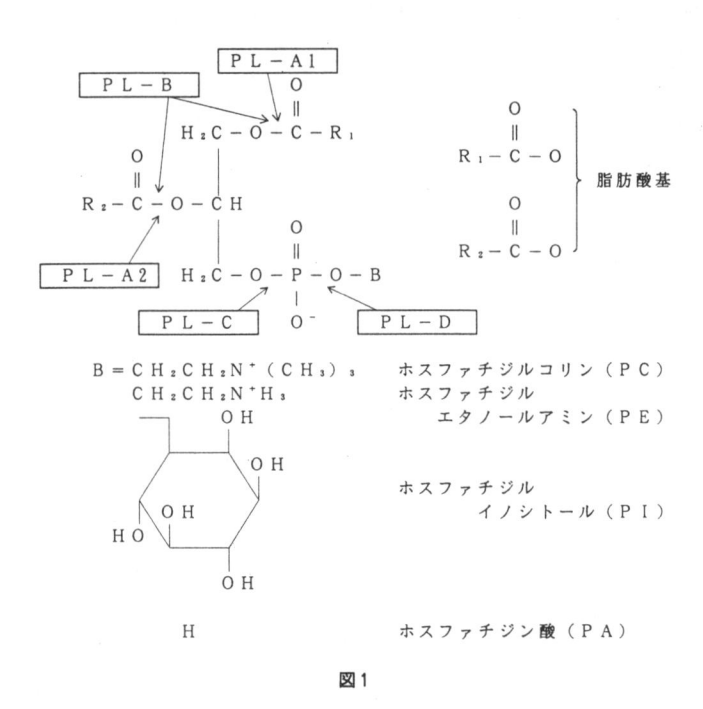

図1

---

*1　Yukio Koh　ツルーレシチン工業㈱　研究開発室
*2　Ryoji Sono　ツルーレシチン工業㈱　研究開発室

のものについて紹介する。一方PL-Dを用いた酵素処理レシチンでは，グリセリンを付加したものが食品添加物の対象となっているが，まだ商品化には至っていないので，その機能について紹介し，また最近グリセリン以外の化合物を付加し，その生理活性機能を追求している研究が数多く報告されているので併せて紹介する。

酵素分解および酵素処理レシチンの構造式を図2に示す。

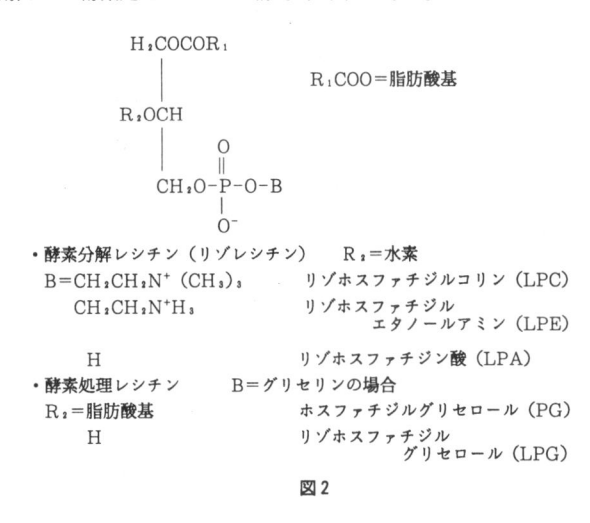

$$
\begin{array}{l}
H_2COCOR_1 \\
| \\
R_2OCH \\
| \\
CH_2O-P(=O)(O^-)-B
\end{array}
$$

$R_1COO=$ 脂肪酸基

- 酵素分解レシチン（リゾレシチン）　$R_2=$水素
  - $B=CH_2CH_2N^+(CH_3)_3$　　リゾホスファチジルコリン（LPC）
  - $CH_2CH_2N^+H_3$　　リゾホスファチジルエタノールアミン（LPE）
  - H　　リゾホスファチジン酸（LPA）
- 酵素処理レシチン　　$B=$グリセリンの場合
  - $R_2=$脂肪酸基　　ホスファチジルグリセロール（PG）
  - H　　リゾホスファチジルグリセロール（LPG）

図2

4.2.2 製　法

リゾレシチンおよびその分別品の製造工程を図3に示す。

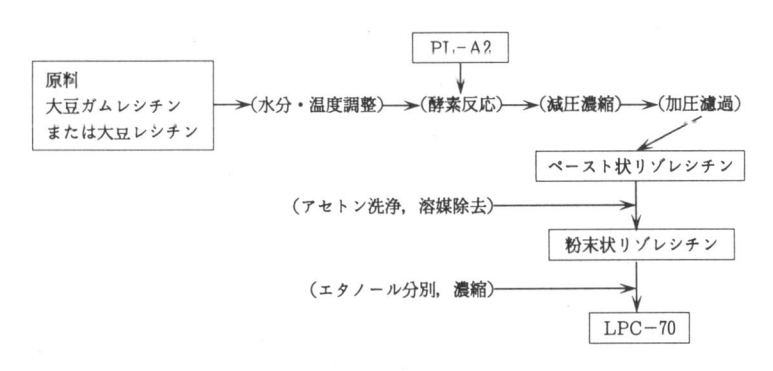

```
原料
大豆ガムレシチン     →(水分・温度調整)→(酵素反応)→(減圧濃縮)→(加圧濾過)
または大豆レシチン                  ↑
                                 PL-A2
                                                           ↓
                                            ペースト状リゾレシチン
                     (アセトン洗浄，溶媒除去)            ↓
                                              粉末状リゾレシチン
                     (エタノール分別，濃縮)              ↓
                                                    LPC-70
```

図3

4.2.3 性状・特性

リゾレシチンは酵素の反応率によって機能が大きく異なるが，通常広く用いられる反応率の高いペースト状リゾレシチンおよび分別品である粉末状リゾレシチン，LPC-70の性状，組成を表1に示す。

Novo社のLecitase 10LではPIは反応せず，アルコール分別したLPC-70ではPIはほとんど含まれない。なお基準油脂分析試験法の薄層クロマト法では，LPE，LPAと他の物質のスポットが重なることからLPCの組成のみ記した。

リゾレシチンは通常の大豆レシチンに比べ乳化作用では，
①O/W乳化性が高く，低温でも乳化力を発揮する。
②酸性下でのエマルション安定性が高い。
③塩類の影響を受けにくく，特にCa，Mgイオンの系に対しても安定なエマルションを形成する。
④高温でのエマルション安定性が高い。
⑤油，水どちらに添加しても，ほぼ同様の乳化力を発揮する，などの特長を持つ[1]。またタンパク質との結合やデンプンとの結合能でも優れた効果を発揮する[1]。一方，他の食品用界面活性剤になく，レシチンのみにその機能性が認められる離型作用についても，リゾレシチンがより大きな効果を発揮する[1]。

酵素処理レシチンであるPGは，O/W乳化力，耐塩性，耐酸性，耐熱性でリゾレシチンより

表1

品目		ペースト状リゾレシチン (高度分解品)	粉末状リゾレシチン	LPC-70
性状		褐色～赤褐色の粘稠な液体で，特有の風味と苦味を有する	黄白色～黄褐色の粘着性の強い粉末で，特有の風味と苦味を有する	褐色～赤褐色の粘着性のある塊で，特有の風味と苦味を有する
リン脂質含量 (アセトン不溶物)		42～46%	92～95%	90～95%
リン脂質組成(注)	PC	2～8%	2～8%	1～5%
	PE	1～7%	1～7%	0～3%
	PI	10～20%	10～20%	0～1%
	PA	0～5%	0～5%	0～3%
	LPC	18～30%	18～30%	65～75%

注) 各リン脂質の組成は，日本油化学会編「基準油脂分析試験法」に従った。

も優れ，現在これらの点で優れているとされているポリグリセリンエステルであるデカグリセリンモノステアレートとほぼ同等と報告されている[1]。特にLPGはHLB値が高く，乳化剤として新たな用途が開発される可能性が高い。

4.2.4 安全性

リゾレシチンは特に動物細胞に広く分布し，膜系において脂質の数%を占める特異な界面活性物質である。リゾレシチン自体は細胞膜を不安定化させることが知られており，この膜作用性は赤血球を用いた溶血性で，種々検討されている。しかし，このようなリゾレシチンが膜系に存在するため，膜機能と関連していることは疑いないが，その詳細はわかっていない[2]。

一方，消化管に入ったレシチンは十二指腸で胆汁と混合され，膵液中のPL-A2により分解され，生成したリゾレシチンは腸上皮細胞に吸収され，脂肪酸と再アシル化された後，キロミクロンなどリポタンパク質の成分として主にリンパ管に回収される[3]。そのため食品中のリゾレシチンも再アシル化されたレシチンとして生体内で作用すると考えられる。レシチンの成長，発育への影響，胎児，新生児に対する影響，催奇性についてはFDAのレポート[4]にまとめられており，安全であるとみなされている。

リゾレシチンは欧米では約20年間使用されており，欧米および国内の流通を通して今まで問題視されていない。日本国内でもラットを用いて，急性，亜急性予備試験および亜急性毒性試験が実施され，安全性が確認されている。

4.2.5 機能・効能・生理活性

リゾレシチンが吸収され再アシル化されてレシチンとして生体内で作用すると，優れた生理作用を示す。大豆レシチンの生理作用については総説[3,5,6]があるので参照されたい。

リゾレシチン，特にLPCはインシュリン，成長ホルモンなどのペプチドやタンパク質[7]，脂質系の物質[8]や薬物[9]の吸収促進剤として作用する。リポソーム形成には不利に働くリゾレシチンを逆に利用し，リポソーム製剤として活用し[10]，リポソームに含まれるプロスタグランジンの安定性を高めるのに役立てている[11]。またLPAなどのリゾレシチンを脳出血性意識障害に利用している[12]。

リゾレシチンをアラキドン酸，EPA，DHAの存在下PL-A2で処理すると，C-2位にこれらの高度不飽和脂肪酸が付加する[13]。再アシル化されたEPA含有レシチンは，EPAの作用として知られる尾動脈収縮期血圧低下や血漿脂質低下の機能が強化され[3]，特にDHA含有レシチンは，C-2位にDHAが導入されることから，細胞膜で特異な構造変化を起こし，外部刺激に対する応答性を増大させるとともに，学習能向上，抗アレルギーの点でも優れた作用を発揮する[14]。

レシチンの生体親和性に優れていることと安定性が高まることを利用して，PL-Dを用いた酵素処理レシチンではグリセリン以外の物質を導入することが数多く報告されている。

ビタミンCやビタミンEの誘導体を導入したものでは酸化防止作用が強化され，コウジ酸やアルブチンを導入したものではチロシナーゼ阻害活性が維持され，皮膚の美白保持に効果を発揮する[15]。

低級アルコールやC3～8のシクロアルコールを付加したものは，老年性痴呆症またはアルツハイマー病の神経退行性疾患の治療や予防，末梢神経疾患での神経機能回復に有用とされている[16]。

医薬品の分野に入るが，プロスタグランジンを導入し，持続性，標的組織志向性を図り[17]，フルオロウリジン[18]，ネラノシンA[19]を付加して抗腫瘍薬として利用する試みもされている。

なおレシチン自体に抗菌性はないが，リゾレシチンでは抗菌性が現れ，PGやLPGではその抗菌性の対象菌数が増し，静菌または抗菌作用が強くなる[1]。

4.2.6 応用例・製品例

先に記したように，リゾレシチンは通常のレシチンに比べ特性が大幅に改善，強化されていることから，通常のレシチンが使用されていた分野はもちろんのこと，通常のレシチンでは不可能であった分野にも応用が可能である。しかし，特有の苦みを持つことから添加量が制限され，現在主に用いられている分野と効果は以下のとおりである。

- パン，菓子類：冷凍生地保存性および機械耐性の向上，老化遅延，容積増大
- マーガリン：エマルションの安定化，伸展性改良
- ドレッシング，たれ類：酸性下，塩類共存下での乳化安定性
- 麺：茹でのびの防止，茹で湯への溶出防止
- 粉乳：冷水分散性の向上
- 離型油：離型作用の向上[20]
- 経腸栄養剤：乳化安定性と脂肪の吸収促進

リゾレシチンについては，国内外の各社が種々のタイプの製品を上市しており，大別すると以下の4種類になる。商品名とメーカー名を付記する。

①液状レシチンを酵素分解したもので，分解率が30～50%と70%以上の2タイプがある。
　SLP-ペーストリゾ（ツルーレシチン工業），エルマイザーA（協和発酵工業），酵素分解レシチンLEW-80（昭和産業），サンレシチンL（太陽化学），ベイシスLG-10K（日清製油），レシマールEL（理研ビタミン），ボレックITD（ユニミルズ）

②液状リゾレシチンを脱脂した純度の高い粉末タイプ。
　SLP-ホワイトリゾ（ツルーレシチン工業），エルマイザーAC（協和発酵工業），サンレシ

チンS（太陽化学），ベイシスLP-20E（日清製油）
③さらに分別処理を行い特定成分を濃縮したタイプ。
SLP-LPC70（ツルーレシチン工業）
④ペースト状および粉末状リゾレシチンの製剤品。
SLP-525W3（ツルーレシチン工業），プロビアン（協和発酵工業），サンレシチンP-1（太陽化学），ベイシスLG-10E（日清製油）
　酵素処理レシチンについては，工業レベルでの生産はされておらず，一部食品素材等を添加した製剤品が試作されている段階である。

4.2.7　メーカー・生産量・価格

　国内メーカー：ツルーレシチン工業，協和発酵工業，日清製油，昭和産業，太陽化学，理研ビタミン
　海外メーカー：ユニミルズ，ルーカスマイヤー，セントラルソーヤ
　生産量：推定1000t/年（製剤品は除く）
　価格：末端900〜40,000円（反応率，特に分別の程度により価格は変動）

文　　献

1) 高　行植，ジャパンフードサイエンス，31 No.12, 50(1992)
2) 井上　圭三，油化学，26 588(1977)
3) 矢澤　一良他，油化学，40 845(1991)
4) J.L. Wood, *et al.*, Effects of consumption of choline and lecithin on neurological and cardiovascular systems(1981)
5) 高　行植，食品と開発，29 No.3, 18(1994)
6) 原　健次，油脂，43 No.11, 70(1990)
7) G. Cevc, *et al.*, *eds.*, Phospholipids : Characterization, Metabolism, and Novel Biological Applications p75〜78 AOCS(1993)
8) 旭電化，JP1175943
9) Alcon Lab Inc，WO9011-079A
10) CIBA GEIGY AG, EP88046

11) 東洋醸造, 特開平 4-338334
12) Natterman A&CIE GMBH, J55115824
13) 細川雅史他, 日本食品工業学会誌, 38 No. 8, 695(1991)
14) 日比野英彦他, 油化学, 43 687(1994)
15) 山根恒夫他, 油化学, 44 875(1995)
16) 相模中央化学研究所, 特開平 6-157338
17) Natterman A&CIE GMBH, DT2629135
18) S. Shuto, et al., *Bioorganic Med. Chem.*, 3 No. 3, 235(1995)
19) S. Shuto, et al., *Nucleosides Nucleotides*, 11 No. 2, 437(1992)
20) 辻製油㈱特許出願中

4.3 卵黄油，卵黄レシチン

井上良計*

4.3.1 はじめに

鶏卵より取り出される油の名称として，卵油，卵黄油，卵黄レシチン等の呼び方があるが，本稿では卵黄を加熱しタンパク質を炭化状態にして発生する黒色の油を卵油と呼び，エタノール等の溶剤を用いて卵黄より抽出した黄褐色の油を卵黄油（リン脂質含量約30%），卵黄油中のリン脂質を溶剤分別等で濃縮したものを卵黄レシチン（リン脂質含量60%以上）と呼ぶこととする。

卵油については本来のレシチン分であるリン脂質をほとんど含まず，栄養成分についても詳細な研究がなされていないので，本稿の対象外とする。

"レシチン"は現在では大豆リン脂質にも適用され，リン脂質と同義語に使われているむきもあるが，本来ギリシャ語の卵黄を意味する lekithos ($\lambda\varepsilon\kappa\iota\theta o\rho$) に由来し，生化学，医学，薬学の分野ではホスファチジルコリン（1,2-ジアシル-sn-グリセロ-3-ホスホコリン）に限定して使用されている。

本稿では各種のリン脂質を含有する油の総称として現状の使われ方と同じ使い方をする。

4.3.2 組成，構造

鶏卵の形状は卵重50～63gの卵で，卵殻部9～11wt%，卵白部60～63wt%，卵黄部28～29wt%である。成分としては水分が約75wt%，タンパク質約12wt%，脂質約11wt%である。卵黄については約50wt%が水分であり残りの固形物の約60%が脂質である。通常の卵黄より得られる脂質－卵黄油の組成を表1に示す[1]。

卵黄油中に含まれる脂肪酸の組成を表2[2]に，リン脂質の成分とその含有比を表3[3]に示す。また，代表的なリン脂質の化学構造を図1に示す。

卵黄レシチンとして含有するリン脂質はほとんどがグリセロリン脂質であり，そのうちホスファチジルコリン（PC）が70～75%，ホスファチジルエタノールアミン（PE）が15%程度である。

表1 卵黄脂質の組成

脂質の種類	鶏卵1個当たりの脂質	
	重　量 (g)	百分率 (%)
真 性 脂 質	3.8	62.3
リ ン 脂 質	2.0	32.8
ス テ ロ ー ル	0.3	4.9
セレブロシド	こん跡	……
合　　　計	6.1	100.0

---

* Yoshikazu Inoue　備前化成㈱　企画開発部

表2 卵黄リン脂質，大豆リン脂質の脂肪酸組成

脂肪酸	卵黄リン脂質			大豆リン脂質			
	PC	PE	SPM	PC	PE	PI	PA
C14-0	0.2%	0.1%	0.3%				
C15-0	0.1	0.2					
C16-0	32.8	18.1	72.9	20.5%	31.6%	47.7%	34.0%
C16-1	1.4	0.7					
C17-0	0.2	0.5	0.5				
C17-1	0.1	0.1					
C18-0	12.1	26.6	13.0	5.5	3.2	8.2	8.1
C18-1	30.2	19.3		10.5	8.7	4.9	11.9
C18-2	15.1	11.0		58.8	53.2	36.2	44.7
C18-3	0.1	0.1		4.6	3.2	2.8	1.3
C20-0		0.1	1.2				
C20-1	0.2	0.3					
C20-2	0.2	0.3					
C20-4	3.7	13.9					
C21-0	0.5	0.7					
C22-0			3.8				
C22-4	1.2	2.8					
C22-5		0.4					
C22-6	0.9	3.9					
C24-0			4.2				
C24-1	0.2	0.8					
未同定	0.8	0.1	4.1				
ΣSAFA	45.9%	46.3%	95.9%	26.0%	34.8%	55.9%	42.1%
ΣMUFA	32.1	21.2	0	10.5	8.7	4.9	11.9
ΣPUFA	21.2	32.4	0	63.4	56.4	39.0	46.0

PC：ホスファチジルコリン，PE：ホスファチジルエタノールアミン，
PI：ホスファチジルイノシトール，PA：ホスファチジン酸
SAFA：飽和脂肪酸，MUFA：モノ不飽和脂肪酸，PUFA：多価不飽和脂肪酸

表3 卵黄リン脂質，大豆リン脂質のリン脂質組成

化合物名	大豆リン脂質組成	卵黄リン脂質組成
ホスファチジルコリン	38.2	73.0
リゾホスファチジルコリン	1.5	5.8
ホスファチジルエタノールアミン	17.3	15.0
リゾホスファチジルエタノールアミン	0.4	2.1
ホスファチジルイノシトール	17.6	0.6
ホスファチジルグリセロール	1.2	—
ホスファチジン酸	8.4	—
ホスファチジルセリン	0.5	—
N-アシルホスファチジルエタノールアミン	2.0	—
スフィンゴミエリン	—	2.5
プラスマローゲン	—	0.9

ホスファチジルコリン
Phosphatidylcholine(PC)

ホスファチジルエタノールアミン
Phosphatidylethanolamine(PE)

スフィンゴミエリン
Sphingomyelin(SPM)

リゾホスファチジルコリン
Lysophosphatidylcholine(LPC)

図1　リン脂質の構造

4.3.3　製　　法

卵黄中の脂質は大半がタンパク質と結合したリポタンパク質の形で存在する。従ってヘキサン等の非極性溶剤では抽出されにくく，加熱または凍結してタンパク質を変性させた後エタノール等の極性溶剤で抽出するのが最も効率が良いといわれている。製造工程を図2[4)]に示す。卵黄を乾燥し粉末かチップ状にした後，エタノールまたは混合溶剤で抽出する。この場合，卵黄の乾燥や溶剤溜去の工程で加熱しすぎると褐変が起こり，色や風味を低下させるので留意が必要である。

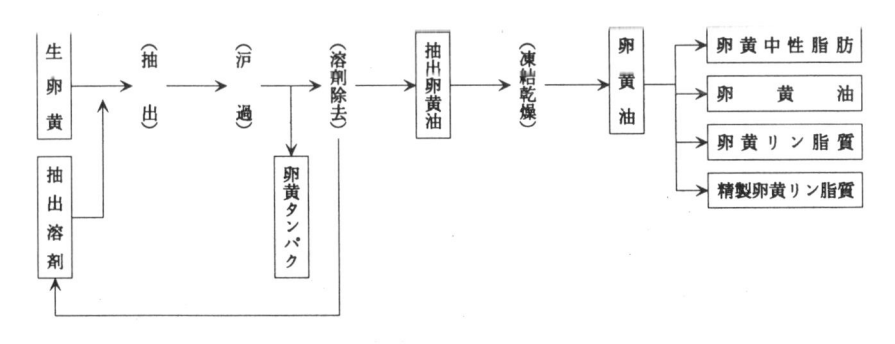

図2　卵黄レシチンの製造工程

4.3.4 性状, 特性
(1) 性　状

卵黄油, 卵黄レシチンの性状を表4に示す。通常卵と同様に, 最近ではドコサヘキサエン酸(DHA)を飼料として与え, DHAがリン脂質中に直接結合した形で取り込まれたDHA卵黄油も販売されておりこれも表4にあわせて記載する。

表4　各種卵黄油の特性

性　状	DHA卵黄油	卵黄油	卵黄レシチン
性　状	黄褐色粘稠液 特有の芳香と味を呈する	橙黄色粘稠液 特有の芳香と味を呈する	橙黄色粘着性塊状 特有の芳香と緩和な味を呈する
酸　価	10以下	10以下	20以下
過酸化物価	3以下	5以下	1以下
リン脂質%	30±5%	30%以上	60%以上
一般生菌数	3000/g以下	1000/g以下	100/g以下
水　分	1%以下	1%以下	5%以下
DHA含量	ac5%	—	—

(2) 特　性

通常卵, DHA卵黄油共通の特性として下記のものがあげられる。
①ホスファチジルコリンを高濃度に含んでおり乳化性能がすぐれている。
②抗酸化性を有する。ビタミンEとの併用による相乗効果がある。
③大豆レシチンに比べて, 食用油への溶解性にすぐれている。
DHA卵黄油については下記の点があげられる。
④DHA特有の魚臭がほとんどない。
⑤過酸化物の上昇が抑制される。

4.3.5 安全性

特にデータはない。生理作用の評価の中で, ラット1匹当たり1日400mgを4週間与え生理機能を評価しており, DHA卵黄油, 通常の卵黄油ともに安全性には何ら問題ないとみなされる。

4.3.6 機能性および生理作用
(1) 機能性

卵黄レシチンを食品に利用する場合, 栄養成分として以外に界面活性能を利用することが多い。この利用法の大半は卵黄自体を使用し, 乳化作用, はく離作用, 抗酸化作用を利用している。

卵黄レシチンの界面活性作用については成書[4]の中で詳細に述べられているので参照願いたい。乳化力について金属イオン, PHの影響に関する研究が多い。浸透作用についての研究もあるが, 化粧品用途であるのでここでは除外する。

酸化防止力については大豆レシチンより精製された PE, PC の添加効果の研究が多くみられる。DHA の卵黄油の酸化については通常の DHA 油と異なり過酸化物価（PV）の上昇はほとんど認められない。図 3 [3]，4 に DHA 油との比較データを示す。

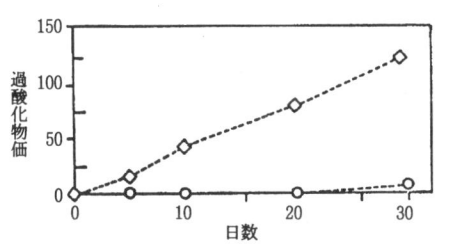

図3　酸化安定性試験：25℃

○：DHA 卵黄油
◇：DHA 油（酸化防止剤無添加）

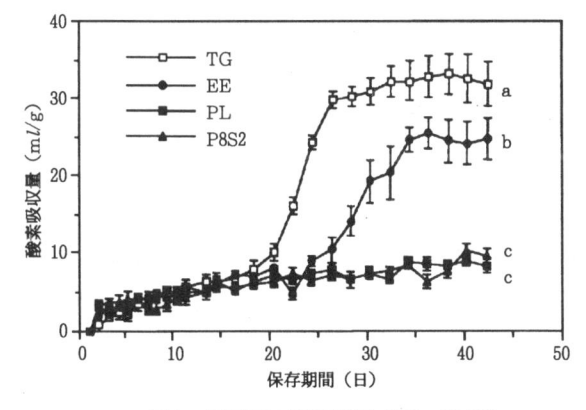

図4　各種脂質の酸素吸収量（25℃，42日間）

TG: DHA 油，EE: DHA エチルエステル，PL: DHA 卵黄油，P8S2: パーム油 8，サフラワー 2 の配合油
TG, EE, PL は DHA 約10%で他の脂肪酸組成も同じになるように配合したものである。

(2) 生理活性

リン脂質の生理作用についての研究はかなり進んでおり成書[5]にも詳しい。大豆リン脂質も卵黄リン脂質も組成的な差異はあるが，各単体の成分については差がないので同様の生理活性は期待できる。表 5 に生理作用の一覧表を示す。

卵黄レシチンについて生理活性の研究は少ないが，①血清コレステロールの濃

表5　リン脂質生理作用一覧表

① 生体2分子膜を構成し酵素の制御に関与
② 油脂や脂溶性ビタミンの消化，吸収を促進
③ 血中コレステロール量の安定化
④ 血清中の脂質量の制御
⑤ 肝臓脂質代謝障害の改善
⑥ 動脈硬化症の改善
⑦ 肺機能改善
⑧ 神経機能の改善
⑨ プロスタグランジンおよび関連物質の前駆体
⑩ 免疫応答における役割
⑪ コリン，イノシトール，リン，必須脂肪酸の供給源

度低下作用[6],②血圧降下作用[6] 等が報告されている。

DHA 卵黄油および高度不飽和脂肪酸結合のリン脂質の生理活性について下記の報告がある。
①肝機能障害の低減効果[7] (GOT, GPT 抑制)
②脂肪肝の改善作用[8]
③コレステロールの低下[9]
④赤血球の流動性向上（血圧低下）[10]

4.3.7 応用例

レシチンとして利用されている大半の場合が，大豆レシチンであり，卵黄レシチンについては大部分が食品の乳化剤として卵黄で使われるため，食品としての応用例は限定されている。
①医薬用としてはリポソーム，輸液用乳化剤に用いられている。
②化粧品用としては毛髪用，シミ取り，油性ファンデーションなどに用いられている。
③食品用としては大豆リン脂質に比べ高級なものへ利用され，下記用途へ利用が進んでいる。
・経口，経管栄養食，加工乳，マーガリン，ファットスプレッド，アイスクリーム，カスタードプリン，食パンなど
④機能性食品としては一般的にソフトカプセルに卵黄油を入れた健康食品が卵油の市場に参入している。DHA 卵黄油も DHA とレシチンの生理機能を併せ持ち，独自の生理作用も認められる中でソフトカプセルとして販売が広がっている。

4.3.8 市　　場

メーカーとして市場に供給しているのは，備前化成，キユーピー，旭化成であるが，旭化成は医薬を対象とするため抽出溶剤が異なり，食品用には利用できない。ほかにメーカーがあるようであるが，十分な情報が得られていない。このため生産量は明確でないが，食品用として用いられるものは 50～70t/年と推定される。

価格は量により異なるようであるが，卵黄油で 8,000～10,000 円/kg，DHA 卵黄油で 15,000円/kg，卵黄レシチンで 25,000～30,000 円/kg である。

文　　献

1)　浅野，石原，卵－その化学と加工技術－，光琳，p.81(1985)

2) 重松，リン脂質の生産と新機能開発（第14回FCセミナー資料）食品化学新聞社(1992)
3) 井上，月刊フードケミカル，1994-1, 69
4) 文献1), p.334
5) 原，生理活性脂質の生化学と応用，幸書房，p.85(1993)
6) 吉積ほか，新食品開発用素材便覧，光琳，p.509(1991)
7) 伊藤ほか，平成7年度日本水産学会秋季大会講演要旨集，p.148, 1030(1995)
8) 井上，食品と開発，31(1) 51(1996)
9) 伊藤ほか，平成7年度日本水産学会春季大会講演要旨集，p.273, 862(1995)
10) 野島ほか，脂質生化学研究，36, 133(1994)

第5章 フェノール類
5.1 茶ポリフェノール

瀬戸龍太[*1], 南条文雄[*2], 原征彦[*3]

5.1.1 はじめに

茶はアジアを中心にアフリカ, 南アメリカ, オセアニア, トルコ地方等広範囲に栽培され, その飲用の歴史は中国において紀元前に遡るとされる。今ではコーヒー・ココアと並び世界的に愛飲される3大嗜好飲料の1つとなっており, その利用形態は不発酵茶(緑茶), 発酵茶(紅茶), 半発酵茶(ウーロン茶), 後発酵茶(黒茶)に大別できる。茶ポリフェノールはこのように食経験豊富な茶 (Camellia sinensis (L.) O. KZE.) の葉より水, エタノールまたは有機溶媒で抽出, 精製して得られる天然物であり, 抗酸化作用, 抗菌作用, 消臭作用, 抗う蝕作用のほか, 近年様々な生理作用を示すことが明らかにされつつある。

5.1.2 化学構造

緑茶に含まれる主なポリフェノールを図1に示すが, これらは茶カテキンとも呼ばれその結晶は針状で白色〜淡黄色を示す。緑茶の場合, 没食子酸基が結合したエステル型カテキンである

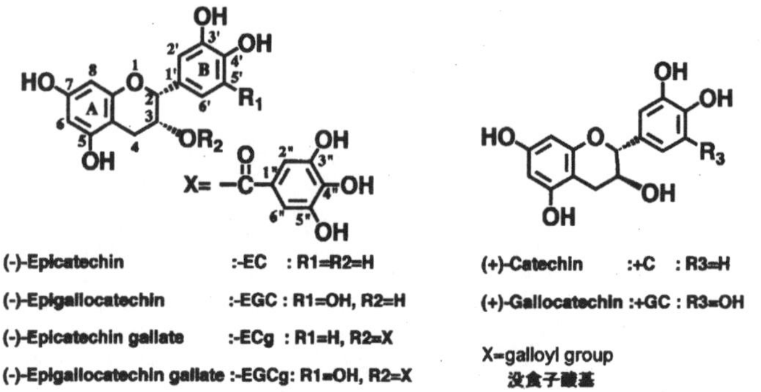

(-)-Epicatechin :-EC : R1=R2=H
(-)-Epigallocatechin :-EGC : R1=OH, R2=H
(-)-Epicatechin gallate :-ECg : R1=H, R2=X
(-)-Epigallocatechin gallate :-EGCg : R1=OH, R2=X

(+)-Catechin :+C : R3=H
(+)-Gallocatechin :+GC : R3=OH

X=galloyl group
没食子酸基

図1 茶カテキン類

[*1] Ryota Seto 三井農林㈱ 食品総合研究所
[*2] Fumio Nanjo 三井農林㈱ 食品総合研究所
[*3] Yukihiko Hara 三井農林㈱ 食品総合研究所

(−)-エピガロカテキンガレート(−EGCg)が最も多く含まれる。紅茶やウーロン茶のような発酵を伴う茶の場合，発酵の過程で茶葉に含まれるポリフェノールオキシダーゼの働きによりカテキン同士が酸化的に重合[1〜3]した化合物が生じ複雑な化合物群を形成する。紅茶の場合特にカテキンが2分子重合したテアフラビンという紅茶独特の真紅色を示す化合物(図2)が生成し，この量と紅茶の品質に正の相関がみられるという。また，茶ポリフェノールはタンニンとも呼ばれそのほとんどが苦渋味を呈するが重合するに従い，溶解性をはじめ，その化学的性質を異にするために性能や応用適性も若干異なるものとなる。以下，「茶ポリフェノール」の用語を多用するが物質的には「茶カテキン」を主とするものと御理解願いたい。

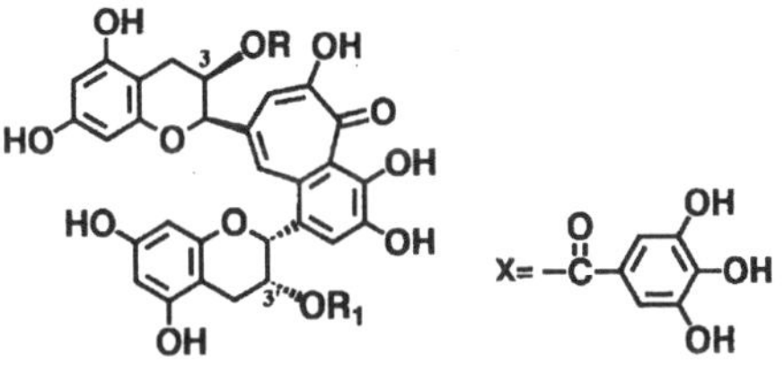

	(R,R1)	(precursor)
Theaflavin	:TF1 : HH	: -EC, -EGC
Theaflavin-3-O-gallate	:TF2A : XH	: -ECg, -EGC
Theaflavin-3'-O-gallate	:TF2B : HX	: -EC, -EGCg
Theaflavin-3,3'-di-O-gallate	:TF3 : XX	: -ECg, -EGCg

図2　テアフラビン類の構造

5.1.3　組　成

100％天然素材である茶ポリフェノール製剤粉末は，茶葉からの抽出方法の違いにより大きく2種類の製品(ポリフェノール含量30％，同60％)に分けられるが表1にその組成例を示した。茶葉の抽出物であるためポリフェノール以外の成分としては多糖類，カフェイン，脂質，灰分等を含む。

表1　茶ポリフェノールの組成例(W/W％)

項　　目	ポリフェノン30	ポリフェノン60
ポリフェノール量	42.7	79.3
水　　　　分	4.0	2.1
タ ン パ ク 質	7.0	0
脂　　　　質	0.3	1.3
糖　　　　質	10.0	7.9
繊　　　　維	0	0
灰　　　　分	8.6	0.2
カ フ ェ イ ン	5.5	9.2

(財)日本缶詰検査協会測定による

5.1.4　製法，特性

茶ポリフェノールの製法は，一般的に図3に示した方法がとられるが，ポリフェノール成分を高濃度に含む製品の場合は，各種有機溶媒処理や吸着樹脂等を使用する[4]のが普通である。製品の粉体色は淡緑黄色〜黄褐色を示し，水やアルコール，グリセリンへの分散性に優れる一方で，油脂へのなじみが悪いため製品が油性剤である場合は適当な乳化剤で安定化する工程が必要となる。また，水に溶解したときのpHは5〜6を示し，酸性域で安定であるのに比して，中性〜ア

ルカリ性域では不安定で徐々に分解または酸化重合する。アルコール水溶液中では水よりも安定性に優れている。温度に対しては，一般的に食品の調理に用いられる100℃前後の加熱ではポリフェノール量に大きな変化はみられないが，加熱に伴い徐々に褐色に変化するため長時間の加熱は避けたほうがよい。食塩については安定性に与える影響はない[5]と考えられる。

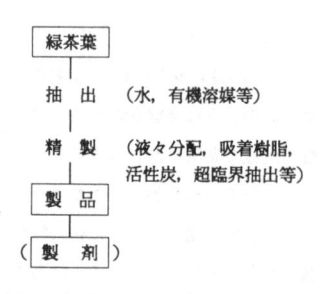

図3 茶ポリフェノールの一般的な製法

5.1.5 定量方法

茶ポリフェノールの定量法として公定法とされるものは，2価の鉄イオンとの反応を利用した酒石酸鉄法[6]である。これは簡便であるが緑茶ポリフェノールにのみ適用できる方法であり，後述するカテキンの定量法よりも1〜2割高い数値となることが常である。図4に高速液体クロマ

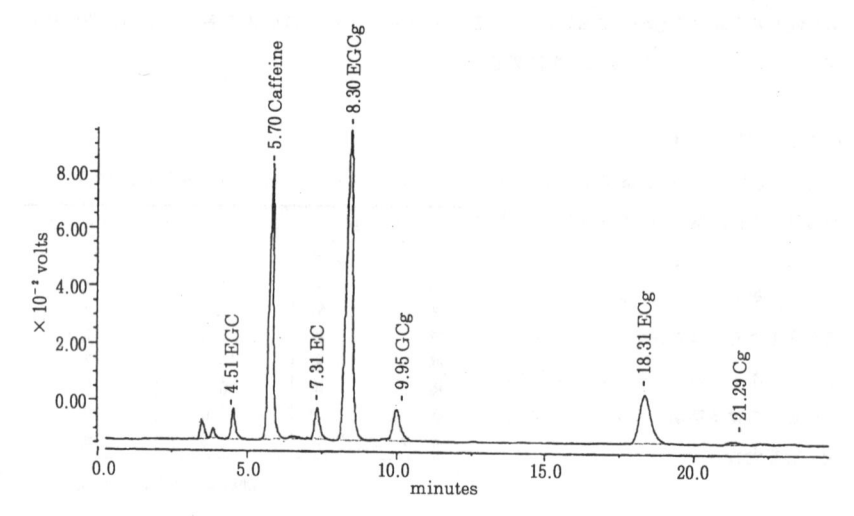

高速液体クロマトグラフィー分析条件
　カラム：SHISEIDO CAPCELLPAK AG-120 ODS S-5 4.6φ×250mm
　溶離液：アセトニトリル：酢酸エチル：0.05%リン酸水
　　　　　＝12：0.6：90 (V/V)
　流　速：1 ml/min
　検　出：UV280nm
　温　度：40℃
　検定法
　　市販されているカテキン純品試薬による絶対検量線法により定量する。
　　（発売元：栗田工業㈱　Tel 03(3347)3291）

図4 高速液体クロマトグラフによるポリフェノン60中のカテキン類の測定

トグラフによるカテキンの分析例を示す。これは市販されているカテキン類の標準試薬を標品として，検体中のカテキン量を絶対的に表わす方法であり，-EGCg 等の特定のカテキン含量を明らかにするときには必須の方法となる。

5.1.6 製品例，安全性

表2に製品例を，表3に販売元を示す。用途に応じて粉体，水性剤，油性剤の3種類がある。なお，これらを酸化防止剤として使用する場合は「酸化防止剤（茶抽出物）」の表示が必要である。

表2 茶ポリフェノールの製品例

製品名	茶ポリフェノール含有量等（%）	用途，製品特徴等	参考価格（円/kg）
ポリフェノン60S	>60	カフェインレス，健康食品用素材，腸内フローラの改善	60,000
〃 60	>60	消臭，抗菌，抗酸化，腸内フローラの改善，抗ウイルス等	50,000
〃 30	>30	消臭，抗菌，抗酸化，抗う蝕等	20,000
〃 G	>30	消臭，抗菌等，動物飼料への添加	10,000
〃 RB	>20	消臭，抗う蝕等，抗ウイルス，動物飼料への添加，紅茶抽出物	10,000
サンカテキン水性	>10	一般食品酸化防止，水産加工品酸化・褐色防止，鮮度保持	6,000
〃 水性F	>2	水産加工品酸化・褐色防止，鮮度保持	2,500
〃 油性E	>5	油脂および油脂含有食品の酸化防止，消臭	7,000
サンフードCD	茶抽出物として10	一般食品，菓子，水産加工品	10,000
〃 水性	〃 10	一般食品，水産加工品（塩鮭等）	6,600
〃 水性S_2	〃 10	水産加工品（塩鯖等）	4,500
〃 水性M	〃 4	水産加工品（各種開き干し）	2,200
〃 末30%	〃 30	一般食品，粉体食品，菓子，スナック類	17,600
〃 油性	〃 10	各種油脂類，フライヤー油，スナック類，油性食品	8,700
〃 水産用	〃 5	水産加工品（各種開き干し）	3,100
サンフェノン100S	>60	抗う蝕，消臭，抗酸化，腸内フローラの改善	50,000
サンカトールNo.1	茶抽出物として10	油性食品の酸化防止	8,000
〃 W5	〃 5	鮭，赤魚，カロチノイド系色素の褐色防止	3,500
〃 W6	〃 1	鮭，赤魚，カロチノイド系色素の褐色防止	3,500
〃 P7	〃 1	鮭フレーク，新巻鮭，赤魚の褐色防止	4,500
サンフラボンP	―	消臭，口臭除去	―
サンウーロン	烏龍茶抽出物として50	抗う蝕	25,000

ポリフェノン・サンカテキンは三井農林㈱より，サンフードは三共㈱より，サンフェノン・サンカトール・サンフラボンは太陽化学より，サンウーロンはサントリー㈱よりそれぞれ発売されている。

安全性については，微生物を用いた復帰試験で「ポリフェノン」の変異原性は認められなかった。また，マウスによる急性毒性試験の結果は次に示すとおりであった。

　　ポリフェノン60　経口投与　LD_{50}　2.9g/kg
　　ポリフェノン30　経口投与　LD_{50}　4.6g/kg

表3　茶ポリフェノール販売元

三井農林㈱	TEL	03-3241-3114
	FAX	03-5255-6382
三　共㈱	TEL	03-3563-2158
	FAX	03-3564-4117
太陽化学㈱	TEL	0593-52-2555
	FAX	0593-52-9312
サントリー㈱	TEL	03-5276-5073
	FAX	03-5276-5074

5.1.7　抗酸化作用

茶ポリフェノールの抗酸化作用についてはLea[7]，梶本[8]，山口[9]，Tanizawa[10]らによる報告があるが，筆者らがこれらの知見に基づき脂質に対する効果を検証した結果[11]を図5に示す。4種類のカテキン類を80％以上含む粗カテキンを用いラードに対する抗酸化効果を調べたところ，粗カテキン10ppmの抗酸化効果がビタミンE 200ppmに匹敵し，粗カテキン20ppmがBHA 50ppmのそれに相当した。また，純粋なカテキン間での効力の差を比較したところその強さは，-EGCg＞-EGC＞-ECg＞-ECという順番となった。この結果よりカテキン骨格におけるB環の構造や没食子酸基の有無が抗酸化作用に影響していることが示唆された。また，ビタミンE，ビタミンCやクエン酸等の有機酸との相乗効果を示すことも確認されている。応用例として「サンカテキン油性E」を使った，DHA（ドコサヘキサエン酸）に対する抗酸化効果を図6に示

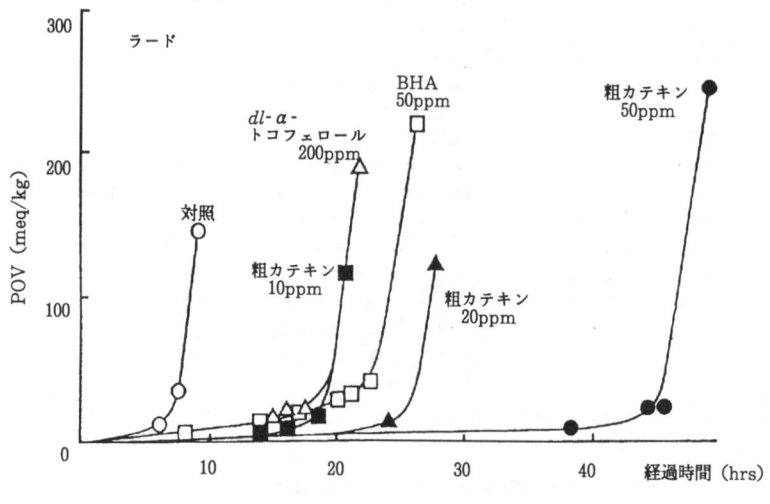

図5　茶カテキン類のラードに対する抗酸化効果

す。ビタミンEはDHAに対して抗酸化効果をほとんど示さないが,「サンカテキン油性E」はこのような不飽和脂肪酸の抗酸化に著効を示すため利用が進んでいる。

一方近年関心を集めているラジカル消去能について,エタノール水溶液中DPPHラジカルを指標にESR(電子スピン共鳴)法で調べたところ,各カテキンのラジカル消去能は前述の抗酸化効果の順序に一致することがわかっ

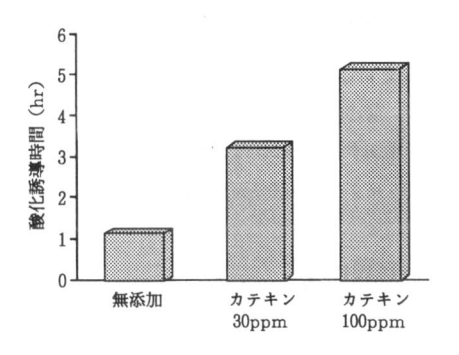

図6 DHA含有魚油に対するカテキンの酸化防止効果(ランシマット法 90℃)

た。さらに本試験系においてpHとの関係を検証したところ,pH5以上で消去能が著しく高まることが認められた[12]。加齢とラジカルとの関係が取りざたされる昨今,いわゆる健康食品への応用も期待できよう。

5.1.8 色素褪色防止効果

β-カロチンやパプリカ色素は安全性が高い反面,安定性に欠けしばしば褪色を起こすが,茶ポリフェノールはこれら天然色素の褪色防止効果を有する。図7はβ-カロチンに対してカーボンアーク耐光試験機による紫外線照射を行い,茶カテキンの褪色防止効果をpH3.5で調べた結

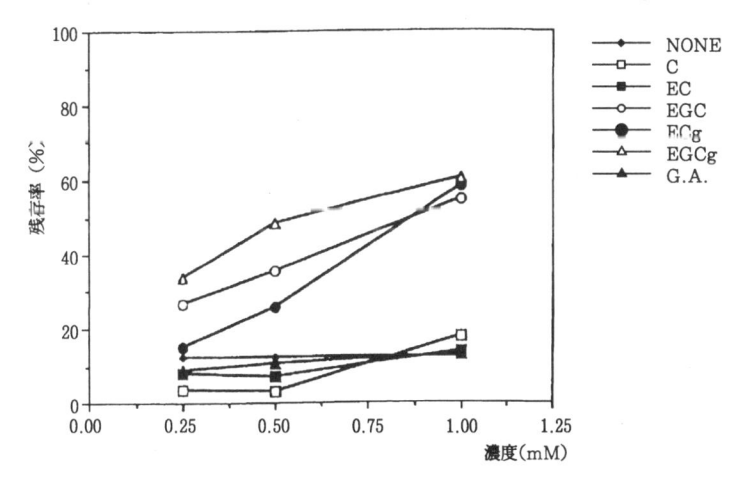

図7 β-カロチンに対する茶カテキン類の褪色防止効果

果[13]である. 効果の認められた-EGCg, -EGC, -ECg に比べ, 本条件下では効果の低かった-EC, +C も pH を 7 とすることで-EGCg と同様の褪色防止効果を示すことが別の実験から明らかとなり, 前述のラジカル消去能との関係が示唆された. ほかの天然色素に対しても「ポリフェノン」を添加することによりクチナシ色素, ベニバナ色素, コチニール色素, 紅麹色素, クロロフィル, リボフラビン等の天然色素に対する効果が認められた[14].

5.1.9 抗菌作用

茶カテキン類は, 黄色ブドウ球菌, ウェルシュ菌, セレウス菌, 腸炎ビブリオ, アエロモナス菌等の代表的食中毒菌に対して抗菌作用を示す[15,16]がその一例を表4に示す. また, 応用例として「ポリフェノン30」の耐熱菌に対する抗菌性データを表5に, 麦茶中での耐熱菌に対する抗菌性データを図8に示す. このように茶ポリフェノールは麦茶のような, 中性飲料の細菌汚染防止にも有効であることがわかった.

表4 茶カテキン類の食中毒細菌に対する最小発育阻止濃度

食 中 毒 細 菌	最小発育阻止濃度 (ppm)			
	EC	ECg	EGC	EGCg
ブドウ球菌 (*Staphylococcus aureus* IAM 1011)	>800	800	150	250
Vibrio fluvialis JCM 3752	800	300	300	200
腸炎ビブリオ (*V. parahaemolyticus* IFO 12711)	800	500	300	200
V. metschnikovii IAM 1039	>1000	>1000	500	1000
ウエルシュ菌 (*Clostridium perfringens* JCM 3816)	>1000	400	1000	300
セレウス菌 (*Bacillus cereus* JCM 2152)	>1000	600	>1000	600
プレシオモナス菌 (*Plesiomonas shigelloides* IID No.3)	700	100	200	100
アエロモナス菌 (*Aeromonas sobria* JCM 2139)	>1000	700	400	300
ボツリヌス菌 (*Clostridium botulinum* A,B mix.)	>1000	<100	300	<100

EC: (-) エピカテキン, ECg: (-) エピカテキンガレート, EGC: (-) エピガロカテキン, EGCg: (-) エピガロカテキンガレート

表5 ポリフェノン30の耐熱菌に対する抗菌性

	効果濃度	加熱併用（90℃30sec.）
Bacillus cereus	200ppm	—
B. coagulans	100	—
B. subtilis	800	300ppm
B. licheniformis	600	300
B. megaterium	800	400
B. circulans	400	200
B. polymyxa	500	30
B. stearothermophilus	100	—
Clostridium tertium	100	—
C. sporoggenes	300	—
C. perfringens	100	—
C. acetobutylicum	200	—
C. botulinum	100	—
Sporolactobacillus inulinus	100	—

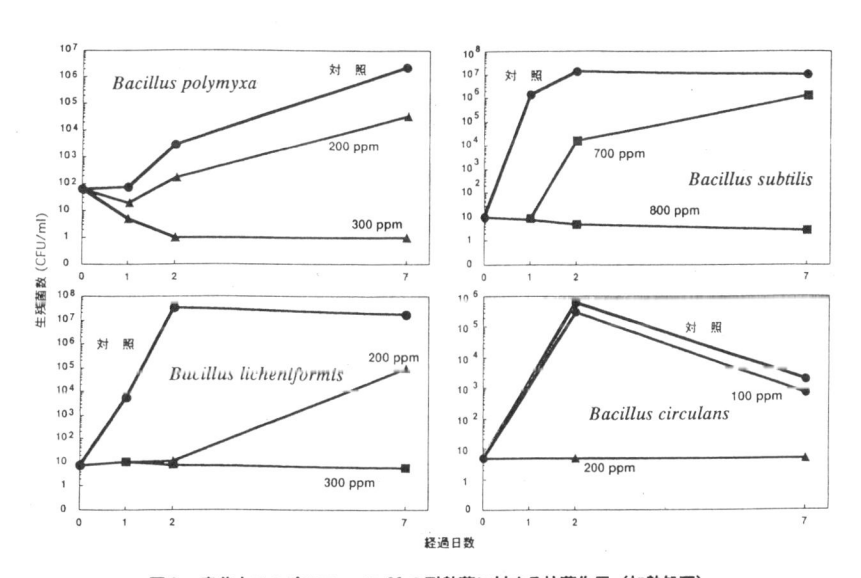

図8 麦茶中でのポリフェノン30の耐熱菌に対する抗菌作用（加熱処理）

5.1.10 抗う蝕作用

茶ポリフェノールのもつ抗う蝕効果は知られるところであるが、その機構は虫歯菌に対する抗菌作用と歯垢形成酵素（グルコシルトランスフェラーゼ）阻害作用にあると考えられる。虫歯菌（S. mutans）に対する各種茶飲料の抗菌活性[17]を図9に、茶ポリフェノール類の歯垢形成酵素阻害活性[18]を表6に示した。この結果から不発酵茶は抗菌的に働き、発酵茶は酵素阻害的に作用しているのではないかと推察される。菓子分野での茶ポリフェノールの利用は早く、キャンディ、ガム、チョコレート等に利用され、最近では茶ポリフェノールの口臭除去効果も注目されるようになり幅広く応用されている。

表6 虫歯菌（S. mutans）の産生する歯垢形成酵素（グルコシルトランスフェラーゼ）に対する茶ポリフェノール類（10mM）の阻害活性

茶ポリフェノール類	阻害率（％）
(-)-エピカテキン	42.3
(-)-エピガロカテキン	24.7
(-)-エピカテキンガレート	83.0
(-)-エピガロカテキンガレート	75.0
テアフラビン	98.3
テアフラビンモノガレートA	97.3
テアフラビンモノガレートB	97.8
テアフラビンジガレート	98.2

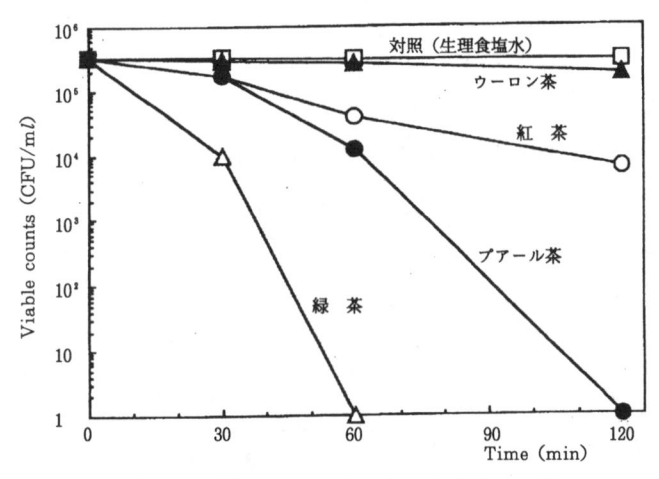

図9 虫歯菌（S. mutans）に対する各種茶飲料の影響

5.1.11 抗ウイルス作用

古くよりタバコ耕作者の間では、茶浸出液がタバコモザイクウイルス（TMV）の防除に効果のあることが知られていたが、この活性成分が茶ポリフェノールであり、キュウリモザイクウイルス（CMV）へも同様に効果的であることが明らかとなった[19~21]。また、ヘルペスウイルス、コクサッキーウイルス、ポリオウイルス、ロタウイルス等に対しても増殖阻害を示し[22,23]、イン

フルエンザウイルスの不活性化[24]においてはすでに実用化され,「ポリフェノン60」で処理した特殊フィルターを使った空気清浄器やマスクが市販されるに至っている。発酵茶においても同様の活性が認められるが,紅茶ポリフェノールであるテアフラビン-3が水虫の原因となる白癬菌（カビの仲間）に対し抗菌活性を有する[25]という事実は真菌類に効果が認められた例として茶ポリフェノールの新たな利用分野を予感させるものである。

5.1.12 消臭作用

茶の消臭作用は古くから馴染みの深い事実であるが,茶ポリフェノールとしても近年利用の進んでいる分野である。消臭のメカニズムは複合的と考えられている[26]が,メチルメルカプタンと-EGCgとの反応生成物についての報告もありカテキン類の消臭機構が次第に明らかになってきている。Yasudaらはメチルメルカプタン（MM）に対する各カテキンの消臭効果は-EGCg＞-EGC＞-ECg＞-ECの順であったことを報告[27]している。一例として「ポリフェノンG,ポリフェノン60」のMMに対する消臭効果を図10に示す。また,ニンニク臭として知られるアリルサルファイドや魚臭の原因であるトリメチルアミンそしてアンモニア等に対しても高い消臭効果を示すことが確認されている。一方発酵茶にも優れた消臭効果があり,紅茶抽出物「ポリフェノンRB」はハンバーグの畜肉臭に対し優れた消臭効果を示した（図11）。また,間接的な消臭の例として茶ポリフェノールの摂取による腸内フローラの改善と糞臭の低減効果[28]を図12に示す。これは「ポリフェノンG」をブタに混餌投与してその糞臭の推移を追ったものであるが,

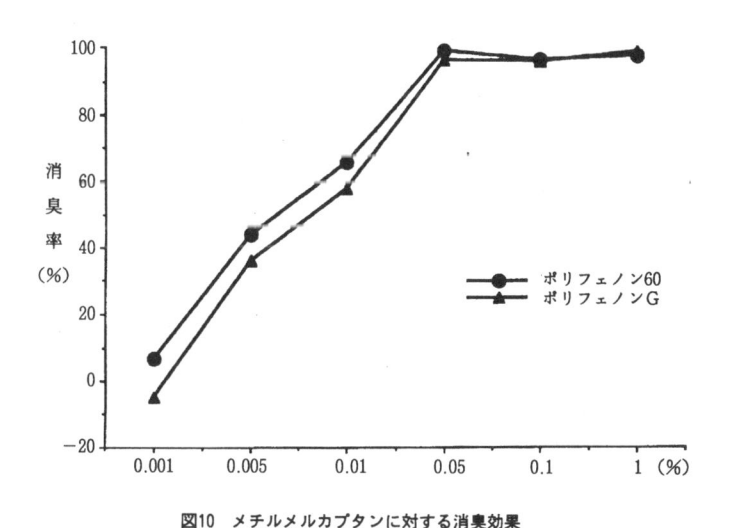

図10 メチルメルカプタンに対する消臭効果

図11 ハンバーグに対する消臭効果

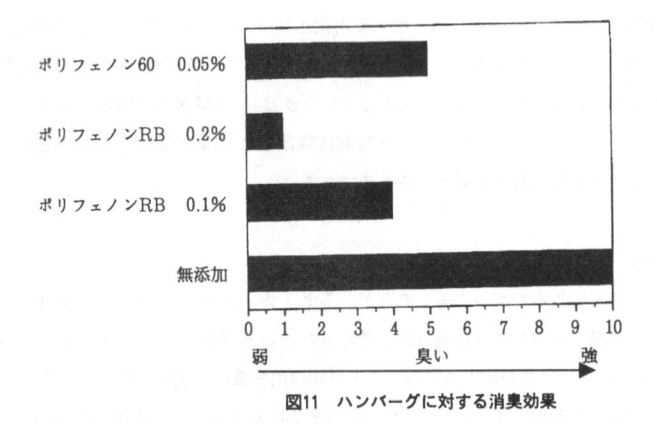

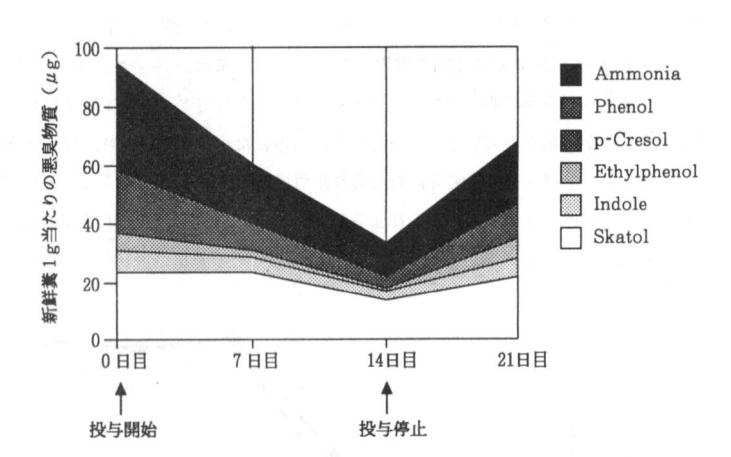

図12 ブタ糞中の悪臭物質に及ぼす茶カテキンの影響

　悪臭の原因物質の量が投与開始直後より低下を始め，投与停止とともに再び増加に転じた様子がわかる。また，腸内フローラを調べたところ「ポリフェノンG」は，いわゆる善玉菌には影響を与えず，悪玉菌の生育を抑制するところからこの効果は静菌的な働きと考えられている。さらに，ヒトでの同様な試験において排便の規則性が向上したという結果[29]から，おなかのリズムを整える働きがあるといえよう（図13）。最近この機能を生かして流行のエチケット商品やペットフードへの応用がなされており，将来的には病院看護への実用化の動きもある。

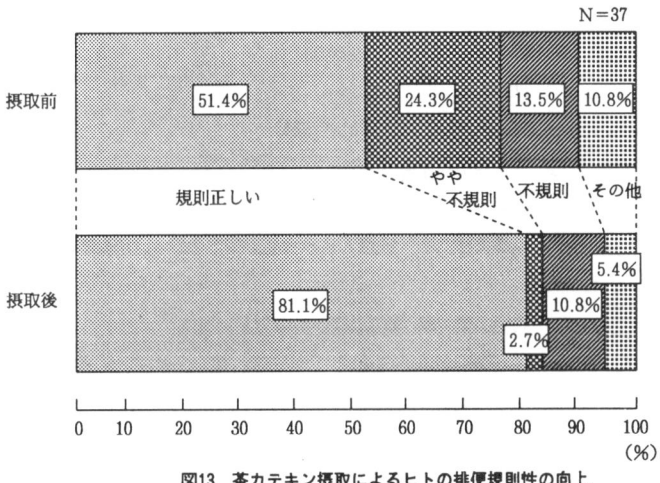

図13 茶カテキン摂取によるヒトの排便規則性の向上
（茶カテキン 500 mg/day 3 カ月摂取）

5.1.13 おわりに

　茶ポリフェノールの機能性については語り尽くせぬほどであるが，上述以外のこれまでに確証を得た生理作用を列挙する。抗腫瘍作用，抗突然変異作用，酵素阻害作用，血中コレステロール濃度上昇抑制作用，血糖上昇抑制作用，体脂肪抑制作用，血圧上昇抑制作用，貝類駆除作用。これらについては成書ならびに文献を参照されたい。

文　　　献

1) Hashimoto, F., Nonaka, G., Nishioka, I. (1988). *Chem. Pharm. Bull.*, **36**(5): 1676
2) Hashimoto, F., Nonaka, G., Nishioka, I. (1986). *ibid.*, **34**(1): 61
3) Hashimoto, F., Nonaka, G., Nishioka, I. (1989). *ibid.*, **37**(1): 77
4) 原　征彦：食品工業, **38**, (2), 71 （1995）
5) 上村光男：飲食料品用機能性素材有効利用技術シリーズ No.10 緑茶ポリフェノール，（社）菓子総合技術センター
6) 池ヶ谷賢次郎, 髙柳博次, 阿南豊正：茶業技術研究報告, 71, 43(1990)

7) Lea C. H. and Swoboda P. T. A. : Chemistry and industry, 1073(1957)
8) 梶本五郎：日食工誌, **10**, 365(1963)
9) 山口直彦：日食工誌, **22**, 270(1975)
10) Tanizawa T. : *Chem. Pharm. Bull.*, **32**, 2011(1984)
11) 松崎妙子，原　征彦：日本農芸化学会誌, **59**, 129(1985)
12) 南条文雄，原　征彦：食品工業, **38**, (4), 79(1995)
13) 川上正子，引田順子，南条文雄，原　征彦：日本食品工業学会第41回講演集, 74(1994)
14) 特許公告平2-22755
15) 原　征彦，石上　正：日食工誌, **36**, 996(1989)
16) Diker, K. S., Akan, M., Hascelik, G. and Yudakok, M. : *Let. Appl. Microbiol.*, **12**, 34(1991)
17) Ishigami, T. & Hara, Y. : Proceedings of the international symposium on tea science & human health, p. 125 Calcutta, India(1993)
18) Hattori, M., Kusumoto, I. T., Namba, T., Ishigami, T. & Hara, Y. : *Chem. Pharm. Bull.*, **38**, 717(1990)
19) 岡田文雄：茶業技術研究報告, No. 42, 47(1971)
20) 岡田文雄：茶業技術研究報告, No. 48, 52(1978)
21) Okada, F., Takeo, T., Okada, S. & Tamemasa, O. : *Agric. Biol. Chem.*, **41**, 791(1977)
22) John, T. J. & Mukundan, P. : *Indian J. Med. Res.*, **69**, 542(1979)
23) Mukoyama, A., Ushijima, H., Nishimura, S., Koike, H., Toda, M., Hara, Y. & Shimamura, T. : *Jpn. J. Med. Sci. Biol.*, **44**, 181(1991)
24) 中山幹男，戸田眞子，大久保幸江，原　征彦，島村忠勝：感染症誌, **68**, 824(1994)
25) 大久保幸江，戸田眞子，原　征彦，島村忠勝：日細菌誌, **46**, 509(1991)
26) 鈴木真次，諸江三千夫，内田安信：食品工業, **26**, (16), 57(1983)
27) Yasuda, H., & Arakawa, T., : *Biosci. Biotech. Biochem.*, **59**, (7), 1232(1995)
28) Hara, H., Orita, N., Hatano, S., Ichikawa, H., Hara, Y., Matsumoto, N., Kimura, Y., Terada, A., & Mitsuoka, T. : *J. Vet Med. Sci.*, **57**, 45(1995)
29) Kanaya, S., Goto, K., Hara, Y., & Hara, Y. : Proceeding of the International Symposium on Tea Science, p. 314, Shizuoka, Japan, (1991)

参考図書

『緑茶・紅茶・烏龍茶の化学と機能』　中林敏郎，伊奈和夫，坂田完三共著，弘学出版

『食品の変色とその化学』　中林敏郎，木村進，加藤博通共著，光琳書院

『お茶の科学』 山西貞，裳華房

『茶の科学』 村松敬一郎編，朝倉書店

『お茶はこんなに効く』 小國伊太郎，原征彦共著，中日新聞本社

『新茶業全書』（財）静岡県茶業会議所編

5.2 オクタコサノール

船田　正*

5.2.1　組成・構造式

オクタコサノールは直鎖の飽和アルコールである。組成式，構造式を下記に示す。

組成式：$C_{28}H_{58}O$

構造式：$CH_3(CH_2)_{26}CH_2OH$

5.2.2　製　　法

オクタコサノールはキウイ，リンゴなどの果物，ゴムの木などの照葉植物の葉，さとうきびなどの茎，穀物の胚芽などに含有されるワックス中に脂肪酸とのエステルの形態で存在する。フリーの状態では天然に微量にしか存在しないために，オクタコサノールは通常ワックスを分解して得る。したがって，オクタコサノールの製造法はワックスの分解および反応後の反応混合物からの抽出の主に2つの工程からなる。

以下に示す分解と抽出工程を組み合わせた製造方法が実用化されている。

(1) 分解工程

ワックスの分解には加水分解，鹸化分解，エステル交換が一般に使用されている。

(2) 抽出工程

反応混合物からのオクタコサノールの抽出には溶剤抽出法，超臨界ガス抽出法，蒸留法が採用されている。

5.2.3　性状・特性

分子量：410.77

融　点：83℃

沸　点：250℃/0.4mmHg

比　重：0.783

---

*　Tadashi Funada　日本油脂㈱　新規事業開発部

性　状：白色結晶

5.2.4　安全性

(1) 生体内分布

ラベル化した [8-^{14}C] オクタコサノールを用いてラットにおける生体内分布を調べた[1]。結果を表1に示す。

投与直後は消化管に分布し，24時間後には肝臓，脾臓，膵臓，心臓などの各臓器，褐色細胞などの脂肪組織，筋肉，脳などに分布していた。

表1　ラベル化オクタコサノール^{a}の連続投与によるラットの体内分布

Organs	Number of dose administered (2dose/day)		
	2	6	10
	Percentage of dose per g-tissue (per organ)		
Liver	2.95 (9.52)	0.97 (3.37)	0.98 (3.52)
B.A.T.	6.69 (0.85)	3.29 (0.52)	2.80 (0.64)
P.A.T.	3.93 (0.36)	1.99 (0.22)	2.87 (0.48)
E.A.T.	2.46 (0.43)	1.41 (0.33)	1.55 (0.40)
Digestive tracts^b	1.49 (8.22)	0.79 (4.97)	0.46 (3.14)
Spleen	0.59 (0.11)	0.31 (0.06)	0.29 (0.06)
Kidney	0.33 (0.25)	0.23 (0.17)	0.22 (0.18)
Heart	0.31 (0.09)	0.22 (0.07)	0.19 (0.06)
Lung	0.41 (0.23)	0.30 (0.16)	0.49 (0.31)
Brain	0.08 (0.11)	0.07 (0.10)	0.06 (0.09)
Muscle^c	3.51	2.22	2.49
Plasma (per ml)	0.02	0.19	0.16

a : Four weeks old male Wister rats were given [8-^{14}C] octacosanol through stomach tube. At various time the animals were killed and rapidly dissected.
b : Including contents
c : Calculated from an estimated muscle mass equal to 45% of body weight. Values are the means of 3 rats except in case of 10-dose where only one animal was used. B.A.T.=Brown adipose tissue. P.A.T.=Perirenal adipose tissue. E.A.T.=Epididymal adipose tissue.

(2) 代謝経路

また，同研究[1]では投与後，呼気中の炭酸ガスに高い^{14}Cの放射能が検出され，尿からも放射能活性が見出された。[8-^{14}C] オクタコサノール投与後の肝臓脂質を薄層クロマトグラフィーで展開したところリン脂質，モノ・ジグリセリド，フリーのオクタコサノール，トリグリセリド，

脂肪酸誘導体，ワックスに放射能活性がみられた。これらのことから，オクタコサノールは生体内で脂肪酸に酸化された後，グリセリドなどの各種誘導体になり，最後にβ-酸化によって呼気中に検出された炭酸ガスに変換されたものと考えられる。

(3) 安全性

マウスへの経口投与により急性毒性試験を行った結果，LD_{50}は次のとおりであった[2]。

$LD_{50}=18,000$ mg/kg 以上

5.2.5 機能・効能・生理活性

(1) 運動機能

イリノイ大学Cureton博士による1940年代の後半からほぼ20年にわたる研究の結果，運動機能を改善する小麦胚芽油中の未知物質がオクタコサノールであることが発見された。

Cureton博士が集大成した"The Physiological Effects of Wheat Germ Oil on Humans in Exercise"[3]には894人にわたる42項目のトレーニングプログラムの実験結果が示されている。

その中の1つを紹介する。48人の海軍潜水部隊員をオクタコサノール群，小麦胚芽油群，コントロール群の3群に分け，14週間摂取させ，トレーニング前後の差を二重盲験法で判定した。結果を表2に示した。オクタコサノール群およびオクタコサノールを含有する小麦胚芽油群に記録の向上が認められた。

国内における報告では[4]，10人のボランティアを対象に油脂に懸濁した14 mg/日のオクタコサノールを2週間摂取させ，エルゴメーターにより評価を行った。その結果，2週間後に持久力が約14％向上した。

表2　48人の海軍潜水部隊員に対するオクタコサノールの投与試験

試験項目	オクタコサノール群；オクタコサノール0.22mg/日投与，コーン油カプセル中	小麦胚芽油群；オクタコサノール0.22 mg/日投与，ビタミンE 86 mg/日胚芽油カプセル中	綿実油群；（対照群）ビタミンE 98 mg/日投与，綿実油カプセル中
1マイル走（短縮時間）	1.38分	1.14分	0.83分
バーベル上げ（増加回数）	6.54回	5.13回	3.85回
スクワットジャンプ（増加回数）	10.58回	19.30回	8.00回

また,4週齢のオスのマウスを0.3%のオクタコサノール投与群とコントロール群に分け,1週間馴化し,4週間投与後,水泳持久力テストを行った。5週間後,オクタコサノール投与群の平均水泳時間が1.7倍にのびていた[5]。

運動機能向上の要因を追求する研究が報告されている[6]。オクタコサノールによる肝臓,筋肉中のグリコーゲンの蓄積および運動前後の変化を調べた。オクタコサノール投与群はいずれも無投与群よりもグリコーゲンの蓄積が多くなっていた。

(2) 代　謝

脂質代謝に対するオクタコサノールの影響が調べられている[7]。7週齢のオスのラットに通常食,高脂肪食にオクタコサノールの有無による食餌で20日間飼育した。血清中の中性脂質は有意にオクタコサノール群で低く,脂肪酸濃度はオクタコサノール群で高かった。この脂質代謝に関与する酵素のうち,G 6 PDH (glucose-6-phosphate dehydrogenase)は有意に低く,ACC (acetyl CoA carboxylase)で有意に高かった。

(3) その他

骨に対するオクタコサノールの効果が調べられている[8]。4週齢のSD系ラット20匹を,①オクタコサノール投与・非運動群,②オクタコサノール非投与・非運動群,③オクタコサノール投与・運動群,④オクタコサノール非投与・運動群の4群に分け,2週間後骨強度を測定した。その結果,破断力は③＞④＞①＞②,応力は③＞①＞④＞②の順に強い傾向を示した。破断力,応力ともにオクタコサノール投与・運動群が最も強かった。

オクタコサノールは神経系に対する効果も期待されている[9]。軽い突発性パーキンソン病患者10人を用いたオクタコサノールとプラセボのランダムクロスオーバーの二重盲検による6週間にわたる試験を行った。その結果,3人が有意に改善され,他の1人もかなり改善された。

5.2.6 応用例・製品例

主に,食品分野で活用されており,健康食品,ドリンク製品,キャンディ,ダイエット食品,スポーツ用食品に使用されている。

また,オクタコサノールは皮膚刺激性が低く,化粧品への応用も期待できる[10]。

5.2.7 メーカー・生産量・価格

日本における主なメーカーは日本油脂,住友精化,アサマ化成,太陽化学の4社である。生産量は4社トータルで500〜750kg/年,価格はオクタコサノール含量の違いにより20〜60万円/kg

と幅がある。

5.2.8 おわりに

Cureton博士が研究を始めてから半世紀が経過しようとしている。その間，オクタコサノールについての多くの効果が実験的に証明されてきている。代謝経路，作用機序の検討も国内を中心に進められているが，まだ明確ではない。しかし，植物においてはオクタコサノールが水溶性のセカンドメッセンジャーを作ることが確認されており[11]，ヒトにおけるオクタコサノールの作用機序，伝達系の研究のヒントとなるかもしれない。

代謝経路や作用機序等が明確化されれば，オクタコサノールの需要が飛躍的に伸びることも期待できる。

文　　献

1) Kabir, Y., Kawamura, M., Funada, T., Nakata, M., and Kimura, S., CYRIC ANNUAL REPORT, 1989, Ⅲ, BIOLOGY AND MEDICINE (Cyclotron and Radioisotope Center, Tohoku University)
2) 日本油脂㈱，技術資料
3) T. K. Cureton, The Physiological Effects of Wheat Germ Oil on Humans in Exercise, C. Thomas (1972)
4) 片平亮太，野崎一彦，ジャパンフードサイエンス，No.1, p.62（1990）
5) S. Shimura, T. Hasegawa, S. Takano and T. Suzuki, *Nutrition Reports International*, **36** (5), 1029 (1987)
6) 飯島義男他，食品工業，**30**, 1 (1987)
7) S. Kato et al., *British J. of Nutrition*, **73**, 433 (1995)
8) S. Mashiko, Bulletin of the Faculty of General Education Utsunomiya University, No. 23, Sec. 2, 1990
9) S. R. Snider, *Ann. Neurol.*, **16** (6), 723 (1984)
10) 船田　正，Fragrance J., 1991-8, 79 (1991)
11) K. Ries Stanley and F. Wert Violet, *Planta*, **173**, 79 (1988)

5.3 セサミノール

稲吉正紀[*1], 松枝弘一[*2]

5.3.1 はじめに

ゴマは熱帯アフリカのサバンナの原産といわれ, 古来より健康に良い食品として食されてきた。中国後漢時代の「神農本草経」には「気を増し, 肥肉を長じ, 髄脳を填し, 筋骨を堅くし, 耳目を明らかにし, 肺気を補い, 心驚を止め, 大小腸を利し, 久しく服すれば老いず」と記されている。長い間その薬効について科学的解明はなされていなかったが, 近年になり胡麻にのみ特異的に存在する各種のリグナン化合物がその一翼を担っていることが明らかにされつつある。このゴマリグナン化合物はいずれも基本骨格として3,7-ジオキサビシクロ[3.3.0]オクタン環を有し, はじめは油溶性リグナンがゴマ油中

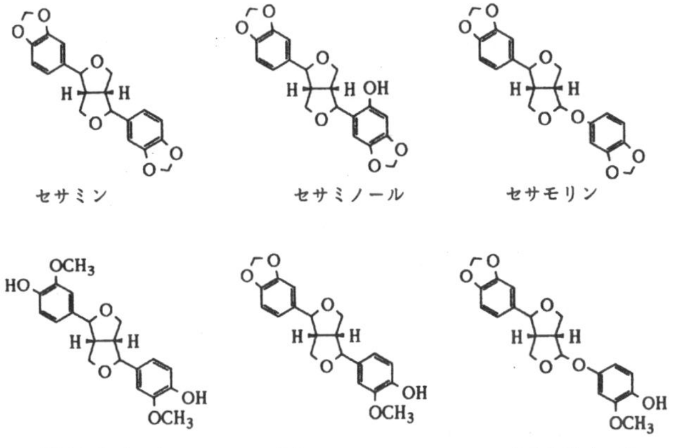

セサミン　　セサミノール　　セサモリン

ピノレジノール　　P 1　　セサモリノール

図1　油溶性リグナン

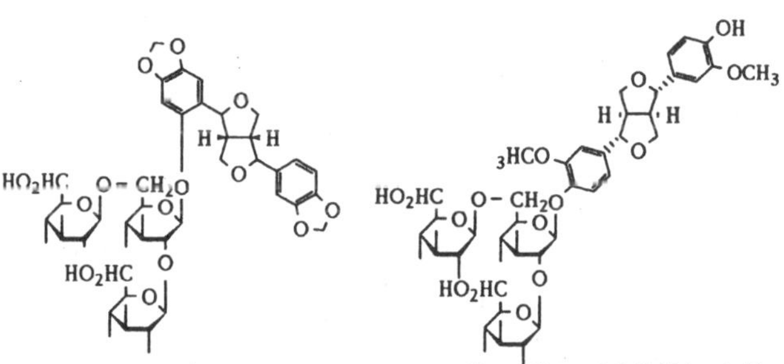

セサミノールトリグルコシド　　ピノレジノールトリグルコシド

図2　水溶性リグナン

---

* 1　Masanori Inayoshi　竹本油脂㈱　開発部
* 2　Hirokazu Matsueda　竹本油脂㈱　開発部

に見出され単離,構造決定された(図1)[1〜3]。また水溶性リグナンの存在も以前より推測されており,最近になって脱脂粕より前記のリグナン構造体をアグリコンとした配糖体が見出されている(図2)[4〜7]。

5.3.2 油溶性リグナン

油溶性リグナンの代表的なものとしてはセサミン,セサモリンとセサミノールがあげられる。セサミンとセサモリンはゴマに含まれるリグナン化合物として古くから知られた物質であり,それ自体には抗酸化活性を有していない。セサモリンは加水分解によってセサモールを生成し,これがゴマ油の酸化安定性に寄与しているものと従来から考えられてきた[8,9]。セサミンは清水らにより△5不飽和化酵素活性の阻害効果[10]が明らかにされて以来,その生理活性について後述するような数多くの効果が確認されている。セサミンについては詳細を割愛するが,すでに竹本油脂で工業的規模で生産されており,これを含有したカプセル製品がサントリーからセサミン®として市販されている。セサミノールは並木らにより生搾りゴマ油にその存在が発見され,生成機構も解明された[3]。このセサミノールは生搾り原油中には存在せず,精製工程の1つである活性白土を用いる脱色工程でセサモリンの分子内転移反応により生成してくる。ゴマ生搾り精製油(竹本油脂製太白ゴマ油)中の含有量は約0.05%程度であるが抗酸化活性は非常に強く,生搾りゴマ油の酸化安定性の高さはこのセサミノールによるところが大きい。

5.3.3 水溶性リグナン

水溶性リグナンの代表的なものとしてはピノレジノール配糖体[4,5]とセサミノール配糖体[6,7]があげられる。これらはゴマ油を搾った後の脱脂粕中に比較的大量に存在しており,量的に最も多いセサミノールトリグルコシドで約0.5%含まれている。ゴマ油製造において大量に発生する脱脂粕の有効利用を考えたうえでも,開発が期待される物質群である。

5.3.4 セサミノールの製造法

セサミノールの製造にはその出発原料として,生搾りゴマ油の精製過程で油より分離されてくるにおい成分が凝縮した脱臭スカムを用いるのが,廃棄物の有効利用という点では有利である。脱臭工程は真空下の水蒸気蒸留の原理で油中に含まれるアルデヒドやケトンなどの有臭成分の除去を主体に行うものであるが,200℃以上1〜5mmHgという条件下では遊離脂肪酸,セサミンやセサミノール等の高沸点物質も有臭成分とともに留去され,脱臭スカム中に濃縮されてくる。セサミンはこの脱臭スカム中に約10%,セサミノールは約0.5%含まれている。

まず前処理として脱臭スカムに含まれる遊離の脂肪酸やグリセリド類をエタノールで予めエス

テル化やエステル交換しておき，続いて分子蒸留や減圧蒸留により分留を行う[11]。例えば，0.25 mmHg の減圧下 230℃以下の温度で留出する脂肪酸エステルを主成分とするフラクションは除去し，さらに昇温を継続する。260℃以上に達するとセサミノールとセサミンの留出が始まる。290℃までの留分を回収するとこのフラクション中にはセサミノールが約 1.8%，セサミンが約 70%含まれている。

このようにして得られたセサミノール，セサミン含有留分を熱エタノールに溶解させ，冷却してセサミンを結晶化させ濾別する。セサミノールは晶析しにくいため濾液に含まれている。濾液を濃縮して溶剤による処理を行い，セサミノールを約 15%含有する濃縮物を得ている。

動物実験などに用いる試験用サンプルとしては，これをさらにシリカゲルカラムクロマトグラフィーにより精製を行い，純度 70%以上にまで高めたものを用いる。

5.3.5 セサミノールの生理活性について

セサミノールは現在のところ高純度品を大量に調製する段階にまで至っておらず，その生理活性を中心とした学術的研究に限定して供給しているのが現状である。これまでにモデル系を用いた実験により興味深い結果が得られつつありここで 2, 3 の事例を紹介する。

並木，大澤らはゴマ種子の長期保存後の発芽率が他の油糧種子に比べて非常に高いことや，ゴマ油が酸化的劣化に対し高い安定性を有することに着目してセサミノールを見出し，さらにこのものがラット肝ミクロゾームを用いた系やラット赤血球膜ゴーストを用いた系など in vitro で，BHT やトコフェロールに匹敵する抗酸化活性を確認した[12]。その作用機構については分子内に存在するフェノール性の水酸基によるものと推定される。今日，脂質過酸化と老化や動脈硬化，発ガンといった成人病との関連が広く認識されつつあり，セサミノールのように生体モデル系で抗酸化性を発現した物質については，食品の有する機能性解明の立場より，実際の生体内での役割という点に関心が集まっている。

嶋はヒト正常 2 倍体線維芽細胞を用いた系において，脂質過酸化の誘導剤を加えて生じた過酸化障害に対してセサミノールが有効に抑制したと報告している[13]。これは対数増殖期にある若年細胞や老年細胞に前処理としてセサミノールを与え，培養終了後超音波破砕により得た細胞ホモジネートに t-ブチルハイドロパーオキシドで過酸化誘導を行い，TBA 法で過酸化度を測定したものである。セサミノール前処理の効果は若年細胞，老年細胞に対していずれも過酸化刺激を軽減し，その程度は老年細胞でより顕著であった。

三浦らは低密度リポプロテイン（LDL）の酸化に対する抑制効果を検討し，セサミノールがトコフェロールや BHT よりもはるかに強い抗酸化性を示したと報告している[14]。酸化的障害を受けた変性 LDL は通常の LDL レセプターには認識されなくなり，マクロファージのスキャベ

ンジャーレセプターに認識され取り込まれる。そして泡沫細胞となり血管壁に沈着して動脈硬化に結びつくと考えられるようになってきた。このような認識があるなか、セサミノールがトコフェロールや BHT よりはるかに強く LDL の過酸化を抑制したことは大変興味深い結果といえる。

実際の動物実験について山下らが老化促進マウス（SAM）を用いて検討している。四塩化炭素による酸化的障害に対するセサミノールの抑制効果を調べたところ、肝臓と血漿中で脂質の過酸化が有効に抑えられたと報告している[15]。さらに山下らは、セサミノールがビタミン E 欠乏食を与えられたラットに対し血液中や組織中のビタミン E 効果を増長させたことも報告している[16,17]。この結果はセサミノールがトコフェロールの機能性を補助することを示すものであり、非常に興味深い結果といえる。

セサミノールは以上紹介したように抗酸化性物質として主に研究されてきたが、セサミンと同一のリグナン骨格を有し、フェノール性水酸基があるかないかの違いのみである。セサミンについて明らかにされたいくつかの生理活性がその程度の差はあれ、セサミノールにもあてはまることが予測される。事実セサミノールはΔ5 不飽和化酵素阻害活性[10]においてセサミンとほぼ同じレベルにある。セサミンの有する生理活性としてはコレステロール合成吸収阻害[18]、アルコール代謝活性化[19]、肝機能改善効果[20]、高血圧予防効果[21,22]など数多く知られており、セサミノールにもこれらの効果が期待されるところである。

5.3.6 セサミノール配糖体の生理活性について

セサミノール配糖体は脂質の自動酸化に対しては抗酸化性を発現しないが、栗山らはモデル系での実験において、脂質過酸化のイニシエーターとなりうるヒドロキシラジカルの消去効果があると報告している[23]。

またセサミノール配糖体は生体内においては消化酵素や腸内細菌の作用により糖部分が加水分解によりはずれセサミノールとして吸収され、生体内で生理活性効果を発現する可能性も十分考えられる。このようにセサミノール配糖体はそれ自体でもセサミノール前駆体として捉えても興味深い物質であるといえる。またセサミノール配糖体は糖が 1～3 分子結合しているため水に可溶であるとともに、乾燥して粉体とすることも可能であり、素材としての大きな魅力も備えている。

今後の課題はまず第一にゴマ脱脂粕からのセサミノール配糖体の工業的製造の確立であり、第二にセサミノール配糖体を原料にしたセサミノールの製造方法の開発である。これらの開発と平行して動物レベルでの生理活性を順次明らかにしていき、2，3年後を目標にセサミノールおよびセサミノール配糖体を世に送り出す予定でいる。

文 献

1) Y. Fukuda, T. Osawa, M. Namiki and T. Ozaki, *Agric. Biol. Chem.*, **49**, 301 (1985)
2) T. Osawa, M. Nagata, M. Namiki and Y. Fukuda, *Agric. Biol. Chem.*, **49**, 3351 (1985)
3) Y. Fukuda, M. Nagata, T. Osawa and M. Namiki, *J. Am. Oil. Chem. Soc.*, **63**, 1027 (1986)
4) H. Katsuzaki, M. Kawasumi, S. Kawakishi and T. Osawa, *Biosci. Biotech. Biochem.*, **35**, 773 (1994)
5) 日本特許公開 平6-116282 (竹本油脂)
6) H. Katsuzaki, S. Kawakishi and T. Osawa, *Phytochemistry*, **35**, 773 (1994)
7) 日本特許公開 平6-306093 (竹本油脂)
8) P. Budowski, *J. Am. Oil. Chem. Soc.*, **27**, 377 (1950)
9) C. K. Lyon, *J. Am. Oil. Chem. Soc.*, **49**, 245 (1972)
10) S. Shimizu, K. Akimoto, Y. Shinmen, H. Kawashima, M. Sugano and H. Yamada, *Lipids.* **26**, 512 (1991)
11) 日本特許 1996655号 (竹本油脂)
12) T. Osawa, et al, Mutagenes and Carcinogens in the Diets. Pariza MW, Aeschbacher HU, Felton JS and Sato S, eds, p223, Wiley-Liss Inc, New York (1990)
13) 嶋 昭紘：食品機能. 藤巻正生監修, p.227, 学会出版センター (1988)
14) S. Miura, J. Watanabe, M. Sato, T. Tomita, T. Osawa, Y. Hara and I. Tomita, *Biol. Pharm. Bull.*, **18**, 1 (1995)
15) 山卜かなへ, 川越由紀, 野原優子, 並木満夫, 大澤俊彦, 川岸舜朗, 日本栄養・食糧学会誌, **43**, 445 (1990)
16) K. Yamashita, Y. Nohara, K. Katayama and M. Namiki, *The J. Nutrition*, **122**, 2440 (1992)
17) K. Yamashita, Y. Iizuka, T. Imai and M. Namiki, *Lipids*, **30**, 1019 (1995)
18) N. Hirose, T. Inoue, K. Nishihara, M. Sugano, K. Akimoto, S. Shimizu and H. Yamada, *J. of Lipid Res.*, **32**, 629 (1991)
19) K. Akimoto, Y. Kitagawa, T. Akamatsu, N. Hirose, M. Sugano, S. Shimizu and H. Yamada, *Ann. Nutr. Metab.*, **37**, 218 (1993)
20) 秋元健吾, 清水昌：日本醸造協会誌, **89**, 787 (1994)

21) Y. Matsumura, S. Kita, S. Morimoto, K. Akimoto, M. Furuya, N. Oka and T. Tanaka, *Bio. Pharm. Bull.*, **18**, 1016 (1995)
22) S. Kita, Y. Matsumura, S. Morimoto, K. Akimoto, M. Furuya, N. Oka and T. Tanaka, *Bio. Pharm. Bull.*, **18**, 1283 (1995)
23) 栗山健一,無類井建夫:農化, **69**, 703 (1995)

5.4 フラボノイド

竹尾忠一*

5.4.1 組　成

植物に広く分布して，2つのフェニル基がピラン環かそれに近い構造の3つの炭素原子を介して結合している化合物を総称し，A環の5,7位，B環の3′，4′，5′位に水酸基またはメトキシ基がついており，植物界にほとんどはO-グルコシドとして存在する。

ここではフラボン，フラボノール類について述べる。

図1にその基本化学構造を示す。

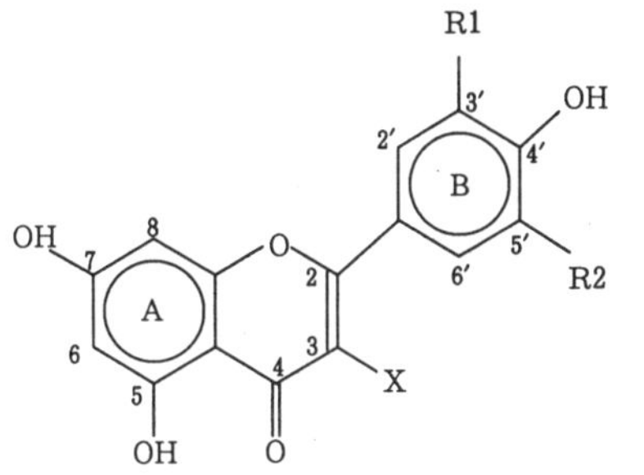

Structure of flavonoids. Flavonols: X=OH. Quercetin: R1=OH, R2=H. Kaempferol: R1=H, R2=H. Myricetin: R1=OH, R2=OH. Flavones: X=H

図1　フラボノイドの基本構造

5.4.2 製　法

一例として，緑茶からのフラボノールの分離精製方法[1]をあげる（図2）。

フラボノール類は配糖体として茶葉中には存在している。

---

* Tadakazu Takeo ㈱伊藤園　中央研究所

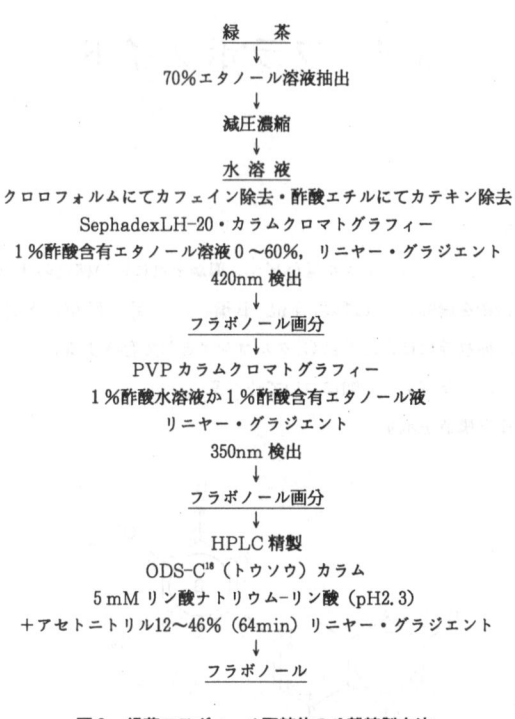

```
          緑  茶
           ↓
     70％エタノール溶液抽出
           ↓
        減圧濃縮
           ↓
        水 溶 液
 クロロフォルムにてカフェイン除去・酢酸エチルにてカテキン除去
      SephadexLH-20・カラムクロマトグラフィー
   1％酢酸含有エタノール溶液0〜60％，リニヤー・グラジエント
         420nm 検出
           ↓
       フラボノール画分
           ↓
      PVP カラムクロマトグラフィー
    1％酢酸水溶液か1％酢酸含有エタノール液
         リニヤー・グラジエント
         350nm 検出
           ↓
       フラボノール画分
           ↓
         HPLC 精製
      ODS-C18（トウソウ）カラム
   5mM リン酸ナトリウム-リン酸（pH2.3）
 ＋アセトニトリル12〜46％（64min）リニヤー・グラジエント
           ↓
        フラボノール
```

図2 緑茶フラボノール配糖体の分離精製方法

5.4.3 性状・特性

天然から分離同定されているフラボノイドは3,000以上といわれている。

ここでは代表的フラボノールとしてクェルセチン，ケンフェロール，ミリセチン，ヘスペレチンと，その配糖体のルチン，ヘスペリジンについてその性状・特性をまとめた。

図3に各化合物の化学構造を示した。

(1) クェルセチン

アルコールから黄色針状結晶。m.p. 317℃。100％アルコール（1g/290ml），熱アルコール（1g/23ml），氷酢酸；溶解。アルカリ水溶液に溶解して黄色を呈する。3価塩化鐵と反応して暗緑褐色となる。

資源：樫の樹皮，配糖体として存在。糖の種類によりクェルシトシン，ピペリン，ルチンなどがある。

薬理作用：抗生物質作用（Naghski, 1947）。LD_{50}＝160mg/kg マウス経口投与。

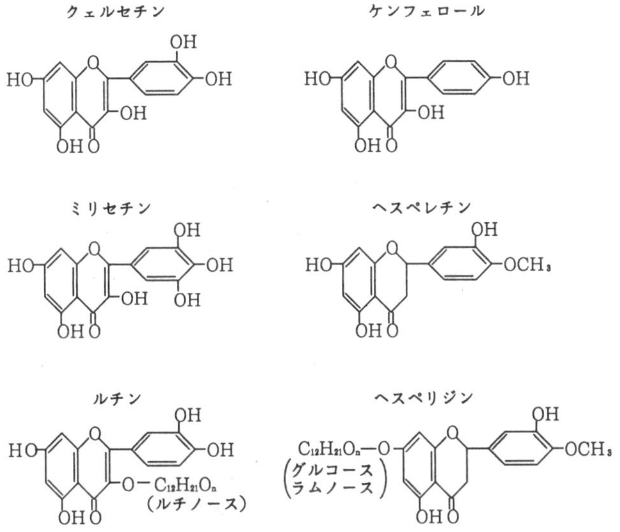

図3 フラボノールとその配糖体の化学構造

(2) ケンフェロール

黄色針状結晶,融点;276～278℃。水;難溶,熱アルコール,エーテル,アルカリ水溶液;溶解。2価鐵で緑, ferric ammonium sulphate で紫に発色。フェーリング液を還元。

資源:配糖体として存在。Kaempherol-3-rhamnoglucoside;ヒルガオの茎,葉に0.05％含有。

(3) ミリセチン

濃黄色針状結晶。融点;357℃。エタノール;易溶,熱水;微溶,酢酸,クロロホルム;不溶。濃硫酸;溶解。3価鐵塩にて褐色化,10％アルカリ液中で黄色から緑色に,その後青色から濃褐色に変化する。

資源:ヤマモモの樹皮およびシナノガキの葉に配糖体ミリシトリンとして含まれる。

(4) ヘスペレチン

無色,針状または板状結晶。m.p. 228℃,3価塩化鐵で紅紫色,還元すると桜実紅色,アルカリ液で黄色。酸性で析出。エタノール;易溶,エーテル;可溶,クロロホルム,ベンゼン;不溶。甘味あり。

資源:柑橘類外果皮に配糖体ヘスペリジンとして存在。

(5) ルチン

quercetin-3-rutinoside。水から微細針状結晶。分解温度；214～215℃。水；難溶，メタノール，ピリジン，ホルムアルデヒド，アルカリ水溶液；溶解，アルコール，アセトン，エチルアセテート；微溶，クロロフォルム，CS_2，エーテル，ベンゼン，石油エーテル；不溶。水溶液は2価鐵塩にて緑色を呈する。

　資源：そば，Fagopyrium esculent-um，3%dw。

　薬理作用：毛細血管壁透過性軽減。LD_{50}=950mg/kg，（マウス経口投与）。

表1　果実・疏菜・飲料中のフラボノイド含有量

食品	クェルセチン	ケンフェロール	ミリセチン
レタス	14±14	<2	<1
タマネギ	347±63	<2	<1
キリジシャ	<1	46±42	<1
ナタマメ	20	<2	25
リンゴ	36±19	<2	<1
リンゴ・ジュース*	2.8	<1	<0.5
イチゴ	8.6	12	<1
ワイン (red)	11±5	<1	9±3
紅茶*	17-22	7-16	1-4

含有量；mg/kg，*；mg/l。
(Food and Cancer Prevention: *Chemical and Biological Aspects*, p201, Bookcraft (Bath) Ltd, 1993.)

(6) ヘスペリジン

Hesperetin 7-rhamnoglucoside。無色，針状結晶。m.p. 251℃。還元すると紫色，アルカリで黄色を呈する。水；難溶，ホルムアルデヒド，CS_2；溶解，メタノール，温酢酸；微溶，アセトン，ベンゼン，クロロフォルム；不溶，ピリジン，アルカリ；溶解。

　資源：柑橘類の外果皮。

　薬理作用：VP作用，毛細血管保護作用。

　フラボノールの生鮮食品中の含有量については上記のような報告（表1）がある。

5.4.4　用　途

フラボン類は天然食用色素として広く利用されている[2]。

(1) コウリャン色素 (Kaoliang color)

　原　料：コウリャン（Sorghum nervosum BESS）の実および殻から水，またはエタノール抽出。

　主成分：アピゲニニジンとルテオリニジン（図4）。

　性　質：赤味を帯びた褐色。水，プロピレングリコール，アルコール；可溶，油脂；不溶。中性，アルカリ性で安定，酸性で不溶化の傾向あり。熱，光に安定。タンパクへの染着性が良い。

用　　途：菓子，冷菓，農産・畜産加工品等。

市場規模：26t

安　全　性：急性毒性；LD_{50}＞11.2g/kg,

　　　　　　(SD系ラット（雌雄）経口投与)

　　　　　亜急性毒性；なし

　　　　　変異原性試験；マイナス

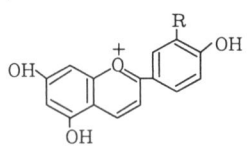

Luteolinidin: R=OH
Apigeninidin: R=H

図4　コウリャン色素の化学構造

(2) **タマネギ色素** (Onion color)

原　　料：タマネギ（Allium cepa L.）の鱗茎から水またはエタノール抽出。

主成分：クェルセチン，ミリセチン，ケンフェロール

性　　質：中性からアルカリ性で褐色～赤褐色。水，プロピレングリコール，グリセリン；可溶，油脂；不溶，酸性で不溶化。

用　　途：ハム，ソーセージ，植物性タンパク，菓子，たれなど。

市場規模：50t

安　全　性：急性毒性；LD_{50}＞5g/kg,

　　　　　　(SD系ラット（雌雄）経口投与)

　　　　　亜急性毒性；なし

　　　　　変異原性試験；マイナス

(3) **カカオ色素** (Cacao color)

原　　料：カカオ（Theobroma cacao L.）の種子を発酵，焙焼後，水抽出。

主成分：フラボノイド色素の重合体（図5）。

性　　質：褐赤色。熱，光に安定，タンパクへの染着性優れる。酸性で不溶化。

用　　途：ハム，ソーセージ（スモークカラー），製菓，製パン，飲料など。

市場規模：50t

安　全　性：急性毒性；LD_{50}＞10g/kg,

　　　　　　(DDYマウス，経口投与)

　　　　　亜急性毒性；なし

　　　　　変異原性試験；マイナス

n: 5～6またはそれ以上
R: 配糖体ガラクチュロン酸

図5　カカオ色素の化学構造

5.4.5 機能性

フラボノイドの機能性について多くの報告が古くから発表されている。

ルチン，ヘスペリジンはVP作用あるいは毛細血管保護作用が古くから知られている[3]。

またクェルセチン，ルチンは血清中の中性脂肪レベルを降下させ，抗血栓作用を持つ[4]。いずれも，抗炎症作用，抗アレルギー作用あるいは抗ガン作用を持つことが報告されている[5~8]。

またフラボノイド類は抗酸化作用を持ち，不飽和脂肪酸由来のperoxyl radicalのscavengerとして働き，生体内の過酸化脂質の生成蓄積を抑制することが報告されている[9]。

クェルセチン，ケンフェロールはsuperoxide anion scavengerとしての作用を持ち，またルチンのO_2^{-} scavenger 作用はクェルセチンよりも強い。

さらにフラボノイドは血清中のLDLの酸化変成を，μmの濃度で抑制することも報告されている[10]。

さらにフラボノイドはfree radical生成に関与する酵素類の作用を阻害することも知られている[5]。このようなフラボノイドの抗酸化性に由来するガン予防効果 (cancer chemoprevention effect) についても注目されている。

今後これらフラボノイド類の，ガン予防，動脈硬化予防，高脂血症予防等の機能性を生かした予防食品の開発等については期待されるところが大きい。

ところでフラボノイド類の経口投与後の体内への吸収代謝については，フラボノイドは腸管に至りそこで微生物によりフェノール成分に代謝された後，体内に吸収されて血流中に移行し，体内を循環した後一部は代謝分解するが，大部分は肝臓にてglucronideあるいはsulfate抱合体となって体外に排泄されると報告されている[11]。

フラボノイド類をその薬効の要因とする生薬類としては，次のようなものが日本薬局方解説書に登録されている。

アマチャ；矯味（甘味）薬

エイジツ；瀉下剤

オウゴン；漢方処方用薬。健胃，整腸，消炎，止血，高血圧症状薬。例；小柴胡湯

カッコン；漢方処方用薬。かぜ薬。例；葛根湯

キジツ；漢方処方薬。瀉下剤，健胃剤。例；大柴胡湯

シャゼンソウ；漢方処方用薬。去痰薬。例；龍胆瀉肝湯

ジュウヤク；漢方処方用薬。抗炎症作用，利尿作用。例；五物解毒湯

ソヨウ；漢方処方薬。鎮咳，去痰薬。例；杏蘇散

現在漢方薬に対する関心が深いところから，これらの生薬の需要も向上している。

文　献

1) 津志田藤二郎, 太田敏, 松浦俊明, 村井敏信; 茶技研, No.69, 51, 1986
2) 藤井正美（監）清水孝重, 中村幹雄; 食用天然色素（光淋）p.105, 1993
3) M. Gabor; Handb. Exp. Pharmacol., 50, Part2, 698, 1979
4) N. Kato, N. Tosa, T. Doudou, & T. Imamura; *Agric. Biol. Chem.*, **47**, 2119, 1983
5) J. W. Gullen; *Cancer*, **62**, 1851, 1988
6) W. F. Malone, G. J. Kelloff, H. Person & P. Greenwald; *Cancer*, **60**, 650, 1987
7) R. C. Moon, & R. G. Mehta; *Prev. Med.*, **18**, 576, 1989
8) W. F. Malone; *Am. J. Clin. Nutr.*, **53**, 305s, 1991
9) C. Yuting, Z. Rongliang, J. Zhongjian and J. Yong; *Free Radicals Biol. Med.*, **9**, 19, 1990
10) C. V. DeWalley, S. Rankin, J. R. S. Hoult, W. Jessup & D. S. Leake; *Biochem. Pharmacol*, **39**, 1743, 1990
11) L. A. Griffiths; The Flavonoids: Advances in Research (J. B. Haborn & T. I. Mabry. eds : Chapman & Hall, London) pp 681, 1982

第6章 酵 素

6.1 SOD

福井喜代志*

　SOD（Super Oxide Dismutase の略称）は，酸素の1電子還元で生じる活性酸素のスーパーオキシドを，**酸素と過酸化水素とに分解する作用をもち**，生物が酸素障害から身を守るために獲得した酵素である[1]。この酵素の作用は，それに含有される金属に基づいており，その金属によってSODは，表1に示すように Cu, Zn-SOD, Mn-SOD および Fe-SOD の3種類がある。

　本節においては，これら3種類のSOD，また生物種によってそのアミノ酸配列が異なっているSODのうち，遺伝子組換えによってその製造が容易となり，また医薬品としての開発が盛んに試みられているヒト Cu, Zn-SOD（以下ヒト SOD と略す）について述べる。

表1　SODの種類と性質

種　類	分子量	サブユニットの数	金属 種類	1分子中の数	分　布
Cu, Zn-SOD	約32,000	2	Cu	2	主として真核生物の細胞質
			Zn	2	
Mn-SOD	約80,000	4	Mn	4	ミトコンドリア
	約40,000	2	Mn	2	原核生物
Fe-SOD	約40,000	2	Fe	1 or 2	原核生物

6.1.1　組成・構造

　ヒトSODは，153残基のアミノ酸からなるタンパク質に，銅と亜鉛が1原子ずつ含まれるサブユニット2つから構成される分子量31,945（ $C_{1362}H_{2172}N_{406}O_{448}S_8Cu_2Zn_2$ ）の金属含有酵素である。タンパク質のN末端はアセチル化されており，4つのシステインのうち57番目と146番目とでジスルフィド結合が形成され，6番目と111番目のシステインは遊離の形となっている。銅は46, 48, 63および120番目のヒスチジンのイミダゾール窒素で配位されており，酵素活性の中心として，その酸化還元反応によってスーパーオキシドを酸素に酸化し，またスーパーオキシドを過酸化水素に還元している。亜鉛は63, 71および80番目のヒスチジンと83番目のアスパラギン酸と配位結合を形成し，タンパク質の構造を安定化しているといわれている[2]。図1にアミノ酸配列を示した。

---

　*　Kiyoshi Fukui　宇部興産㈱　研究開発本部

```
Ac-Ala-Thr-Lys-Ala-Val-Cys-Val-Leu-Lys-Gly-Asp-Gly-Pro-Val
                                          10
Trp-Val-Lys-Val-Pro-Gly-Asn-Ser-Glu-Lys-Gln-Glu-Phe-Asn-Ile-Ile-Gly-Gln
           30                          20
Gly-Ser-Ile-Lys-Gly-Leu-Thr-Glu-Gly-Leu-His-Gly-Phe-His-Val-His-Glu-Phe
                              40                              50
Ser-Leu-Pro-Asn-Phe-His-Pro-Gly-Ala-Ser-Thr-Cys-Gly-Ala-Thr-Asn-Asp-Gly
                              60
Gly-Asn-Ala-Gly-Ser-Arg-Leu-Ala-Cys-Gly-Val-Ile-Gly-Ile-Ala-Gln-OH
         140                         150
Thr-Lys-Thr-Ser-Glu-Glu-Asn-Gly-Gly-Lys-Gly-Leu-Asp-Asp-Lys-Glu
                       130
Ile-Ser-Leu-Ser-Gly-Asp-His-Cys-Ile-Ile-Gly-Arg-Thr-Leu-Val-Val-His
                       110                                  120
Val-Ser-Asp-Glu-Ile-Ser-Val-Asp-Ala-Val-Gly-Asp-Lys-Asp-Ala-Thr-Val
              100                             90
Arg-Lys-His-Gly-Gly-Pro-Lys-Asp-Glu-Glu-Arg-His-Val-Gly-Asp-Leu-Gly-Asn
     70                              80
```

図1 ヒトSODのアミノ酸配列

6.1.2 製 法

　ヒトSODは，天然にはヒトの体内でしか作られておらず，これを工業的に大量に，また安定して得ることは困難である。そこで，表2に示すように各社から遺伝子組換え技術によるヒトSODの工業的製造法が提案されている。

　遺伝子組換え技術による物質生産は，原理的には目的とするタンパク質のアミノ酸配列を規定している遺伝子を，大腸菌あるいは酵母などの細胞に導入し，生物すべてに共通したタンパク質の合成の仕組みを利用して細胞に目的とするタンパク質を合成させることにある。

　しかし，これら細胞にとって目的とするタンパク質は必要なものでなく，細胞は単に同じアミノ酸配列を持つペプチドを合成するだけで，目的とするタンパク質を機能を持った形で常に合成するわけではない。ヒトSODにおいても例外ではなく，細胞が合成するSODは，その活性発現に必要な銅を含んでおらず，各社とも活性な形でヒトSODを得るために表2に示すような工夫を行っている。

　また，ヒトSODの生産性を向上させるための工夫も，導入遺伝子，細胞，および培養条件などからなされている。

表2 遺伝子組換えによるヒトSODの生産

会社名	宿主菌	プロモーター	生産性向上のための工夫	活性タンパク質取得のための工夫	その他
Chiron[3]	酵母	GAP	① SDとATGの間のATG側4塩基の置換 ② 1, 2番目のアミノ酸のコドンの3塩基目の置換	① 培地への銅と亜鉛の添加 ② 精製で銅をタンパク質に導入	① 酵母の場合, N末がアセチル化された天然型が得られる ② 6番目と111番目のシステインをそれぞれアラニンとセリンに置換
Chiron[3]	大腸菌	tac			
Bio-Technology General[4]	大腸菌	PL	① PLプロモーターの後ろにβ-ラクタマーゼプロモーターとSD配列を接続 ② ターミネータの導入	① 培地への銅の添加 ② アポ型にした後, 銅と亜鉛を導入	
宇部興産[5]	大腸菌	コリシンE1	① プロモーターの塩基配列変更 ② 利用頻度の高いコドン使用	① 2-メルカプトエタノールの存在下でタンパク質に銅を導入	
日本化薬[6]	大腸菌	tac	① SDとATGの間の塩基数の最適化	① 精製で銅と亜鉛をタンパク質に導入	
旭化成[7] （元東洋醸造）	大腸菌	lpp		① 精製で銅と亜鉛をタンパク質に導入 ② 産生タンパク質を細胞質膜外のペリプラズマ空間に分泌蓄積させる	① 111番目のシステインをセリンに置換

6.1.3 性状・特性

ヒトSODは, 含有される銅に基づきその溶液および凍結乾燥品において青を基調とした色を示し, 紫外線吸収スペクトルにおいて266nm付近に吸収極大を, 252nm付近に吸収極小を示す。

ヒトSODは, 通常の酵素と異なり, 比較的安定である。例えば, 溶液中, 50℃で1カ月間保存しても, 外観および活性に変化はなく, また15℃で6カ月間保存しても類縁物質はわずかしか生成しない。また, pH5～8の範囲において活性の低下はない。

ヒトSODは, 6番目と111番目のシステインのメルカプト基が遊離の形であり, そのために等電点の異なる異性体, およびSDS電気泳動において分子量の異なる異性体の混合物として得られることが報告されている[8,9]。宇部興産では, これは111番目のシステインのメルカプト基

が反応性に富み，精製中に酸化されるためと考え，このメルカプト基を 2-メルカプトエタノールと酸化カップリングして保護し，SOD 活性を低下させることなく，電荷的に，また分子量的に均一な形でヒト SOD を得ることに成功している[5c]。

6.1.4 安全性

ヒト SOD は，元来ヒトが持っている酵素であり，ヒトに対して安全と考えられるが，遺伝子組換え技術で作ったものが，果たして native のものと完全に同じかというと疑問であり，その安全性は改めて確認される必要がある。

宇部興産で製造されるヒト SOD の安全性については，ラット，サルを用いた単回投与および反復投与毒性試験，ラット，ウサギを用いた生殖・発生毒性試験，ウサギを用いた局所刺激性試験，およびサルモネラ菌，大腸菌，チャイニーズハムスター-CHL を用いた変異原性試験で評価され，医薬品としての開発を進めるうえで安全性に問題のないことが確認されている。また，このものを藤沢薬品で製剤化し，ヒトでの安全性が静脈内 bolus 投与試験および静脈内 infusion 投与試験で評価され，それぞれ 30mg および 40mg/kg においても，臨床検査，抗原性検査，血圧，脈拍数，呼吸数，体温および心電図において異常のないことが確認されている。

6.1.5 機能・効能・生理活性

ヒト SOD は，スーパーオキシドを酸素と過酸化水素とに不均化する作用を持ち，その生理的機能としては活性酸素による細胞成分の酸化を抑え，酸素障害から産生細胞ならびに周辺組織を保護しているものと考えられる。したがって，ヒト SOD にはスーパーオキシドおよびそれから生ずる活性酸素によって引き起こされる疾患の予防薬あるいは治療薬としての効果が期待される。表 3 に活性酸素が関与していると考えられている疾患を示した[10]。

ヒト SOD は，SOD の発見の経緯からこれまでスーパーオキシドの分解としての作用面しか注目されてこなかったように思われる。しかし，ヒト SOD の 111 番目のアミノ酸は，ウシ，ウマ，ブタ，またホウレン草，さらには酵母においてセリンであるのに対してシステインであり，またそのメルカプト基の反応性は非常に高い。このことは，ヒト SOD には何か他の種の SOD とは違った作用があることを示しているように思われる。これに関する報告はまだなされていない。

6.1.6 応用例・製品例

ヒト SOD は，表 3 に示すような活性酸素が関与していると考えられる疾患の医薬品として，また皮膚の保護作用から化粧品として，さらに抗酸化作用から食品などへの添加剤としての応用が考えられるが，これまで製品として開発された例はない。

表3 活性酸素が関わっていると考えられている疾患

脳・神経系	脳浮腫, 外傷性てんかん, パーキンソン病, 脊髄損傷, 筋萎縮性側索硬化症 (ALS)
眼	白内障, 未熟児酸素網膜症, 角膜潰瘍, 角膜炎, 結膜炎, ドライアイ
呼吸器	成人呼吸窮迫症候群 (ARDS), 未熟児呼吸窮迫症候群 (IRDS), 抗癌剤による肺線維症, 肺気腫, 気管支喘息, 間質性肺炎
消化器	潰瘍性大腸炎, クローン病, 薬物性肝障害, ストレス性胃潰瘍, NSAID による胃腸粘膜障害
心血管	動脈硬化, 心筋梗塞, 虚血再灌流障害
皮膚	紫外線障害, 放射線障害, 接触性皮膚炎, 熱傷, 凍傷, 辱瘡, 難治性皮膚潰瘍
腎	腎炎, 腎不全, 腎移植における虚血再灌流障害
その他	変形性関節症 (OA), 慢性関節リウマチ (RA), パラコート中毒

　日本における医薬品としての開発は, 心臓手術における再灌流障害防止と関節炎を対象に進められていたが, 現在いずれもその臨床試験は中止されている[11]。

6.1.7　メーカー・生産量・価格

　表2に示す企業は, 遺伝子組換え技術によるヒト SOD の製造技術を確立しており, ヒト SOD を供給することは可能と思われる。

文　献

1) J. M. McCord and I. Fridovich, *J. Biol. Chem.*, **244**, 6049 (1969)
2) a) J. R. Jabusch et al., *Biochemistry*, **19**, 2310 (1980); b) D. Barra et al., *FEBS Lett.*, **120** (1), 53 (1980); c) J. A. Tainer et al., *J. Mol. Biol.*, **160**, 181 (1982); d) 北川康行, 結晶解析研究センターだより, No. 6, 1 (1985. 3)
3) a) 特開昭 60-137286; b) R. A. Hallewell et al., *Nucleic Acids Res.*, **13**, 2017 (1985)
4) a) 特開昭 61-111693; b) J. R. Hartman et al., *Proc. Natl. Acad. Sci. USA*, **83**, 7142 (1986)
5) a) 特開昭 61-111690; b) 特開昭 64-39988; c) 特開昭 63-198983.
6) a) 特開昭 61-139930; b) 助永ら, *Bio Industry*, **3** (13), 961 (1986)
7) a) 特開昭 62-130684; b) 特開昭 63-237790.

8) R. A. Hallewell *et al.*, *Biochem. Biophys. Res. Commun.*, **181**(1), 474(1991)
9) a) 梶原淳一, "SODの新発見" 勝部幸輝, 谷口直之編, メディカルトリビューン社, p. 75 (1990); b) 加藤和夫ら, フリーラジカルの臨床, **3**, 75(1988)
10) 五十嵐理慧, *Drug Delivery System*, **10**(1), 13(1995)
11) *Bio Industry*, **13**(2), 44(1996)

6.2 SOD様物質

吉川敏一[*1], 宮嶋 敬[*2], 近藤元治[*3]

　Superoxide dismutase (SOD) は，スーパーオキシドの不均化酵素でスーパーオキシドを過酸化水素に変換するので，狭義のSOD様物質はスーパーオキシドを過酸化水素に変換する物質でなければならないが，ここでは，広義のSOD様物質，すなわちスーパーオキシド消去活性を持つもの，なかでもヒト血清中のスーパーオキシド消去物質について述べる。

6.2.1 ESRスピントラップ法によるスーパーオキシド消去活性の測定

　スーパーオキシド消去活性の測定法はチトクロムc還元法・化学発光法など多くの方法があるが，ここで紹介するESRスピントラップ法は，フリーラジカルを選択的かつ特異的に分離して測定するものであり，多くの長所を有している。

　具体的には，ヒポキサンチン−キサンチン酸化酵素系より産生されるスーパーオキシドをスピントラップ剤であるDMPOにより捕捉し，得られるDMPO-OOHシグナル強度の検討試料による抑制

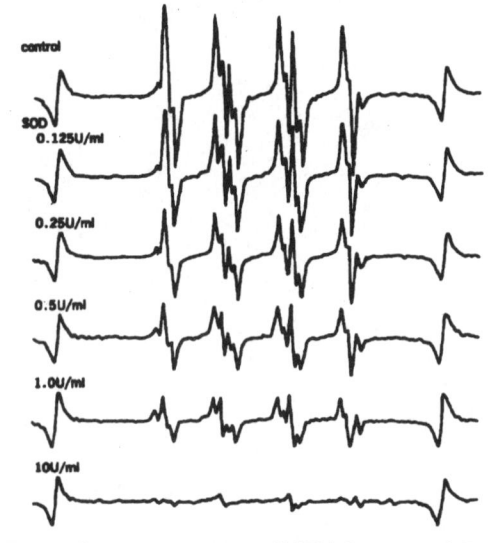

図1 ヒポキサンチン−キサンチン酸化酵素とDMPOにより得られるESRシグナルとSODによるシグナル抑制

ESR装置の測定条件は，magnetic field 334.8±5mT, microwave power 8.0mW, modulation frequency 100kHZ, modulation amplitude 0.1mT, sweep time 5mT/min, response time 0.01sec.

---

* 1　Toshikazu Yoshikawa　京都府立医科大学　第一内科
* 2　Takashi Miyajima　京都府立医科大学　第一内科
* 3　Motoharu Kondo　京都府立医科大学　第一内科

率を，標準SOD (reconbinant human SOD)による用量依存的な抑制率と比較することによりスーパーオキシド消去活性が測定できる（図1）[1,2]。実際の手技では，表1のようにキサンチン酸化酵素の添加1分後に，シグナルを測定する。シグナル強度は，低磁場側から2つめのシグナル群の強度とマンガンマーカーとの比で表わす。

6.2.2 血清中のスーパーオキシド消去物質

このESRスピントラップ法によるスーパーオキシド消去活性の測定は，試料の混濁や着色による影響を受けない利点があるので，生体試料を用いた測定にも好都合である。ヒト血清を用いたスーパーオキシド消去活性測定の検討では，表2に示すような物質にスーパーオキシド消去活性が認められる[3,4]。アスコルビン酸，セルロプラスミンが主たるもので，アルブミンやシステインも活性を有する。しかし，ビリルビンやグルコース，尿酸は血中濃度では，活性をもたない。

表1 スーパーオキシド消去活性の測定

	最終濃度	添加量
PBS (10mM, pH7.4)		40 μl
hypothanthine	0.5 mM	50 μl
DETAPAC	0.1 mM	20 μl
試料あるいは標準SOD		20 μl
DMPO	0.1 M	20 μl
xanthine oxidase	10mU/ml	50 μl
		計 200 μl

↓

ESR spectrometer
(xanthine oxidase 添加1分後に測定)

表2 血清中スーパーオキシド消去活性

substances	二次反応速度定数 ($M^{-1}s^{-1}$)
major	
ascorbic acid	3.5×10^5
ceruloplasmin	8.1×10^5
minor	
albumin	
cysteine	
EC-SOD	
(CuZnSOD)	1.6×10^9
(MnSOD)	1.9×10^9
none	
bilirubine	
glucose	
uric acid	
urea	

6.2.3 血清中のヒドロキシラジカル消去物質

過酸化水素と二価鉄とのいわゆるFenton反応で，ヒドロキシルラジカルを発生させ，DMPOで捕捉すると，DMPO-OHスピンアダクトが観察され，適切な条件により，ヒドロキシルラジカルの定量的測定が可能になる[5]。これを利用して，ヒドロキシルラジカル消去活性が測定できる。本法により，ヒト血清中のヒドロキシルラジカル消去活性を測定すると，0.11unit/l（1unitはDMPO，1mol/lに相当する）と計算され，その内訳を表3に示す[6]。表3に示すように，アルブミンが活性の約40%，ビリルビン等が約30%を占めている。

表3 ヒト血清中ヒドロキシルラジカル消去活性

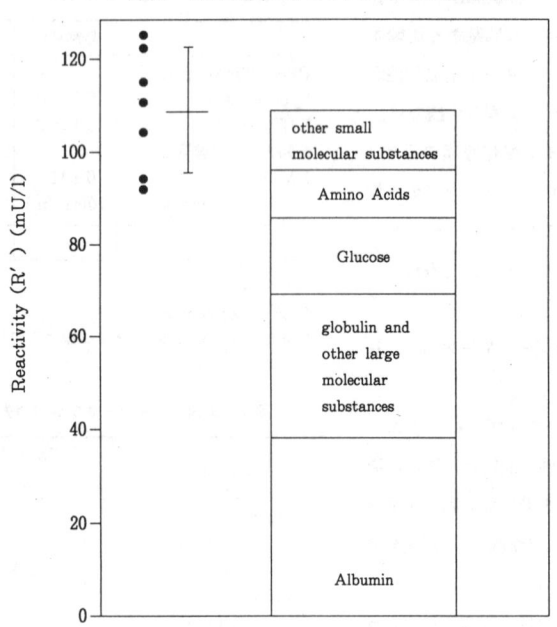

6.2.4 その他のスーパーオキシド消去物質

　種々の薬剤や食品加工物・食品には，このスーパーオキシドの消去能を有しているものが多数

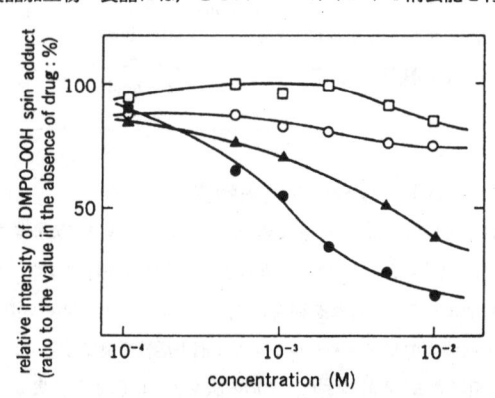

図2　抗潰瘍薬 Z-103のスーパーオキシド消去活性[4]
□：カルノシン　○：硫酸亜鉛　▲：カルノシン＋硫酸亜鉛　●：Z-103

ある。それらの物質の薬理効果がこのスーパーオキシド消去作用によるものか，あるいは単に補助的な作用であるかどうかはその物質によって異なっている。

例えば，近年抗潰瘍剤として開発された Rebamipide，亜鉛-カルノシン化合物（Z-103）などは，スーパーオキシド消去活性を有することが知られている[7,8]。図2に示すように，前述したESRスピントラップ法を用いた検討で，Z-103の濃度依存的なスーパーオキシド消去活性が認められた。

6.2.5 結　語

ESRスピントラップ法を用いて検討した血清中のスーパーオキシド消去物質，ヒドロキシルラジカル消去物質について述べた。このようにアスコルビン酸，セルロプラスミンはスーパーオキシドを，アルブミンやビリルビンは，ヒドロキシルラジカルを消去している[7]。また，アスコルビン酸はペルオキシラジカルに対する消去活性も有している。以上のように，血清中のこれらの物質は共同して活性酸素に対する生体防御に重要な働きをしていると考えられる。また，ESRスピントラップ法を用いて，各種薬剤のスーパーオキシド消去活性を測定することができ，その薬剤の薬理作用の検討にも利用できると考えられる。

文　献

1) Miyagawa H, Yoshikawa T, Tanigawa T, et al., *J Clin Biochem Nutr.* 5 : 1, 1998
2) 内藤裕二，吉川敏一，岸明彦他：磁気共鳴と医学，Vol.1, 石津和彦，吉川敏一編，東京，日本医学館，107, 1990.
3) 内藤裕二，吉川敏一，近藤元治：磁気共鳴と医学，Vol.5, 吉川敏一編，東京，日本医学館，17, 1994
4) Mitsuta K, Mizuta Y, Kohno M, et al., *Bull. Chem. Soc. Jpn.* 63 : 187, 1990
5) Tanigawa T : *J Kyoto Pref Univ Med.* 99 : 133, 1990
6) Lion Y, Delmelle M, Van de Vorst A. *Nature.* 263 : 442, 1976
7) Yoshikawa T, Naito Y, Tanigawa T, et al. Arzneimittel-Forschung/Drug Research. 43 : 363, 1993
8) Yoshikawa T, Naito Y, Tanigawa T, et al. Biochemica et Biophysica Acta. 1115 : 15, 1991
9) 内藤裕二，吉川敏一：J. Act. Oxyg. Free Red. 4 : 212, 1993

6.3 アミラーゼ

澤田雅彦*

6.3.1 概　要

　アミラーゼは植物の貯蔵糖質であるデンプンを加水分解する酵素の総称である。デンプンはグルコースがα-1,4-, またはα-1,6-結合を有する多糖類で, 直鎖構造を示すアミロースと, α-1,6-結合による分岐構造を有する高分子のアミロペクチンの混合物である。アミロペクチンは複雑な構造を有しているといわれており, 種々のモデルが示されている。

　デンプンに対する作用様式の違いにより, アミラーゼは4種に分別されている[1]。α-アミラーゼ (E.C. 3.2.1.1) はデンプンの巨大分子をランダムに加水分解し, 生成物の旋光性がα-アノマー型であることからα-アミラーゼと呼称される。β-アミラーゼ (E.C. 3.2.1.2) はデンプン鎖の非還元末端からマルトース単位で順次切断する酵素で, β-マルトースを生成する。グルコアミラーゼ (E.C. 3.2.1.3) は非還元末端からグルコース単位で切断する酵素で, 生成するグルコースはβ型である。かつてはα, β-アミラーゼに対しギリシャ語のグルコースの頭文字を用いてγ-アミラーゼとも呼称されていた。グルコアミラーゼはβ-アミラーゼと異なりα-1,6-結合にも作用し, マルトースも分解する。また, 上記の3種のアミラーゼとは異なり, α-1,4-結合にはほとんど作用せず, α-1,6-結合によく作用するイソアミラーゼ (E.C. 3.2.1.68)[2]やプルラナーゼ (E.C. 3.2.1.41)[3]も枝切り酵素として知られている[4,5]。

　デンプン加工におけるアミラーゼ利用は木花之開耶姫（このはなのさくやひめ）が米を口中で噛み潰したものを壺の中にためることで日本最初の酒「天の甜酒（あめのたむさけ）」を造ったといわれる神話にまで遡ることができる。日本においては微生物を用いた食品加工の歴史は非常に長く, 経験により酵素の概念を知らずに微生物そのものを酵素源として利用してきたといえる。例えば, 日本酒の製造においてはまず蒸し米と麴菌を用いて製麴を行うが, これは酵母がデンプンを分解する力が弱いためにあらかじめ麴菌のアミラーゼによりデンプンを酵母が利用できる程度に分解させておくためである。

　以上のように, アミラーゼの研究の進歩は発酵技術の開発の歴史と切り離せない。

---

* Masahiko Sawada　合同酒精㈱　中央研究所

6.3.2　市場動向

わが国における産業用酵素の市場は年間約200～250億円と推定されているが，その約4～5割の約90億円が食品工業に用いられている。さらに，食品工業用途のうち約30～35%の約30億円がデンプン糖工業用に消費されている。デンプン糖工業用酵素とは主にα-アミラーゼ，グルコアミラーゼおよびグルコースイソメラーゼの3種類の酵素を指し，酵素別の産業利用では洗剤用のプロテアーゼ（約25億）には及ばぬものの，デンプン糖工業における酵素の実用化で最も確立された技術といって過言ではない。表1に市販されている微生物起源アミラーゼ製剤を示す。

6.3.3　主な産業用途

日本で年間約300万tのデンプンが消費されているが，その約6割がデンプン糖製造に使用されている。また，消費されるデンプンの種別としてはコーンスターチが80%，馬鈴薯デンプン10%，その他にサツマイモデンプン，キャッサバデンプン，小麦デンプンなどがある[6]。

(1) α-アミラーゼ

デンプンは自然界ではデンプン粒の形で存在している。デンプン粒はそのままでは不溶性であるが，一定温度（およそ65℃）以上に加温すると次第に膨潤して構造が破壊され，ゲル状の糊化デンプンとなる。α-アミラーゼが糊化デンプンを液状化することから，この工程は液化と呼ばれる。α-アミラーゼは一般的に熱安定性の高い酵素であり，デンプン工業で用いられている *Bacillus licheniformis*[7] や *B. subtilis*[8] 起源の酵素は特に熱安定性が高い。ジェットクッカーまたはサーモヒーターを用い，酵素液を含んだ30～40%濃度のデンプンスラリー（pH 5.8～6.5）を生蒸気とともに霧吹き状に送り出して瞬時に糊化させ，ホールディングパイプ中で105～110℃で数分保持した後，大気圧下に放出して100℃近い温度で1～2時間保持することで所定のDE 5～12の液化液を得ることができる（DEとは Dextrose Equivalent の略で，グルコースとして測定した還元糖量の全固形分に対する比である）[9]。なお，この条件でデンプンはグルコース結合数が10個以内のマルトオリゴ糖まで分解される。

(2) グルコアミラーゼ

グルコアミラーゼを液化デンプンに作用させ，グルコースまで分解する。この工程を糖化と呼ぶ。グルコアミラーゼの熱安定性はあまり高くなく，酵素反応は pH 4.0～4.5，50～60℃で40～72時間行う。

工業的に用いられるグルコアミラーゼは *Aspergillus niger* と *Rhizopus delemar* 由来のも

表1　微生物由来アミラーゼ製剤

酵素名	メーカー	商品名	起源	用途・特徴
α-アミラーゼ	大和化成	クライスターゼ	B. subtilis	デンプン液化，発酵補助
		コクゲン	B. subtilis	清酒醸造
		ネオマルツ	B. subtilis	繊維糊抜き
		ジアスメン	B. subtilis	消化剤（医薬）
		クライスターゼT	B. subtilis	耐熱性：デンプン液化，発酵補助
	ナガセ生化学工業	スピターゼ	B. subtilis	デンプン液化，デキストリン製造，糊抜き，醸造 他
		スピターゼHS, HK		耐熱性：デンプン液化
		ビオテックス	B. subtilis	繊維糊抜き
		デナチーム	Asp. niger	パン・ビスケット品質改良
		ビオタミラーゼ	B. subtilis	消化促進（医薬用）
	ノボノルディスク	ターマミル	B. licheniformis	耐熱性：デンプン液化，アルコール，繊維工業
		BAN	B. subtilis	デンプン液化，アルコール工業，製紙，繊維工業
		ノバミル	Bacillus	デンプン老化防止
		フィンガミル	Asp. oryzae	マルトース製造，醸造，パン，小麦改質，製紙
		リガザイム		アルコール工業
	天野製薬	アミラーゼ「アマノ」A	Bacillus	デンプン液化，水飴，アルコール工業，糊抜剤
		ビオザイムC	Aspergillus	デンプン液化，水飴，アルコール工業，糊抜剤
	新日本化学	スミチームL	Asp. oryzae	水飴製造，製パン，醸造
	ヤクルト本社	ユニアーゼL	Asp. oryzae	ハイマルトースシロップ製造，パン品質改良
	合同酒精	GODO-BαA	B. subtilis	食品用，糊抜き
グルコアミラーゼ	天野製薬	グルクザイム	Rhizopus	デンプン糖化，アルコール工業，清酒
		グルクザイムNL	Aspergillus	デンプン糖化，アルコール工業，清酒
		シルバラーゼ		
	新日本化学	スミチームSG	Rhizopus	デンプン糖化，醸造
		スミチームAN	Aspergillus	デンプン糖化，醸造
	ナガセ生化学工業	グルコチーム		デンプン糖化
		グルコアミラーゼ XL-4, XL-128		デンプン糖化
	ノボノルディスク	AMG	Asp. niger	デンプン糖化，水飴，アルコール工業
		デキストロザイム		プルラナーゼ配合
	ヤクルト本社	ユニアーゼK	Rhizopus	醸造，デンプン糖化
	阪急共栄物産	グルターゼ6000	Rhizopus	
		グルターゼAD	Asp. niger	
	合同酒精	GODO-ANG	Asp. niger	デンプン糖化，医薬
β-アミラーゼ	天野製薬	β-アミラーゼ「アマノ」	Bacillus	マルトース，水飴製造，餅老化防止，醸造
枝切り酵素	天野製薬	プルラナーゼ「アマノ」DB250		デンプンの枝切り
	林原	イソアミラーゼ	Ps. amyloderamosa	マルトース製造
	ノボノルディスク	プロモザイム200L	Bacillus	デンプン糖化

のに限られている。R. delemar の酵素は A. niger の酵素に比較して分解限度が高く，トランスグルコシダーゼ（転移酵素）活性を有さない。一方，耐熱性では A. niger の酵素のほうがやや優れている。両酵素の性質は一長一短ではあるが，転移酵素はベントナイト吸着等による除去方法が確立されていること，60℃を下回る温度では雑菌汚染が生じる危険性が高いなどの理由で概して A. niger の酵素が好んで使用されている。

糖化液には92〜95％のグルコース以外にマルトース，マルトトリオース，イソマルトースなどのオリゴ糖が数％含まれる。イソマルトースはグルコアミラーゼの逆反応により生成するが，基質濃度が高いほど生成率が高くなり，また，一度生成するとグルコアミラーゼ自身ではほとんど分解することができない。

精製グルコースやグルコースイソメラーゼによる異性化糖製造にはグルコース含有比率が高いほど効率的であり，現在では糖化時に枝切り酵素である耐熱性プルラナーゼまたはイソアミラーゼを併用し，α-1,6-結合を分解することでグルコース含量を95〜98％に高めることが可能になっている。

糖化工程は異性化糖製造工程の中で唯一自動化されていない工程であるため，固定化の試みが種々検討されているが，グルコアミラーゼ自体の耐熱性が不足していることや，基質である液化液の性質がカラム通液に適さないなどの理由で実用化はかなり困難と思われる。

6.3.4 オリゴ糖の製造

1970年代以降，新規用途開発をめざして糖質関連酵素の研究が盛んに行われ，マルトオリゴ糖を特異的に生産するアミラーゼが相次いで報告された。さらにイソマルトオリゴ糖，ガラクトオリゴ糖，フラクトオリゴ糖などの新規オリゴ糖が難消化性でビフィズス菌増殖因子となること

表2 市販オリゴ糖とその製法

オリゴ糖	原料	製法の概略
フラクトオリゴ糖	砂糖	Asp. niger β-フラクトフラノシダーゼによる転移
パラチノース	砂糖	Protaminobacter α-グリコシルトランスフェラーゼによる転移
ガラクトオリゴ糖	乳糖	微生物 β-ガラクトシダーゼによる転移
キシロオリゴ糖	キシラン	Trichoderma ヘミセルラーゼによる分解
ラクトスクロース	砂糖・乳糖	Arthrobacter β-フラクトフラノシダーゼによる転移
オリゴグルコシルスクロース	デンプン・砂糖	B. stearothermophilus CGTase による転移
イソマルトオリゴ糖	デンプン	トランスグルコシダーゼ，α-グルコシダーゼによる分解，転移
マルトオリゴ糖	デンプン	微生物マルトオリゴ糖生成アミラーゼによる分解
ゲンチオオリゴ糖	グルコース	微生物 β-グルコシダーゼによる転移
サイクロデキストリン	デンプン	微生物 CGTase による分解，転移
トレハロース	デンプン/マルトース	微生物酵素による分解，転移

* 「食品と開発」，27，p.39 (1992) を一部改変

が見出され[10]，折からの健康食品ブームによりこれらのオリゴ糖を使用した商品が各種発売されるに至っている。表2に市販されている主なオリゴ糖を示す。オリゴ糖の市場はおよそ100億円といわれるが，新規に参入が計画されているオリゴ糖もあり，市場の展開から目を離せない。

次にこれらオリゴ糖のうち，デンプンに由来するものについて示したい。

(1) マルトオリゴ糖[11～13]

デンプンの主鎖であるα-1,4-グルコシド結合で，グルコースが2分子から10分子結合したものを一般にマルトオリゴ糖と称する。二糖であるマルトース（麦芽糖，G2）は水飴の主成分であることが知られている。三糖以上のオリゴ糖は以前からグルコース製造工程の副産物としてα-アミラーゼの部分加水分解物中より得られていたが，生成量が少なく，重合度の異なるオリゴ糖の混合物として得られていた。そこで，特定の鎖長のマルトオリゴ糖生成酵素の探索が精力的に行われ，デンプンから効率的にマルトトリオース（G3）からマルトヘキサオース（G6）までの各鎖長のオリゴ糖を特異的に生成する酵素が相次いで発見された（表3）。工業的にはα-アミラーゼによる液化液に，これらのマルトオリゴ糖生成アミラーゼと枝切り酵素を併用して製造される。マルトオリゴ糖の機能としては低甘味，ボディ感付与，保湿性改善，艶出し，褐変防止，老化防止，腸内フローラの改善などがあるが，ビフィズス菌増殖因子ではない。

マルトオリゴ糖の生産量はおよそ16,500トン（72％シロップ換算）で，三和澱粉工業がオリゴトースの商品名でG3を，日本食品化工がフジオリゴ（G3，G4，G6～7）を，参松工業が

表3　各種マルトオリゴ糖生成アミラーゼ

生成糖	酵素起源	発見者・発見年	文献
G3	*Streptomyces griseus*	若生ら, 1978	27)
	Bacillus subtilis	Takasaki, 1985	28)
	Microbacterium imperiale	Takasaki, 1991	29)
G4	*Pseudomonas stutzeri*	Robyt & Ackerman, 1971	30)
	Pseudomonas saccharophila	楠本ら, 1985	31)
	Bacillus sp.	Takasaki, 1991	32)
G5	*Bacillus licheniformis*	Saito, 1973	33)
	Bacillus circulans	Takasaki, 1983	34)
	Pseudomonas sp.	楠本ら, 1984	35)
	Bacillus cereus	吉儀ら, 1984	36)
G6	*Klebsiella pneumoniae*	Kainuma *et al.*, 1972	37)
	Bacillus circulans F-2	Taniguchi *et al.*, 1982	38)
	Bacillus circulans G-6	Takasaki, 1982	39)

＊ 中村道徳 監修，"アミラーゼ"，p.100，学会出版センターを一部改変

サンオリゴ（G3〜7，G5〜6）を，林原がテトラップ（G4）をそれぞれ販売している。オリゴ糖含量によって異なるが，価格は72％シロップで130〜200円/kg，粉末で230〜300円/kg程度である。

(2) イソマルトオリゴ糖[14,15]

イソマルトオリゴ糖はグルコース2分子がα-1,6-結合したイソマルトースを主成分とし，3分子結合したイソマルトトリオース，マルトースの非還元末端にグルコース1分子がα-1,6-結合したパノースなどを含有する。イソマルトースは日本酒，味噌，醤油などの日本の伝統的な発酵食品に微量ながら含まれている天然成分であり，酵母により資化されない非発酵性糖である。イソマルトオリゴ糖はデンプンをα-アミラーゼで液化後，Asp. niger のトランスグルコシダーゼ，α-グルコシダーゼの転移作用により製造される。

イソマルトオリゴ糖はビフィズス菌の選択的増殖因子であり，便通改善効果や低う蝕性でかつ虫歯菌の多糖合成を抑制する作用があり，低甘味で，うま味があり，まろやかでくせのない味質を有する。

イソマルトオリゴ糖の生産量はおよそ13,000トン（75％シロップ換算）で，昭和産業よりイソマルト500,900，林原よりパノラップ，イソマルト900，日本食品化工よりバイオトース，パノリッチの商品名で販売されている。価格は75％シロップでオリゴ糖50％含有物で130〜150円/kg，90％含有物で300〜350円/kg，粉末で230〜300円/kg程度である。

6.3.5 生デンプン分解酵素

デンプンの糖化は高温で糊化させた後アミラーゼで分解させるが，糊化にはかなりの熱エネルギーの消費を伴う。石油ショックを契機に化石燃料を節約する手段のひとつとして生デンプンを直接糖化する研究が盛んに行われるようになった。生デンプン分解酵素生産菌としては Asp. awamori[16]，Asp. fumigatus[17]，Rhizopus niveus[18]，B. circulans[19]，Streptococcus bovis[20]，Chalara paradoxa[21] などが知られている。なかでも北大の高尾らにより発見された担子菌 Corticium rolfsii の酵素は，他の起源の酵素が10％以上のデンプン濃度では完全に糖化することが不可能であるのに対し，本酵素は30％基質濃度でも100％糖化することができる[22,23]。

生デンプン分解酵素はグルコアミラーゼに分類されるものが多いが，α-アミラーゼやβ-アミラーゼに属するものも少なくない。また生デンプン分解型アミラーゼには糊化デンプンにのみ作用するアミラーゼにはない，生デンプン吸着部位を有することが報告されている。

生デンプン分解酵素は開発当初はデンプンの無蒸煮糖化を目的としていたが，酵素の性質，およびコスト面から現時点では実用化はかなり困難と判断されている。

6.3.6 開発動向

アミラーゼは前述のようにデンプンからデンプン糖を製造するために使用されているが，これ以外の食品用途について列挙する。

(1) パンの老化防止と品質向上

ノボノルディスクは *Bacillus* 由来のα-アミラーゼが製パン時の老化を防止し，日持ちをよくすることを報告している。従来のα-アミラーゼもこの目的で使用されてはいるが，カビ起源の酵素では熱安定性が低く，作用が損傷を受けたデンプンのみに限られるため老化防止には働かないこと，またデンプン工業で用いられるような高度耐熱性酵素では老化は防止できるが，パンの焼き上げ後も活性が残存しており，パン内部に粘性が生じ食感を減じる欠点があった。今回開発された酵素は老化防止に効率的に作用し，かつパンの焼き上げ時には完全に失活する性質を有する[24]。また，パン生地の捏和時に *Asp. fumigatus* 由来の生デンプン分解酵素を添加することによりパンの品質を高めた報告がある。酵素を添加した効果としては焼き上げ時のきめが細かく，ボリューム感があり，ソフトでコクがあるなどがあげられている[25]。

(2) 外米の食感改善

昨年大騒動となった米不足の折も外米はそのパサつき感から結局消費者に敬遠された。当時から油や寒天を加えるなど外米向けの炊飯法が種々報告されていたが，グルコアミラーゼを精米表面にスプレーし，コーティングすることで外米でも粘りとつやが出ることが報告されている。

(3) その他

味噌，醤油，酒類の製造補助のほか，寒天の抽出率向上[26]などにも利用されている。

文　献

1) 廣海啓太郎，大西正健，澱粉科学，**31**, p.74(1984)
2) B. Maruo, T. Kobayashi, *Nature*, **167**, p.606(1951)
3) S. Ueda, R. Ohba, *Agric. Biol. Chem.*, **36**, p.2381(1972)
4) K. Yokobayashi et al., *Biochim. Biophys. Acta*, **212**, p.458(1970)
5) K. Yokobayashi et al., *Biochim. Biophys. Acta*, **293**, p.197(1973)

6) 食品と開発, **26**, p.36(1991)
7) 天野日出男, 大沼俊一, 嶋村睦夫, 日本農芸化学会大会 講演要旨集, p.129(1966), 特許出願公告, 昭46-12946
8) 服部文雄 他, 特許出願公告, 昭53-2955
9) 高須皓次, フードケミカル8月号, p.86(1992)
10) 北畑寿美雄, 岡田茂孝, フードケミカル10月号, p.66(1985)
11) 中久喜輝夫, ジャパンフードサイエンス, **29** (8), p.55(1990)
12) フードケミカル9月号, p.12(1992)
13) *Bio Industry*, **12** (5), p.63(1995)
14) 菅野智栄, ジャパンフードサイエンス, **29** (8), p.49(1990)
15) *Bio Industry*, **12** (9), p.57(1995)
16) 上田誠之助, 日本農芸化学会誌, **31**, p.898(1957)
17) 阿部淳一 他, 澱粉科学, **32**, p.128(1985)
18) O. Svendsby et al., *J. Fermt. Technol.*, **59**, p.485(1981)
19) 谷口肇 他, 澱粉科学, **29**, p.107(1982)
20) 溝上恭平 他, 日本農芸化学会誌, **51**, p.299(1977)
21) 石神博, 澱粉科学, **34**, p.66(1987)
22) S. Takao et al., *Agric. Biol. Chem.*, **50**, p.1979(1986)
23) 澤田雅彦 他, 特許出願公告, 平5-68237
24) 大越洋一郎, 黒坂玲子, フードケミカル12月号, p.27(1995)
25) 長谷部俊行, 虎尾和彦, 食品と科学4月号, p.106(1991)
26) 鈴木寿, フードケミカル12月号, p.38(1995)
27) 若生勝雄 他, 澱粉科学, **25**, p.155(1978)
28) Y. Takasaki, *Agric. Biol. Chem.*, **49**, p.1091(1985)
29) Y. Takasaki et al., *Agric. Biol. Chem.*, **55**, p.687(1991)
30) J.F. Robyt and R.J. Ackerman, *Arch. Biochem. Biophys.*, **145**, p.105(1971)
31) 桶本尚 他, 日本農芸化学会大会講演要旨, p.370(1985)
32) Y. Takasaki et al., *Agric. Biol. Chem.*, **55**, p.1715(1991)
33) N. Saito, *Arch. Biochem. Biophys.*, **155**, p.290(1973)
34) Y. Takasaki et al., *Agric. Biol. Chem.*, **47**, p.2193(1983)
35) 桶本尚 他, 日本農芸化学会大会講演要旨, p.181(1984)
36) 吉儀尚浩 他, 日本農芸化学会大会講演要旨, p.584(1984)
37) K. Kainuma et al., *FEBS Lett.*, **26**, p.281(1972)
38) H. Taniguchi et al., *Agric. Biol. Chem.*, **46**, p.2107(1982)
39) Y. Takasaki et al., *Agric. Biol. Chem.*, **46**, p.1539(1982)

6.4 ラクターゼ
(β-ガラクトシダーゼ)

澤田雅彦[*]

6.4.1 概　要

ラクターゼは乳糖（ラクトース）をグルコースとガラクトースに分解する酵素の一般名で，β-ガラクトシド結合を加水分解する性質より正式には β-ガラクトシダーゼ (E.C 3.2.1.23) と呼称される。

牛乳を飲むとおなかが痛くなる，ゴロゴロするという経験は多くの日本人が少なからず有している。これは牛乳中に含まれる乳糖が分解されないために起こる現象で乳糖不耐症と呼ばれ，主な症状としては腹部の膨張感，腹鳴，鼓張，腹痛，下痢などがある。

乳糖は小腸粘膜から分泌されるラクターゼにより分解されるが，乳糖不耐症の場合，ラクターゼの活性が低いかあるいは欠損している。そのため乳糖は小腸で分解されず大腸に移行し，大腸

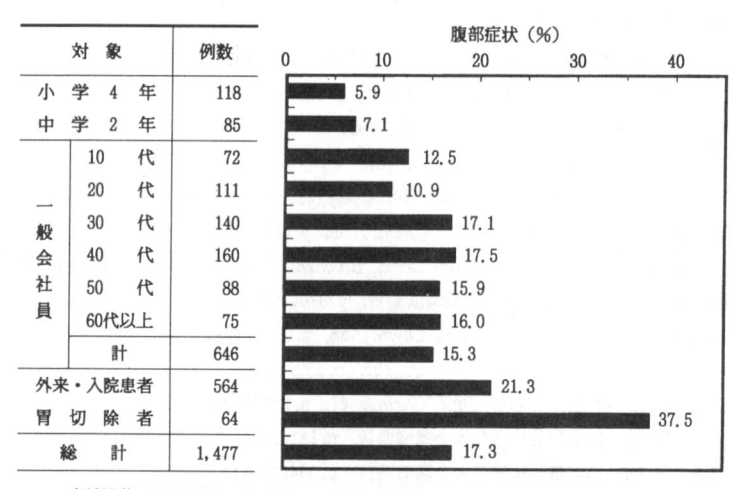

対象		例数	腹部症状 (%)
小学 4 年		118	5.9
中学 2 年		85	7.1
一般会社員	10 代	72	12.5
	20 代	111	10.9
	30 代	140	17.1
	40 代	160	17.5
	50 代	88	15.9
	60代以上	75	16.0
	計	646	15.3
外来・入院患者		564	21.3
胃切除者		64	37.5
総計		1,477	17.3

* 岩城勝英，日大医誌，31 (11), p.1043 (1972)

図1　牛乳飲用による腹部症状の出現頻度

---

[*] Masahiko Sawada　合同酒精㈱　中央研究所

内の浸透圧が高まるために大量の水分が腸管内に蓄積し下痢の原因となる。さらに，分解されなかった乳糖は腸内細菌群により炭酸ガス，有機酸と水に分解され，これらが腸管を刺激して膨張感，腹鳴，腹痛などの症状が発生すると考えられる。

成人における乳糖不耐症の人種的な分布を調べた統計[1]によると黒人で65％以上，ラテンアメリカ人45％以上，アメリカインディアン70％，アジア系民族は20％以上と高頻度で発症しているのに対し，ヨーロッパ，北米，中央アジア系白人では極めて低率であることが認められており，乳糖不耐症の発現頻度は人種間で相当の差違があることが示唆されている。図1に日本における実態調査の結果の1例を示した。年齢の上昇に従い発症頻度が高くなることが認められるが，モンゴロイドやニグロイドの多くは小腸のラクターゼ活性が生後6カ月以降加齢とともに低下するといわれている。また，胃切除者では極めて高率になることも認められている[2]。日本人については20％が乳糖不耐症で50～60％が不耐傾向にあるといわれ，両者を合わせると70％以上が何らかの症状を有すると考えられる[3]。

6.4.2 主な産業用途

(1) ラクターゼ生産菌とその酵素

ラクターゼは乳糖の取込みに関与し，乳糖をグルコースとガラクトースに分解する酵素であり，微生物による生産の報告は極めて多い。代表的な生産菌と酵素の性質を表1に示す。最適温度は35～85℃，最適pHは3～7でアルカリ性のものは見出されていない。一般的にカビ起源の酵素

表1 微生物の生産するβ-ガラクトシダーゼ

生産菌株	最適pH	最適温度(℃)	分子量(Kd)	Km(mM)
Aspergillus niger	3.0-4.0	55-60	124	53
Aspergillus oryzae	4.5	45	90	46
Bacillus circulans	6.0	60-65	160, 240	16, 50
Bacillus stearothermophilus	6.0-6.5	65	215	
Escherichia coli	7.2	40	540	5.4
Kluyveromyces flagilis	6.5	37	200	
Kluyveromyces lactis	6.3-6.8	37	135	30
Lactobacillus bulgaricus	7.0	42-45		
Paecilomyces varioti	3.5	50	94	64
Streptococcus thermophilus	6.5-7.5	55	500-600	
Thermus aquaticus	4.5-5.5	80	570	
Thermus thermophilus	5.0	85		33

* 小林 猛『酵素利用技術の新展開』，シーエムシー，p.187 (1981) を一部改変

表2 市販ラクターゼ製剤

メーカー	商品名	起源	特徴
合同酒精	GODO-YNL	K. lactis	淡黄色液状品，低粘度
ギストブロカーデス	マキシラクト	K. lactis	淡黄色液状品
新日本化学	スミラクト	Asp. oryzae	
大和化成	ビオラクタ	B. circulans	粉末品
ノボノルディスク	ラクトザイム		液状品
ヤクルト薬品	ラクターゼ Y-40		
ヤクルト本社	ラクトシン AO	Asp. oryzae	
天野製薬	ラクターゼ F「アマノ」	Aspergillus	
天野製薬	ラクターゼ YL「アマノ」	Kluyveromyces	
ケイアイ化成	ラクターゼ P	Penicillium	

は酸性側に最適 pH を有している。ラクターゼ製品としては酵母，カビ，細菌起源のものが販売されているが（表2），ラクターゼ処理乳の製造にはそのほとんどが酵母 Kluyveromyces lactis 由来の酵素が用いられている。図2に K. lactis 由来のラクターゼの基本的な性質を示す[4]。本酵素の最適 pH は6前後，中性域で安定で，低温でも充分に作用する。また，ラクターゼ製剤の安定性は極めて高く，15℃以下では1年間保持してもまったく製品の劣化が認められない。K. lactis のラクターゼが広く用いられる理由としては，① 最適 pH が牛乳の pH（およそ pH 6.5）に近いこと，② 乳糖の分解率が高くオリゴ糖の生成量が少ないこと，③ 他の起源の酵素，特に細菌起源の酵素ではプロテアーゼ活性が非常に高く，ロットによっては反応中に凝乳が生じる危険性があるのに対し，酵母の場合はプロテアーゼの生産レベルが低いこと，④ K. lactis は中央アジアで一般的に飲用される馬乳酒クーミスの発酵菌であり安全性についてはまったく問題がないことなどがあげられる。余談であるが，子牛キモシンを遺伝子操作により微生物で生産させる際の宿主にも K. lactis が選ばれている。

なお，K. lactis のラクターゼは現在合同酒精とギスト・ブロケーデス（オランダ）の2社が需要の大半を製造している。

(2) 牛乳のラクターゼ処理

牛乳をラクターゼ処理し，乳糖をグルコースとガラクトースに加水分解した乳糖不耐症者のための低乳糖牛乳の製造法が確立され，現在乳業メーカー数社より販売されている。K. lactis ラクターゼ製剤の場合，通常牛乳1 l 当たり 0.1～0.2g のラクターゼを添加し，4～20℃の低温で撹拌下16～24時間反応させて行う。本条件で75～100%の乳糖が分解される。また，酵素濃度を上げて40℃，2時間で反応を終了させているメーカーもある。

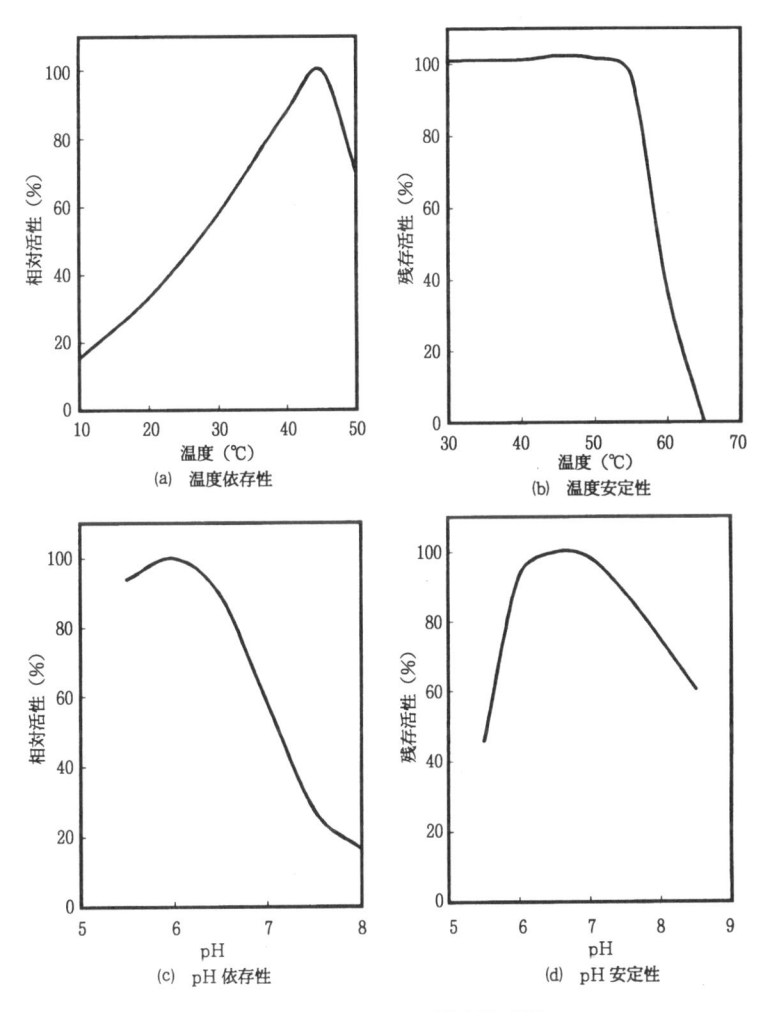

図2　*K. lactis* ラクターゼ酵素剤の性質

(a) 温度依存性
(b) 温度安定性
(c) pH依存性
(d) pH安定性

　さらに，DIYの気風が強い北米を中心にドラッグストア店頭で点眼薬状のバイアル小瓶に入ったラクターゼ製品が販売されており，一般消費者が牛乳1 l パックに対し2，3滴を滴下して冷蔵庫で1晩放置することにより，自宅で手軽にラクターゼ処理乳が調製できるようになっている。いずれ日本でも同タイプの商品が販売されるかもしれない。

(3) 乳糖分解酵素としてのその他の用途

ラクターゼ処理を行うと加工乳やヨーグルトの製造の際にあっさりした甘みが得られるので砂糖の添加を低減でき、また、ヨーグルトでは乳酸菌発酵が促進されることが知られている。乳糖は溶解度が低いためアイスクリームなどの氷菓中では結晶してしまい、舌触りが悪くなる。この欠陥を防ぐためラクターゼ処理することでざらつきのない、風味の良い高級感のあるアイスクリームが製造できる。同時に増粘効果やホイップ性の向上も認められている。

チーズの製造では原料乳をあらかじめラクターゼ処理しておくと熟成期間が短縮されることが知られている[5,6]。また、チーズの副産物であるホエーをラクターゼ処理するとボディ感のある甘味剤としてビスケット、クッキーのような菓子類やパン、清涼飲料などに利用することができる[7]。

6.4.3 ガラクトオリゴ糖（ラクトオリゴ糖）の製造[8,9]

β-ガラクトシダーゼは加水分解酵素であるが、ガラクトースの転移作用が強く乳糖からオリゴ糖を生成する。転移活性の低い K. lactis の酵素はこの目的には不向きであるが、Aspergillus oryzae のラクターゼ[10]では β-1,6- および β-1,3-位、Cryptococcus laurentii の酵素[11]では β-1,4位に、また、Bacillus circulans[12~14]では β-1,3- および β-1,4-位にガラクトシル基が転移した3～6糖（中心は3糖）のガラクトシルラクトース（ガラクトオリゴ糖）を生成することが報告されている。

ガラクトオリゴ糖の生理的機能としては腸内のビフィズス菌および乳酸菌選択的増殖因子、整腸作用、便秘改善、腸内腐敗の抑制、血清コレステロール低下作用などがある。さらに、砂糖の1/5のマイルドな甘味を示し、低カロリー、難う蝕性、保湿性などの性質を有する。また、耐熱性、耐酸性に優れていることから一般食品のあらゆる加工に対応できると思われる。安全性については人乳中に認められるオリゴ糖であり[15]、慢性毒性試験でも問題がないことが認められている[16]。

ガラクトオリゴ糖の生産量はおよそ 8,500 トン（75％シロップ換算）で、ヤクルト薬品工業よりオリゴメイト、日新製糖よりカップオリゴの商品名で販売されている。価格はオリゴ糖含量により異なるが、シロップで 400～530 円/kg、粉末で 1,200～1,300 円/kg 程度である。

6.4.4 開発動向

ラクターゼの転移作用を利用した各種の糖転移反応生成物を得る試みがなされている。Asp. oryzae のラクターゼを用い、アスコルビン酸のガラクトシル化を行うと還元性を有したまま酸化に対する安定性が4倍向上すること[17]、また B. circulans のラクターゼを用いて合成したヘ

テロ分岐サイクロデキストリンはＣＤの包接作用とガラクトース糖鎖の肝細胞の認識作用を利用したドラッグデリバリーシステム（DDS）の薬剤キャリアーとして利用可能であることが報告されている[18〜20]。

文　献

1) 浦島　匡, *New Food Industry*, **32**, p.75 (1990)
2) 川西悟生, 食の科学, **49**, p.42 (1979)
3) 和辻皓明, 食の科学, **49**, p.59 (1979)
4) 合同酒精 酵母中性ラクターゼ「GODO-YNL」パンフレット
5) K. Imai et al., *Chem. Pharm. Bull.*, **19**, p.576 (1971)
6) A. Kunikata et al., *Agric. Biol. Chem.*, **44**, p.1437 (1980)
7) L. F. Pivarnik, A. G. Senecal, A. G. Rand, "Advanced in Food and Nutrition Research", **38**, p.1, Academic Press, San Diego (1995)
8) 中西一弘, 松野隆一, 化学と生物, **22**, p.192 (1985)
9) *Bio Industry*, **12** (6), p.60 (1995)
10) 松本圭介他, 澱粉化学, **36**, p.123 (1989)
11) 小澤　修, ジャパンフードサイエンス, **30** (9), p.33 (1991)
12) 柳平修一他, 日本農芸化学会大会講演要旨, p.27 (1995)
13) Z. Mozaffer, K. Nakanishi, R. Matsuno, T. Kamikubo, *Agric. Biol. Chem.*, **48**, p.3053 (1984)
14) 松野隆一, 中西一弘, 尾崎　彰, 特許出願公告, 平3-54559
15) 菅原牧裕, 井戸田　正, 日本農芸化学会大会講演要旨, p.132 (1995)
16) 手嶋　久, 神山衛二, 「調味料・甘味料・香辛料の効果的利用」, 食品と化学　臨時増刊, p.78 (1991)
17) 鈍宝宗彦, 中島　宏, 山元英樹, 特許出願公開, 平2-311490
18) 北畑寿美雄他, 澱粉科学, **38**, p.201 (1991)
19) 北畑寿美雄, フードケミカル8月号, p.73 (1992)
20) S. Kitahata et al., *Biosci. Biotech. Biochem.*, **56**, p.242 (1992)

6.5 プロテアーゼ

澤田雅彦*

6.5.1 概要

タンパク質は約20種類のアミノ酸が特定の配列に並んだポリマーであり，生体成分中の根幹をなすものであるが，生体が利用するためにはいったんアミノ酸にまで分解する必要がある。このようにタンパク質を分解する酵素をプロテアーゼという。

デンプンなどの糖質とは異なり，タンパク質の種類はアミノ酸の組み合わせにより無限に近いほど存在するため，これを分解するプロテアーゼも多種多様である。

プロテアーゼの分類を表1に示す。プロテアーゼはタンパク質のポリペプチド鎖中のペプチド結合を切断し，低分子化するエンドペプチダーゼ（プロテイナーゼ）と，ペプチド鎖の末端より順次作用するエキソペプチダーゼとに大別される。さらに，プロテイナーゼは活性中心の構造から4種類に分けられる。エキソペプチダーゼは作用部位がポリペプチド鎖のカルボキシ末端かアミノ末端のいずれであるか，さらに切断する単位がアミノ酸単位かジペプチド単位かに

表1　プロテアーゼの分類

I．エンドペプチダーゼ（プロテイナーゼ）
 1．セリンプロテイナーゼ
   活性中心に Ser を有する
 2．システインプロテイナーゼ
   活性中心にSH基を有する。チオールプロテイナーゼ
 3．金属プロテイナーゼ（メタロプロテイナーゼ）
   活性中心に金属（2価カチオン）を有する
 4．アスパラギン酸プロテイナーゼ
   活性中心に Asp を有する
   一般に酸性プロテアーゼのことを示す
II．エキソペプチダーゼ
 1．ジペプチダーゼ
 2．アミノペプチダーゼ
 3．ジペプチジルアミノペプチダーゼ
 4．カルボキシペプチダーゼ
 5．ジペプチジルカルボキシペプチダーゼ

＊　国際酵素委員会（E.C.）による分類

より細分される。また，それ以外に実用面からプロテアーゼが作用するpH域によっても分類される。プロテイナーゼは特定のアミノ酸残基の位置で切断するが，作用する残基の種類によりその特徴が異なる。後述するが，プロテアーゼの作用によって生ずるペプチドにより呈味性が極め

* Masahiko Sawada　合同酒精㈱　中央研究所

表2 市販微生物起源プロテアーゼ製剤

メーカー	商品名	起源	特徴・おもな用途
新日本化学工業	スミチーム AP	*Aspergillus*	酸性：タンパク分解，飼料
	スミチーム AC	*Aspergillus*	野菜果物加工，穀類脱皮
	スミチーム C	*Trichoderma*	野菜果物加工，飼料
	スミチーム FP	*Aspergillus*	中性：タンパク分解，ペプチダーゼ主成分
	スミチーム LP	*Aspergillus*	中性：タンパク分解，麹補強，調味料
	スミチーム LPL	*Aspergillus*	中性：パン生地改良
	スミチーム M	*Aspergillus*	中性：味噌麹補強，調味料
	スミチーム MP	*Aspergillus*	弱アルカリ性：イカ剥皮，調味料
	スミチーム RP	*Rhizopus*	酸性：タンパク分解，飼料
天野製薬	ニューラーゼ F	*Rhizopus niveus*	飼料，水産加工
	ペプチダーゼ R	*Rhizopus*	調味料，ペプチダーゼ主剤
	プロテアーゼ A	*Asp. oryzae*	
	プロテアーゼ M	*Aspergillus*	清酒
	プロテアーゼ N	*B. subtilis*	パン，製菓，ビール
	プロテアーゼ P	*Asp. melleus*	肉の軟化，調味料
	プロレザー	*Bacillus*	製菓
	味噌用酵素 A	*Asp. oryzae*	味噌醸造
ナガセ生化学工業	デナチーム AP	*Asp. oryzae*	パン，ビスケット品質向上
	デナプシン 2P	*Asp. niger*	醤油脱脂大豆分解
	ビオプラーゼ 029	細菌起源	食肉軟化
	ビオプラーゼ PN4	*B. subtilis*	フィッシュソルブル製造
	ビオプラーゼ SP4	*B. subtilis*	肉エキス増収，イカ剥皮
ノボノルディスク	アルカラーゼ	*B. licheniformis*	乳製品
	エスパール		イカ剥皮
	ズブチリシン	*B. licheniformis*	研究用
	セレミックス	*B. subtilis*	ビール
	ニュートラーゼ	細菌起源	醸造，乳製品，製菓・製パン，ビール
	フレーバーザイム	*Asp. oryzae*	調味料，タンパク分解能高い
盛進	AO-S	*Asp. oryzae*	調味料
	IP 酵素	*Asp. sojae*	タンパク物性改良
	PD 酵素	*Pen. duponti*	タンパク物性改良
	モルシン F	*Aspergillus*	調味料，飲料白濁防止
合同酒精	GODO-BAP	*Bacillus*	アルカリ性：タンパク分解
	GODO-BNP	*Bacillus*	中性：タンパク分解
	ディスパーゼ	*B. polymixa*	研究用，細胞分散
ヤクルト本社	アロアーゼ AP-10	*B. subtilis*	タンパク分解
	パンチダーゼ NP-2	*Asp. oryzae*	タンパク分解
	プロテアーゼ YD-SS	*Asp. niger*	調味料，飼料
阪急共栄物産	オリエンターゼ 10NL	細菌起源	味噌醤油
	オリエンターゼ 20NA	カビ起源	ペプチド，調味料，製菓
	オリエンターゼ 90N	細菌起源	ペプチド，調味料製造
大和化成	サモアーゼ	*B. thermoproteolytics*	耐熱性：タンパク加工
	プロチン A	*B. subtilis*	アルカリ性：肉魚介類軟化，植物タンパク加工
	プロチン P	*B. subtilis*	中性：肉エキス増収，フィッシュソルブル製造
科研製薬	アクチナーゼ AS	*Streptomyces griseus*	低アレルゲン米，絹・食肉分解等
	サカナーゼ	*Asp. sojae*	調味料，ロイシンアミノペプチダーゼ主剤
三共	コクラーゼ SS	*Asp. oryzae*	清酒オリ下げ，味噌醤油，食肉軟化等

* *New Food Industry*, 36(6), p.41 (1989)；フードケミカル12月号，p.62 (1995) に一部加筆

て異なっており，食品用途の場合は苦みペプチドの生成抑制が最大の課題である。

6.5.2 市場動向

　アミラーゼは清酒醸造に強く関与しているが，プロテアーゼは味噌，醤油，鰹節，納豆などの発酵食品と深い関係にある。約250億円といわれる日本の酵素市場のうち，微生物由来プロテアーゼはおよそ40～50億円の市場があり，最も販売額が大きい酵素であるが，そのほとんどが洗剤用や医薬用として消費されている。一方，食品用途のプロテアーゼの市場は約4～5億円とされているが，パパインやブロメラインなどの植物起源，トリプシン，ペプシン，キモシンなどの動物起源のプロテアーゼもかなり使用されており，微生物起源の食品用プロテアーゼの市場は若干増加傾向にはあるものの3億円程度で食品分野は微生物プロテアーゼにとってまだまだ開拓途上の分野である。表2に市販されている微生物由来のプロテアーゼを示した。

6.5.3 主な産業用途

(1) 子牛キモシンの微生物による生産

　チーズは牛乳中のタンパク質であるカゼインが凝集したものであり，チーズの製造には凝乳酵素と呼ばれるプロテアーゼが用いられる。凝乳酵素はアスパラギン酸プロテイナーゼで，タンパク質分解力が比較的弱く，カゼインミセル中のκ-カゼインのPhe^{105}-Met^{106}間を1箇所だけ切断することでカゼインミセルが崩壊し，凝集が生じる。かつては子牛の第四胃のレンニンが伝統的に用いられてきたが，雌雄の産み分けが可能になりレンニンの供給源である雄子牛の出産率が低下したこと，さらに子牛を屠殺することに対する環境団体の強い抗議もあり次第に供給困難になってきた。

　Mucor pusillus[1]，Mucor miehei[2]，Endothia parasitica[3] が生産する微生物由来の代用レンニンも用いられているが，凝乳活性に比してタンパク分解能が強く，風味が落ちる欠点がありナチュラルチーズ以外の製造には適さない。

　1994年に遺伝子操作により子牛レンニンの主成分であるキモシンの遺伝子を微生物に導入して製造された微生物レンニンの国内使用が厚生省に認可された[4,5]。認可されたのは大腸菌K-12株で生産するファイザーの「カイマックス」と酵母 Kluyveromyces lactis で生産するギスト・ブロケーデスの「マキシレン」の2品目で，遺伝子操作により製造された食品用酵素の日本での承認第1号である。

(2) 調味料の製造

　調理をする際には各種の調味料は欠かせないが，本来捨てられるべき素材を生かして天然の調

味料を製造することは古くから行われており，魚肉，鶏肉，牛肉などの動物タンパク質分解物 HAP (Hydrolysed Animal Protein) と大豆，トウモロコシなどの植物タンパク質分解物 HVP (Hydrolysed Vegetable Protein) が酸分解により調製されている。しかし，この酸分解が極端な高温，強酸性で行われるため，微量ながら人体に影響がある有機塩素化合物 (MCP, DCP) を副成している疑いがあり，プロテアーゼを用いて天然調味料を製造する試みが種々なされている。

一般に酵素による分解は酸分解に比較して分解率が低いため呈味性に劣り，またプロテイナーゼによる分解で苦みペプチドが生じることが多く，実用化は困難であった。その後一連の研究の結果，プロテイナーゼによる分解のみでは苦みペプチドが生じること，苦みペプチドは疎水性アミノ酸残基に富んでいること[6]，また低分子ペプチドではC末端がLeuである場合苦みが強いことなどがわかったが[7]，さらにペプチダーゼ処理すれば苦みは消失することが認められている。以下に微生物プロテアーゼを使用した例をいくつか示す。

Streptomyces griseus, Aspergillus oryzae の酵素を使うと苦みが少なく，旨味のある調味料を製造することが可能となる。また，Streptomyces peptidofaciens の酵素はペプチダーゼ活性しか有しておらず，苦みがなく強い旨味のある調味液が製造可能である。

大日本製糖と新田ゼラチンは2種類の微生物酵素剤を併用し，従来は分解が困難とされていたゼラチンを原料とした調味剤「エンザップS」と小麦グルテン由来の「エンザップV」を商品化した[8]。

天野製薬が苦みを除去する作用の強い Rhizopus 由来のペプチダーゼ，「ペプチダーゼR」[9]とこれを小麦グルテンに応用した調味剤「EPアマノ WL-1」を発売した[10]。

ノボノルディスクは Asp. oryzae のプロテアーゼ剤「フレーバーザイム」を商品化した。フレーバーザイムはエンドプロテアーゼ，エキソプロテアーゼを含み，タンパク質分解度が70%と高く，また呈味性も高く苦みのない調味料を調製することができる[11]。

わかもと製薬は魚タンパク質分解に適した Aspergillus sojae 由来の「サカナーゼ（科研製薬製）」を用いると，現在は廃棄物として捨てられることの多いカツオ，マグロ煮汁のタンパク質を苦みを出さずに低分子化し，顕著に呈味性を増強するとしている。

6.5.4 機能性ペプチドの製造

プロテアーゼの利用により呈味性や栄養面での改善のみならず，収率向上，起泡性，乳化性，溶解度などの物性面や工程面も改善されるが，現在最も着目されているのが機能性ペプチドの製造である。機能性ペプチドには乳カゼイン，小麦グルテン由来のモルヒネ様作用を示すオピオイドペプチドや乳カゼイン由来のカゼインホスホペプチド (CPP)，カゼインカルシウムペプチド

表3 機能性ペプチド

種別	機能	メーカー（＊は開発中）	価格（円/kg）
カゼイン・ホエーペプチド	易消化・吸収 低アレルゲン 乳化・起泡	森永乳業 協同乳業 三栄化学工業 DMVジャパン（輸入） デンマークプロテイン 明治乳業（外販無） 雪印乳業（外販無） 太陽化学＊	3,000～4,000
ミネラル吸収促進ペプチド	ミネラル吸収促進	明治製菓 太陽化学 森永乳業	1,600～36,000
大豆ペプチド	易消化・吸収 低アレルゲン 乳化・起泡	不二製油 日清精油 ノボノルディスク（輸入） DMVジャパン（輸入）	2,000～5,000
小麦ペプチド	オピオイド ACE阻害 乳化・起泡	日清製粉＊ 千葉製粉	
とうもろこしペプチド	ACE阻害 易消化・吸収	昭和産業＊ 日本食品化工＊	
米ペプチド	低アレルゲン	太陽化学＊ DMVジャパン（輸入）	
コラーゲンペプチド	易消化・吸収 低アレルゲン	ニッピ 新田ゼラチン 宮城化学 高研 協同乳業 日本商事（輸入） クローダジャパン（輸入） PBゼラチン・大和化成（輸入）	800～12,000
卵白ペプチド	易消化・吸収 抗酸化，保湿性 乳化・起泡	キューピー 太陽化学 DMVジャパン（輸入）	1,500～5,000
血清ペプチド	易消化・吸収 低アレルゲン	PBゼラチン・大和化成（輸入）	5,000～7,000
グロビンペプチド	易消化・吸収 低アレルゲン	伊藤ハム＊ 松平天然物研究所 セティカンパニー（輸入）	
水産ペプチド	ACE阻害 免疫賦活 血小板凝集抑制	日本合成化学＊ 日本水産＊ 天生水産 ニチロ クローダジャパン（輸入）	
混合ペプチド	脂質代謝改善	阪急共栄物産	8,000～10,000

＊ 食品と開発, 26 (11), p.33 (1991) に一部加筆

(CCP)のようなカルシウム吸収促進ペプチドなどがある。現在報告されている機能性ペプチドについて表3に示す[12]。

(1) 血圧降下（上昇抑制）ペプチド

高血圧は成人病の1つであり、患者は減塩食をしいられるなど嗜好性を犠牲にしなければならないことが多い。血圧が上昇するシステムとしてアンジオテンシン転換酵素（ACE）によりアンジオテンシンIが血圧上昇作用のあるアンジオテンシンIIに変換されることが示されている。ACE阻害物質はACE活性を阻害することで血圧の上昇を抑制するが、種々の血圧降下剤の中で最も副作用が少ないといわれている。近年魚類を中心にACE阻害ペプチドがいくつか発見されており、治療薬、治療食として使える可能性が出てきている。

日本合成化学では鰹節を *Bacillus thermoproteolyticus* 由来のサーモリシンで分解することにより2～9個のアミノ酸からなる8種類の強力なACE阻害ペプチドを得た[13]。また、イワシすり身に *Asp. oryzae* プロテアーゼを使用した例でもACE阻害ペプチドが単離されている[14]。その他、魚類以外では乳カゼイン、小麦グルテン、大豆グロブリン、トウモロコシグルテン由来のACE阻害ペプチドも報告されている。

(2) アレルギー対処食品

近年アトピー性皮膚炎や喘息などのアレルギー疾患を持つ子供の率は半数以上と極めて高くなってきており、環境汚染や食生活の変化、住宅環境など、複数の原因によると指摘されている。育児用ミルクは乳児が最初に多量に摂取する可能性の高い異種タンパク質であるが、育児用ミルクは母乳に比較してタンパク質含量が1.5倍高く、乳カゼインが充分に消化されず、抗原性を残したまま吸収されるためにアレルギー性の下痢を起こすことが少なくない[15]。

森永乳業、明治乳業、雪印乳業等の乳業メーカーは乳カゼインを原料とし、呈味性、吸収性の良い低アレルゲンのペプチドを自家製造しており、自社のアレルギー用育児ミルクの製造に利用している。また、雪印乳業と天野製薬は小エータンパク質に微生物由来の耐熱性プロテアーゼを作用させて低アレルゲン化タンパク質を[16]、資生堂は放線菌プロテアーゼを用い、その強いタンパク質分解能を利用して低アレルゲン米の製造を行っている。

(3) 易消化吸収ペプチド

かつて栄養学的見地からペプチドの摂取はアミノ酸まで分解されて初めて吸収されるため、その吸収速度はアミノ酸の摂取と同等であると思われてきた。近年小腸粘膜を用いた研究でペプチドはアミノ酸の輸送系とは異なる系で吸収され、また、遊離アミノ酸の取込みではアミノ酸ごと

に吸収速度に差があるのに対し,ペプチドの吸収では平均化されており,かつ吸収速度が2倍以上速いことが認められている。酵素分解ペプチドはこれらの利点を生かして健康食品や栄養剤,流動食,スポーツ飲料,輸液などに利用されている。

(4) 水溶性絹の食品化

高級和服や絹織物に欠かせない絹は製織工程で多量の屑繭,残糸,屑糸や端切れなどが生じ,それらを紡績糸に加工したあとの屑糸などは従来はすべて焼却されていたが,これを加水分解して食用化する試みがなされている。絹タンパク質のフィブロインはゼラチンと類似の構造タンパクであり,グリシン,アラニン,セリン,チロシンからなる特異な組成を有する。アミノ酸としてアラニンは肝機能維持,グリシンとセリンは血漿コレステロールの低下に効果があるといわれている。

Streptomyces griseus のプロテイナーゼにより分解した絹ペプチドにもアルコール代謝促進作用,血中コレステロール低下作用[17,18]が認められた。また,古代の中国に糖尿病に対し繭を煎じて飲むという漢方処方があったが,絹ペプチドには顕著なインスリン分泌促進作用が認められており,血糖値の低減に効果があることが認められている[19]。

(5) その他の用途

雪印乳業ではフェニルケトン尿症の乳児向けの低フェニルアラニンペプチドを使用したミルクを,阪急共栄物産では種々の原料から調製したペプチドをブレンドして脂質代謝改善機能を有するペプチドをそれぞれ開発している。

6.5.5 開発動向

プロテアーゼの新規用途開発の研究もなされている。例えば,ペプチドではなく酵素そのものの生理活性として納豆菌が作るプロテアーゼであるナットウキナーゼが強い線溶活性を示し,血栓症の治療や予防に応用できる可能性が示唆されている[20]。また,大洋化学とノボノルディスクがイカの剥皮用酵素「エスパール」を開発した。これにより,手作業の多かった剥皮工程が完全自動化可能で,作業効率が改善され肉質もソフトに仕上がるとされている。なお,新日本化学「スミチームMP」,ナガセ生化学「ビオプラーゼSP4」にも同様の作用があると考えられている。

食品用プロテアーゼは表2に示したように数多く販売されているが,市場はまだ未熟であり,今後機能性ペプチドに代表される付加価値の高い生産物の開発が望まれる。

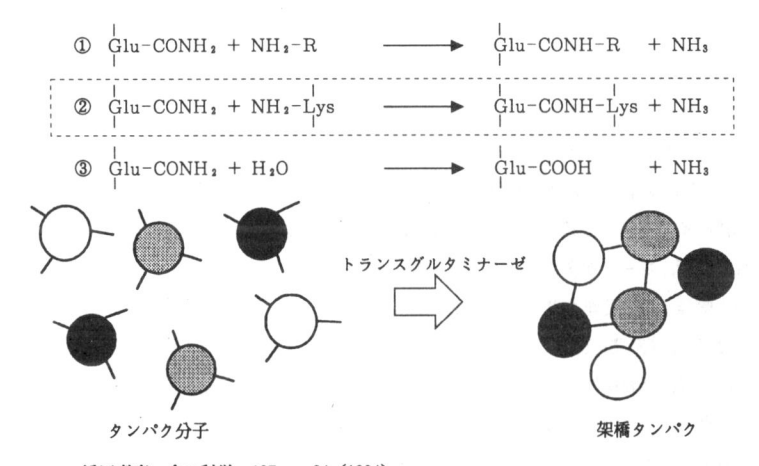

① Glu-CONH$_2$ + NH$_2$-R ⟶ Glu-CONH-R + NH$_3$

② Glu-CONH$_2$ + NH$_2$-Lys ⟶ Glu-CONH-Lys + NH$_3$

③ Glu-CONH$_2$ + H$_2$O ⟶ Glu-COOH + NH$_3$

タンパク分子   トランスグルタミナーゼ   架橋タンパク

* 添田孝彦, 食の科学, 197, p.34 (1994)

図1 トランスグルタミナーゼの反応と架橋モデル

6.5.6 トランスグルタミナーゼ

プロテアーゼではないが，タンパク質関連酵素で最近の話題として欠かすことのできないのがトランスグルタミナーゼ（TGase）である。TGase はプロテアーゼがタンパク質に対する「はさみ」ならいわば「糊」というべき酵素であり，ポリペプチド鎖中の Gln 残基の γ-カルボキシアミド基と Lys 残基の ε-アミノ基の間に分子内，分子間の架橋結合を形成し，この結合によってタンパク質系の食材を接着，改質することができる（図1）。

TGase は動物由来のものがよく知られていたが，1989年本酵素を菌体外に分泌する微生物 *Streptoverticillum* が発見され[21]，量産が可能となり，1993年に上市された。本酵素は pH 6〜7 でよく作用し，pH 安定性は pH 5〜9 と広いことから種々の食品に応用可能である。また，最適温度は50℃前後であるが温度安定性は40℃までと熱安定性にはやや問題があるが，食肉や魚肉などは低温で扱うのが当然であり，加熱により酵素を完全に失活させ得ることを考えあわせればさほど問題はないだろう。

TGase の用途としては接着，身割れ防止だけでなく，弾力などの物性改善，風味改善などの作用を示す。操作は非常に簡単であり，TGase を 0.1〜1%食材に添加し，2℃〜室温で1〜15時間放置することで反応が終了する。TGase は用途別に6タイプが販売されており，発売後わずか2年で10億円以上の売上げを示している[22〜24]。

文　献

1) K. Arima *et al.*, *Agric. Biol. Chem.*, **31**, p. 540 (1967)
2) M. Sternberg, *J. Dairy Sci.*, **54**, p. 159 (1971)
3) J. L. Sardias, *Appl. Microbiol.*, **16**, p. 248 (1968)
4) 日経バイオテク, 8.29日号, p. 15 (1994), 2.12日号, p. 16 (1996)
5) 浜野弘昭, フードケミカル2月号, p. 54 (1993)
6) 的場輝佳, 農芸化学会誌, **56**, p. 803 (1982)
7) 上島孝之, 『産業用酵素』, p. 37 (1995)
8) 原田　淳, 西村信明, ジャパンフードサイエンス, **34** (11), p. 34 (1995)
9) 平野賢一, フードケミカル2月号, p. 31 (1994)
10) 平野賢一, ジャパンフードサイエンス, **32** (12), p. 60 (1993)
11) フードケミカル6月号, p. 70 (1995)
12) 食品と開発, **26** (11), p. 33 (1991)
13) 長谷川昌康, 食品と開発, **27** (12), p. 43 (1992)
14) 松田秀喜 他, 日本食品工業学会誌, **39**, p. 678 (1992)
15) 食品と開発, **26** (11), p. 37 (1991)
16) フードリサーチ INDEX, **75**, p. 54 (1993)
17) 平林　潔, 陳開利, 勢籏　毅, *New Food Industry*, **33** (11), p. 1 (1991)
18) 平林　潔, *BIO INDUSTRY*, **13** (3), p. 34 (1996)
19) 陳　開利, 平林　潔, *New Food Industry*, **37** (1), p. 49 (1995)
20) 須見洋行, *BIO INDUSTRY*, **7**, p. 724 (1990)
21) H. Ando *et al.*, *Agric. Biol. Chem.*, **53**, p. 2613 (1989)
22) 添田孝彦他, ジャパンフードサイエンス, **32** (8), p. 50 (1993)
23) 添田孝彦, 山崎勝利, 坂口正二, 食品と科学8月号, p. 95 (1993)
24) 酒井智子, 須佐康之, フードケミカル12月号, p. 43 (1995)

6.6 パパイン

宮﨑勝雄[*]

6.6.1 はじめに

　パパインはパパイヤの実から得られる植物プロテアーゼである。熱帯植物の一科Carica Papaya は元来，中南米原産といわれているが，現在は，ほとんどの熱帯，亜熱帯植物圏で栽培されている。パパイヤは短生草木植物で，栽培上の最大の特徴はその生育が驚くほど速く，播種してから1年も経たぬうちに成長し，実生するところにある。

　産業用のパパインはこの未熟果実から採取されるラテックス（樹液）に著量のプロテアーゼが発見されたことから始まる。このパパイヤラテックスは元木になったままの青い未熟果の外皮に刃物で浅い筋傷をつけ，外皮の導管から浸出する乳液を容器に受ける。この作業は果実が青い間は数回繰り返し採取することができる。市販品のパパインはこのパパイヤラテックスを乾燥し，粉末とした粗酵素とさらにこれを溶解し硫安塩析，アルコール沈殿などさらに精製工程を加えた純度の高い精製パパインとして市販されている。

〈精製パパインの製造工程例〉

```
新鮮ラテックスの採取，凝固
        ↓
   冷凍保管・冷凍運送 ─────────┐
        ↓                      ↓
   水道水に溶解          乾燥・粉末化
        ↓                      ↓
   沪過・遠心分離         ┌─────────┐
        ↓                │ 粗 パ パ イ ン │
   限外沪過・脱塩濃縮     └─────────┘
        ↓
      精密沪過
        ↓
   凍結乾燥・粉末化
        ↓
  ┌─────────┐
  │ 精製 パ パ イ ン │
  └─────────┘
```

---

[*] Katsuo Miyazaki　ナガセ生化学工業㈱　営業開発部

6.6.2 パパインの本質

パパイヤラテックス中には牛乳凝固作用（プロテアーゼ），リパーゼ，アミラーゼ，リゾチームが存在している。特にプロテアーゼは，パパイン，キモパパインA，キモパパインB，パパヤペプチダーゼAが分離され，その性質が研究されている[1, 2]。したがって，市販品のパパインの中にはこれら数種の酵素の活性成分が含有されたものと考えておく場合がある。

パパインは分子量約20,000の弱塩基性タンパク質である。またその酵素タンパク質の構成アミノ酸の中にシスティン残基を持っており，その存在が酵素活性の発現に不可欠で，いわゆるSHプロテアーゼである。最適作用pHは5〜8，最適作用温度は40〜50℃であるが，80〜90℃でも失活しない。この耐熱性は微生物プロテアーゼにない特徴でもある。pH作用域も比較的広く，pH 3以下，11以上になって初めて反応性は低下する。また，エンド型プロテアーゼであり，広い分解性を持ち，タンパク質を小さいペプタイドまで分解する[3]。

6.6.3 パパインの応用途

パパインはプロテアーゼであり，種々のタンパク質の加水分解への利用がほとんどである。古くからの使用例は下記のように多方面にわたっている。

①食用肉の軟化
②酒類，ジュース類のタンパク混濁除去
③小麦タンパクのテクスチャー改良
④畜水産物の加工，調味エキスの製造
⑤絹の精錬，ウールの防縮加工
⑥皮なめし

以下，これまでに出願されたパパインの応用特許（特に食品加工関係を主に）について，その概要を紹介する。

(1) **食品加工への利用**

① 繊維状タンパク食品の製造

　カゼイン，大豆タンパク質，小麦グルテン，卵白をパパインでゲル化して成型し，弾力性を増大した肉様食品とする。

② 卵白分解物の製造

　加塩卵白をパパインで加水分解し，透明な酵素分解物を得る。

③ 酵母分解物の製造

　破砕した酵母からパパインでタンパク質を抽出し，残査を乳化食品に利用する。

④ 流動性食品の製造

動植物食品由来のタンパク質をパパインにより消化し，手術後患者への下痢障害のない食品とする。

⑤ 肉類加工食品の製造

ハム，ソーセージ，水産練製品の加工時に，パパインの造粒物を混和した後，加熱する。

⑥ 食品の保存方法

ソルビン酸など合成保存料とパパイン，グルコース，グルコースオキシダーゼ，カタラーゼを併用し，抗菌力を増強する。

⑦ マイクロカプセルの製造

カゼインをパパインでパラカゼインとして，水難溶性の被膜物質として利用する。

⑧ 冷凍食品の製造

パパインで部分加水分解した大豆タンパクとショ糖脂肪酸エステルを併用し，バッター粉の見掛比重を小さくして食感を改善する。

⑨ 固定化酵素の製造

疎水性の結合力のある多孔性吸着剤にパパインを吸着させる。食品用に安全に使用できる。

⑩ 酵素修飾タンパク質不凍剤の製造

アミノ酸エステルをパパイヤでゼラチンに共有付加したものを－5～－10℃で不凍状態で保存。

⑪ 大豆ペプチドの製造

大豆ホエータンパクをパパインで加水分解した後，低分子画分を除去し栄養食品原料とする。

⑫ 活性酵素剤の製造

パパインを流動層内でシスティンなどを添加して活性化後顆粒体とする。

⑬ 乳タンパク質ペプチドの製造

乳タンパク質をパパインで加水分解し，ペプチドを得る。鉄利用性の改善効果が大きい。

⑭ 豆乳からの食品の製造

豆乳にパパイン，グルコノデルタラクトンなど凝固剤を配合し，ヨーグルト様食品，チーズ様食品とする。

⑮ 食品の変敗防止

乳酸かん菌のバクテリオシンをパパインで不活性化し用いる。

⑯ 皮革の精製および表面改質材料の製造

皮革にパパインとグルタミン酸，界面活性剤を並用処理し，天然皮革様の表面塗工剤とする。

⑰ 血合肉ペプチドの製造

　魚類の血合肉をパパインで加水分解し，調味成分あるいは鉄分補強成分に利用する。

⑱ 水溶性卵殻膜の製造

　鳥類の卵殻膜をパパインで処理し，水溶性分を異臭のない化粧品，食品素材に利用する。

⑲ 小麦タンパク食品の改質

　小麦グルテンに還元剤，パパインおよび油脂類を混合して，グルテン特有の嫌気臭をマスキングする。

⑳ 食物繊維の製造

　穀類の副生物，糠，麩などにパパインを作用させ，細砕，磨砕して，無味無臭の食物繊維を得る。

㉑ 低アレルゲンタンパク質分解物の製造

　β-ラクトグロブリンをパパインで加水分解して，低アレルギー誘発性のタンパク分解物を得る。

㉒ にんにくの加工

　生にんにくのペーストにパパインを添加処理し乾燥し，脱臭，強壮食品素材とする。

㉓ アンジオテンシン変換酵素阻害物質の製造

　酵母のパパイン加水分解物。米，米糠のパパイン処理によるフィチン，フィチン酸。魚肉のパパイン加水分解ペプチド。

㉔ 低アレルゲン米の製造

　低グルテリン米をパパイン，界面活性剤を含む塩水で抽出し，米本来の品質を損なわないで得る。

㉕ 食品の老化防止剤の製造

　デンプン分解酵素とパパインと加工デンプンを配合したぎょうざ皮，春巻皮，米飯類の老化防止剤を得る。

(2) 化粧品，洗浄剤関係

①パパイン配合液体溶剤

②パパイン配合シャンプー，リンス，ボディソープ

③パパイン配合パック剤，洗顔剤

④絹のパパイン分解による可溶化。化粧品原料

⑤ヒアルロン酸原料に含有するタンパク質分をパパインにて分解除去し，高粘度のヒアルロン酸を得る。

6.6.4 食品添加物酵素製剤パパイン

パパインを食品添加物として製造販売するには「食品添加物・酵素製剤および主剤であるパパインおよび副剤の成分%」の表示が義務づけされている。また，パパインが使用された食品中で効果が残存する場合には「酵素」を表示しなければならない。

パパインの使用上の注意点としては，プロテアーゼ剤の一般的取扱注意に従って，特に皮膚等への直接接触のないような防御手段をとる必要がある。使用する前には必ず，商品の表示内容を確認し，適切かつ安全な使用方法が望まれる。

文　　　献

1) *Meth. Enzymol*, **19**, 226〜252 (1976)
2) *Biochim. Biophys. Acta*, **760**, 350〜356 (1983)
3) 実用天然添加物, p.172 (1981)

第7章 植物性由来食品素材
7.1 酵素処理ルチン

湯本　隆*

7.1.1 組成・構造式

ルチンの糖部分（ルチノース：$G^{6-1}Rha$）のグルコース部4位に新たにグルコースが転移（図1参照）。転移したグルコース数により表1に記載の配糖体が生成。『αGルチン』（商品名）は転移したグルコース数の異なるα-グルコシルルチンの混合物である。

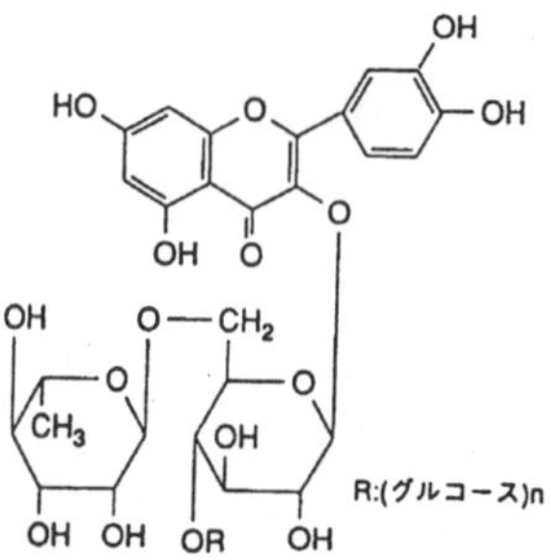

図1　αGルチン化学構造式

表1　糖部分の例（G：グルコース）

配糖体 項目	R	分子量
ルチン	H	610
αGルチンの成分	G	772
〃	G-G	934
〃	G-G-G	1,096
〃	G-G-G-G	1,258

7.1.2 製法

ルチンとデンプン部分加水分解物の溶解液に転移酵素（シクロマルトデキストリン・グルカノトランスフェラーゼ）を作用させ，ルチノースのグルコース部にデンプン部分加水分解物からのグルコースを転移させる。原料ルチンの約70％に1ないし複数個のグルコースが転移する。その後分離・精製を行い『αGルチン』を製造。

7.1.3 性状・特性

黄褐色，無味無臭で極めて水に溶けやすい。また含水アルコールにも溶けやすい。無水アルコールなど水を含まない有機溶剤や油類には溶けないので乳化剤との併用が必要。

---

*　Takashi Yumoto　東洋精糖㈱　研究開発部

7.1.4 安全性

急性毒性：マウスLD$_{50}$ 42g/kg以上（αGルチン P）

αGルチンはアミラーゼにより容易に加水分解されてルチンに戻るので，安全性はルチンと同等と考えられる。

7.1.5 機能・効能・生理活性

近年，生体抗酸化能を有する物質の検索が各種の研究機関で幅広く行われている。フラボノイドは生体抗酸化能において常に上位にランクされる物質の1つである。フラボノイドのよく知られた作用として脆弱化した毛細血管の抵抗性の回復がある[1]。その他の作用として白血球での活性酸素形成抑制，癌化の抑制，糖尿病性白内障や高血圧予防，一重項酸素・スーパーオキシド・過酸化水素・ヒドロキシラジカル等の活性酸素消去，脂質過酸化反応の抑制などがある[2]。

フラボノイドは野菜類，緑茶，ハーブ等に含まれており，日常の食事からかなり摂取されてきたものである。

αGルチンは代表的フラボノイドの1つであるルチンを特異的に多量含有するマメ科のエンジュの蕾（槐花：古くから漢方で使われてきた）を原料としている。槐花から抽出されたルチンは水にほとんど溶けなかったため用途が限られていたが，水溶性としたαGルチンは幅広い利用が可能である。食品添加物として色素の退色防止（表2，図2, 3参照），一般的な酸化防止等（図4参照）に利用される。

また紫外線吸収能を有しているため化粧品分野での利用も期待されている。

生体に摂取されたαGルチンは生体内酵素によりルチンへ分解される。

表2　αGルチンの天然色素の退色防止効果一覧表

構造による区分	色素名	効果
カロチノイド系	パプリカ	◎
	β-カロチン	◎
	アスタキサンチン	◎
	クチナシ黄	○
フラボノイド系	ブドウ果皮	△
	ベニバナ黄	○
フラビン	リボフラビン	○
メラノイジン	カラメル	○

◎：非常に効果がある
○：効果がある
△：やや効果がある

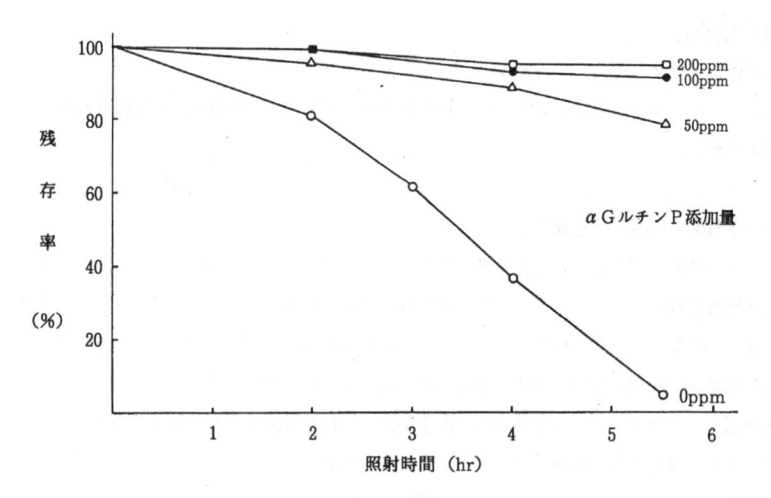

図2　パプリカ色素の退色防止効果

0.05％水溶液，戸外日光下（2月）
色価測定…491nm，1cmセル，脱塩水

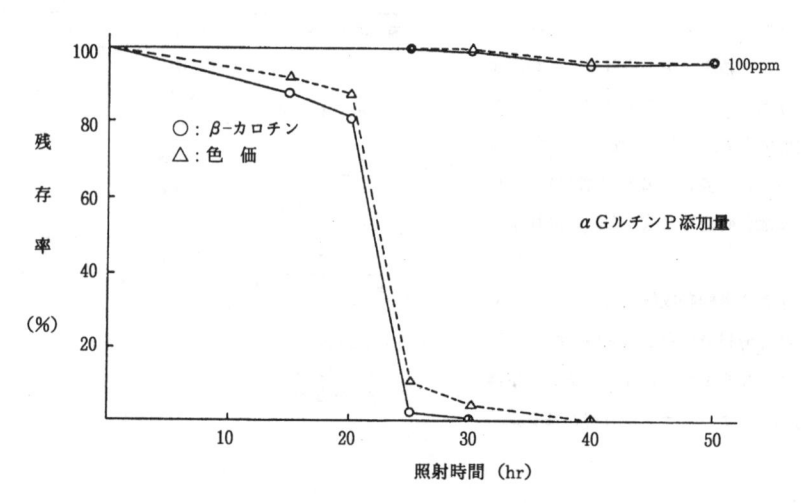

図3　β-カロチンの退色および分解防止効果

0.05％水溶液，蛍光灯照度　7,000LX
測定：色価…502nm，1cmセル，脱塩水
　　　β-カロチン…456nm，1cmセル，シクロヘキサン抽出液

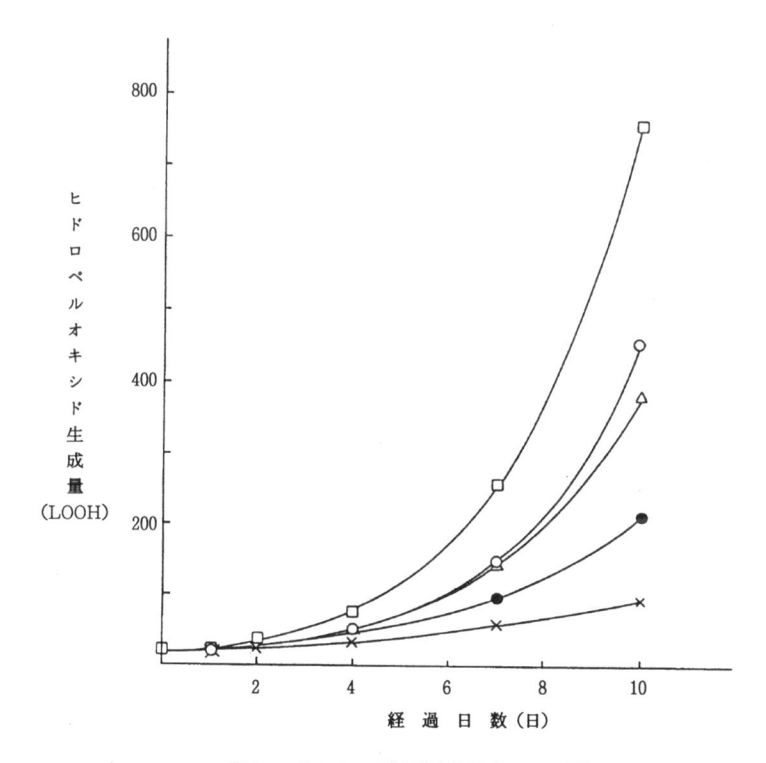

ヒドロペルオキシド生成量 (LOOH)

経過日数（日）

図4　αGルチンの酸化防止効果（リノール酸）

リノール酸・エタノール・リン酸緩衝液（pH7.0）の均一液を50℃に静置，HPLCによりヒドロペルオキシド相当ピークの235nmの吸収を測定

□；無添加，　○：αGルチンP　200ppm
△；Mixトコフェロール200ppm
●：αGルチンP　1000ppm，　×：BHT　200ppm

7.1.6　製品規格

『αGルチン』の製品規格を表3に示した。

表3 αGルチン製品規格

項目	αGルチンP	αGルチンPS	分析法
形状・外観	黄色粉末, 無味無臭	黄褐色粉末, 無味無臭	目視観察
乾燥減量	6％以下	6％以下	120℃, 20mmHg, 2H
pH	4.5〜6.5	4.5〜6.5	1％液, ガラス電極
強熱残分	2％以下	2％以下	550℃, 4H
全ルチン	40〜44％	80〜84％	自社分析法

7.1.7 応用例・製品例・酸化防止剤（退色防止等含む）として

ゼリー, カクテル酒, 健康飲料, 健康食品

7.1.8 メーカー・生産量

メーカー：東洋精糖㈱

生産量：2t/年

文　　献

1) Rusznyak, St., Szent-Gyorgyi, A. : *Nature*, **138**, 27 (1936)
2) 髙濱有明夫ほか：蛋白質 核酸 酵素, 33, 2994-2999 (1988)

7.2 ビルベリーエキス

中村英雄*

7.2.1 ビルベリーとは[1,2]

学名：*Vaccinium myrtillus* L.

ツツジ科スノキ属の小果樹で野生種ローブッシュブルーベリーの一種。別名ホワートルベリーとも呼ばれる。主に北ヨーロッパに自生，あるいは栽培されており，日本で生食用に栽培されているブルーベリーであるラビットアイブルーベリー，ハイブッシュブルーベリーなどに比べアントシアニン色素を多く含む。

7.2.2 有効成分，構造式

赤色色素であるアントシアニジン配糖体（＝アントシアニン）。

特に*Vaccinium myrtillus* L.に含まれるアントシアニンを総称してV.M.A.と呼んでいる（<u>V</u>accinium <u>m</u>yrtillus <u>A</u>nthocyanosideの頭文字をとった言葉である）。

これはフラビジウム骨格を基本骨格とするアントシアニジンをアグリコンとし，フラビジウム構造の3位に糖が結合したアントシアニジン配糖体である。アグリコンとして5種，結合する糖に3種類あり，それぞれの組み合わせにより15種類が確認されている（図1，表1）。

これら15種のアントシアニンはHPLCなどで分離確認されている（図2）。

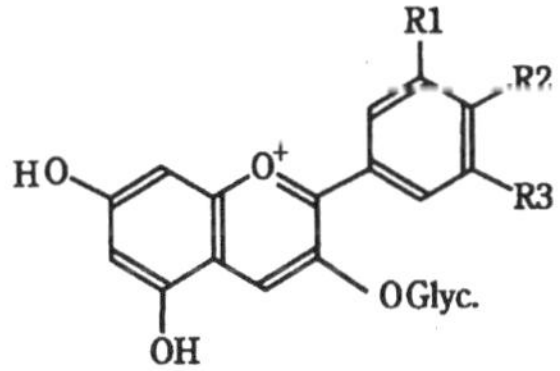

グリコサイド部分（Gly）にはアラビノース，グルコース，ガラクトースの3種が表1のアントシアニジンに結合している。

図1　アントシアニン構造式

表1　5種のアントシアニジン

	R1	R2	R3
デルフィニジン	OH	OH	OH
シアニジン	OH	OH	H
ペツニジン	OH	OH	OCH$_3$
ペオニジン	OCH$_3$	OH	H
マルビジン	OCH$_3$	OH	OCH$_3$

---

*　Hideo Nakamura　㈱常磐植物化学研究所　研究開発部

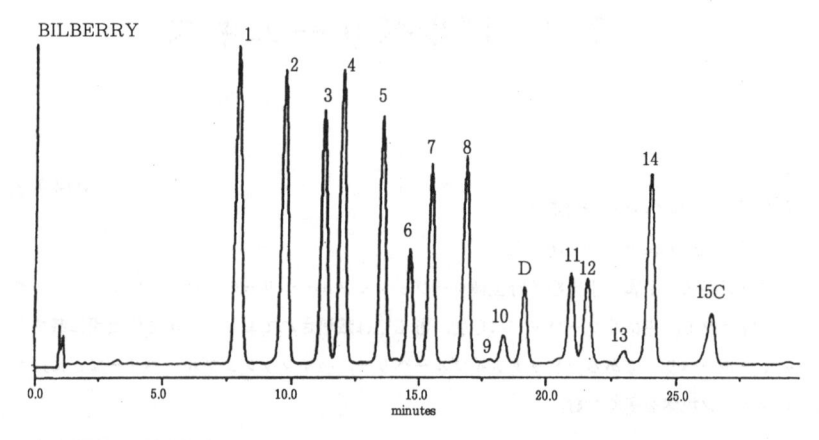

1. DELPHINIDIN-3-O-GALACTOSIDE
2. DELPHINIDIN-3-O-GLUCOSIDE
3. CYANIDIN-3-O-GALACTOSIDE
4. DELPHINIDIN-3-O-ARABINOSIDE
5. CYANIDIN-3-O-GLUCOSIDE
6. PETUNIDIN-3-O-GALACTOSIDE
7. CYANIDIN-3-O-ARABINOSIDE
8. PETUNIDIN-3-O-GLUCOSIDE
9. PEONIDIN-3-O-GALACTOSIDE
10. PETUNIDIN-3-O-ARABINOSIDE
11. PEONIDIN-3-O-GLUCOSIDE
12. MALVIDIN-3-O-GALACTOSIDE
13. PEONIDIN-3-O-ARABINOSIDE
14. MALVIDIN-3-O-GLUCOSIDE
15. MALVIDIN-3-O-ARABINOSIDE

D. DELPHINIDIN
C. CYANIDIN

図2 HPLCによる15種のアントシアニンの分離パターン（当社原料）

7.2.3 機能・効能・生理活性

特に夜間の視力に有益な効果のあることはすでに第二次世界大戦初期からビルベリーのジャムを食べたイギリス空軍のパイロットにより指摘されていた。

戦後研究が進み種々の生理機能が発見され、ヨーロッパでは視覚機能改善、循環機能改善の医薬品として利用されている実績がある。主な効能・機能は以下の報告がある。

(1) 視覚機能改善作用

夜間視覚に関する改善効果がある[3,4]。正常人のほか近視[5]，老人性白内障[6]，糖尿病性，動脈硬化性網膜症[7]などの眼疾患患者における機能改善効果の報告もある。

作用の本質としては網膜上の視覚物質であるロドプシンの再生の促進（図3, 4）があげられ，微小循環毛細血管系の保護作用や抗酸化作用も指摘されている。

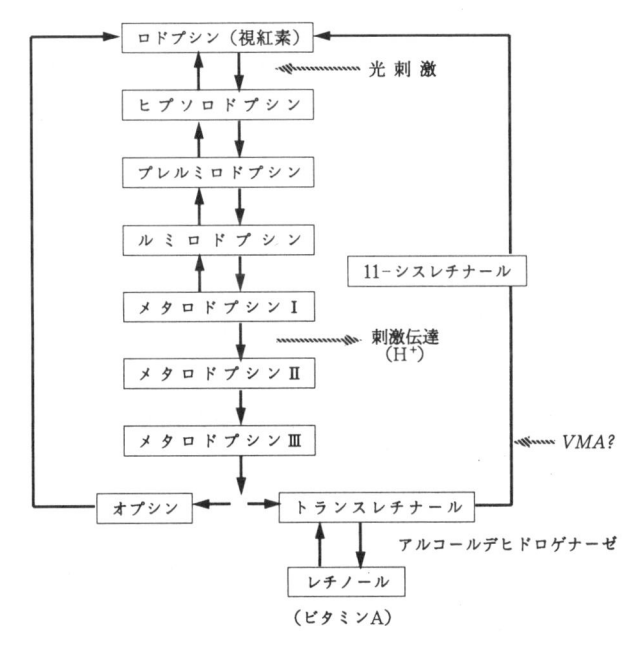

```
        ┌──────────────────┐
    ┌──→│ ロドプシン（視紅素）│←─────── 光刺激
    │   └──────────────────┘
    │         ↑↓
    │   ┌──────────────┐
    │   │ ヒプソロドプシン │
    │   └──────────────┘
    │         ↑↓
    │   ┌──────────────┐
    │   │プレルミロドプシン│
    │   └──────────────┘
    │         ↑↓
    │   ┌──────────────┐
    │   │ ルミロドプシン  │
    │   └──────────────┘       11-シスレチナール
    │         ↑↓
    │   ┌──────────────┐
    │   │ メタロドプシン I │
    │   └──────────────┘ ←─────── 刺激伝達
    │         ↑↓                    (H⁺)
    │   ┌──────────────┐
    │   │メタロドプシン II │
    │   └──────────────┘
    │         ↑↓
    │   ┌──────────────┐
    │   │メタロドプシン III│ ←─────── VMA?
    │   └──────────────┘
    │      ↓      ↓
    │  ┌──────┐ ┌──────────────┐
    └──│オプシン│ │トランスレチナール│──┐
       └──────┘ └──────────────┘  │
                    ↑↓    アルコールデヒドロゲナーゼ
                ┌────────┐
                │レチノール│
                └────────┘
                （ビタミンA）
```

ロドプシンは眼球内膜の最内層である目の網膜状に存在する視覚物質の1つ。光の刺激によりオプシンというタンパク質とレチナールという発色物質に分解し，その際に生じた刺激が脳に伝達される。

図3　視覚サイクル

ロドプシン再生量（△OD）

（グラフ：横軸 暗所放置時間（分）10〜60，縦軸 0〜0.15。●対照群　○VMA投与群）

光照射によりウサギ（ブルゴーニ種）の目を眩ませた後，暗所にて放置してロドプシンの再生量を測定した実験。ロドプシン量の測定はウサギ摘出眼球からロドプシンを抽出し，498nmの吸光度を測定している。VMA投与群（160/kg i.v.）は対照群に比べ，ロドプシンの再生速度が速い。

図4　ロドプシン再合成における VMA の効果

(2) 微小循環系毛細血管保護作用

炎症起因物質による毛細血管透過性抑制効果，毛細血管抵抗性の増大，血小板凝集抑制などの効果が生体内，生体外で確かめられている[8,9]。また鼻血[10]，痔[11]，原発性月経困難症[12]，妊娠中の下肢不全[13]の改善についての臨床試験も行われており，良好な結果が得られているのは興味深い。

(3) 抗潰瘍活性

薬物誘導潰瘍における抗潰瘍活性の報告がある[14]。

(4) 抗酸化，SOD作用

試験管内で市販の抗酸化剤に匹敵するラジカルスカベンジング作用が確認されている[15]。

7.2.4 安全性

食品成分であり，ヨーロッパで医薬品として使われている実績からも安全性は高い（表2）[16]。

表2 ビルベリーエキスの安全性試験

		ラット	マウス
急性毒性	経口投与 LD_{50}	>20g/kg	>25g/kg
	腹腔内投与 LD_{50}	2.35g/kg	4.11g/kg
	静脈内投与 LD_{50}	0.24g/kg	0.84g/kg
慢性毒性		6週齢のWister系ラットに臨床投与量の5倍量である3～6g/kgを3ヵ月間連続投与しても対照群と比較して変化なし。モルモットについても同様	
変異原性		ラット，ウサギ，マウスに対して臨床用量の1/2量，3倍量でも変異原性は示さなかった。	

7.2.5 性　状

アントシアニジン換算含量25％の粉末タイプが一般的であり，これはヨーロッパで医薬品として流通しているものと同じグレードのものである（表3）。この他に飲料用などにアントシアニン含量の低いエキスタイプもある。

7.2.6 安定性

アントシアニン色素であるためpHによる色調変化（図5，6），熱分解，酸化分解などの影響を受ける。以上を考慮してなるべく退色を防ぐ加工，保存が必要である。

表3 ビルベロン-25の規格

項　　目	規　格　値
性　　状	暗赤色の粉末
確認試験	
①アントシアニン	クエン酸緩衝液で赤色
②アントシアニン	530nm付近に極大吸収
純度試験	
①重金属	40μg/g以下
②ヒ素	4μg/g以下
③遊離アントシアニジン	5.0%以下
強熱残留物	3.0%以下
水　　分	5.0%以下
含　　量*	25.0%以上

* アントシアニジン含量(デルフィニジン換算)

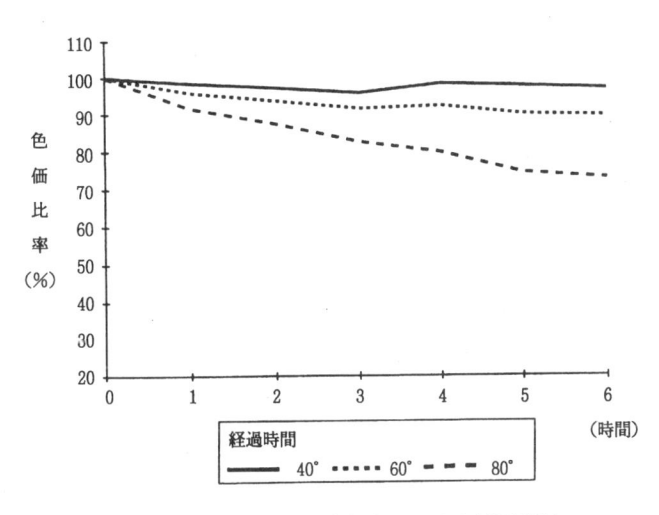

図5　ビルベリーエキスの色価（pH3における経時変化）

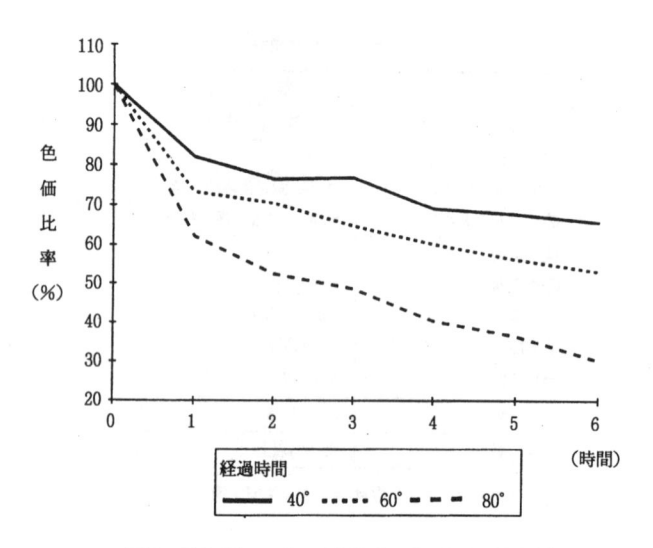

図6 ビルベリーエキスの色価（pH 6 における経時変化）

7.2.7 応用例・商品例

ヨーロッパでは医薬品として多く商品化されている。近年日本でもその機能が注目され，錠剤や顆粒，ドリンク剤など種々の形での健康食品として，また機能性を備えた色素としてジュース，ワイン，キャンデイ等への利用も広がっている。

7.2.8 メーカー，生産量，価格

国内メーカーは常磐植物化学研究所1社。1988年より商品化。1995年度は原料換算300トン以上を生産し，国内外へ出荷している。

価格は約15万円/kg（アントシアニジン含量25%規格品）。

文　献

1) 玉田孝人，農業および園芸，**64** (2)，271-275(1989)
2) 玉田孝人，農業および園芸，**63** (3)，387-390(1989)
3) Jayle et al., *Therapie*, X Ⅸ, 171(1964)

4) Jayle et al., *Annali d'Oculistique*, **198**, 556 (1965)
5) CASELLI L., *Arch. Med. Interna.*, **37** (1), 29-35(1985)
6) Bravetti G. O., *Ann. Ottalmol. Clin. Ocul.*, **115** (2), 109-116(1989)
7) PEROSSINI M., *Ann. Ottalmol. Clin. Ocul.*, **113** (12), 1173-1190(1987)
8) A. Lietti, *Arzneim Forsch (Drug, Res)* **265**, 829-832(1976)
9) Pulliero G., *FITOTERAPIA*, **60** (1), 69-76(1989)
10) Massenzo D., *RIV. ITAL. OTORINOLARYNGOL. AUDIOL. FONIATR.*, 12/1, 65-68(1992)
11) Pezzangora V., *GAZZ. MED. ITAL.*, **143** (6), 405-409(1984)
12) Colombo D., *G. ITAL. OSTET. GINECOL.*, **7** (12), 1033-1038(1985)
13) TEGLIO L., *QUAD. CLIN. OSTET. GINECOL.*, **42** (3), 221-231(1987)
14) A. Cristoni, M. J. Magistretti : Il Framaco Edizione Pratica Anno XI 11, N. 2 Febbraio 1987
15) 内海耕造（倉敷成人病センター付属医科学研究所）投稿準備中
16) 中山交市, 食品工業, **33** (22), 69(1990)

7.3 大豆サポニン

浜野光年[*1]，細山　浩[*2]，小幡明雄[*3]，永沢真沙子[*4]

7.3.1 組　成

北川らにより[1～4]解明された，5種類の大豆サポニンの構造式を図1に示す。

図1では，ソヤサポゲノールAをサポゲニン（疎水部のアグリコン）とするソヤサポニンA_1およびA₂とソヤサポゲノールBをサポゲニンとするソヤサポニンⅠ，ⅡおよびⅢの構造式である。ソヤサポニンⅠ，ⅡおよびⅢは，いずれもそのオリゴ糖部分において，グルクロン酸がサポ

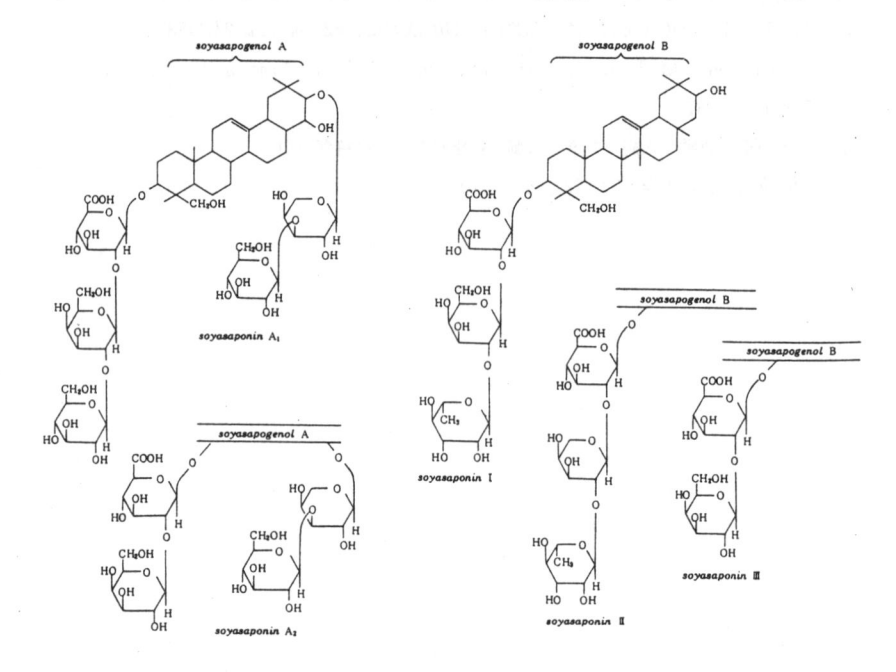

図1　大豆サポニン，Ⅰ，Ⅱ，Ⅲ，A_1，A_2の構造式[1～4]

---

* 1　Mitsutoshi Hamano　キッコーマン㈱　アレルゲンフリー・テクノロジー研究所(AFT)
* 2　Hiroshi Hosoyama　キッコーマン㈱　アレルゲンフリー・テクノロジー研究所(AFT)
* 3　Akio Obata　キッコーマン㈱　アレルゲンフリー・テクノロジー研究所(AFT)
* 4　Masako Nagasawa　キッコーマン㈱　㈱盛進

ゲノールに直接配糖体結合した糖鎖構造を有している。

7.3.2 製　　法[1,5]

① 大豆をメタノール抽出し，抽出物を次に，水/ブタノールで分画する。ブタノール相をエーテルに溶かして，不溶画分を遠心液体クロマトグラフィー（シリカゲル，500ppm）により，ソヤサポニンA_1, A_2およびI, II, IIIを単離する。

② 醤油粕（醤油製造の際に生じる副産物）を80％エタノールで還流し，東洋濾紙No.2で沪過し，その残渣を80％エタノールで洗浄し，粗サポニン抽出液を得る。抽出液を分子蒸留法などの分画工程を経て精製サポニンを製造する。

③ 大豆油の製造工程で出てくる油さいから，各種分留技術により，精製サポニンを製造する。図2に大豆サポニンの製造方法の一例を示す[8]。

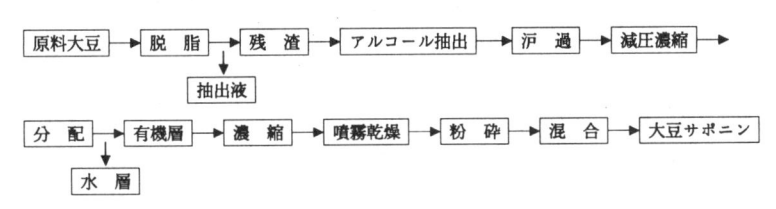

原料大豆 → 脱脂 → 残渣 → アルコール抽出 → 沪過 → 減圧濃縮 →

　　　　　　↓
　　　　　抽出液

分配 → 有機層 → 濃縮 → 噴霧乾燥 → 粉砕 → 混合 → 大豆サポニン

↓
水層

図2　大豆サポニンの製法[8]

7.3.3 性状，特性

大豆は古来より，枝豆，煮豆として直接に食されている。大豆を加工した食品として，醤油，味噌，豆腐，納豆，凍り豆腐，がんもどき，油揚げ，湯葉，大豆油や豆乳などがある。

大豆中には，総大豆サポニンとして約0.25〜0.3％あり[1-4,8]，納豆には0.09〜0.1％，味噌中に0.07％，豆腐には0.05％，凍り豆腐には0.3％，湯葉には0.4％，豆乳には0.05％，おから中に0.02％それぞれ含有している。サポニン（Saponin）は，植物中に分布し，疎水性のアグリコンと親水性の糖部からなる配糖体の一群であり，両性的な物性を有している。サポニンはセッケンのように「泡のたったもの」という意味のギリシア語から由来する。北川らは，日本産大豆中の大豆サポニン（Soyasaponin）は，構造式のところで述べた5種類を見出し，他の由来の異なる大豆中の大豆サポニンはアシル化された構造も有していることを報告している[1]。

大久保ら[5〜7]による，大豆サポニンとそのアグリコンの呈味性は次のようである。

　大豆サポニンA：強苦，弱収斂性（閾値10^{-5}％，W/V）
　サポゲノールA：弱苦，刺激性（閾値10^{-3}〜10^{-2}％，W/V）

次に大豆サポニンの融点を示す[8]。

大豆サポニンI   mp 238〜240°
大豆サポニンII   mp 212〜215°
大豆サポニンIII   mp 215〜216°
大豆サポニンA_1 mp 240〜242°
大豆サポニンA_2 mp 231〜232°

（文献値）

7.3.4 安全性

(1) 溶血作用[1,4,8〜11]

大豆サポニンは，家兎2%血液浮遊液についての溶血指数を測定すると，人参サポニンと同様に100以下の溶血性である，という報告がある。サポニンのなかには溶血作用のある場合もあるが，大豆サポニンは安全性が高いとみなされている。

(2) 急性毒性試験[1,9,13]

Wistar系とDDY系マウスでの試験があり，安全性は高い報告もなされている。

大豆サポニンはこのほか，ラット，マウスを用いた検討で，成長阻害の毒性[14]はないとされている。

(3) 安全性のさらなる課題

ヨウ素欠乏ラットを用いた木村ら[15]の報告では甲状腺肥大作用が認められた。しかし，大豆サポニンについては，魚毒性[14,17]，殺虫作用[19]，酵素阻害作用[14,18]，溶血性[14,16]なども報告されており，これらの問題点は今後さらに検討を要するところである。

7.3.5 効能，機能，生理活性[1,5,6]

(1) 血清脂質改善作用

大豆サポニンの分子構造は，親水基と親油基の両性質を有することにより，体内の脂肪と結合し血中に溶かし込み，血清脂質を除去させる。

(2) 生体内での過酸化脂質低下作用

マウスを用いてソヤサポニンA_2投与により，リボフラビンと同様の強い活性が認められた。

(3) in vitro での脂質の酸化抑制作用

過酸化処理した高脂肪食に大豆サポニンを混合して，ラットに投与すると肝障害発症が抑制される。また，コレステロール，中性脂肪，遊離脂肪酸も有意に下がる。

(4) 高脂血症治癒効果

7.3.6 応用例

・研究機関について，
  ① 阪大，薬学部北川，吉川らの研究
    大豆サポニンの構造の解明と脂質代謝および生理活性の研究，，安全性の確認など。
  ② 東北大，農学部，大久保らの研究
    大豆サポニンとイソフラボノイド配糖体の生理作用の解明と食品素材への活用。
  ③ 近畿大，東洋医学研究所，有地らの研究
    大豆サポニンおよびサポニンの脂質代謝と動物実験による安全性試験。
  ④ 諸外国研究機関[20〜22)]
    多数の外国研究機関の研究報告あり。
・企業の開発
  ① 日清製油
    しょうゆ粕よりのサポニンの抽出。
  ② キッコーマン
    しょうゆ粕よりの大豆サポニンの抽出と製造法。
  ③ 味の素
    大豆油の油さいからの大豆サポニンの抽出分離と製法。
  ④ その他の企業
    大豆サポニンの抽出法や製法についての技術開発は多いと考えられるが，発表はしていない。

7.3.7 メーカー，価格

  ① 白鳥製薬
  ② 小太郎漢方製薬
  ③ 長瀬産業
  ④ トキワ漢方製薬
    大豆サポニン　30万円/kg[8)]（業務用価格）

文　献

1) 北川勲,吉川雅之:化学と生物, 21, 224(1983)
2) I. Kitagawa et al. : *Chem Pharm Bull.*, 22, 3010(1974)
3) I. Kitagawa et al. : *Chem Pharm Bull.*, 30, 2294(1982)
4) 北川勲,吉川雅之,林輝明,谷山登志男:薬学雑誌, 104, (2), 162(1984)
5) 大久保一良:化学と生物, 22, 11(1984)
6) 大久保一良,高橋勝美:食品開発, 17, 30(1982)
7) 大久保一良,高橋勝美:食品開発, 17, 39(1982)
8) 松井松太郎:「新食品開発用素材便覧」(吉積,伊藤,太田,田村編), 457頁, 光琳出版 (1991)
9) 大南宏治,奥田拓道,林輝明,木村善行,有地滋:基礎と臨床(別冊), 15, (5), 209(1981)
10) 谷澤久之,佐塚泰之,滝野吉雄,北川勲,吉川雅之,林輝明,有地滋: *Proc. Symp. WAKANYAKU*, 15, 119(1982)
11) 谷澤久之,佐塚泰之,滝野吉雄,北川勲,林輝明,有地滋:日本薬学会第102年会講演要旨集, 585(1982)
12) 有地滋,戸田静男:基礎と臨床(別冊), 16, (13), 135(1982)
13) 北川勲,吉川雅之,斉藤雅之,滝野吉雄,谷澤久之,奥田拓道,大南宏治,有地滋,林輝明:第3回天然薬物の開発と応用のシンポジウム抄録, 16(1980)
14) Y. Birk: "Toxic Constituents of Plant Foodstuffs" (Academic Press New York), p. 169(1969)
15) 木村修一:栄養と食糧, 35, 241(1982)
16) Y. Birk et al. : *Nature*, 197, 1089(1963)
17) I. Ishaaya et al. : *J. Sci. Food Agric.*, 20, 433(1969)
18) I. Ishaaya and Y. Birk : *J. Food Sci.*, 30, 118(1965)
19) H. Su, R. Speirs and P. Mahany : *J. Econ. Entomol.*, 65, 844(1972)
20) J. Burrows et al. : *Phytochemistry*, 26, 1214(1987)
21) D. Fenwick and D. Oakenfull : *J. Sci. Food Agric.*, 32, 273(1981)
22) K. Price et al. : *J. Sci. Food Agric.*, 37, 1027(1986)

7.4 クマザサ

植草丈幸*

植物名称:クマザサ　イネ科 (Graminea) ササ属 (Sasa Makino et Schbata) Sasa veitchii Rehd (S. albo marginata)

クマザサは北海道を中心に本州，四国，九州，千島，樺太に広く分布し，特に北海道では各種のササ属を含めると森林の植物の 80%以上にもなり，また中国，韓国，および北朝鮮の一部にもその分布が見られるが，わが国がほぼ全体の 90%を占めることから，日本特産の植物ともいえる。

7.4.1 成　分

ササは他の森林の植物と比べ，きわだって様々な化学成分を有しているが，個々の成分の含有量はその生長段階や季節，その年の気候等により，変動することが知られている。葉の成分として，ホロセルローズ，ペントサン，リグニンが主成分であるが，その他テルペン類，アミノ酸，無機成分，ビタミン類がある。ただし，クマザサの抽出物については，その使用目的に応じて抽出法を異にするので，それにより抽出されてくる成分に特異性が出る。

抽出法は大別して，アルコール等の有機溶剤による抽出と熱

トリテルペノール (triterpenol)

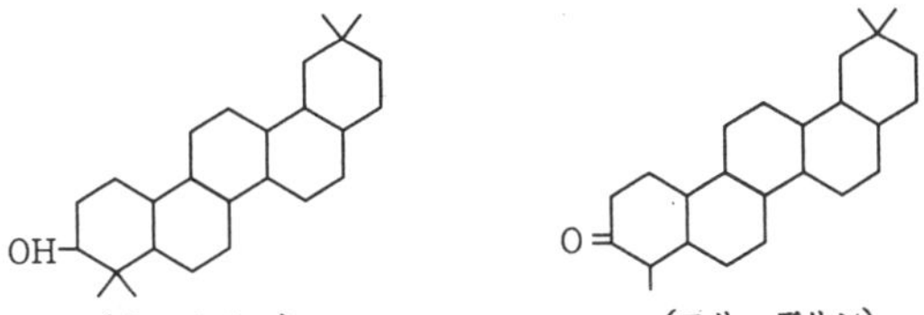

（β-アミリン）　　　　（フリーデリン）

成　分（クマザサ葉抽出成分）
テルペン類：トリテルペノール（β-アミリン，フリーデリン）
構 成 糖：グルコース，ガラクトース，マンノース，キシロース，アラビノース，リボース，ラムノース
アミノ酸：夏採取葉－プロリン，アラニン，グルタミン酸，アスパラギン酸，バリン
　　　　　秋採取葉－グルタミン酸，グリシン，アラニン，プロリン，アスパラギン酸，バリン
無 機 物：Ca, Mg, K, Na, ケイ素
ビタミン類：ビタミンB_2，ビタミンB_6，ビタミンB_{12}，コリン，ナイアシン，パントテン酸，ビオチン，葉酸等

図1

---

* Takeyuki Uekusa　㈱白寿生科学研究所

水抽出や蒸煮による抽出法がある。アルコール等の有機溶剤による抽出では，溶剤可溶成分として，トリテルペン類，特に精油成分など香気成分，ペプタイドやアミノ酸が抽出されてくるのに対し，熱水抽出では，単糖や重合度の高めのオリゴ糖や，多糖サポニンや水溶性ビタミン，無機成分が抽出され，そして蒸煮による場合は熱水抽出の場合よりも低分子のオリゴ糖，二糖や三糖のものが抽出されるが，蒸煮の場合は，ササの葉部より稈部の抽出が目的とされている。

(1) アルコール抽出

各抽出メーカーにより特許があり，工程の細部については各社特殊な方法がとられているが，最も一般的なアルコール抽出法の一例を記載する。

クマザサの葉部10kgを細切し，これに50％エタノールを50l加え，徐々に加熱する。加熱温度は50℃を超えない範囲で慎重に行う。この液を濾過し，抽出液1液として用意した別の容器に移す。残渣を再度50％エタノール50lで同様の抽出製作をくりかえす。抽出した両液を混合し50℃で減圧濃縮し，20lにする。これを7～10日室温で熟成した後，オリと沈澱をとりのぞき，日局エタノール50％を加え全量を50lとする。

〈性　状〉

アルコール抽出液は黄褐色の透明な液体で，芳香があり，水，エタノール，プロピレングリコールそしてグリセリンによく混和するが，アセトンには混和しない。

〈用　途〉

化粧品や医薬品として使用される。

(2) 熱水抽出

クマザサの葉部を細切し，約10kgを250l，90℃の熱水にて，2時間加熱し，200メッシュ濾過にて抽出液1液を得る。この抽出液を別の容器に移した後，再度150lの温水を加え90℃で1時間加熱抽出し，初回と同様に濾過をくりかえす。この両抽出液を合わせ，70℃以下の温度に下げ，減圧濃縮する。これを5℃にて2日間保存し，清澄濾過して流エキスを得る。この場合の乾燥固形分は100ml中5g程度である。

〈性　状〉

熱水抽出液は，褐色の粘稠液で，特異的芳香を有し，味はややにが味を有している。

〈用　途〉

保健食品や医薬品の胃腸薬として利用されている。

(3) 蒸　煮

クマザサの稈部を10cm前後の長さに切断し，約10kgをオトクレーブで10kgf/cm²20分，194～200℃の条件で蒸煮し，蒸煮物を圧搾しエキスを得る。原料は主に稈部が処理されるため主成分は糖質である。葉部の熱水抽出エキスと内容成分が異なるところから，圧搾液を噴霧乾燥した粉末の状態にし，水溶性の多糖粉体とされるのが一般的である。

〈性　状〉

黄褐色のエキス粉末，特異的芳香性があり，吸湿性が高いので保存には造校が必要。

〈用　途〉

保健食品（オリゴ糖を目的としたもの）

7.4.2 安全性

クマザサおよびその抽出物の毒性や安全性についての検討は，古くは国立埼玉療養所，黒木睦彦氏[1)]のマウスやラットを使っての抗腫瘍作用を目的とした場合の急性および慢性毒性の実験から始まり，日大歯学部の田村豊幸教授を中心としたササエキスの急性毒性および亜急性毒性の研究など，その薬理作用，生理活性等の検討と並行して数多く行われてきた。これらの報告はいずれもクマザサ葉エキスをマウスやラットに経口投与，静脈内投与，腹腔内投与，それに皮下投与し，急性毒性や亜急性毒性を試験動物の一般症状および死亡率ならびに体重，飲水量，飼料摂取量などの変化を観察し，それに続いて血液生化学的検査，剖検所見，臓器重量，病理組織学的所見等につき細目にわたって調査した内容が報告されている。これらの調査の中で試験初期に若干の体重減少が一部にみられた程度で，いずれの場合も毒性に関する有害な所見はみられていない。なお，ササエキスの静脈内投与や経口投与による動物体内への注入量は，通常，人が保健食品としてまた医薬品として使用している量の数百倍にも相当する量での毒性試験の単位であり，安全性はかなり高いものであると評価され得る。

7.4.3 機能，有効性

クマザサは古くは中国でその葉が神農本草経に収載されて以来「傷寒論」，「金匱要略」等の処方にもみられる漢方薬として使用されており，民間においても火傷，犬咬傷，吐血，下血，尿利渋滞などに応用されてきた。わが国でもクマザサの葉で包んだ握り飯，ササもちなどはササの香りと同時に食品の保存性を高めるということで使用されてきた。しかし，その防腐作用に関する本格的根拠には現在まだ乏しく，その作用機序も不明である。しかしこのような状況下でありながら，クマザサの防腐作用，抗腫瘍作用の研究はすでに50年来のものであり，日本ばかりでなく，ヨーロッパや中国においても各種の研究が行われてきている。

わが国における研究で古いものは，第二次世界大戦前にさかのぼり，ササ研究家，横山佹史がササの防腐作用を持つ成分としてササ多糖を抽出し，バンホリン（Banfolin）と名づけた。この成分は当時，食品の発酵を防止する目的で漬物などの防腐剤として利用されたことがあった。しかし，その後，防腐効果より抗腫瘍機能が認められるとする数々の報告から，当時，国立埼玉療養所，黒木睦彦氏らによりマウスの腹水癌（エーリッヒ癌）に対する制癌効果ありとする動物実験等が報告され，それに続いて当時，東京大学教授の大島光信氏，東北大学の内山氏らにより臨床試験や基礎研究の報告が次々と提出された。筆者も杏林大学微生物学教室の田口氏らとマウスの免疫担当細胞に対する熱水抽出によるササエキスの影響を検討したところ，経口投与と腹腔内投与の両方でマウスの好中球の遊走能や殺菌能に有意な上昇が認められたことを経験した。

このように数多く続けられてきているササエキスの有効性について，各研究者の動物実験レベルでは必ずしもその有効性について，再現性に乏しい点は存在するが，各研究報告の中で共通してその有効性の可能性が主張される点はササの葉の成分の中でヘミセルロース由来の多糖にその有効性が集中しているように思われる。このことは，これまで植物や菌類より抽出される，抗腫瘍作用や制癌作用の可能性を報告されているものの多くが植物の細胞壁構成成分や菌体抽出成分のβ(1-3)-グルカン，例えばササ以外にも，抗腫瘍多糖としてシイタケ抽出物中のレンチナン，スエヒロダケ菌糸体のシゾフィラン，さらに，サルノコシカケのグルカンから得られるグルカンポリオールなど，互いに類線の多糖であることが明らかになっている。

現在，癌治療の目的で利用されている薬剤は，ほとんどが細胞嚢系に属するもので，生体の腫瘍細胞だけでなく，宿主側の正常細胞にも同じ毒性をもたらし，その制癌作用は両者の間のわずかな感受性を利用せざるを得ないものであるのが現状である。それゆえ，制癌剤は，腫瘍細胞を破壊すると同時に，正常細胞をも多かれ少なかれ犠牲にせざるを得ない宿命をもっている。その点ササエキス等の制癌作用は，その機序が細胞を制するのではなく，既知制癌剤とは基本的に異なり，免疫担当細胞との有効な関わりの中で考えられるところにあると思われる。

今後もササエキスの抗腫瘍作用につき，基礎研究が臨床試験が実施され，制癌への大きな躍進が望まれる。

7.4.4 ササ関連商品

〈ササエキス〉	内容	メーカー名	価格
① ホシ隈笹エキス	（液）45g	星製薬	18,000 円
② クロロラン	（〃）30ml	㈱クロロランド・モシリ	4,800 円
〃	（〃）60ml	〃	8,000 円

③	コンクロン		160ml		1,800円
	(クマザサ葉粉末＋コンフリー抽出液飲料)				
④	ササライフ		20ml	㈱オノジュウ	600円
	〃	(ドリンク)	180ml	〃	4,500円
			500ml	〃	9,600円
⑤	クマザサエキス粒		360粒	㈱ケンコー	6,000円
	クマザサエキス濃縮エキス		500ml	〃	8,000円
⑥	深山笹エキス100%		48g	弘南健康食品㈱	15,000円
⑦	グリーンドリッチ	(カプセル)	180粒	小玉㈱	6,800円
⑧	タキザワ隈笹エキス	(エキス)	35g	㈱タキザワ漢方廠	13,800円
	〃	(ドリンク)	50ml		300円
⑨	笹の精	(エキス)	25ml	㈱長者村	10,000円
⑩	ササ多糖体健康あめ	(瓶入り)	60g	㈱日健協サービス	9,800円
	〃	(分包)	2g	〃	350円
⑪	バンホリン	(エキス)	50g	㈱日本制ガン研究所	17,000円
⑫	サイロン	(エキスカプセル)	90g	日本シャクリー㈱	10,000円
⑬	熊笹エキス	(エキス)	35g	マルサンヘルスサービス㈱	13,800円
⑭	ササゲンローヤル	(エキス入り清涼飲料)	50ml	㈱白寿生科学研究所	300円
⑮	ササニンゴールド	(エキス入り粉末)	3g×60包	〃	4,350円
	〃		3g×120包	〃	8,300円

〈ササ粉末加工品〉

⑯	ササジン	(クマザサ粉末)	60g入	㈱京都栄養化学研究所	1,300円
		〃	180g入	〃	3,600円
		(クマザサ粒)	85g		2,000円
		〃	225g		5,500円
⑰	ササロン	(クマザサ微粉末粒)	100g入缶	㈱白寿生科学研究所	2,500円
		〃	270g入缶	〃	4,900円

文　献

1) 黒木睦彦，日本薬学会抄録集，1962年11月
2) W. Agata: *Japan Agric. Res. Buarterly* **14**, 106(1980)
3) 三崎旭，科学と工業，**58**, 421～407(1984)
4) 千原呉郎，"癌と免疫増強"，講談社，サイエンティフィク(1980)
5) 田村豊幸，藤井彰，日大口腔科学，**6** (4), 335(1980)
6) 金森政人ら，杏林医会誌，**2**, 73p(1971)
7) 田口晴彦ら，杏林医会誌，**24**, 1号(1993)
8) 植草丈幸ら，杏林医会誌，**23**, 1号(1992)
9) Brookes, P: *Cancer Res.* **26**, 1994(1966)
10) 賀田恒夫：化学と生物，**11**, 191(1973)

7.5 イチョウ葉エキス

中村英雄*

7.5.1 はじめに

学名：*Ginkgo biloba* L. はイチョウ科に属する一科一属一種の植物である。およそ2億5千万年前から地球に存在し，中世ジュラ紀に全盛を極め，その後のたび重なる地球の変動に耐え，生き抜いたものが今日存在する一種とされる。原産は中国だが今日では世界各国に存在している。

7.5.2 有効成分・構造式

構成成分のうち有効成分はフラボノイド配糖体とテルペノイドである（表1，2）[1]（図1，2）。イチョウ葉にはこの他に ginkgolic acid など皮膚障害の原因となる物質も含まれているが，これは精製により除去される。

7.5.3 機能・効能・生理活性

次のような生体内作用が報告されている。
① 心血管系
　　血小板凝集抑制，線溶活性[2]，酸素欠乏による障害回避[3]，血管透過性抑制[4]，PAF拮抗作用[5]
② 中枢神経系
　　脳血流改善，脳内代謝改善，酸素欠乏への抵抗性[6]，脳浮腫改善[7]，神経伝達系改善[8]，覚醒記憶改善[9]，抗不安・抗ストレス[10]
③ 神経感覚系
　　視覚障害改善[11]，内耳・聴覚障害改善[12]
④ 呼吸器系
　　PAF誘導喘息，気管支炎改善[13]

以上のような作用から臨床実験の報告も数が多い[14]。ヨーロッパでは医薬品として次のような症例に適用されている。

---

*　Hideo Nakamura　㈱常磐植物化学研究所　研究開発部

表1　イチョウ葉の構成成分とイチョウ葉エキス中での存在（I）[1]

イチョウ葉中の構成成分	イチョウ葉エキスでの有無
フラボノール—配糖体	
kaempferol-3-O-glucoside	＋
quercetin-3-O-glucoside	＋
isorhamnetin-3-O-glucoside	＋
kaempferol-7-O-glucoside	＋
quercetin-3-O-rhamnoside	＋
3′-O-methylmyricetin-3-O-glucoside	（＋）
フラボノール二配糖体	
kaempferol-3-O-rutinoside	＋
quercetin-3-O-rutinoside (rutin)	＋
isorhamnetin-3-O-rutinoside	＋
3′-O-methylmyricetin-3-O-rutinoside	（＋）
syringetin-3-O-rutinoside	（＋）
フラボノール三配糖体	
kaempferol-3-O-[α-rhamnosyl-(1→2)-α-rhamnosyl-(1→6)]-β-glucoside	＋
quercetin-3-O-[α-rhamnosyl-(1→2)-α-rhamnosyl-(1→6)]-β-glucoside	＋
フラボノール二配糖体のクマリンエステル	
kaempferol-3-O-α-(6‴-p-coumaroylglucosyl)-β-1,2-rhamnoside	＋
quercetin-3-O-α-(6‴-p-coumaroylglucosyl)-β-1,2-rhamnoside	＋
フラボン，フラボノール	
kaempferol	＜0.1%
quercetin	＜0.1%
isorhamnetin	＜0.1%
luteolin	－
delphidenon	－
myricetin	－
ビフラボノイド	
amentoflavone	＜0.1%
bilobetin	＜0.1%
5′-methoxybilobetin	＜0.1%
ginkgetin	＜0.1%
isoginkgetin	＜0.1%
sciadopitysin	＜0.1%
その他フラボノイド化合物	
Prodelphinidins／procyanidins	＋
(＋)catechin	－
(－)epicatechin	－
(＋)gallocatechin	－
(－)epigallocatechin	－

　＋　：イチョウエキス葉中に0.5%以上存在する
（＋）：イチョウエキス葉中に0.5%以下存在する可能性がある
　－　：イチョウエキス葉中には存在しない

表2 イチョウ葉の構成成分とイチョウ葉エキス中での存在（Ⅱ）[1]

イチョウ葉中の構成成分	イチョウ葉エキスでの有無
テルペン	
bilobalide	+
ginkgolide A	+
ginkgolide B	+
ginkgolide C	+
ginkgolide J	(+)
ステロイド	
sitosterin	−
campesterin	−
2,2-dyhydro-brassicasterin	−
sitosterin-glucoside	(+)
有機酸	
acetate	
shikimic acid	+
3-methoxy-4-hydroxybenzoic acid	+
4-hydroxybenzoic acid	+
3,4-dihydroxybenzoic acid	+
6-hydroxykynurenic acid	+
kynurenic acid	(+)
ascorbic acid	(+)
ginkgolic acid	−
その他	
long-chain alkanes, alkens	−
sugars and sugar derivatives	+
polyprenol	−
(Z,Z)-4,4'-(1,4-pentadien-1,5-diyl) diphenol	−
cytokinin	−
β-lectin	−
carotenoids	−

＋ ：イチョウエキス葉中に0.5％以上存在する
（＋）：イチョウエキス葉中に0.5％以下存在する可能性がある
− ：イチョウエキス葉中には存在しない

- 循環機能不全による脳機能障害（めまい，耳鳴り，頭痛，記憶力低下，気分不安定），脳外傷等の後遺症
- 末梢循環障害：歩行障害，レイノー病，末端感覚障害
- 循環器からくる感覚神経障害，特に眼科および耳鼻咽頭科

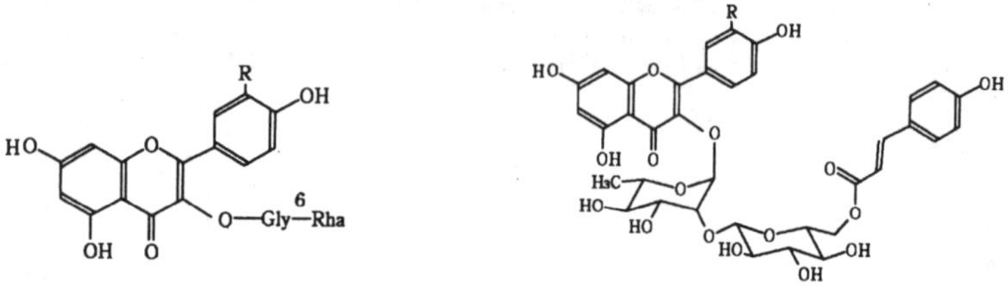

R=H : Kaempferol-3-O-rutinoside
R=OH : Quercetin-3-O-rutinoside
R=OCH₃ : Isorhamnetin-3-O-rutinoside

R=H:Kaempferol-3-O-(6‴trans-p-coumaroyl-2″-glucosyl) rhamnoside
R=OH:Quercetin-3-O-(6‴trans-p-coumaroyl-2″-glucosyl) rhamnoside

図1 イチョウ葉含有フラボノイド配糖体構造式

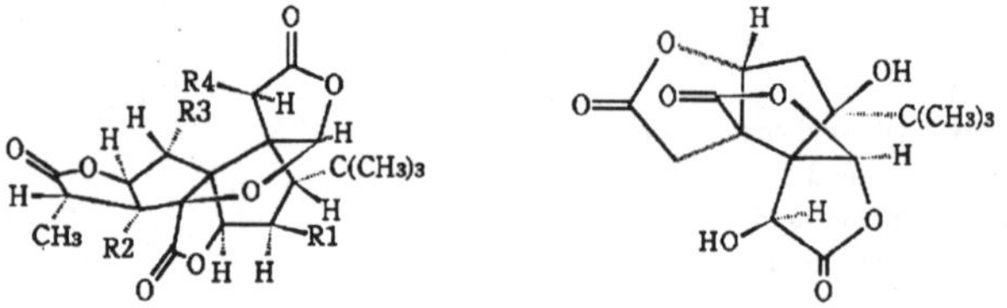

	R1	R2	R3	R4
Ginkgolide A	H	OH	H	OH
Ginkgolide B	H	OH	OH	OH
Ginkgolide C	OH	OH	OH	OH
Ginkgolide J	OH	OH	H	OH
Ginkgolide M	OH	H	OH	OH

Bilobalide

図2 イチョウ葉含有テルペノイド構造式

7.5.4 安全性

ヨーロッパでは広く医薬品として用いられており，安全性は高い[15]。

・急性毒性

経口投与：LD_{50}=7.73g/kg（マウス）ラットでは測定不能。

静脈投与：LD_{50}=1.1g/kg（ラット，マウス）

・慢性毒性

ラット（27週）にはじめ20 mg/kg/日，その後30,400,500 mg/kg/日，マウス（26週）にはじめ100 mg/kg/日，その後300,400 mg/kg/日と段階的に増量投与。いずれも臓器損傷，肝障害認められず。

- 催奇形性：認められず
- 変異原性：認められず

7.5.5 性　　状
フラボノイド24％，テルペノイド6％を規格化した粉末タイプが一般的。

7.5.6 応用例・商品例
ヨーロッパではイチョウ葉エキスを配合した医薬品が多く商品化されている。

日本では錠剤，ドリンク剤などの健康維持食品として，単品その他の素材との組み合わせによる商品例も多い。また浴用剤，化粧品，養毛剤などへの利用，機能性を備えた菓子類への利用などもある。

7.5.7 メーカー・価格
国内メーカーは常磐植物化学研究所，丸善製薬，タマ生化学。

価格約15万円/kg（フラボノイド24％，テルペノイド6％の規格品）

文　　献

1) F. V. DeFeudis, Ginkgo biloba Extract (EGB761) : Pharmacological Activities and Clinical Applications, Elsevier, Paris, 1991, pp10-11
2) Borzeix M. G., *Sem Hop Paris*, **56**, 393-398(1980)
3) Guillon J. M., *Presse Med.*, **15**, 1516-1519(1986)
4) Cleland ME, Inveresk Res. Int., No. 6035 ; Instisut Henri-Beaufour, Paris, 10080, pp29
5) Baranes J., *Pharmacol. Res. Commun.*, **18**, 717-737(1986)
6) Krieglstein J., *Life Sci.*, **39**, 2327-2334(1986)
7) Sancesario G., *Acta. Neuropathol.*, **72**, 3-14(1986)
8) Muller ME., *Drug News Perspect 2*, 295-300(1989)
9) Lenegre A., *Pharmacol. Biochem. Behav.*, **29**, 625-629(1988)
10) Porsolt RD., ITEM-LABO Study No D1. 301, Internal Report, Institut Henri-

       Beaufour, Leplessi Robinson, 1988, France, pp37
11) Doly M., *Presse Med.*, **15**, 1455-1457(1986)
12) Raymond J, *Presse Med.*, **15**, 1484-1487(1986)
13) Braquet P., *Blood Vessel*, **16**, 558-572(1985)
14) Jois K., *Br. J. Clin. Pharmac.*, **34**, 352-358(1992)
15) Drieu K., Rapport de synthese. Institut Henri-beaufour, 1988, Paris

7.6 大麦若葉エキスとケールエキス

岡　弘志[*]

7.6.1 自然と緑への回帰

　緑の植物は，動物にはまねることのできない光合成を行って有機物を造りだしている。この恩恵によって動物は食物連鎖の中に位置づけを得られたのだから，緑に人間が引かれるのも自然の摂理と納得させられる。ところが，最近ではこの緑をあまり食べなくなってきている。というより緑を食べる量に比べて，それ以外の食物を食べる割合が高まってしまった。肉類，油もの摂取が増えただけでなく加工食品や冷凍食品の利用頻度も増加した。現代人は美味しいものだけを食べて，不味いものや食べづらいものは食べない傾向にある。人類誕生以来の食物バランスが急激に崩れつつあるといえる。現代は食べるに困る時代ではなく，3大栄養素の摂取はほとんどの場合十分といえる。それよりもビタミン・ミネラルをはじめとする生体調節に係わる栄養素のバランスのとれた摂取が必要である。そのために有史以来，動物を支えてきた野菜や野草についての積極的かつ効果的摂取が望まれる。

　今，青汁が注目を集め，多くの消費者は青汁が身体に良いとは認識している。ここでは青汁としての大麦若葉とケールを考えてみたい。

7.6.2 作物としての大麦若葉およびケール

(1) 大麦の利用

　人類の主食はイネ科作物が多く，五穀と総称される米，麦，粟，黍，稗はすべて同じ仲間である。人類の主食ともいえる，米，小麦，トウモロコシはそれぞれにアジア，ヨーロッパ，アメリカの文化の母といわれている。このように栄養学も分析学もない時代に，人類は多くの場合イネ科作物を主食として選んでいる。このわけは明らかではないが，イネ科植物にはアルカロイド類が少ないのが1つの理由ではないかといわれている。

　日本では大麦は秋蒔きで初夏に収穫され，「麦秋」という季語にまでなっている。このように大麦の生育時期が冬場であるため，病害虫の防除の必要に迫られず，農薬の散布を行わず栽培が可能である。今の時代の趨勢である無農薬栽培に適合する作物ということができる。

---

[*] Hiroshi Oka　アスプロ㈱　営業企画室

(2) ケールの利用

ケールはキャベツの原種に近いが，キャベツのように球にならない非結球である。キャベツ類の原産はヨーロッパで，北海，地中海，大西洋の沿岸に分布しており，ケールは食用として広く栽培され食卓を彩っている。日本への渡来は古く，「大和本草」(1708年) にケールと思われるハゴロモカンランとして記載されている。しかし，わが国では野菜としての利用の記録は見当たらない。現代も消費は少なく，もっぱら青汁として食されている。

(3) 大麦若葉とケールの栄養学的特徴

大麦若葉エキスの原料となる大麦は，出穂前の繊維の発達していない栄養成長期の若葉である。栄養成分的にも生殖成長に入った時期の葉に比べて優れていると考えられる（表1）。粗タンパク含有量および可消化率は成長とともに低下し，可溶無窒素物が上昇し，灰分も成長とともに低下する。アスプロ製造の大麦若葉エキス末に含まれるミネラルとビタミンの含有量と他の野菜・果物類のそれとの対比を示した（表2）。

表1 大麦若葉エキス末の成長期による栄養成分の変化

大麦若葉の成長状態	栄養成長期 草丈約20cm	出穂前 草丈約45cm	出穂後
粗タンパク質 (%)	33.6	27.9	20.3
粗脂肪 (%)	0.6	1.9	0.7
可溶無窒素物 (%)	38.9	48.3	57.8
灰分 (%)	15.8	12.0	11.2
可消化タンパク (%)	31.1	26.0	18.5
ビタミンC(mg%)	329	140	124
カルシウム (mg%)	1,108	851	691
カリウム (%)	6.0	4.4	4.4

表2 ビタミンとミネラル含有量の比較

	カルシウム	リン	鉄	ナトリウム	カリウム	マグネシウム	カロチン	V.E	V.B$_1$	V.B$_2$	ナイアシン	V.C
	(mg%)			(μg)			(mg%)					
トマト	9	18	0.3	2	230	8	390	0.8	0.05	0.03	0.5	20
ニンジン	15	200	1	6	720	20	7,300	0.4	0.07	0.05	0.9	9
カボチャ	17	35	0.4	1	300	17	620	1.6	0.07	0.06	0.6	15
ホウレンソウ	55	60	3.7	21	740	70	3,100	2.5	0.13	0.23	0.6	65
キャベツ	43	27	0.4	6	210	14	18	0.1	0.05	0.05	0.2	44
大麦若葉エキス末	274	264	19	514	4,000	110	4,100	21.6	0.64	1.30	4.4	51

大麦若葉エキス末の有用性は，安全で自然な状態のままの成長期の栄養素をほぼ完全吸収できることにあると考えられる。また，大麦若葉エキス末は青汁の中では風味・味わいに癖がなく抹茶の味に似通っていて，日本人の味覚にマッチした食材といえる。

　ケールは青汁愛好家に「野菜の王様」と呼ばれるほど栄養価は高い。特にビタミンAとE，Cが豊富で，ミネラルではカルシウムを多く含む。表3にニンジンジュース等との比較を示した。

　ケールエキス末の有用性はその栄養価の高さにある。青臭いケール特有の癖はあるものの，本格派の青汁といえる。

表3　ケールの栄養成分比較（ニンジン，オレンジ，トマトとの対比）

		ケール葉	ニンジンジュース	オレンジジュース	トマトジュース
タンパク質	(g／100g)	4.6	0.8	0.7	1.3
脂　　　肪	(g／100g)	0.7	0.2	0.2	0.3
炭水化物	(g／100g)	6.2	9.3	11.8	7.3
カルシウム	(mg／100g)	187	24	42	11
鉄	(mg／100g)	1.6	0.5	0.2	0.9
カリウム	(mg／100g)	222	287	203	389
亜　　　鉛	(mg／100g)	0.7	0.2	0.0	0.2
ビタミンA	(unit／100g)	832	2,110	20	106
チアミン	(mg／100g)	0.11	0.09	0.09	0.08
リボフラビン	(mg／100g)	0.18	0.05	0.04	0.05
ナイアシン	(mg／100g)	1.6	0.41	0.42	1.1
ビタミンC	(mg／100g)	93.0	8.2	44.0	18.0

7.6.3　大麦若葉およびケールエキスの機能と生理活性

(1) 抗酸化作用成分

　大麦若葉が成長期の健全な植物であるのなら，そのエキスに抗酸化作用成分が含まれるのも当然といえる。その成分にはSODやペルオキシダーゼなどの酵素類，フラボノイド，またカロチン，ビタミンCやEなどのビタミン類がある。アスプロ製造の大麦若葉エキス末のSOD活性は 3.3×10^3 unit／g またSO消去活性は 2.0×10^3 unit／g であり抗酸化成分の補給食品としても期待できる。

　ケールも同様で，特にフラボノイドやビタミン類の含有量が高い。ケールのビタミンE含有量を表4に示した。

表4　野菜中ビタミンEの含有量
－新鮮試料，凍結試料－(mg/100g)

野　　菜	新鮮試料	凍結試料
ケール	5.4	2.4
カリフラワー	0.2	0.06
芽キャベツ	0.9	0.34
ニンジン	0.55	0.22
タマネギ	0.07	0.06
西洋ネギ	0.55	0.17
ほうれん草	2.9	2.2

活性酸素による遺伝子や組織に対する障害は広く知られるところであり，当然活性酸素の除去に日常の食品が役立っているわけであるが，大麦若葉エキス末やケールエキス末の摂取もまた同様に役立つといえる。

(2) メラトニン

脳の松果体から分泌されるメラトニンは体内時計を司るホルモンであるが，免疫機能や老化の防止にも係わっているといわれている。このメラトニンは自然界の植物からも検出することができる。大麦若葉およびケールエキス末からもメラトニンが検出されている。天然メラトニンが青汁を通じて補給されることによって腸管粘膜におけるメラトニン受容体との反応が期待される。微量とはいえ，その機能が発揮されると考えられ，今後の研究が待たれる。

(3) クロロフィル

クロロフィルはポルフィリン環を持ちヘモグロビンによく似た化合物であることから「緑の血液」とも呼ばれる。しかし，天然のクロロフィルは不安定で，通常は銅クロロフィリンナトリウムの形で利用されている。しかし，大麦若葉およびケールエキス末は新鮮な材料から短時間でしかも熱をできるだけ加えずに粉末化されたもので，植物にあるがままのクロロフィルを含有している。しかし，製造法によっては，加熱による変性のためクロロフィルが失われている製品も見受けられる。

(4) ビタミン・ミネラル

表2と表3に示したとおり大麦若葉およびケールエキス末はビタミン・ミネラルを自然界の健康な植物のエキスとして天然の配合のまま含有している。ビタミン剤やミネラル剤として販売される多くの医薬品が人工的に配合されたそれしか含まないのに比べ，機能を限定しない食品としてのビタミン・ミネラル補給食品とも位置づけられる。

7.6.4 青汁としての大麦若葉とケール

大麦若葉とケールは古くから食用とされ，また青汁として用いられているが，青汁にして飲む利用法は緑黄色野菜をたくさん食べる方便として考えられたものである。

青汁とは新鮮な緑黄色野菜の搾汁液であり，細胞液にほかならない。通常，野菜を噛むことにより口中で搾汁するわけであるが非常に効率が悪いといわれている。噛まずに飲み込めば繊維（セルロース）を消化できず細胞液を吸収できないことになる。草食動物の多くはセルラーゼによって消化するし，反芻を行い吸収を図る。そして人間は完全吸収を図るため青汁を作るのである。

7.6.5 青汁エキス末の製造方法

製造工程を図1に示した。新鮮であることが条件である以上，栽培から製品化までの一貫生産が望まれ，ポイントとしては次のようなことがあげられる。

栽培 → 洗浄 → 破砕 → 搾汁 → 濃縮 → 粉末化 → 造粒 → 製品化

図1　大麦若葉およびケールエキス末の製造工程

- 無農薬で栄養豊富な素材を栽培すること。衛生的であること。
- 搾汁が十分であること。
- クロロフィルを初めとする栄養成分に変性のないこと。
- 過剰な熱が加わらないこと。
- 利用に便利であること。
- 品質保持が十分であること

などである。粉末化については工業的にみてスプレードライ方式やフリーズドライ方式が望まれる。通気乾燥方式では熱風による強制乾燥が行われるため生産物を青汁とは呼べないであろう。

7.6.6 青汁エキス末に望まれる製品特性

食品としてそのまま口に含んで食べることは可能であるが，一般に水に溶かして利用される。そのため次の性状が製品特性を判断する基準となる。すなわち，よく振って溶かしたときの泡立ちがよく，静置したときの懸濁状態が長く保持されることが製品の品質を評価する重要な指標となる。また，緑色が長く保持されることも重要である。

7.6.7 製品紹介

大麦若葉およびケールエキスを主材料とする加工食品の一覧を表5に示す。

表5　大麦若葉およびケールエキスを主原料とする加工食品

主原料	商品名	内容量	販売会社名
大麦若葉エキス	アバンスグリーン	3g×60袋	アバンス
	やずやの養生青汁	3g×63袋	やずや
	グリーンマグマ	150g	日本薬品開発
	グリーンタイム	2.5×30袋	ミナト製薬
ケールエキス	ケールの青汁	3g×60袋	アスプロ
	そのまんま青汁	7pack×4個	スカイフード
	野菜村	5g×7袋	野菜村本社
	百年青汁	3g×60袋	ロイヤル食品

文　献

1) 本田正次, 牧野晩成：植物の図鑑①, 162, 1969
2) Mercadente A.Z.*et al.*, *J. Agri and Food Chem.*, **39** (6), 1094-1097 (1991)
3) Truesdell D.D. *et al.*, *J. American Dietetic Association*, **84** (1), 28-35 (1984)
4) Flink J.M. *et al.*, *International Drying Symposium*, 497-501 (1982)
5) *Quick Frozen Foods*, **42**, (10), 62-63 (1980)
6) 麦類緑葉の乳酸醗酵飲食料の製法, 特許出願公告, 昭 52-47028

7.7 アロエエキス

平田千春*

7.7.1 はじめに

　アロエは，南アフリカ原産のユリ科の多年草多肉植物で，約300種類が知られているが，日本でアロエと呼ばれているのはキダチアロエ（Aloe arborescens Miller）という品種である。日本にキダチアロエが伝わったのは，鎌倉時代といわれているが，一般に普及したのは戦後になってからである。
　キダチアロエは他のアロエと異なり，医療を目的とする民間薬（俗称：医者いらず）として一般に幅広く用いられている。また食品の素材としても数多く利用されるようになってきた。われわれは，キダチアロエを素材とするドリンク剤や食品および化粧品等，数多くの商品を開発し，販売してきたが，その中でとりわけ開発に力を注ぎ，独自の製法により製法特許を取得したキダチアロエキス飲料（以下アロエエキスという）に関して記述する。

7.7.2 製　　法

　一般的にアロエエキスはアロエの生葉を圧搾して，または破砕後，圧搾してエキスを製し，熱等により殺菌し製品とするが，われわれはアロエエキスを製造するにあたり，エキスの有効性，安全性および商品価値等の観点から，いずれも高いレベルに設定し，商品化の開発を進めてきた。
　独自に開発した特許製法により，安全性上問題となるエキスの灰汁の除去およびエキスの酸化を防ぐことはもとより，市場でしばしば問題となる異物混入や菌の汚染などに対応するため，製造ラインに加熱殺菌・除菌の工程を組み込み，製造前後にはライン洗浄・滅菌を行うなど，徹底した衛生管理下で製造している。
　これにより，防腐剤や酸化防止剤などの添加物を使用しなくても，長期間の保存に耐える製品ができている。

7.7.3 安全性

(1) **キダチアロエの灰汁に対するラットへの影響**
　アロエの有効性に関しては，数多く研究報告されているが，その反面安全性に関してはあまり

---

*　Chiharu Hirata　㈱ひらたヘルシー　社長

報告されていない。われわれはアロエが灰汁の多い植物であることに着目し，灰汁の安全性についてマウスを用いて検討した。

実験試料として，①水道水，②アロエエキス（平田農園製），③キダチアロエの灰汁（以下灰汁という）を使用した。

投与法についてはラット9匹を3群に分け，投与した試料によって，対照群，アロエエキス群，アロエ灰汁群とし，4週間飼育した。水道水，アロエエキス，灰汁はそれぞれ自由摂取させた。

その結果，図1に示したようにアロエエキス群，アロエ灰汁群ともに，対照群に比べ体重の増加が抑えられることがわかった。また，図2に示したようにアロエ灰汁群の各臓器の重量は他群よりも軽くなっていた。しかし4週間後のラットを解剖し，肝臓，腸を調べたところ，アロエ灰汁群の3匹中1匹の腸管膜動脈に血の塊が認められた（図3）。

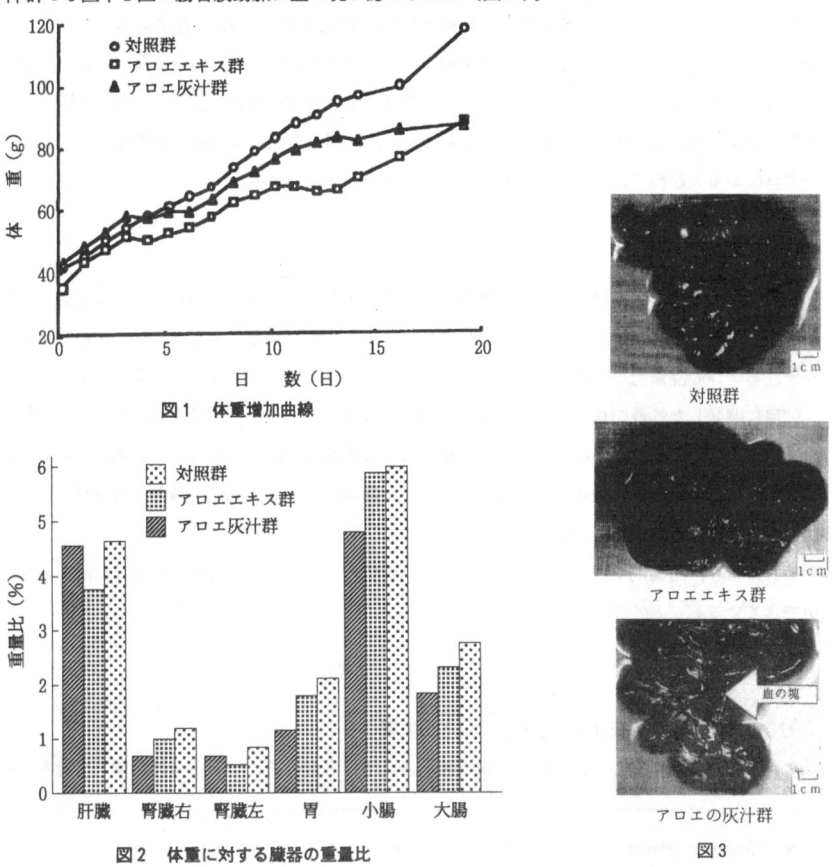

図1 体重増加曲線

図2 体重に対する臓器の重量比

図3

さらに血清中のタンパク質の分析をSDS-PAGEを用いて電気泳動で行った結果，アロエ灰汁群の3匹すべてに分子量28kDaの位置に他群と異なるタンパク質が認められた。

例数が少ないこともあり，さらにラット10匹を用いて，水道水（対照群）とアロエ灰汁群の各5匹の2群に分け，例数を増やし追試した結果，アロエ灰汁群の5匹中4匹の腸管膜動脈に血の塊が認められ，上述した実験の再現性が示された。

これによりアロエを飲料として利用する場合は，灰汁抜きが必要であると考えられる。一方，灰汁を抜いたアロエエキスには異常は認められていない。

(2) 酸化アロエエキスに対するラットへの影響

キダチアロエの葉から得られるエキスは黄緑色である。これは上述の製法にて製造したアロエエキスの開封前の保存瓶中のエキスも同じ状態である。

このエキスには酸化防止剤等の添加物はいっさい含まれていない。そのため，原液そのままであるが，ゆえに開封したものは室温などの保管により，エキスは酸化を受け変色し，赤褐色になることがある。これを飲んだ場合，健康上の影響があるのか否か確認するため，第3週齢のラットを用い，水道水，アロエエキス（平田農園製），酸化したアロエエキスをそれぞれ対照群，アロエエキス群，酸化エキス群に群分けし，1カ月間経口投与した場合の体調，体重，臓器，血液への影響を調べた。

その結果，図4に示したようにアロエエキス群は，マウスの運動量が多く観察され，対照群に比べ体重の増加が抑えられている。酸化エキス群と比較すると，エキスよりも酸化エキスのほうが効果が衰えている傾向がみられた。

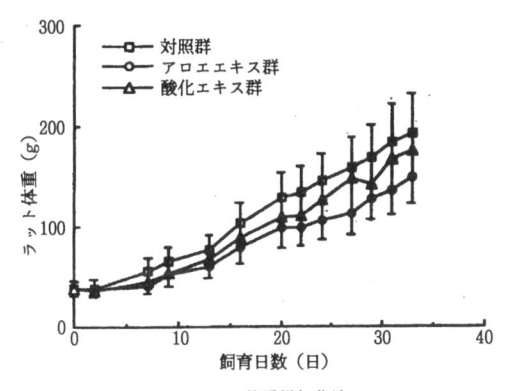

図4 体重増加曲線

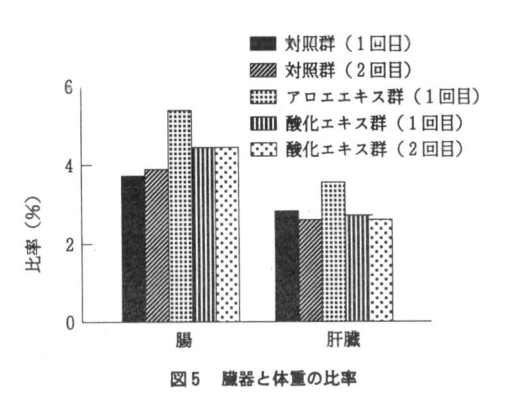

図5 臓器と体重の比率

投与後，1カ月めに解剖を行った。酸化エキス群のマウスの肝臓，腸に特に異常はみられず，また図5に示すとおり臓器と体重比率においても対照群などと顕著な差はみられなかった。

解剖時に採取した血液について，SDS-PAGEによる電気泳動を行ったが，各群とも特有のタンパク質はみられなかった。これらの結果は，上述の製法にて製造したアロエエキスに関して，安全性上問題ない飲料であることを裏付けられるものであった。

7.7.4 有 効 性

キダチアロエの生理活性については健胃作用[1]，緩下作用[2]，抗炎症作用[3]，抗菌作用[4]，創傷治癒作用[5]，抗腫瘍作用[6]など数多く報告されている。

われわれもすでに創傷治癒作用に関して，ヒト皮膚繊維芽細胞にキダチアロエから分画したフラクションを加え，細胞増殖有無を確認した結果，細胞増殖促進活性が確認されている。

また，われわれは上述の製法にて製造したアロエエキスの癌抑制効果についても，腹水癌のマウスを使用して検討を進めており，一次実験において癌抑制効果が認められている。引き続き追試により確認中であるが，アロエエキスの多岐にわたる効能・効果は注目すべきところであり，また未確認部分においても，今後の研究によって明らかにし，またされていくものと思われ，魅力のある素材である。

文　　献

1) 谷沢久之ほか，基礎と臨床, **14**, 1403(1980)
2) 石井康子ほか，薬学雑誌, **101**, 254(1981)
3) 山本政利ほか，FOODS & FOOD INGREDIENTS J.
4) 添田百枝ほか，日細菌, **21**, 609(1960)
5) K. Imanishi *et al.*, *"Experientia"*, **37**, 1186(1981)
6) A. Yagi *et al.*, *"Plants Medica"*, **31**, 17(1971)

7.8 霊　芝

水野　卓*

7.8.1 霊芝の由来と効用

　マンネンタケ（*Ganoderma lucidum*(Fr.) Krast）はヒダナシタケ目，さるのこしかけ科（Polyporaceae）に属する担子菌の一種であり，その子実体（Fruiting body）を"霊芝"という。万年茸，幸茸，福草，三枝，神芝，玉来，吉祥茸，三茎，不死草，端芝など，めでたい名称で呼ばれており，天然品は希少である。昔は山野で採取されると宮中へ献上し，恩赦が出たほどである。古くから，和漢薬，民間薬（生薬，煎薬）の上薬（神薬，仙薬）にランクされ，その煎薬（エキス）には数々の薬効が伝承されている。特に，癌に効くキノコとして珍重されてきた。

　最近の研究[1,2,31,32]によって，霊芝が示す制癌性の本体が多糖体の一種 $\beta-(1\to3)-D-$グルカンであることが判明した。従来の制癌剤（化学療法）と異なり，宿主に対する毒性や副作用が皆無であり，宿主の免疫能賦活に基づく効果である点，新しいタイプの制癌剤（免疫療法）として実用化に期待が寄せられている。このほか，霊芝には血圧や血糖値の降下作用，脱コレステロール，抗血栓作用（血小板凝集抑制活性），肝炎治癒，強壮など，広く生体のホメオスタシスとフィジスを増進強化する作用物質が存在することも証明されつつある[3,4]。

　古くからの和漢薬（生薬）としての実績（仙薬，上薬）と，近年の健康食品ブームも手伝い，機能性食品さらに薬品開発素材としても，日本だけにとどまらず中国においても最も注目されているキノコである。マンネンタケは，種菌は同じであっても，温度，光線，湿度，炭酸ガス濃度など栽培条件の違いによって，また，菌株の産地，系統の相異によっても，その子実体（霊芝）の形状，色沢，肉質，苦味などが微妙に変化したものが生産されている。それらは，色沢の違いによって青芝，赤芝，黄芝，白芝，紫芝，黒芝とか，形状の違いによって鹿角芝，牛角芝，霊芝，肉芝のようにも区別されている（写真1）。当然のことながら，それらの品質と内容成分には，ばらつきがみられる。しかし，内容成分の分析値だけによって，それらを評価判定することは，かなり困難である。

　一方，ツガマンネンタケ（*Ganoderma tsugae*）の子実体（松杉霊芝）と培養菌糸体から抗腫瘍活性を示す多糖類が分画された[31,32]。

---

*　Takashi Mizuno　静岡大学　名誉教授

色の異なる霊芝

マンネンタケ胞子

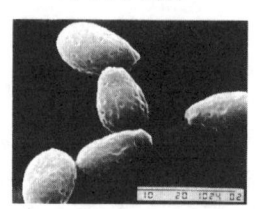

白芝のハウス栽培（幸茸園）

マンネンタケ菌糸体

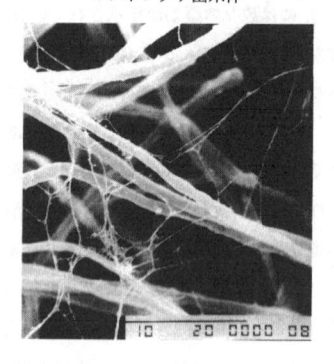

写真1　霊芝のいろいろ

7.8.2　霊芝の人工栽培

　マンネンタケの人工培養と栽培は，1937年逸見武雄らによって初めて試みられた。1971年直井幸雄らによって，種菌をオガくずにポット栽培することによって量産に成功した。その後，多くの人々の研究によって榾木あるいはオガくずを用いる栽培法が確立された。現在は，一部オガくず法，バガス菌床法，ビンあるいは袋栽培によっているが，良質の霊芝を大量栽培するのには，ミズナラ，クヌギ，クリ，ウメなどの原木を用いる榾木法による露地あるいはハウス栽培が実用化されている。榾木栽培した霊芝を写真1に示した。1988年の国内の生産量は約250トン（乾物換算），1995年には約500トンに達したといわれている。一方，中国や台湾，韓国，タイ国においても，わが国と時を同じくして霊芝栽培が始まり，近年は，欧米でも栽培と加工が盛んになりつつある。

さらに、菌糸体のタンク培養によって有用な菌体成分を生産しようとする試験がなされている。

7.8.3 霊芝の薬理活性成分

(1) 霊芝の一般化学成分[5]

マンネンタケ子実体（霊芝）の一般成分の分析例と遊離アミノ酸組成を表1と表2に示した。

天然の自生霊芝と栽培霊芝では、当然のことながら、内容成分の含有量に差がみられるし、霊芝の系統や生産地の相異、栽培条件などによってもそれらの化学成分が質的にも量的にも差異が認められる。

表1 霊芝の一般化学成分（乾物％）

	乾物 ％
粗灰分	1 ～ 5
粗脂肪	2 ～ 6
粗タンパク	6 ～ 12
粗繊維	50 ～ 65
可溶性炭水化物	20 ～ 30
熱湯抽出物	7 ～ 10
水溶性全糖	1 ～ 5
エルゴステロール	0.3 ～ 0.4
Cal/100g	122 ～ 222

表2 霊芝の遊離アミノ酸組成（μmol/g 乾物）

	μmol/g 乾物		μmol/g 乾物
アスパラギン酸	1.6	システイン	0.2
スレオニン	2.5	イソロイシン	1.0
セリン	2.7	ロイシン	1.1
アスパラギン	1.3	チロシン	1.1
グルタミン酸	1.2	フェニルアラニン	1.5
グルタミン	2.3	リジン	0.2
プロリン	1.4	ヒスチジン	0.5
グリシン	1.5	アルギニン	0.2
アラニン	4.0	シスタチオニン	0.1
バリン	2.3	γ-アミノ酪酸	2.1
		合　計	28.8

(2) 霊芝エキスの薬効

古くから和漢薬（仙薬）として伝承されてきた霊芝の煎液やそのエキス（収率は霊芝乾物当たり10％前後）が示す薬効を表3にまとめた。これら薬効を著す成分を純粋に分離した研究は少ない。最近、マンネンタケの培養や栽培が可能となり、その薬理活性成分の研究が盛んになってきた。これら活性成分について順を追って説明する。

(3) 苦味テルペノイド[3~12]

マンネンタケの子実体（霊芝）は、ほかのキノコにはみられないかなり強い苦味を呈し、その産地、栽培条件、系統などによって苦味の質的な相異が認められる。しかし、培養した菌糸体や

表 3 伝承されている棗芝の薬効

作 用 系	本草綱目 記 載	改善される症例	作 用 系	本草綱目 記 載	改善される症例
脳 神 経 系 (脳)	安神 不忘志 強志意	不眠症, 精神不安, 神経衰弱, 健忘症, 脳膜後遺症, 脳貧血	代 謝 系 (肝・肉・骨)	補肝 堅筋 補中骨気	頭痛, 冷え性, 肩こり, しみ, にきび, はさけ, むくみ, 寝汗, のぼせ, 耳鳴り, 疲労感, 倦血感, 貧血, 高血圧, 低血圧, 貧血症, 動悸, 虚弱, 不眠症, ヒステリー, ノイローゼ, 婦人科疾患, 腰痛, 神経痛, 生理痛, 生理異常, 流産癖, 急性肝炎, 慢性肝炎, 肝硬変, 異常消痩, 脳溢血, 骨ずい炎
感 覚 系 (目・鼻・耳・口・皮)	明目 好顔色 通利鼻口	乱視, 老眼, 白内障, 緑内障, 眼底充血, 蓄膿症, 難聴, 中耳炎, 歯槽膿漏, 口内炎, 歯槽膿漏, にきび, しみ, 吹出物, 皮ふ枯燥	代 謝 系 (胆・膵)	安精魂	むくみ, 肩こり, 動悸, 不眠症, 疲労感, 倦怠感, 精神不安, ノイローゼ, ヒステリー, 肝炎, 胆のう炎, 胆石, 脾臓, 脳溢血, 動脈硬化, 肋膜炎, リューマチ, 腰痛, 更年期障害, てんかん, 膝蓋炎, 糖尿病
呼 吸 系 (喉・肺)	益肺気 通利鼻口 斂虚分	頭痛, 気管支炎, 喘息, アレルギー疾患, 肺炎, 関節炎, 痔, 肺結核	排 泄 系 (腎)	益腎気 利水道	頭痛, むくみ, 冷え症, 尿量異常, 頻尿, 高血圧, 腎炎, 腎不全, 前立腺肥大, 夜尿症, 膀胱, ネフローゼ, 神経痛, 腰痛, 陰萎, 尿路結石, 脳溢血, 心臓衰弱, 精力減退
循 環 系 (心・血)	心腹五邪 治安	耳鳴り, 冷え性, 肩こり, のぼせ, 耳鳴り, 動悸, 高血圧, 低血圧, 貧血, 白血球減少症, 心筋梗塞, 動脈硬化, 脳溢血後遺症, 心不全, 不眠症, 精神不安, 生理異常, 婦人科疾患, ネフローゼ, 痔, 残尿感, 神経痛, 脱肛	排 泄 系 (膀)	利水道 利関節	むくみ, 冷え症, 少尿, 残尿感, 痛, 膀胱炎, 膀胱カタル, 関節炎, リューマチ
消 吸 系 (胃・腸)	心腹五邪	頭痛, 食欲不振, 消化不良, 腹満, 胃内停水, 下痢, 軟便, 腹痛, しぶり腹, 冷え症, 肩こり, 倦怠感, アレルギー疾患, 胃腸虚弱, 胃潰瘍, 胃カタル, 胃酸過多, 腸炎, 腸潰瘍, 胃肋タル, 消化器癌, 不眠症, 心悸亢進, 精神不安, 夜尿症, 更年期亢進, 脱毛, 二日酔, 座骨神経痛	生 殖 系 (器・毛)	軽身不老	生理異常, 生理痛, 排尿痛, 婦人病, 性欲減退, 陰萎, 脱毛
消 吸 系 (脾)	益脾気	疲労感, 黄胆, 胃炎, 腸炎, 肝炎, 腎炎, 頻尿, 腹痛, 腹水, 腹膜炎			

浄血, 利尿, 解毒, 保肝, 整腸, 強心, 調血圧, 嘔吐, 抗寒, 消炎, 鎮静, 鎮痛などの諸作用並びにそれらの複合作用, 相乗効果が知られている。

その培地生産物には苦味は感じられないし,黒芝には苦味成分が存在しない。

苦味と薬理効果については不明な点が多いが,霊芝の薬理学的評価,品質の化学的判定,Ganoderma sp. の化学分類学上,1つの指標物質として興味が持たれている。

霊芝のエタノール抽出物から,各種クロマト法によって苦味成分並びに関連化合物として45種(そのうち35種が新規化合物)のラノスタン系トリテルペノイドが単離され,苦味との構造相関が研究された[6]。

このほか,マンネンタケから得られたトリテルペノイド成分のあるものについて抗アレルギー作用,抗ヒスタミン作用[10],抗男性ホルモン作用[11],抗高血圧作用[12]などについての研究がみられる。また,養毛剤として利用しようとする特許も出されている。

(4) ステロイド[13]

霊芝には,プロビタミンD_2であるエルゴステロールが0.3〜0.4%含まれると報告されているが,その後の分析では,ステロイド画分の主体は 24-methyl cholesta-7, 22-dien-3-β-ol であり,エルゴステロールと 24-methyl cholesta-7-en-3-β-ol は副成分であるとされた。最近,ステロイドとしてガノデステロンも得られた。

(5) ヌクレオチド[14]

霊芝には,他のキノコと同様に塩基性成分として,アデノシン,5'-GMP,5'-XMP,RNAなどが存在し,いずれも呈味(旨味)に関係ある成分である。最近,霊芝の含水アルコール抽出物に含まれるアデノシン,グアノシンなどのヌクレオシドに血小板凝集抑制作用(抗血栓作用)があることが見出され,活性の強い新規含硫黄ヌクレオシド(5'-Deoxy-5'-methyl-sulphinyl adenosine)が単離された[26]。

(6) 血糖降下活性プロテオグリカン[15]

霊芝の熱水抽出液にエタノールを加えた時沈澱する高分子成分を,さらにカラムクロマト法によって精製した2種類の多糖-タンパク複合体 Ganoderan B と C には,Std:ddY系の雄性マウスを用いた ip 投与によって強い血糖降下性が見出された。

Ganoderan B は $[\alpha]_D$-25.8,分子量40万のグルカン-タンパク(55.4:44.4%)であり,Ganoderan C は$[\alpha]_D$-20.1°,分子量40万のガラクトグルカン-タンパク(72.5:25.5%)であった。ともに多糖部は β-(1→6)-, β-(1→3)-グルカン鎖が主体であることが判明した。

われわれは,霊芝から水溶性多糖,3%NH_4-oxalate 可溶性ヘテロ多糖,5%NaOH 可溶性ペプチドグリカンを分別し,さらに,これらを各種クロマト法によって細分画精製した。得られたヘテロ多糖画分のあるものに強い抗腫瘍活性[1]とともに血糖降下活性を認めた[15](表4)。

表4 霊芝ヘテロ多糖の血糖降下活性と抗腫瘍活性

ヘテロ多糖[a]	全糖[b] (%)	ウロン酸[c] (%)	タンパク[d] (%)	構成糖[e] Fuc	Xyl	Mal	Gal	Glu	MW[f] ×10⁻⁴	$[\alpha]_D$ (NaOH)	投与量 mg/kg,ip	相対グルコースレベル 0 m[h]	7 m±SE[i]	%	24h[g] m±SE[i]	%	抗腫瘍活性[j] 投与量 mg/kg/日×1	抑制率 %	完全阻止率 45日後
FA-1b	89.8	9.2	0.8	−	6	15	8	100	35	−67.4*	100	100	78±4**	75	88±2**	87	20	20	0/5
FA-2	76.3	14.8	0.9	±	10	11	7	100			100	100	64±2**	62	83±8*	82	50	18	0/5
FA-3	72.4	15.0	0.9	−	12	6	3	100			100	100	63±4**	55	81±3*	78	50	62	2/5
FA-4	78.8	19.1	0.9	2	20	3	8	100			100	100	73±4**	63	104±6	100	40	16	0/5
FA-5	60.7	33.5	0.9	−	50	4	±	100			100	100	73±6**	63	113±5	109	50	10	0/5
FⅡ	77.0	10.3	6.9	2	1	2	3	100	1〜3	−21.1*	100	100	67±4**	55	77±5**	64	100	100	5/5
FⅡ-1											100	100	120±4	99	110±7	91	100	100	5/5
FⅢ-1	92.0	9.7	6.9	8	13	8	5	100	200	+48.8*	100	100	58±3**	62	72±5**	68	100	85	4/5
FⅢ-1a	95.0	13.0	2.5	4	7	2	±	100	7〜10	+28.9*	100	100	60±4**	65	69±3**	65	100	100	5/5
FⅢ-1b											100	100	90±7*	80	106±4	99	100	100	5/5
FⅢ-2	32.0	5.2	40.6	12	16	14	±	100	200	−96.4*	100	100	80±7**	71	83±6**	78	100	100	5/5
FⅢ-2a	61.0	7.6	17.5	27	26	18	±	100	4〜7	+7.6*	100	100	86±5**	75	70±5**	67	100	100	5/5
FⅢ-2b											100	100	72±2**	63	81±4**	78	100	100	5/5
FⅢ-3	66.0	9.1	6.2	8	9	11	2	100	3〜6	−11.6*	100	100	59±5**	51	86±3*	83	100	100	5/5
FⅢ-3a											100	100	61±1	60	80±3**	75	100	100	5/5

a FA：水溶性酸性ヘテロ多糖
  FⅡ：3%NH₄ oxalate 可溶性ヘテロ多糖
  FⅢ：5%NaOH 可溶性ペプチドグリカン
b フェノール硫酸法（グルコースとして表す）
c 改良カルバゾール法（グルクロン酸として表す）
d Lowry 法または Kjeldahl 法 (N×6.25)
e ガスクロ法によって糖アルコールアセテートとして定量（モル比）
f ゲル濾過法によった
g 投与後の時間
h 0 hrの血清グルコースレベル：140〜170mg/dl
i 対照との差．*p<0.05, **p<0.01, n=5
j Sarcoma 180/マウス, ip法

(7) 血圧降下作用物質[12,16~18]

霊芝には，降圧成分と昇圧成分が共存していると推定されている。いわゆるホメオスタシス効果である。その熱水抽出エキスには，ウイスター系ラットおよびSHR高血圧ラットにおいて緩和な血圧下降作用を示す分子量10万のペプチドグリカンが分離された。また，本態性高血圧患者に霊芝エキスを投与したところ，約半数が下降したという報告例もある。最近，Ganoderic acid B, D, F, H, K, S, Y のほか，Ganoderal A, Ganoderol A, B が血圧上昇に関与しているアンジオテンシン-I変換酵素に対する阻害活性を示すことが見出された（図1）。

I　ガノデリン酸類（マンネンタケ実体）

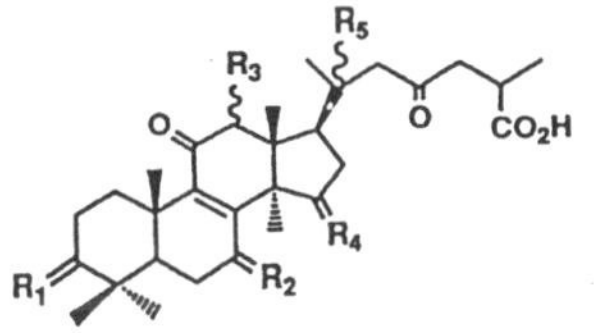

Ganoderic acid B (1) B : $R_1=R_2=\beta$-OH, $R_3=R_5=H$, $R_4=O$
Ganoderic acid D (2) D : $R_1=R_4=O$, $R_2=R_3=\beta$-OH, $R_5=H$
Ganoderic acid F (3) F : $R_1=R_2=R_4=O$, $R_3=\beta$-OAc, $R_5=H$
Ganoderic acid H (4) H : $R_1=\beta$-OH, $R_2=R_4=O$, $R_3=\beta$-OAc, $R_5=H$
Ganoderic acid K (5) K_1 : $R_1=R_2=\beta$-OH, $R_3=O$, $R_5=H$, $R_4=\alpha$-OH
　　　　　　　　　　　K_2 : $R_1=R_2=\beta$-OH, $R_3=\beta$-OAc, $R_4=O$, $R_5=H$

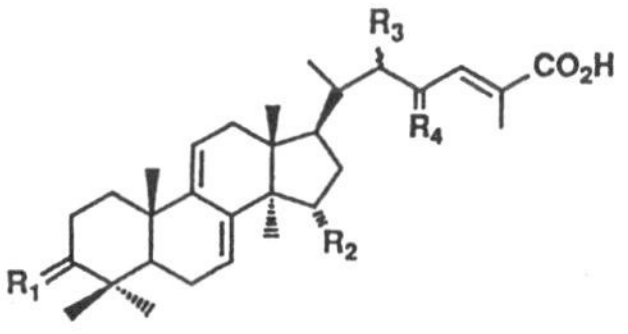

Ganoderic acid S (6) S : $R_1=\alpha$-OH, $R_2=R_4=H$, $R_3=OAc$
Ganoderic acid Y (7) Y : $R_1=\beta$-OH, $R_2=R_3=R_4=H$

II　ガノデラール（マンネンタケ子実体）

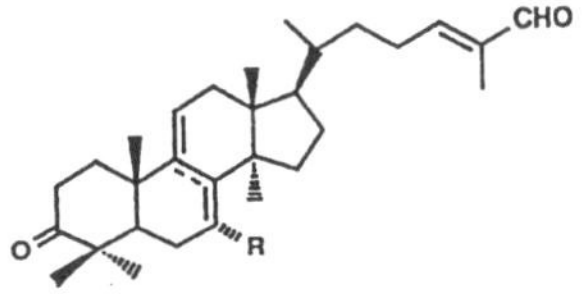

Ganoderal A (8) A : $R_1=H$, $\triangle^{7,9(11)}$

III　ガノデリオール（マンネンタケ子実体）

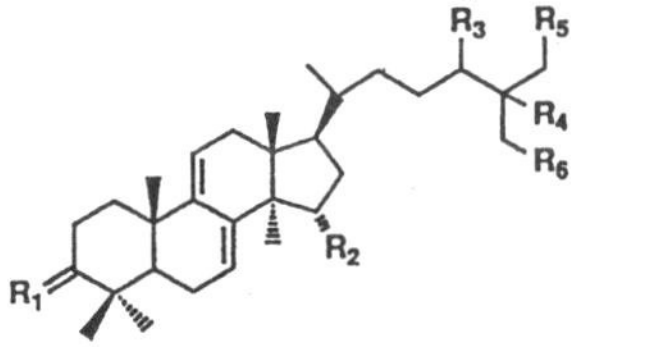

Ganoderiol A (9) A : $R_1=\beta$-OH, $R_2=R_6=H$, $R_3=R_4=R_5=OH$
Ganoderiol B (10) B : $R_1=O$, $R_2=R_5=R_6=OH$, $R_3 \cdot R_4=\triangle^{24(25)}$

図1　血圧降下作用物質

(8) ゲルマニウム（Ge）成分[19]

古くから，和漢薬として珍重されている朝鮮ニンジンやサルノコシカケなどの生薬類には，Ge含量が高いことが指摘されている。特に，マンネンタケにはGeの濃縮性が確認されている[20]。

最近，マンネンタケから顕著な抗腫瘍活性を示す多糖体 β-(1→3)-D-グルカンやそのタンパク複合体が単離された（7.8.4項(2)参照）。その抗腫瘍活性（インターフェロン誘起活性）とGe含量との相関にも興味が持たれており，なかでも，Geには癌末期症状の痛みを緩和する作用があるともいわれている。われわれは，発光分光分析（ICP法）によって，さるのこしかけ科など

の自生あるいは栽培されたキノコ標品について，さらに，日本各地から収集した栽培霊芝の Ge 含量とミネラル組成を分析した（表5）。

われわれの分析結果は，Ge10～100ppb（平均 50ppb）程度の低レベルであった。一方，有機態 Ge（Ge-132）を吸収させた原木にて栽培した霊芝は Ge 含量がかなり高くなることを確かめた。

表5 霊芝の灰分組成とゲルマニウム含量

産地(県名)	Total ash(%)	Mineral Content (ppm for dry matter)										Ge (ppb)
		K	Na	Ca	Mg	Fe	Mn	Zn	Cu	Mo	P	B	
長 野	1.17	5072	23	1365	536	34	34	14	7	t	2800	3.7	53
〃	1.29	4136	27	1186	457	32	23	18	14	t	1480	6.2	25
〃	1.18	1340	31	1410	919	39	32	4	0.2	t	2309	2.2	55
群 馬	2.24	5279	25	1186	452	9	8	28	11	0.2	2232	0.3	43
〃	1.27	3611	31	1150	287	15	8	13	7	t	1350	1.8	35
〃	1.15	2285	44	1124	320	23	50	10	6	0.3	1223	1.7	56
〃	1.36	3140	201	957	398	7	31	11	9	0.2	1224	3.5	53
岐 阜	1.05	2708	13	1596	439	31	45	16	11	0.2	2069	2.7	61
〃	1.18	3175	16	1327	505	24	56	15	9	0.2	2503	1.4	50
滋 賀	1.47	2967	11	1333	611	45	105	14	8	t	2796	2.4	78
〃	1.33	3455	12	1365	514	47	86	12	7	0.2	2369	3.0	70
静 岡	1.66	3701	51	391	389	58	13	23	8	0.1	2698	1.4	25
〃	4.85	1617	87	797	286	107	8	59	12	t	1586	3.8	28
〃	4.01	8673	78	491	687	42	6	22	17	0.3	4567	8.3	16
〃	2.16	3896	103	813	821	26	49	17	9	0.2	2677	5.9	21

7.8.4 霊芝の抗腫瘍活性物質

(1) 細胞毒性のテルペノイド[9,27,29]

マンネンタケ（子実体，菌糸体）には，種々の低分子成分が含まれている。含水アルコール，含水アセトン，水などで抽出される低分子成分として単糖，糖アルコール，オリゴ糖，アミノ酸，有機酸，ステロイド，脂質，テルペノイド，クマリン，タンニン質などが知られている。マンネンタケの培養菌糸体から分離されたトリテルペノイド類 Ganoderic acid-R, -T, -U, -V, -W, -X, -Y, -Z には，肝癌（Hepatoma cells）に対して細胞毒性に基づく制癌活性が報告された。

(2) 抗腫瘍活性多糖類[1,21,22,27~30]

霊芝の高分子成分のうち，熱水，塩類，アルカリ，ジメチルスルホキシド（DMSO）などによって抽出され，さらに各種クロマトグラフ法によって細分画精製されたいろいろの多糖類について，Sarcoma 180/mice, ip or po 法によって宿主仲介性の抗腫瘍活性（BRM 物質，免疫療法剤）がスクリーニングされた。その結果，β-D-グルカン，グルクロノ-β-D-グルカン，アラビノ

キシロ-β-D-グルカン,キシロ-β-D-グルカン,マンノ-β-D-グルカン,キシロマンノ-β-D-グルカンなどのβ-(1→3)-D-グルカン鎖を活性発現中心とする各種ヘテロ-β-D-グルカン並びに,これらのタンパク複合体に強い抗腫瘍活性が見出された。これらの多糖体には,化学療法剤のような薬害や著しい副作用はなく,しかも,抗原性もなく,新しい抗腫瘍剤(免疫賦活剤)の開発素材として,特に霊芝が注目されている(表6)。

さらに,免疫賦活に基づく抗腫瘍活性や抗炎症作用を示す多糖体は,水溶性のβ-D-グルカンだけにとどまらず,水不溶性でアルカリやDMSOによって溶出され,しかも,高収率で得られるヘミセルロース,すなわち,いわゆる食物繊維として表示される画分にも高い抗腫瘍活性を示す多糖類が量的にも多く含まれる。

この活性多糖のほかに,それ自体には抗腫瘍活性は認められないが,α-(1→6); α-(1→4)-D-グルカン(グリコーゲン様多糖),フコガラクタン,マンノフコガラクタン,フコキシロマンナン,キシロマンノアラビノガラクタンなど多種の多糖体の単離あるいはその存在が報告されている。これらは,霊芝中では活性β-D-グルカンと共存しており,その溶解性,保護作用,消化吸収などに関与しているものと推定される。

霊芝の細胞壁多糖は,他のキノコと同様に,セルロースではなくて,主にキチン質とβ-D-グルカンから構築されている。キチン質(菌類キチン)は,本質的には,エビ,カニ,昆虫などに存在する動物キチンとの相異はみられない。キノコから得られたキチンあるいはキトサンは水不溶性であり,また,その酸分解あるいは酵素分解によって生成するN-アセチルオリゴ糖類(DP 2~8),キトオリゴ糖類(DP 2~8)には,Sarcoma 180/mice, ip法によってスクリーニングしたが,特に強い抗腫瘍活性は認められなかった[21]。

表6 霊芝の抗腫瘍活性多糖類

多糖体		名称	収率 (%対子実体)	分子量 (MW×10⁻⁴)	投与量, ip (mg/kg×日数)	Sarcoma 180/マウス		
						抑制率 (%)	完全退縮率 (T/C)	ID$_{50}$ (mg/kg)
水溶性	FI-1aβ	β-グルカン	0.002	100	50×1	100	5/5	2.8
	FA-1aβ	グルクロノ- β-グルカン	0.005	35~45	40×1	100	5/5	22.2
水不溶性	FII-1	ヘテロ-β-グルカン	0.4	1~3	100×1	100	5/5	8.3
	FIII-1a,b	キシロ-β-グルカン	8.6	200	100×1	85	4/5	6.5
	FIII-2a,b	キシロマンノ- β-グルカン	0.8	200	100×1	100	5/5	6.7
	FIII-3a	マンノ-β-グルカン	0.4	3~6	100×1	100	5/5	12.8
食物繊維	FIV-2	キシロマンノ- β-グルカン	2.4	6	100×1	66	2/5	42.5
	FV-1	キシロマンノ- β-グルカン	1.6	16	100×1	95	5/5	34.1

(3) **マンネンタケの菌体外生産多糖体**[2]

単糖（グルコース，ガラクトース，マンノース，キシロースなど）や二糖（蔗糖，麦芽糖，乳糖）を炭素源（5%）とし，これに麦芽エキス（0.4%），酵母エキス（0.1%），その他無機塩を含む液体培地（pH6.8）にて，マンネンタケ菌糸体（収率は2～4g/l培養液）を振とう培養（28℃，7日間）したとき，その培地に多糖体が生産された（収率850mg/l培養液）。得られた乾燥多糖体は，水不溶部（47%）と可溶部（53%）に分別された。水不溶多糖画分は，β-(1→6)-分岐したβ-(1→3)-D-グルカン（分岐度1:27）であり，その10mg/kg×10回，ip投与したときの，Sarcoma 180/miceの腫瘍増殖抑制率92%，完全腫瘍退縮率4/6の高い抗腫瘍活性を示した。このグルカンは，ポリオール多糖に誘導することによって抗腫瘍活性がさらに増大した（5mg/kg×10回，ip投与によって抑制率97%，完全退縮率5/7）。一方，水可溶部は，グルコース：マンノース：ガラクトース=1.0:0.5:0.13（モル比）からなるヘテログルカンであったが抗腫瘍活性は認められなかった。

7.8.5 霊芝の利用

(1) 和漢薬として

霊芝の姿もの，全粉末，ティバッグ，焙焼霊芝などがあり，そのまま服用するか，水と煎じていわゆる「レイシ茶」（煎液）として飲用する。

また，霊芝を熱水あるいは含水アルコールによって抽出したエキスかその濃縮物，スプレイドライした原末，真空凍結乾燥した顆粒，さらにカプセル，シロップ，アルコール飲料（霊芝酒，霊芝ビール），それにドリンク（缶詰めの霊芝茶，霊芝ウーロン茶，ファイバー霊芝茶など），霊芝入りキャンデー類（薄荷や梅肉配合）など多くの利用法が試みられている。われわれはクロレラなどを配合してエクストルーダー処理することによって食物繊維を多く含むスナック菓子，あられや煎餅などを試作した。

(2) 霊芝の煎じ方と飲み方

色艶，形状のよい，充実した苦味の強い，良質の霊芝を常用するのがよい。ただし，黒芝は苦くない。

姿もの霊芝は0.5～1cm^{2}角に刻む。粉末はティバッグ式にしたもの25g当たり，水400 mlとともに3～5分間沸騰させて煮出す。煎液は別の容器に移す。さらに，水200 mlを加えて第2回，第3回目も同様に煮出す。煎液全量800 mlを1日2～3回，60～100 mlずつを空腹時に飲用する。霊芝100～300g は，20～30日分の目安である。

(3) 観賞用霊芝

　古代中国では，王様や王妃の寝室に魔除けとして霊芝が飾られていた。また，昔から縁起物として，結婚式や結納を贈る際のノシの代用，女性のイヤリングやブローチ，男性のネクタイピンなどの装飾品が試作されている。今日でも高価な置物として，また，生け花素材としても霊芝が珍重されている。

文　　献

1) 水野卓ら：農化, **58**, 871(1984)；**59**, 1143(1985)；**63**, 861(1989)
2) Y. Sone, R. Okuda, N. Wada, E. Kishida and A. Misaki：*Agric. Biol. Chem.*, **49**, 2641(1985)
3) 水野卓ら：化学と生物, **23**, 797(1985)
4) ヒキノヒロシ：漢方医学, **10**, 26(1986)
5) 直井幸雄，葛西善三郎：僊探会研究報告, **2**, 1；**3**, 1(1984)
6) T. Nishitoba *et al*：*Agric. Biol. Chem.*, **52**, 211, 367, 1791(1988)；**50**, 809, 2887(1986)；**49**, 3637, 1547, 1793(1985)；**48**, 2905(1984)；*Phytochemistry*, **26**, 1777(1987)
7) T. Kubota, Y. Asaka, I. Miura and H. Mori：*Helv. Chim. Acta*, **65**, 611(1982)
8) T. Nishitoba, H. Sato, S. Shirasu and S. Sakamura：*Agric. Biol. Chem.*, **50**, 2151(1986)
9) J. O. Toth, B. Luu and G. Ourisson：*Tetrahedron Lett.*, **24**, 1081(1983)；*J. Chem. Res.* (S), **1983**, 299；*J. Chem. Res.* (M), **1983**, 2722
10) T. Nishitoba *et al*：*Agric. Biol. Chem.*, **51**, 619, 1149(1987)
11) H. Kohda, W. Tokumoto, K. Sakamoto, M. Fujii, Y. Hirai, K. Yamasaki, Y. Komoda, H. Nakamura, S. Ishihara and M. Uchida：*Chem. Pharm. Bull.*, **33**, 1367(1985)
12) T. Kikuchi *et al*：*Chem. Pharm. Bull.*, **33**, 2624, 2628(1985)；**34**, 3695, 4018, 4030(1986)；A. Morigiwa, K. Kitabatake, Y. Fujimoto and N. Ikekawa：*Chem. Pharm.*, **34**, 3025(1986)；A. Morigiwa, K. Kitabatake, Y. Fujimoto and N. Ikekawa：*Chem. Pharm.*, **34**, 3025(1986)
13) D. Kac, G. Barbier, M. R. Falco, A. M. Seldes and E. G. Gros：*Phytochemistry*, **23**, 2686(1984)
14) 陳文為ら：中西医結合雑誌, **3**, 106(1983)；J. H. Kim *et al*：*CA.*, **101**, 22648x(1984)

15) H. Hikino, C. Konno, Y. Mirin and T. Hayashi : *Planta Med.*, No. 4, 339(1985)
16) 河北新医大学老年慢性気管炎研究組, (3), 46(1972)
17) 有地滋, 上原靖史, 上野隆, 河井洋, 谷勲, 長谷初恵, 仕垣勝治, 谿忠人, 久保道徳, 桐ヶ谷紀昌 : 基礎と臨床, **13**, 4239, 4245(1979)
18) 上松瀬勝男, 梶原長雄, 林恭子, 下垣内秀二, 冨金原迪, 石河秀夫, 田村力 : 薬学雑誌, **105**, 942(1985)
19) 水野卓, 太田原紳一, 李敬軒 : 静岡大農研, **38**, 37(1988)
20) 数野千恵子, 三浦洋 : 食品工誌, **31**, 208(1984)
21) 水野卓, 狭間利祐 : 静岡大農研報, **36**, 77(1986) ; **38**, 29(1988)
22) T. Miyazaki and M. Nishijima : *Chem. Pharm. Bull.*, **29**, 3611(1981)
23) T. Miyazaki and M. Nishijima : *Carbohydr. Res.*, **109**, 290(1982)
24) 阿部広喜, 後藤砂知子, 青山昌照 : 栄養と食糧, **33**, 169, 177(1980)
25) V. Crescenzi, A. Gamini, R. Rizzo and S. V. Meille : *Carbohydr. Polymer*, **9**, 169(1988)
26) H. Kawagishi *et al* : *Phytochemistry*, **32**, 239(1993)
27) T. Mizuno Edited : A Medicinal Mushroom, *Ganoderma lucidum*, Polyporacea and Others, Oriental Tradition, Cultivation, Breeding, Chemistry, Biochemistry and Utilization of *Ganoderma lucidum*, IL-YANG Co. Ltd. (1996), p. 1 − 298, Seoul, KOREA.
28) T. Mizuno Edited : Mushrooms, The Versatile Fungus, Food and Medicinal Properties, Chemistry, Biochemistry, Biotechnology, and Utilization, MARCEL DEKKER, Inc. (1995), Food Reviews International, p. 1 − 236, New York, Basel, USA ; 水野卓 : きのこの科学, **1**, 53(1994)
29) T. Mizuno : *Food & Food Ingredients J. Japan*, **167**, 69(1996) ; 水野卓 : きのこの科学, **2**, 99(1995)
30) T. Mizuno Edited : Mushrooms (II), Breeding, Cultivation, and Biotechnology, MARCEL DEKKER, Inc. (1996), Food Reviews International, in press, New York, Basel, USA.
31) G. Wang, J. Zhang, T. Mizuno, C. Zhuang, H. Ito, H. Mayuzumi, H. Okamoto and J. Li : *Biosci. Biotech.* Biochem., **57**, 894(1993)
32) J. Zhang, G. Wang, H. Li, C. Zhuang, T. Mizuno, H. Ito, H. Mayuzumi, H. Okamoto and J. Li : *Biosci. Biotech. Biochem.*, **58**, 1202(1994)

7.9 ガルシニア抽出物

松井誠子*

7.9.1 ガルシニア抽出物の生い立ち

　ガルシニア・カンボジア（オトギリソウ科）は東南アジア原産で食用とされ，主に果実の部分が保存料・酸味料・香辛料等に使用されている。その果皮に含まれる成分であるHCAに脂質合成阻害作用があることが，ホフマン・ラ・ロシュ社のローエンシュタイン博士（現Brandeis大学教授）らの研究により判明した。ロシュ社ではHCAを肥満治療薬として実用化する研究が進められ，効果も明らかになったが，安価な合成法ができなかったため事業化を断念した。
　91年に関係特許がすべて失効して以来，天然で安全で副作用がないガルシニア・カンボジアの食品としての事業化が試みられ，ローエンシュタイン博士を顧問として迎えた米国インターヘルス社などによって市場化されている。

7.9.2 ガルシニア抽出物の効果

　ガルシニア抽出物の主成分は(-)-Hydroxy Citric Acid (HCA) である（図1参照）。HCAを含む果実としては他にG. indica, G. atroviridisがあるが，ガルシニア・カンボジアほどの量が含まれていないことがわかっている。ガルシニア・カンボジアの乾燥果皮には重量の約10〜30％のHCAが含まれている。自然界ではそのほとんどがラクトン型で存在しているが，ラクトン型HCAの及ぼす効果は，遊離HCAとは異なる。そのため，ガルシニア抽出物の供給メー

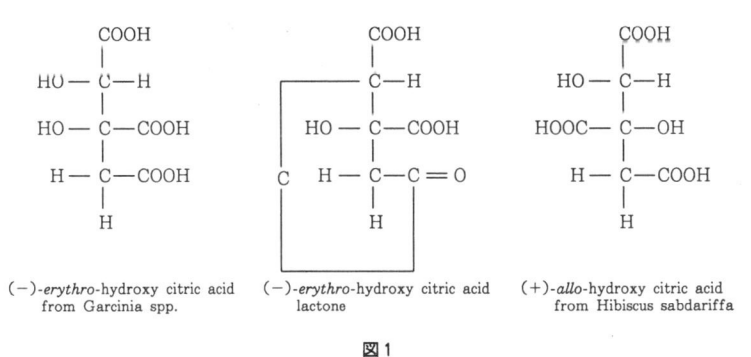

```
     COOH              COOH              COOH
      |                 |                 |
HO — C — H         ┌— C — H         HO — C — H
      |            |    |                 |
HO — C — COOH     HO — C — COOH    HOOC — C — OH
      |            |    |                 |
H  — C — COOH     └ H — C = O       H  — C — COOH
      |                 |                 |
      H                 H                 H

(-)-erythro-hydroxy citric acid  (-)-erythro-hydroxy citric acid  (+)-allo-hydroxy citric acid
    from Garcinia spp.                  lactone                     from Hibiscus sabdariffa
```

図1

---

*　Masako Matui　オルトシー・ディ・アイエム㈱　営業管理センター　薬剤師

カーは安定性や保存性を高めるためのノウハウを開発した。

効果としては，①脂質合成抑制（HCAによる酵素阻害のため脂質の原料であるアセチルCoAが生成されない），②グリコーゲン産生促進，③食欲を抑制（いわゆる満腹信号の増幅が考えられている），④熱産出機構を活性化（アセチルCoAが生成されないためにマロニルCoA濃度が低くなる。カルニチンアシルトランスフェラーゼのブロックが解け脂肪代謝が分解方向に進行する。そのため貯蓄された脂肪を燃料として燃やす能力が上がる）することがあげられる。

通常，食事で摂取した炭水化物のカロリーは，生体活動エネルギーへの異化，脂質の合成ある

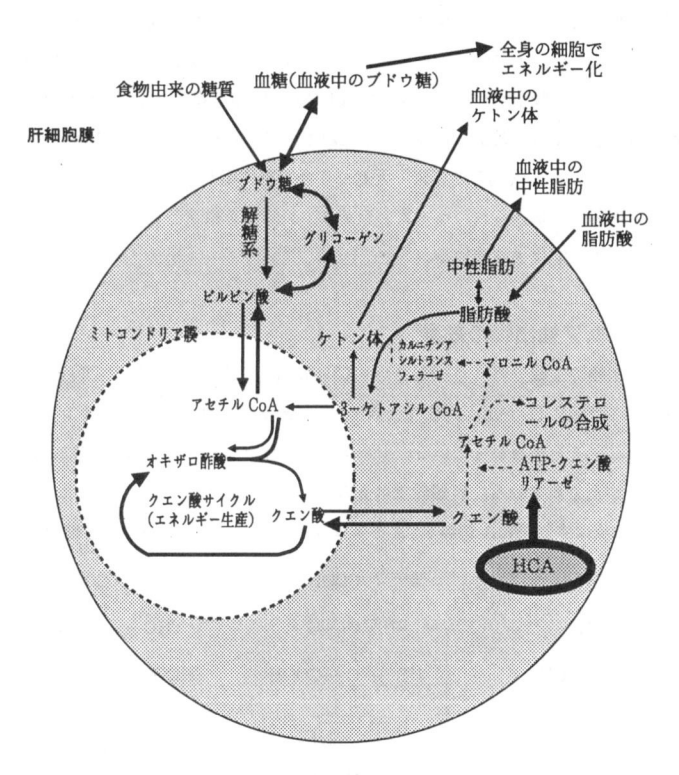

図2 「ガルシニア抽出物」主成分HCAの効果

①食事前（60分前）にHCAが体内に吸収される。
②食事で食物由来の糖質が，ブドウ糖に分解されて生体内に吸収される。
③クエン酸回路を通りクエン酸に変化するが，クエン酸はミトコンドリア内外で余る。
④クエン酸はブドウ糖あるいはグリコーゲン産生に向かい，効率の良いエネルギーとなる。
⑤その後肝細胞に吸収されるブドウ糖は血糖としてあるいはグリコーゲンとしてエネルギー化される。
⑥脂質の分解・エネルギー化も促進される。

いはグリコーゲンの合成に利用される。炭水化物はグルコースへの代謝後，ピルビン酸の形でミトコンドリア内部に進入し，酸素を利用してATPに合成され生命活動を保つ（→クエン酸回路またはTCAサイクル）。余剰カロリーはミトコンドリア内でクエン酸となりミトコンドリア外部に出て，ATP－クエン酸リアーゼによりアセチルCoAに変化し，脂肪酸，脂肪などの脂質の原料となる。

HCAはクエン酸と化学的に大変よく似ている。吸収された後，クエン酸と競合することでこの糖質および脂質代謝に作用すると思われる。すなわちATP－クエン酸リアーゼに作用して，その働きを止めるため，細胞質内のクエン酸はアセチルCoAに変化しない。代謝されなかったクエン酸はミトコンドリア内で滞り，化学反応しながらミトコンドリア外に出ていく。結果として糖質および脂質代謝は，エネルギーやグリコーゲンを作る方向に動くこととなる（図2参照）。肝臓でグルコースやグリコーゲンが優先的に産生され，末梢的に満腹中枢を刺激し，食欲が抑制されると考えられる。炭水化物が効率的に肝臓や筋肉等の組織でグリコーゲンとして蓄えられ，スタミナアップも推測される。実際に擬似臨床試験でも，ダイエットにはつきものの疲労感が観察されていない。

7.9.3 急性毒性・安全性

日本では，動物愛護の精神から2,000mg/kgまでの経口投与による動物実験しか行われていない。メルクスインデックスによるクエン酸のLD$_{50}$が975mg/kg（腹腔内投与）であるのに対し，約50% HCA含量のガルシニア抽出物では，ラットの経口投与で5,000mg/kgでも何ら毒性がみられなかった。これは人間に換算すると1日あたり350gの投与となり，HCA摂取量とすると約175g/日に相当する。このことからも高い安全性がうかがい知れる。また，インドの長い食用の歴史からも十分安全であることが明白である。

また，通常の食欲抑制剤と異なり，中枢神経系に直接作用して効果を現すものではなく習慣性はない。

7.9.4 擬似臨床試験

ホフマン・ラ・ロシュ社による動物実験に引き続き人間に対する試験（擬似臨床試験）が行われている。1993年のコンテ博士「初期の擬似臨床」に引き続き，ガルシニア抽出物を用いての追試が行われている。カリフォルニア/ローゼンバーム博士「30人の被験者で6週間の試験」，イスラエル/テルアビブ医療センター/Olaga Razによる「8人の患者における体重の減少とHCAの経口投与による効果について（HCAのみ）」，デンマーク「28人の患者による臨床実験（クロムとHCA）」等である。わが国では，岡本クリニックによる，コントロールを含めて19人

表1 シトリマックス等の擬似臨床試験の結果

試験実施国名	日本	イスラエル	デンマーク	アメリカ
機関名称	岡本記念クリニック	テルアビブ医療センター	Winther Medico	ヒルトンヘッドアイランド／南カリフォルニア
所在地	東京都品川区			
試験実施者名	医学博士 岡本 丈	Olaga Raz	Benn Winther	Anthony M. Conte, M.D.
試験期間	1996年2月～3月上旬（約1カ月間）	1995年（2カ月間）	1994年10月25日～12月20日（約2カ月間）	1993年（8週間）
食事内容	栄養バランス	食事療法（低カロリー食）		低脂肪・低糖・低塩・高繊維・多品目・適量・バランス・水（64オンス/日）
合有量	①HCA250mg ②HCA250mg＋新素材 ③カルシウム錠	Trimax2000（HCA250mgのみ/1粒）（カプセル形態）	ガルシニアカンボジア 250mg（HCA125mg）＋クロム21μg/1粒（錠剤形態）	Lipodex-2（ガルシニアインディカ果皮 500mg＋100μgクロム/1粒）（カプセル形態）
摂取量	①、②12粒/3回/日（食前30分前）	3粒/3回/日（各食事前）	6粒/日	
被験者数	25名（18～52歳）	12名（2；糖尿病、2；コレステロールレベル↑）（男女）	42名	54名（肥満度15～45％の男女・健康状態良好）（21～55歳）
脱落者数	6名（3；肝機能障害で除外、3；報告なし）	4名（3；効果なし、1；下痢、うち2名；血糖値レベル↑）	14名	14名
試験前平均体重	56.8kg	90kg	94.2kg	
試験後平均体重	56.8kg		90.47kg	
減量平均	△0.825kg（4名/9名中） 66.3kg 66.3kg △2.0kg（3名/9名中） 57.1kg 57.7kg △0.25kg（2名/4名中）	△1.5～△8 kg	△3.73 kg 10名平均△5.8kg、最高13.7kg	△5.06kg（11.14ポンド） △1.91kg（4.21ポンド）（プラセボ）
試験前平均血中脂質	601.5mg/dl			
試験後平均血中脂質	584.35mg/dl 540.5 569.5			
試験前平均血中コレステロール	184.7mg/dl 181.25			
試験後平均血中コレステロール	179.3mg/dl 178			
特記事項	シトリマックス；著効2名；有効3名 シトリマックス＋α；著効2名；有効3名 コントロール	低カロリー食の維持が簡単間食の誘惑に打ち勝つ少ない食事で満足した消化が良くなった	最後の2週間は牛乳を摂取しなかった。その間の平均減量は0.77kgであった	指導に従順、減量願望高い、エネルギーレベル↑、食欲抑制レベル高い 二重検法にて実施
備考	「シトリマックス」（インターヘルス社）			Gluf Trade Services Inc.

* また、カリフォルニアのローゼンバーグ博士の擬似臨床試験により、HCA摂取量に関する見解がまとめられている。

の生化学検査を伴う臨床により，血中脂質・血中コレステロールの低下など総合的な判定で著効ないし有効約50％の結果が出ている（表1参照）。

　これらの結果から，食欲抑制・エネルギーレベルの向上がみられ，HCA摂取量についても見解がまとまった。HCA含量にして750mg/3回/日～1.5g/3回/日が適切摂取量で大多数の人に効果があり，さらに「食事の60分前（空腹であることが条件）に摂取し，食事はゆっくりよく噛んで食べる（満腹中枢が食事中によく働くように）。」と効果的である。また，減量を止めても反動で過食にならない（リバウンドがない）ほか，減量効果が引き続いて安定して起こるという結果が得られた。

　スタミナアップ効果が期待されるため，スポーツフードもまた有望視される分野である。食欲も同時に抑制されるため，食事制限あるいは体重制限が必要なスポーツには特に有望であろう。

7.9.5　ガルシニア抽出物供給形態

　素材を選択する際には，主成分HCA（遊離型）の含有量がポイントである。したがって，測定スタンダードを所有しHCAの測定法を確立して含有量を保証しているメーカーを選ぶことが当然のこととなってくるわけである。粗悪品が市場に出回っているなかで（淘汰されるわけであるが），前述の事項を実施しているのは，「シトリマックス」グループと「シトリン」グループ（前者；米国/インターヘルス社，後者；米国サビンサ社。インターヘルス社は米国市場においても圧倒的なシェアを占めている）である。

　供給素材形態としては，水溶性粉末・汎用性粉末・液体があるので，加工する食品形態（一般食形態・飲料・菓子類等）により，それぞれ選択できる。若干，原料自体に味があるので加工するうえで考慮する必要がある。

文　　献

1) 「ガルシニア抽出物」関連資料/情報提供；米国インターヘルス社・サビンサ社
2) HOW I DO IT IN MY BARIATRIC PRACTICE「A Non-Prescription Alternative in Weight Reduction Therapy」/93年夏「Bariatrican」掲載
3) The effect of (−)-hydroxycitrate on the activity of the low-density-lipoprotein receptor and 3-hydroxy-3-methylglutaryl-CoA reductase levels in the human hepatoma cell line Hep G2/90年

4) Effect of (−)-Hydroxycitrate upon the Accumulation of Lipid in the Rat : Ⅰ. Lipogenesis/73年
5) Inhibition of Lipogenesis in Rat Liver by (−)-Hydroxycitrate/72年
6) Effect of (−)-Hydroxycitrate on Fatty Acid Synthesis by Rat Liver in Vivo/70年8月
7) Metabolic regulation as a control for lipid isorders. ; Ⅰ. Influence of (−)−hydroxycitrate on experimentally induced obesity in the rodent/77年5月
8) Effect of (−)-Hydroxycitrate upon the Accumulation of Lipid in the Rat : Ⅱ. Appetite/73年
9) On Herbs, Garcinia Cambogia /94年6月「HEALTH FOODS BUSINESS」掲載
10) Effect of (−)-Hydroxycitrate on Fatty Acid Synthesis by Rat Liver in Vivo/71年
11) 岡本クリニック岡本院長報告（学会未発表）/96年4月

7.10 アガリクス

水野　卓*

7.10.1 アガリクスの由来

　米国のフロリダや南カロライナの平原にも分布するといわれているが，主にブラジル東南部サンパウロのピエダーテの山地に自生し，住民が昔から食用にしていた。この名もないキノコの種菌が，1965年，現地の日系人，古本隆寿（農業）によって初めて日本にもたらされた。培養試験の結果，これがはらたけ科（Agaricaceae）に属する学名 *Agaricus blazei* Murill，和名カワリハラタケなるキノコであることが，1967年ベルギーのハイネマン博士によって鑑定された（写真1）。日本で初めてそれの人工栽培の研究が開始された。稲藁，麦藁，鶏糞などの堆肥の上に土でウネ床をつくり，それに種菌を接種するハウス栽培「ウネ作り法」が試みられ，一応生産の目途が立ったのは1978年のことであった。

　このブラジル生まれ，日本育ちの新しいキノコは商品名「姫マツタケ」として日本の青果市場へ初お目見えした。しかし，生キノコの日持ちが悪いのと市場では無名なのが手伝ってかそれの販路は開けなかった。一時期は，三重，愛知，岐阜など各地で契約栽培がなされていたし，インドネシアでの栽培も試みられたが量産には至らなかった。

　カワリハラタケの栽培には，昼間35℃，夜間20～25℃，湿度80～95％と高温多湿を必要とする。栽培資材としてサトウキビの搾り粕（バガス）が最適であり特異な覆土を必要とすることも判明し，

"アガリクス" 乾燥したカワリハラタケ

菌床栽培

写真1　カワリハラタケの菌床栽培

---

* Takashi Mizuno　静岡大学　名誉教授

微妙な栽培管理を要すること，また，病害虫対策として袋を使う菌床・箱栽培法が確立された。1992年，協和エンジニアリンググループ（沖永良部島，四国，九州など）によるバイオテクノロジー技術を駆使した大規模なハウス栽培が成功し，通称"アガリクス"なる機能性食品素材として登場した。ようやく年産10トン（乾燥アガリクス，1995年）にまでこぎつけるに至った。他方，原産地ブラジルや中国でも栽培されるようになってきた。

"キノコがガンに効く"，"その煎じ汁を飲むと血圧や血糖値が下がった"，"アトピーが楽になる"，"肝炎やエイズにも改善効果が？"という報告が相次ぎ，それら薬効本体の化学的・生化学的解明が進展しつつある。

7.10.2 アガリクスの化学成分と薬効

生のカワリハラタケ（子実体）は水分85〜87%を含む。乾物当たり粗タンパク40〜45，糖質38〜45，繊維質6〜8，粗灰分5〜7，粗脂肪3〜4%の順となり，糖質（うち食物繊維が25〜29%）とともにタンパク質に富むキノコといえよう。ビタミン類は，乾物当たりB_1 0.3，B_2 3.2，ナイアシン49.2 mg%含まれる。このほかにエルゴステロールが0.1〜0.2%と比較的多く含まれるので，これの光照射と加熱によってプレビタミンD_2を経てビタミンD_2に変化する。D_2はCaとともに骨粗鬆症の予防改善に寄与している。

カワリハラタケのミネラル組成は，全灰分6.64%（乾物当たり）のうち，大半がK 2.97%である。このほかP 7486，Mg 528，Ca 157，Na 118，Cu 14，B 9，Zn 9，Fe 6，Mn 2，Mo 0.1の順（乾物当たりppm，原子吸光法分析）となっている。制癌性との関連性が注目されているGe含量は28ppb（乾物当たり，ICP分析法による）と極めて微量であった。

カワリハラタケ（傘部と柄部）の脂質の脂肪酸組成が明らかにされている。全脂質，中性脂質，リン脂質のいずれにも，リノール酸を主体とする不飽和脂肪酸含量（70〜78%）が高い。糖脂質ではセレブロシド，ジガラクトシルジアシルグリセロールが主体である。不飽和脂肪酸の制癌効果，脱コレステロール作用，抗血栓活性などが注目されており興味深い（表1）。

表1 カワリハラタケの薬効成分

薬効・食効, 治験例	研究された成分
抗腫瘍効果 （Sarcoma 180/mice, ip 法） 宿主のマクロファージ，補体などの免疫細胞，細網内皮系機能の活性化，インターフェロンなどのサイトカイン誘発促進，BRMとして作用し，免疫機能賦活による延命効果	多糖類など β-(1→3)-D-グルカン，β-(1→6)-D-グルカンタンパク複合体，酸性ヘテログルカン，キシログルカン，ヘテログルカンタンパク複合体，RNAタンパク複合体，糖タンパク（レクチン），ほか
制癌作用 （HeLa細胞増殖抑制作用） 細胞毒性による癌細胞増殖阻止効果	ステロイド類 セレビステロール誘導体2種とエルゴステロール酸化誘導体1種
癌の予防効果 発癌物質の吸着排泄などによる効果	食物繊維 不消化性のβ-D-グルカン，ヘテロ多糖，キチン質など
血糖降下作用 （マウス，ip投与法）	多糖体（β-D-グルカン），多糖タンパク複合体，RNA複合体
血圧降下，コレステロール低下，動脈硬化の改善	食物繊維，脂質を構成しているリノール酸などの不飽和脂肪酸
ビタミンD_2作用	エルゴステロールの光照射と加熱による

以上のほかに，関与している成分は不明であるが，熱水抽出液や含水アルコール抽出エキスの服用者によって，以下のような症状に改善効果が認められている。
　循環器作用……高血圧，低血圧，心臓病，動脈硬化症，心不全（狭心症，心筋梗塞），血栓症，リンパ腫，強心，強壮，スタミナ，半身不随
　消化器作用……十二指腸潰瘍，肝炎，慢性胃炎，胃下垂，胃癌，胃潰瘍，肝硬変，肝癌，大腸癌，慢性口内炎，腸癌，ポリープ，便秘，食欲減退，吹き出物，痔，腎炎
　内分泌作用……糖尿病，高脂血症（高コレステロール症），アレルギー，肝炎，浮腫，肝障害
　呼吸器作用……慢性気管支炎，喘息
　生殖器作用……乳癌，卵巣癌，乳房炎，婦人病，生理不順，更年期障害
　泌尿器作用……膀胱炎，腎炎，腎不全，前立腺肥大，ネフローゼ
　その他の作用……浄血作用，冷え症，湿疹，水虫，五十肩，バセドー氏病，慢性鼻炎，二日酔，腰痛，虚弱体質，膠原病，蓄膿症，口内炎，風疹性関節炎，歯槽膿漏，肩こり，眼病，鼻炎

7.10.3 アガリクスの抗腫瘍性物質

(1) 抗腫瘍活性多糖類

生あるいは乾燥カワリハラタケから，顕著な活性（腫瘍抑制率，腫瘍完全退縮率，宿主の延命率を比較）を示す6つの高分子画分が得られた（表2）。

活性は Sarcoma 180/mice, ip or po 法（宿主仲介性の抗腫瘍効果）によってスクリーニングされ，活性多糖体の化学構造が解明された。

水溶性の中性多糖体 FI_0-a-β は β-(1→6) 分岐をもつ β-(1→3)-D-グルカン，**酸性多糖**

体 FA-1-a は FA-1-a-α と FA-1-a-β に分画され, Glc を主要構成糖とし, このほかに Gal, Xyl, Man, Ara, ウロン酸を含む酸性ヘテログルカンであった。

水溶性多糖類を抽出し終わった残渣を, さらに 5%NaOH (30℃)で抽出すると, 顕著な活性を示す水不溶性多糖体 FIII-2-b が得られた。これは β-(1→6)-D-グルカンのタンパク複合体(グルカン:タンパク=55:43w/w)であった。さらに, 5%NaOH (80℃)で抽出された FIV-2-b はキシログルカン (Xyl:Glc=2:10, モル比)であり, タンパク9%, ウロン酸4%を含むヘテログルカンタンパク複合体であった。

(2) 抗腫瘍活性核酸

酸性多糖画分 FIII-2-b は, 分子量約1万の RNA であった。Con A-Toyopearl カラムを用いるアフィニティクロマト法で精製した FA-2-b-β は顕著な活性を示した (表2)。それの構成塩基として A, G, C, U の他に修飾塩基を含み, リン酸, タンパク, 構成糖として大部分の Rib とともに微量の Glc, Gal, Man を含む RNA 複合体であった。キノコから得られた核酸に宿主仲介性の抗腫瘍活性が確認された例は極めて珍しい。

表2 カワリハラタケ子実体多糖類の抗腫瘍効果
(Sarcoma 180/mice, ip 法)

子実体多糖	平均分子量(万)	腫瘍抑制率(%)	腫瘍完全退縮率(匹/匹)	死亡数(匹/匹)	投与量 mg/kg/日(注射)
β-グルカン Fl₀-a-β	50	71	1/6	4/6	10×10
α-グルカン[*1] FA-1-a-α	200	93	4/8	0/8	10×10
β-ガラクトグルカン FA-1-a-β	200	97	5/8	0/8	10×10
核酸 (RNA)[*2] FA-2-b-β	1	95	7/8	0/8	10×10
タンパクグルカン FIII-2-b	1〜5	99	8/10	0/10	10×10
キシログルカン FIV-2-b	1〜5	80	4/10	3/10	10×10
水 (対照群)	—	0	0/6	10/10	10×10

(注) *1, *2 には経口投与 (50 mg, 150 mg/kg/10日) によっても腫瘍抑制率68%, 74%を示し, 死亡数が非常に少ない (1/6, 0/8)。すなわち, 担ガン状態で生存が可能であることを意味する

(3) レクチン (ABL) の抗腫瘍活性

カワリハラタケ子実体から赤血球凝集素 (2種のレクチン NA-aff-ABL と A-aff-ABL) が分離された。A-aff-ABL は SDS-PAA ゲル電気泳動的に均一なまでに精製された。これは糖 11% を含む糖タンパクであり，分子量 64,000，サブユニット数 4 (16,000×4)，ヒト赤血球凝集に対して血液型特異性はなく，室温から 65℃ までの温度に安定であった。ウシ下顎唾液ムシン (BSM) や，ウシのアシアロフェツィンがこのレクチンの血球凝集を強く阻害した。2種のレクチン (ABL) に宿主仲介性の抗腫瘍活性が認められたが，あまり顕著ではなかった（表3）。

表3 カワリハラタケ子実体レクチン (ABL) の抗腫瘍活性 (Sarcoma 180/mice 法)

	対照群	DEAE-吸着部		DEAE-非吸着部	
		A-ABL	A-aff-ABL[*4]	NA-ABL	NA-aff-ABL[*4]
投与量[*1] (mg/kg/day)	生理食塩水	5×5	2×6	10×10	1×7
腫瘍体積[*2] (cm³)	28.3 31.4	10.7	25.1	19.0	17.0
腫瘍抑制率[*2] (%)	0	62.3	20.1	32.7	45.9
完全退縮率[*3] (頭数/対照頭数)	0/5	2/5	0/5	1/5	0/5

* 1 検体は，Sarcoma 180移植24時間後から1日1回ずつ5～10日間続けて腹腔内 (ip) 投与した
* 2 腫瘍移植3週間後に，腫瘍体積 (cm³) を測定し，対照群と比較して腫瘍抑制率 (%) を算出した
* 3 腫瘍移植23日目に，完全退縮頭数を対照群（5頭）と比較した
* 4 Asialofetuin-Sepharose 4B カラムを用いるアフィニティクロマト法によって精製した

(4) 抗腫瘍活性ステロイド類

カワリハラタケ子実体のアセトン抽出物から6種のステロイドが単離された（図1）。これらのうち3種（構造式 1, 2, 4）には子宮けい癌細胞 (HeLa cells) に対して細胞増殖阻害が見出された（表4）。なお，化合物2はエルゴステロールの酸化物と考えられる新規ステロイドであり，$[\alpha]_D^{20} -60.8°$ ($CHCl_3$)，FDMS m/z 444 $[M]^+$，EIMS m/z 426 $[M-H_2O]^+$，411 $[M-H_2O-CH_3]^+$，IR ν max 3400, 1640 cm^{-1} であった。

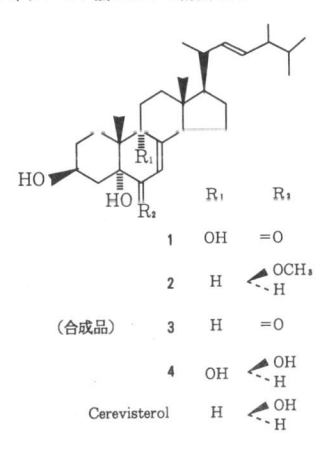

図1 カワリハラタケ子実体から単離されたステロイド類

表4 カワリハラタケ子実体から分離した
ステロイド類のHeLa細胞増殖抑制活性

ステロイド	増殖抑制最少濃度 (ppm)
1	8
2	16
3 *	32
4	64
Cerevisterol	活性なし

* Ergosterolからの合成品
(注) Ergosterolには活性なし

(5) 脂質の抗腫瘍活性

Folchらの方法で抽出されたカワリハラタケ子実体の脂質画分(リノール酸, オレイン酸, ステアリン酸を主要構成脂肪酸としている)にも, ip投与によって, マウスのEhrich腹水腫瘍(EAC)に対して腫瘍の完全退縮を伴う効果が示された。

7.10.4 子実体, 菌糸体および培養濾液から得られた抗腫瘍活性多糖類

カワリハラタケの子実体と菌糸体の熱水抽出物, およびその培養濾液から, それぞれ多糖体AB-P, ATOMおよびAB-FPが得られた。いずれにも顕著な抗腫瘍活性を認めているが, それらは多糖化学的には精製純化が十分に行われていない。

(1) 子実体多糖 (*Agaricus blazei*-polysaccharide, AB-P)

生子実体500gを破砕し, 水1.5lを加え, 95℃にて3～4時間抽出した。冷却後, 濾過し, 濾液を1/3容まで濃縮してから等容のエタノールを加えて多糖を沈澱させた。固液分離し, 沈澱をエタノール, エーテルにて順次洗浄した後, 真空乾燥して0.6gのAB-Pを得た。Glc:タンパク=34:30w/wからなるグルカンタンパク複合体であった。顕著な抗腫瘍効果を示した(表5)。

(2) 菌糸体タンパク多糖 (Antitumor Organic Substances Mie, ATOM)

カワリハラタケ菌糸体を得るため, グルコース20g, 酵母エキス5g, 水1lからなる液体培地(pH5.5)にて, 30℃にて30日間振盪培養した。遠心分離した菌糸体に7倍量の水を加え, 95℃にて2時間加熱抽出し, 抽出濾液にエタノールを加えて多糖を沈澱させた。多糖を遠心分離して集め, アセトンに次いでエーテルにて洗浄して, 菌糸体10g当たり210mgのタンパク多糖(ATOM)を得た。ATOMは分子量10^5～10^7(ゲル濾過法), $[\alpha]_D+57°$ (c=2.0, 水), タンパク含量5%, 少量のGalとRibを伴うグルコマンナンタンパク複合体であった。Sarcoma 180固型腫瘍と同様にEhrlich腹水腫瘍に対しても単独あるいは5-FU (フトラフール, 合成制癌剤)などとの併用投与においても顕著な抗腫瘍効果を示した(表5)。

(3) 培養濾液から多糖体（*Agaricus blazei*-culture filtrate polysaccharides, AB-FP）

(2)で述べた菌糸体を培養して得られた濾液を，1/6容まで減圧濃縮し，これに等容のエタノールを加え，4℃に一夜放置する。生じた沈殿を遠心分離後，アセトンとエーテルで洗浄し，真空乾燥（室温）すると培養濾液1ℓ当たり575mgのAB-FPが得られた。AB-FPは分子量10^5〜10^7（ゲル濾過法），$[\alpha]_D + 63°$（c＝2.0，水），微量のGlc，Gal，Ribを含むマンナンタンパク複合体であった。AB-P，ATOMと同様にAB-FPにも顕著な抗腫瘍活性を示した（表5）。

表5 カワリハラタケ子実体，菌糸体および培養濾液から得られた多糖体の抗腫瘍活性の比較

多 糖 体	投 与 量 （mg/kg×日）	腫瘍抑制率[*1] （%）	腫瘍完全退縮率[*1] （頭数）
対照（生食水）	0.25mℓ×10	0	0/68
子実体 AB-P	1×10 10×10 10×10	80.7 93.6 100	10/16 6/10 10/10
菌糸体 ATOM	0.5×10 5×10 20×10	52.6 99.5 98.2	0/10 11/11 10/11
併用 ATOM+5-FU	10×6	72.5	3/10
培養ろ液 AB-FP	5×11 20×11	99.7 99.3	11/11 11/11
PS-K	10×10	88.7	6/8
チョレイ	0.5×10	83.3	25/30
マンネンタケ	20×10	83.9	5/10
酵母 Zymosan	10×10	81.4	6/12

*1 腫瘍移植後28日あるいは35日目に測定した

7.10.5 アガリクスの素材と製品

人工栽培されたカワリハラタケが，丸のままあるいはスライスされ通風乾燥されたものが，いわゆるアガリクス素材である。これには表1に掲げたような生理機能が研究され期待されている。

健康指向食品としてそれの煎液，エキス粉末，キノコ全粉，キノコ酒，さらには人参，蜂蜜，ローヤルゼリー，他種のキノコなどを調合した錠剤，ドリンク，レトルト製品などその銘柄は多種多岐に及んでいる。

アガリクスの機能性が優れていることと大量生産が困難なことも手伝って，キノコ製品の中では最も高価なものである。

・製品例

乾燥アガリクス単品，1カ月煎じ飲用150g，定価48,000円，SHサンヘルス，東京

・製品例

アガリクス抽出液, 100g×15分包

定価24,000円, サンドリー SS, 大阪

なお，大量生産によって価額が下がってくれば，アガリクスは西洋マッシュルーム"シャンピニオン"と同じはらたけ科のキノコであるので，キノコの味・香り・歯触りの良さを生かして，さらに多岐にわたる生理機能が期待できるので，生のまま，あるいは乾燥したものが和・洋・中華料理の食材として活用できよう。キノコの薬膳料理（菌食）には欠かせないものになろう。

文　　献

1) 水野卓ら編著：キノコの化学・生化学, 学会出版センター (1992), p.1-372, 東京
2) 水野卓分担執筆：きのこの基礎科学と最新技術, 農村文化社 (1991), p.121-135, 東京
3) 水野卓ら編著：ガンから成人病までなぜ姫マツタケは効くのか, 創樹社 (1987), p.1-222, 東京
4) 水野卓：キノコの薬効と食効, 静岡大学農学部生物化学研究室 (1994), p.1-170, 静岡
5) 水野卓：奇跡の薬効茸アガリクス, この茸を飲んでいればガンは怖くない, 現代書林 (1994), p.1-172, 東京
6) 水野卓：食べて治す"がん"の特効食, 青春出版社 (1996), p.1-207, 東京
7) 水野卓分担執筆：がん抑制食品, まいたけ, 法研 (1994), p.132-137, 東京
8) T. Mizuno Edited: A Medicinal Mushroom, *Ganoderma lucidum*, Polyporacea and Others, Oriental Tradition, Cultivation, Breeding, Chemistry, Biochemistry and Utilization of *Ganoderma lucidum*, IL-YANG Co. Ltd. (1995), p.1-298, Seoul, KOREA
9) T. Mizuno Edited: Mushrooms, The Versatile Fungus, Food and Medicinal Properties, Chemistry, Biochemistry, Biotechnology, and Utilization, MARCEL DEKKER, Inc. (1995), Food Reviews International, p.1-236, New York, Basel, USA
10) T. Mizuno Edited: Mushrooms (II), Breeding, Cultivation, and Biotechnology, MARCEL DEKKER, Inc. (1996), Food Reviews International, in press, New York, Basel, Hong Kong, USA

7.11 無臭ニンニク末

竹山喜盛*

ニンニクの成分には,酵素または非酵素的に変化を受けやすい不安定な成分,すなわち,システインのS-アルキル誘導体を多く含有している。したがって,抽出成分の生物活性は抽出処理方法によってそれぞれ異なる。ここでは,スコルヂニン類を有効成分として含有する無臭ニンニク末の生物活性を述べる。

7.11.1 はじめに

ニンニクに関する記録は,古代エジプト文明にまで遡り,今から四千年から五千年前に建造されたピラミッドの内部に,大根や玉葱とともにニンニクを労務者へ支給するために,消費した金額等が刻まれていることをヘロドトスの著書「歴史」に記載されている[1]。

その金額が膨大なことから,ニンニクをはじめとするこれらの香辛性食物は,当時すでに貴重な強壮食品としての効用が認識され,栽培,流通されていたと推察される。

以来今日では,ニンニクは世界中で栽培され,特に,アジアの生産量は全世界の80％以上に達している（表1）[2]。これらの生産物は生食用および加工用食品,医薬品,医薬部外品,化粧品,栄養補助食品（健康食品）等に広く使用されている。

一方,ニンニクに関する化学的研究は近年になってから報文がみられ,Wertheimはニンニク特有の臭を有するDiallyl disulfideを分離し,構造式を決定している[3]。

その後1世紀をへて,Cavallitoはニンニクのホモジネートから脂溶性の抗菌物質であるアリシンを分離・決定し[4],Stollによってアリシンの前駆体であるアリインすなわち,S-アリルシステインスルホキシドの構造が明らかにされた[5]。このアリインはニンニクを刻んだりして破壊したときにアリイナーゼの酵素作用によりアリシンを生成することが明らかにされ[6],さ

表1 PRODUCTION OF GARLIC[2]
(1000MT)

AREA	1991	1992	1993
WORLD	7029	7333	7624
AFRICA	281	246	322
N.C. AMERICA	250	249	253
SOUTH AMERICA	186	189	193
ASIA	5781	6079	6284
EUROPE	482	481	468
OCEANIA	1	1	1

* Kimori Takeyama 理研化学工業㈱ 研究所

らに，このアリシンは不安定で，非酵素的に還元され，Wertheim により確認されたジアリルジスルフィドに変化して刺激性の強いニンニク臭を発する[7]。その後，ニンニクにはアリイン以外のスルホキシド型 S-アルキルシステイン（アルキル；メチル，プロピル，プロペニル）の存在が明らかにされ[8]，これらもアリインと同様にアリイナーゼにより加水分解を受け，それぞれのアルキルチオスルフィネートを産生する。

理研化学工業の創立者である小湊潔博士は，長年にわたるニンニク研究において有効性および安全性を研鑽し，ニンニクの有効成分として含硫配糖体を分離し，スコルヂニン類を発見し[9]，その臨床効果ならびに薬理および生理作用を明らかにした[10]。

スコルヂニン類を有効成分とする製品には，医薬品原料としてオキソアミヂン末，オキソアミヂン（軟調液：いずれも商標），さらに，製剤化した医薬品；オキソレヂン製剤がある。また，健康食品原料として無臭ニンニク末，無臭ニンニク液等が製造されている。

健康食品原料と医薬品原料の有効成分はほとんど同じであるため，それぞれの有効性，安全性データはそれぞれに適用できる。ここでは，主として無臭ニンニク末の生物活性について 2，3 の実験例をまじえ述べる。

7.11.2 製　　法

無臭ニンニク末の製法は，スコルヂニン類を有効成分として含有するオキソアミヂン末の製法[11]にほぼ準ずるが，詳細については紙面の都合で省略する。しかし，原理を概説すると，生ニンニク（Allium sativum Linné; Allium sativum Linné forma pekinense Makino(Liliaceae)）に含有する配糖体分解酵素を失活させ，元来ニンニク中に存在する状態の有効成分を効率よく抽出する。

7.11.3 安全性

マウスおよびラットにおける急性毒性試験[12]では，無臭ニンニク末の LD_{50} 値は，経口投与の場合ではマウスの雌雄とも 50g/kg 以上，ラットは雌雄とも 40g/kg 以上であり，きわめて安全性が高い製品である（Method；Litchfield-Wilcoxon）。

7.11.4 無臭ニンニク末の脂質代謝に関する作用

日本の経済が，近年著しい高度発展を遂げるに伴い，食生活の面では多様化がいっそう進み飽食の時代を招いている。熟年層から若年層にいたる肥満人口が増加するにつれて，ダイエットやフィットネス産業が氾濫する時代を迎えている。この肥満原因の 1 つとして摂取エネルギー収支のアンバランスが上げられる。すなわち，摂取された過剰なエネルギーは脂肪として白色脂肪組

織内に蓄えられる。これとは逆に，褐色脂肪組織が生体の熱産生器官として存在し，ミトコンドリアのアンカップリングプロテイン（UCP）を介して脂肪を酸化分解し，体温としてエネルギーを発散している。エネルギー消費機能が低下した場合は，脂肪が白色脂肪細胞に蓄積されて巨大化し肥満の引き金となる。白色脂肪細胞は主として内臓や腹部皮下に蓄積されるため，マウスを用いて腎周辺脂肪および睾丸周辺脂肪を指標として白色脂肪ならびに体重に対する影響を調査した。

Std-ddy系マウス（♂）（日本SLC）の5週齢時に対照群および無臭ニンニク末群の2群として，6週間ゾンデによる経口投与を行った。被検体は10mg/kgとし，飼料（MF：オリエンタル酵母製）および水を自由に与え，23±1℃で試験を行った。終了後，体重，飼料摂取量を測定したのち，腎および睾丸周辺脂肪を摘出してそれぞれ重量を測定した。測定値はStudentのt-検定により行った。結果は表2に示す。試験期間中の増体重が対照群に比べて無臭ニンニク末群は有意（P＜0.05）な減少を示し，腎周辺脂肪も有意（P＜0.05）に減少した。睾丸周辺脂肪は有意に至らなかったが，無臭ニンニク末群は明らかに減少傾向を示した。すなわち，無臭ニンニク末はマウスの脂肪代謝を活性化している可能性を示した。

一方，ラットに対して，通常より30％高脂肪を含有する飼料をベースにして，無臭ニンニク末0.8％添加食群と対照群へ飼料摂取量を同一に制限して28日間の給与試験では，対照群に比較して，無臭ニンニク末添加食群は体重において有意に至らなかったものの低下する傾向を示し，血漿トリグリセライドならびに遊離脂肪酸のレベルはいずれも有意に減少し，肩甲間褐色脂肪組織のミトコンドリアタンパク含有量は有意に増強されたことにより脂肪代謝の亢進性が支持された[13]。

表2 無臭ニンニク末のマウス体重および脂肪重量に対する影響

	体重変化 (g)			睾丸周辺脂肪		腎周辺脂肪		摂取量
	開始時	終了時	増体重	睾丸周辺脂肪重量 (g)	体重比 (％)	腎周辺脂肪重量 (g)	体重比 (％)	1日平均値 (g)
対照	25.2±0.59	39.0±1.29	13.8±0.96	0.867±0.118	2.209±0.260	0.227±0.035	0.580±0.085	5.0
無臭ニンニク末	25.2±0.39	37.5±0.75	12.2±0.53*	0.762±0.065	2.036±0.172	0.191±0.013*	0.511±0.036	4.8

Mean±S.E. (n=6)　＊：P＜0.05

7.11.5 無臭ニンニク末の強壮ならびに抗疲労効果

ニンニクは古来より，多様な効果を目的として広く使用され，とりわけ滋養強壮・強精としての体力増強効果は最も期待されている利用法である。ヒトに対するスコルヂニン製剤であるオキ

ソレヂンの抗疲労作用に関する研究では，激しい運動負荷を長時間強いられているスポーツ選手を対象に，試験群と対照群別に二重盲検法で実施された結果，疲労に関する自覚症状の訴え率から観察して試験群は明らかに低率を示し，疲労が蓄積する後半において，さらに試験群は対照群に比べ有意（P＜0.05）に訴え率が低く，疲労度の改善が認められた。他覚症状の疲労検査では，CPK（Creatine phosphokinase）値が試験群では有意に減少が認められた[14]。

一方，無臭ニンニク末の体力増強に対する影響をマウスの遊泳法で検討した。

① 材料および方法

4週令のStd-ddYマウス（雄）（日本SLC）を1週間予備飼育後，健康な個体を選び体重を均一化した2群に群分けし，対照群ならびに無臭ニンニク末群として試験に供した。無臭ニンニク末は生理食塩水に溶解し，体重10g当たり0.1mlの容量に4.0mg/kgの投与量になるように調製し，対照は生理食塩水のみ1日1回，胃ゾンデにより経口投与を行った。

② 測定法および統計処理法

遊泳時間の測定は7日目および14日目の2回とし，体重当たり3％の加重を負荷させ，25±1℃の水槽（φ25cm，深さ22cm）で遊泳させ，10秒間以上水面に浮上不能までの時間を測定した。また，体重は開始時およびそれぞれの遊泳前に測定を行った。

各群の測定値は棄却検定（5％以下棄却）の後，分散比の検定を行い，等分散の場合はStudentのt-検定により，等分散でない場合にはWelchの方法を用い，対照群と無臭ニンニク末群間の有意差検定を行った。

③ 結果および考察

無臭ニンニク末群は対照群に比べ，7日間投与で有意（P＜0.05）に遊泳時間の延長が認められた。なお，14日間投与では無臭ニンニク末群が0.1％の有意水準で優れた遊泳の持続作用を示した（表3）。また，体重は両群間に有意差は認められず，ほぼ均質な推移を示した（表4）。すなわち，無臭ニンニク末は，

表3　無臭ニンニク末のマウス体力増強効果

群	投与量 (mg/kg)	平均遊泳時間（秒）	
		7日目	14日目
対照	—	55.3±5.7	47.6±8.0
無臭ニンニク末	4.0	207.8±45.0*	138.8±12.2**

Mean±S.E.；*：(P＜0.05)，**：(P＜0.001)

表4　マウスの体重変化 (g)

群	投与量 (mg/kg)	Initial	7日目	14日目
対照	—	27.4±0.8	31.5±0.7	34.5±0.9
無臭ニンニク末	4.0	27.2±0.3	31.9±0.4	35.6±0.5

Mean±S.E.

マウス遊泳時間を有意に持続させる体力増強効果が明らかに認められた。

7.11.6 無臭ニンニク末の血清過酸化脂質に対する抑制作用

ヒトにとって，過酸化脂質の増加は有害で老化現象の促進のみならず，脂肪酸代謝障害[15]，動脈硬化症[16]，悪性腫瘍[17]等の疾患との関連が示唆されている。過酸化脂質の産生は多価不飽和脂肪酸が酸化されてヒドロペルオキシドとなり，さらに過酸化が進み，最終的にマロンジアルデヒド（MDA）を生じる[18,19]。MDAは2-Thiobarbituric Acidと反応して極大吸収を与える色素が生成され，TBA値として測定される。そこで，無臭ニンニク末の血清過酸化脂質に及ぼす影響を検討した結果を以下に述べる。

① 材料および方法

Wistar系ラット（♂）6週令（日本SLCより導入）を3群に分け，第1群は普通食対照群，他の2群は1％のコレステロールを添加したコレステロール食対照群およびコレステロール食試験群とし，試験群には無臭ニンニク末40mg/kgを3週間経口投与した。飼料は粉末飼料（MF：オリエンタル酵母製）を使用して調製し，水とともに自由に摂取させた。最終投与後24時間目に心採血し，血清過酸化脂質の測定はTBA法[20]で行った。

なお，測定値の統計処理法はStudentのt-検定により行った。

② 結果および考察

ラットの血清過酸化脂質値（TBA値）の結果は表5に示した。すなわち，両対照群はコレステロール食群は普通食群より高値を示したが，両群の間には有意差が認められなかった。一方，無臭ニンニク末投与群は，両対照群に比べいずれも有意（p＜0.001）に血清過酸化脂質値の減少が認められた。以上の結果から，無臭ニンニク末は老化防止や脂肪酸代謝障害の予防等に関与する可能性が示唆された。

表5 ラット血清TBA値に対する無臭ニンニク末の影響

投与群	無臭ニンニク末濃度（mg/kg）	TBA値
普通食群	—	0.565±0.026
コレステロール食群	—	0.627±0.006
コレステロール食無臭ニンニク末投与群	40	0.295±0.035*

Mean+S.E.（n=5）
*：Significontly different from control（P＜0.001）

7.11.7 無臭ニンニク末による癌細胞Suppression活性

抗腫瘍を示すポリサッカライドには，腫瘍細胞と処理することによりSuppression活性すなわち，癌細胞増殖抑制活性を示すことが報告されている[21]。

そこで，無臭ニンニク末のSuppression活性をエールリッヒ腹水癌細胞を使用し，試験を行った。

① 試験材料および試験方法

被験動物は SLC-ICR 雌性マウス（5週令）を使用し，エールリッヒ腹水癌細胞（EC と略す）を腹腔内へ接種後7日目に腹水を採取し，Hanks 液を加えて 500rpm，5分間遠心して上澄をすて沈澱した癌細胞に再び Hanks 液を加えて 1 ml 当たり，5×10^6 個に細胞懸濁液を調整した。EC 懸濁液 5 ml に，無臭ニンニク末 50 mg/ml，5 mg/ml および 0.5 mg/ml，対照には生理食塩水をそれぞれ添加し，37℃，3時間 incubate 後，SLC-ICR 雌性マウス（1群，10匹）の腹腔内に，EC 懸濁液を 10^6 cells/マウスをそれぞれ移植した。以上の操作はすべて，無菌的に実施した。

EC 移植後のマウスは，市販固形および市水を与え，23±1℃で30日間飼育し，腫瘍致死の観察ならびに腹水を採取し，チルク染色により癌細胞の有無を検鏡した。

② 結果および考察

対照群は EC 移植後 12 日目から，無臭ニンニク末 0.5mg/ml 群は 14 日目からそれぞれ腫瘍致死例が観察され，20 日までに両群共全例が腫瘍致死に至ったが，無臭ニンニク末 5mg/ml および 50mg/ml 群は移植後，30 日を経過しても腫瘍死例は観察されず，腹水の貯留ならびに腹腔内に何ら癌細胞も認められず正常であった（表6）。すなわち，無臭ニンニク末，5mg/ml 群以上では，エールリッヒ腹水癌に対して増殖抑制活性を認めた。

表6　無臭ニンニク末の Ehrlic 腹水癌 Suppression 活性

薬　剤	処理濃度 (mg/ml)	腫瘍死数（n=10）			
		10 日	15 日	20 日	30 日
対　照	0	0	5	10	
無臭ニンニク末	0.5	0	3	10	
〃	5.0	0	0	0	0*
〃	50.0	0	0	0	0*

＊：腹水貯溜ならびに腹腔内の癌細胞の検出なし

7.11.8　おわりに

ニンニクの有効成分スコルヂニン類を含有する無臭ニンニク末はこれまで種々の作用が認められているが，この紙面では，成人病関係に対する予防効果が期待される脂質代謝を中心に熱産生器官の活性作用，強壮効果，抗腫瘍，老化防止等について記述させて頂いた。これらは現在，鋭意研究中である。これらが，御検討に際して御参考になれば幸いである。

執筆にあたり，御指導を頂いた小湊壞社長，西村昇二常務取締役に感謝申し上げます。

文　献

1) ヘロドトス；歴史(上), 松平千秋訳, p.242, 岩波文庫
2) FAO PYB ; VOL. 47, 141(1993)
3) T. Wertheim; *Ann.*, **51**, 289(1844)
4) C. T. Cavallito; *J. Am. Chem. Soc.*, **66**, 1950(1944)
5) A. Stoll; *Helv. Chem. Acta*, **31**, 189(1948)
6) A. Stoll, E. Seebeck; *Herv. Chem. Acta*, **32**, 197(1949)
7) A. Stoll, E. Seebeck; *Experientia*, **6**, 330(1950)
8) M. Sugii, *et al*; *Bull. Inst. Chem. Res. Kyoto Univ.*, **42**, 246(1964)
9) K. Kominato; *Chem. Pharm. Bull.*, **17**(11), 2193(1969), *ibid.*, 2198(1969)
10) OXO-Reduin 臨床実験集, OXO-Reduin 薬理及び生理実験集
11) 小湊潔, 他；応用薬理, **12**(4), 571(1976)
12) 小湊潔, にんにくの神秘, p.156(昭.48)
13) 尾井ほか, 第47回日本栄養・食糧学会総会, 講演要旨集178(1993)
14) 大山良徳ほか；基礎と臨床, Vol.11(2), 309(1977)
15) 山本良子；ビタミン, **31**, 260(1965)
16) Aoyama, S., Iwakami, M.; *Jap. Heart J.*, **6**, 128(1965)
17) 福住一雄ほか；油化学, **10**, 643(1961)
18) Dahle, L., K., *et al*; *Arch. Biochem. Biophys.*, **98**, 253(1962)
19) Pryor, W., A., *et al*; *Lipids*, **11**, 370(1976)
20) 大浜宏文ほか；日本ビタミン学会第18回大会（1966)
21) 安藤隆雄ほか；基礎と臨床, **9**(8), 1754(1975)

7.12 甜　　茶

平井孝一*

7.12.1 はじめに

　中国南部に生息するバラ科キイチゴ属の甜茶[1] (*Rubus suavissimus* S. Lee) は，甘葉懸鉤子とも呼ばれ，お茶の一種として古来より親しまれている[2]。本植物は，そのエキスの甘さから甜茶（甜＝甘の意味）と呼ばれているが，同様に異名で甜茶と呼ばれるユキノシタ科の臘蓮繍球 (*Hydrangea serrata*)，ブナ科の多穂石柯葉 (*Lithocarpus polystachyus*)，アカネ科の牛白藤 (*Oldenlandia hedyotidea*) とは，異種の植物である[3]。

　バラ科の甜茶は，熱を清め肺を潤し，痰を除き咳を止めるとあり[1,4]，いわゆる風邪の諸症状に効果があることも知られている。

　バラ科甜茶が日本でブームになったのは1994年秋の日本アレルギー学会において，三重大学・医学部耳鼻咽喉科の鵜飼助教授のグループが，通年性鼻アレルギー患者に甜エキスを配合したキャンディーを投与したところ，医薬品並みの改善効果が得られたとの報告がされたことに端を発している[5]。

　本稿では，甜茶の抽出物（商品名：サンテンチャ™）を中心に，生理機能，作用メカニズム，臨床的試験結果，安全性などを述べる。

7.12.2 甜茶の生理機能

　アレルギー反応，特に鼻アレルギーを始めとするI型アレルギー反応においては，IgEと肥満細胞の関与が必須であり，実際，肥満細胞から放出されるヒスタミンにより種々の不快な症状が発症する。そこで，甜茶抽出物について肥満細胞からのヒスタミン遊離抑制活性を検討した。

　その結果を図1に示したが，甜茶抽出物は，濃度依存的に肥満細胞からのヒスタミン遊離を抑制し，サンプル無添加のコントロールに対する50％抑制濃度（IC_{50}）は，15ppmと顕著な抑制効果を示した[6]。

　陽性対照として用い代表的な抗アレルギー薬のKetotifenのIC_{50}は120ppmであり，甜茶抽出物はその8倍も強い活性を示した。

　また，甜茶抽出物の抗アレルギー作用については，IgE抗体を介した抗原抗体反応による肥満

＊　Koichi Hirai　サントリー㈱　ヘルスケア事業開発部

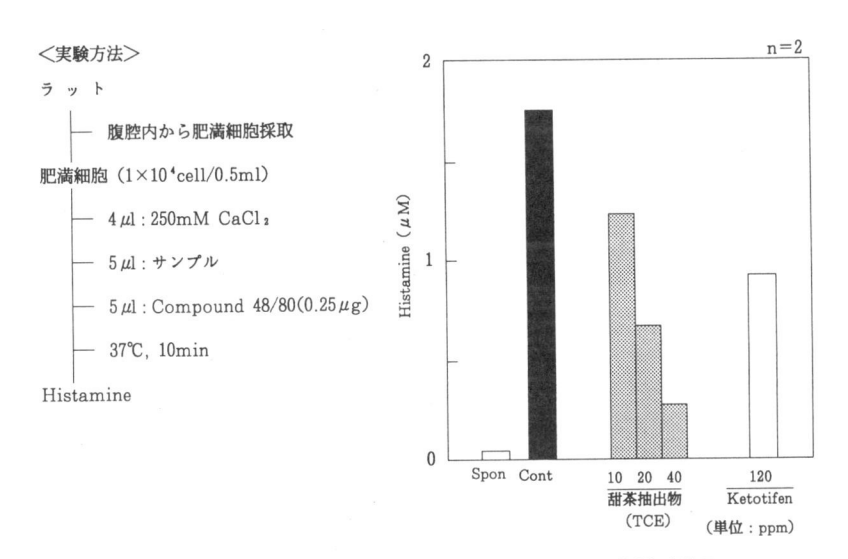

```
<実験方法>
ラット
  ├─ 腹腔内から肥満細胞採取
肥満細胞 (1×10⁴cell/0.5ml)
  ├─ 4 μl : 250mM CaCl₂
  ├─ 5 μl : サンプル
  ├─ 5 μl : Compound 48/80(0.25μg)
  ├─ 37℃, 10min
Histamine
```

図1　Compound 48/80による肥満細胞からのヒスタミン遊離抑制作用

細胞からのヒスタミン遊離に対する効果も検討し，compound 48/80 の場合と同様に，顕著に抑制することを確認している。さらに，*in vivo* におけるラット皮膚血管透過性亢進の抑制作用や受動感作皮膚アナフィラキシー抑制効果も認め，体内での有用性も確認している[7]。

7.12.3　抗アレルギー活性成分[6]

これまで述べてきたように，甜茶抽出物は試験管内試験や動物試験において顕著な抗アレルギー活性が認められた。そこでここでは，ラット肥満細胞からのヒスタミン遊離抑制活性を指標として，溶媒分画と各種分離剤を用いたカラムクロマトグラフィーにより分離精製を行った。

その結果，TCF11と名付けた画分に最も強い肥満細胞からのヒスタミン遊離抑制活性が認められた。TCF11 は MS, NMR 分析および分解反応等の結果より GOD 型 ellagitannin polymer であることが明らかとなった。活性成分，甜茶ポリフェノールの推定構造を図2に示した。

また，この活性本体の活性は，図3に示したように，陽性対照である ketotifen の 667 倍ものヒスタミン遊離抑制活性を示した。

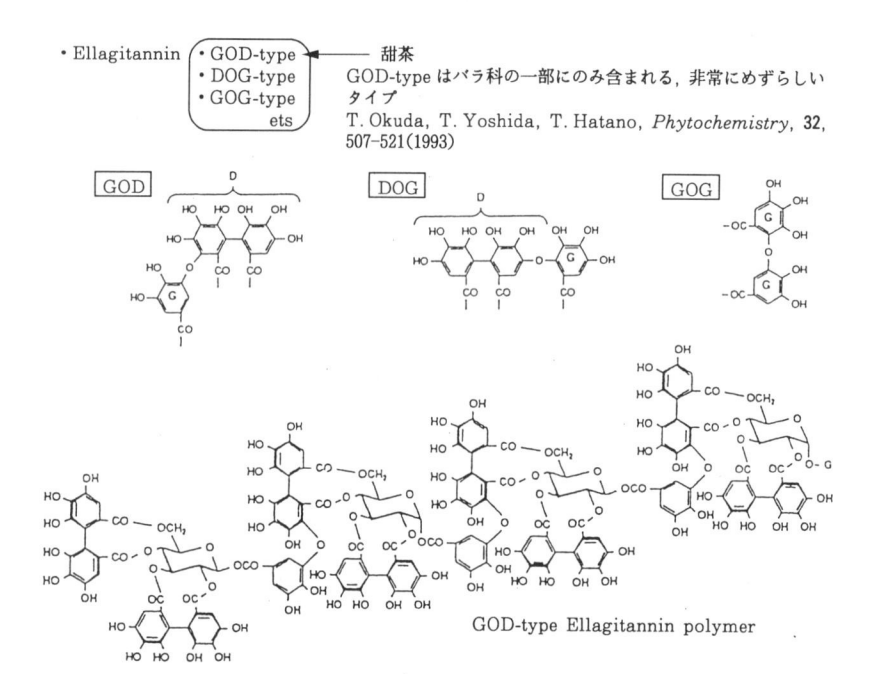

- Ellagitannin
  - GOD-type ← 甜茶
  - DOG-type
  - GOG-type
  - ets

GOD-type はバラ科の一部にのみ含まれる，非常にめずらしいタイプ
T. Okuda, T. Yoshida, T. Hatano, *Phytochemistry*, **32**, 507-521(1993)

図2 Ellagitannin の分類と甜茶ポリフェノールの推定構造

GOD-type Ellagitannin polymer

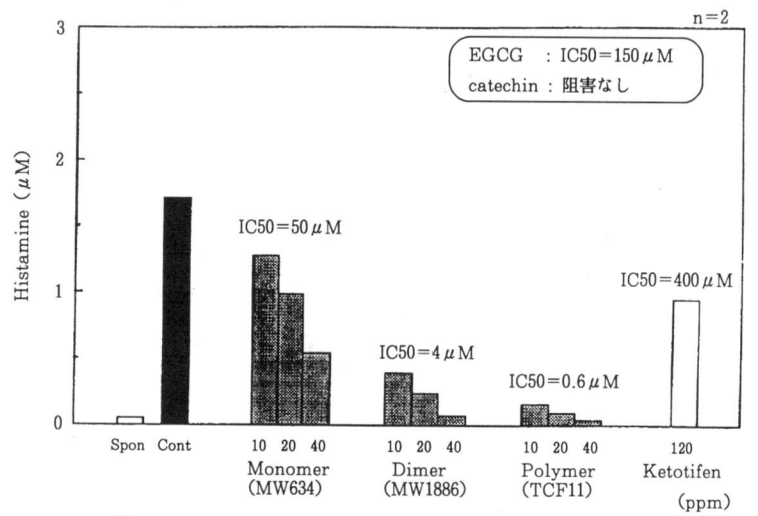

EGCG : IC50＝150 μM
catechin : 阻害なし

Histamine (μM)

Spon Cont 10 20 40   10 20 40   10 20 40   120
            Monomer   Dimer   Polymer   Ketotifen
            (MW634)   (MW1886)   (TCF11)   (ppm)

IC50＝50 μM
IC50＝4 μM
IC50＝0.6 μM
IC50＝400 μM

n=2

図3 Compound 48/80 による肥満細胞からのヒスタミン遊離に対する GOD 型エラジタンニンの抑制効果

7.12.4 作用メカニズム[8]

甜茶抽出物はその構成成分として甜茶特有のポリフェノールを含んでおり，その GOD 型エラジタンニンが活性本体であることが明らかになった。ここではその作用メカニズムについて述べる。

甜茶抽出物の肥満細胞からのヒスタミン遊離抑制作用のメカニズムを明らかにするために，肥満細胞内外の Ca^{2+} の動態に着目し検討を行った。

すなわち，ラット腹腔内肥満細胞を甜茶抽出物存在下，表1に示した各種化合物で刺激し，上清中に遊離するヒスタミンを定量した。一方，細胞内 Ca^{2+} 濃度は Fura2/AM を取り込ませた精製肥満細胞に各種刺激剤を添加し，2波長励起による蛍光強度に比率により経時的に測定した。

その結果，甜茶抽出物は，すべての刺激剤による細胞内 Ca^{2+} 濃度の上昇および，ionophore A23187 以外の刺激剤によるヒスタミン遊離を濃度依存的に抑制した（表1）。

すなわち，甜茶抽出物のヒスタミン遊離抑制作用のメカニズムとして細胞内 Ca^{2+} 濃度の上昇抑制が関与していると考えている。

表1

Ca 供給源	刺激剤	甜茶抽出物の影響			
		ヒスタミン遊離		細胞内 Ca	
細胞内	Compound 48/80	抑制	(20)	抑制	(<20)
	Substance P	抑制	(>300)	抑制	(100)
細胞外	Concanavalin A	抑制	(100)	抑制	(40)
	Dextran	抑制	(100)		
	Ionophore A23187	無効		抑制	(40)
細胞内外	抗原抗体反応	抑制	(100)		

（ ）内の数値は，IC50(ppm) を示す

7.12.5 臨床的試験[5]

甜茶抽出物は通院患者を対象とした臨床的試験を実施している。以下にその内容を詳細に述べることとする。

試験実施施設は，三重大学医学部・耳鼻咽喉科教室の関連病院である公立3施設で実施された。試験の対象者としては，通年性鼻アレルギーの通院患者で，皮膚反応，鼻誘発反応および鼻汁中好酸球検査のうち2項目以上陽性で，鼻症状が中程度以上の患者とした。試験全体はアレルギー学会のガイドラインに則って行われた。

試験食品には1粒中に甜茶抽出物の固形分 40mg を含有する飴を1日3粒，4週間にわたり使用してもらい，症例数は21例であった。

観察・検査項目は自覚症状として，くしゃみ発作，鼻汁，鼻づまり，臭覚異常，日常生活の支障度について調査し，他覚所見として下鼻甲介粘膜の腫脹，水分分泌量，鼻誘発試験および鼻汁中好酸球数について検査を実施した。また，被験者には試験期間中全期間にわたり鼻アレルギー日記を記入して頂き経過の判断資料とした。

評価項目としては，症状別改善度，全般改善度，概括安全度，有用度について行った。

その結果の中から全般改善度を図4に示したが，甜茶抽出物含有飴服用2週間目で「軽度改善」以上が65％と速やかな改善効果を認め，4週間目では75％と経時的な改善率の上昇が認められた。

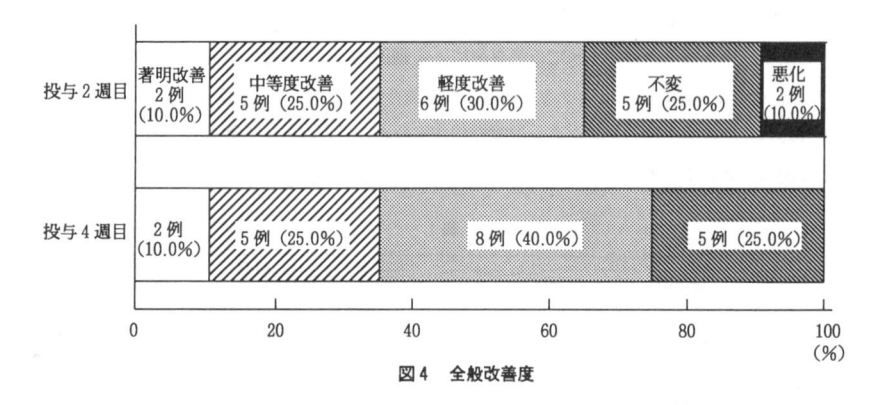

	著明改善	中等度改善	軽度改善	不変	悪化
投与2週目	2例 (10.0%)	5例 (25.0%)	6例 (30.0%)	5例 (25.0%)	2例 (10.0%)
投与4週目	2例 (10.0%)	5例 (25.0%)	8例 (40.0%)	5例 (25.0%)	

図4　全般改善度

7.12.6　安全性

バラ科甜茶は中国において栽培されているのはごく一部であり，ほとんどは自生しているものを利用しているのが現状である。また，冒頭でも述べたように甜茶にはバラ科以外の植物由来のものもあり，特にユキノシタ科の甜茶は毒性が高いことも知られている。また，中国における甜茶の産地は，品質管理の面から技術的・衛生的に解決されていない課題が山積していることも事実である。

したがって，甜茶および甜茶抽出の安全性については細心の注意を払う必要がある。

弊社では，原料茶葉購入の段階から，起源植物の確認に始まり，異物の除去状況の確認，残留農薬の検査，ヒ素・重金属試験，カビ・一般細菌の測定，さらには抽出物を製造し，ヒスタミン遊離抑制効果を指標とした活性の測定，急性毒性試験，変異原性試験等を実施している。

7.12.7　応用例・製品例

甜茶の活性本体は熱・酸に対して安定であり，製造工程で加熱を要する製品，例えば飴などに

使用しても活性の低下は認められない。また，レモン果汁等と配合したドリンク製品等も発売されている。甜茶抽出物を利用した商品としては，飴，キャンディー，ゼリー，飲料，ドリンク，カプセル，錠菓，顆粒状のお茶などがあり，さらに新しいタイプの製品も開発中である。

文　　献

1) 李時珍：中国本草図録，人民衛生出版
2) 田中治：フードケミカル，10, 33(1985)
3) 中薬大辞典，小学館(1985)
4) 広西薬用植物名録，広西人民出版(1986)
5) 鵜飼ら：耳鼻咽喉科展望，38, 519(1995)
6) 中原：フードケミカル，9, 44(1995)
7) 石倉ら：炎症，15, 167(1995)
8) 藤居ら：第45回日本アレルギー学会予稿集(1995)

7.13 マイタケ

水野 卓*

7.13.1 はじめに

　マイタケ(舞茸)は日本全土をはじめ,北半球温帯以北,欧州,北米にも分布している。野生のものはミズナラ,ブナ,シイなど主にぶな科の大木の根元に,巨大株となって毎年9～10月頃に発生する。ウメ,カキ,スモモ,アンズ,モモ,コナラなどの樹木にも発生がみられる。それらの木の心材を侵していわゆる白腐れを起こす菌類(リグニン分解菌)の一種である。野生のものは美味で,歯切れも素晴らしく,極めて香りが良好で,一級の食菌(食用キノコ)といえよう。

　Grifola frondosa (Dichs. : Fr) S. F. Gray なる学名(多孔菌科,さるのこしかけ科,Polyporaceae)は,イタリアのキノコの俗名からとったといわれ,半身ライオン,半身ワシの怪獣由来の名称との説がある。マイタケなる和名は,その形が花びらが舞う姿に,あるいは天女が裾を翻して舞う姿に似ており,また,このキノコを見つけた人が有頂天になって踊る姿を連想してウイタケ(舞い茸),メウダケ(踊る茸)をもじってマイタケ(舞茸)となったとの一説もある。

　漢方では「鶏しょう」と呼ばれ,中国の「本草綱目」には脾胃を益し,神(神経,精神)を清め養い,痔を治すために繁用されるとの記載がある。

　マイタケの仲間として以下の3種が知られている。

- シロマイタケ(*Grifola albicans*,シロフ,シロッコ,シロブサ,ワセマイタケ)
　　マイタケに類似しているが,色が白から淡黄色,肉質は脆く,歯切れも悪い。発生の時期がマイタケよりも1週間ほど早いのでワセマイタケとも呼ばれる。
- トンビマイタケ(*Grifola gigantea*,トビタケ,トビマイ,ドヨウマイタケ)
　　におい悪く,食用に耐えない。
- チョレイマイタケ(*Grifola umbellata*,あるいは *Dendropolyporus umbellatus*)
　　子実体は美味であるが,食用にするほど大量には採集できない。

　その菌核を猪苓(イノシシの糞を意味する)といい,漢方薬(利尿,治淋,解熱などの作用)に配合されている。猪苓湯,五苓散,猪苓散,紫苓湯,分消飲,王道無憂散(老人のガン薬),

---

*　Takashi Mizuno　静岡大学　名誉教授

当帰粘痛湯（中風，神経痛，関節炎）などがこれである。Ergosterol, 2 - Hydroxy tetracosanoic acid, Biotin などの存在が指摘されているが，薬効との関係は未詳である。猪苓から抗腫瘍活性（BRMの一種）を示す β-(1→3)-D-グルカンが単離された。

近年，オガクズを基材とした菌床を用いるビンあるいは袋栽培が盛んになってきた（写真1）。連続液体培養法も研究されている。食用として市場に出荷されている生マイタケの大部分は菌床栽培品である。新潟，長野，群馬，静岡などわが国で生産された生マイタケは14,100トン（1994年）に達している。乾燥マイタケとして健康食品（マイタケ茶，全粉末，熱水抽出エキスの粉末，顆粒，ドリンク）などへの加工に利用されるようになった。

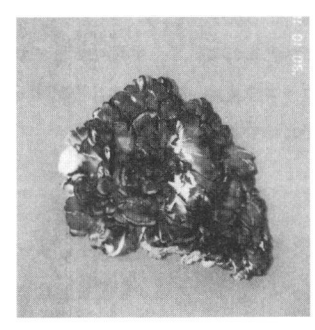

マイタケ　　　　　　　　　　マイタケのビン栽培

写真1　マイタケの人工栽培

7.13.2　栄養・食味成分

(1) 一般成分

ミズナラのおが屑：麩：大豆粕 = 80：10：10（w/w/w）の菌床にビン栽培されたマイタケ発生時の一般成分の変化が研究された[1]。原基→幼若子実体→成熟子実体と変化し成育するに従って，粗タンパク含量は急激に減少し，全糖質量が急増する。収穫期の生マイタケ（子実体）は水分91%を含む。食品成分の分析例（乾物当たり%，mg%）をみるにマイタケはタンパクとともに炭水化物を主成分とするキノコであり，繊維質も多く含まれる。ビタミン類として B_1 と B_2 を含有するが，A，C はまったく含まれない。このほか，エルゴステロール（プロビタミンD）はキノコの常成分として存在する。

(2) 無機成分

子実体にはミネラルとしてK，Pが多く，Mg，Ca，Na，Znなどの順で含量が多い[1,5]。

(3) 遊離アミノ酸

キノコの呈味成分としてヌクレオチド，遊離糖，有機酸などとともに遊離アミノ酸の種類と含量が注目される。

旨味に関与する Glu が最も多く含まれ，次いで Ala, Thr, Asp, Val, Lys, Arg の含量が多い。マイタケの子実体形成期におけるそれらの含量変化[1]をみると原基→幼若子実体→成熟子実体とキノコが生育するにつれて，遊離アミノ酸総含量は半減する。なかでも Asp, Thr, Ser, Glu, Ala, Tyr, Lys, Arg などの含量が激減している。

(4) 遊離糖類

マイタケにはトレハロース，グルコース，マンニトールなどが含まれている。生育につれてマンニトール含量は減少し，トレハロース量は急増する。グルコース含量は，原基→幼若子実体→成熟子実体と生育するにつれていったん増加し，成熟子実体では減少する[1]。

(5) 有機酸

子実体形成期において，遊離状の有機酸としてピログルタミン酸，乳酸，酢酸，蟻酸，リンゴ酸，クエン酸，コハク酸，シュウ酸，フマール酸が検出されている[1]。リンゴ酸は有機酸全量の47～50%を占めており，ピログルタミン酸，フマール酸，コハク酸を加えると80%を超えている。生育に伴うそれらの含量変化は他の成分に比べて少ない。

(6) 脂　質

① 中性脂質（トリグリセライド，TG）

生マイタケから全脂質（収率 0.25%）を抽出し，これをケイ酸カラムクロマト法（クロロホルム溶出）によって中性脂質画分を分離後，再クロマト法によってTGが分離精製された。TG の構成脂肪酸の位置的分布と分子種組成が明らかになった[2]。

② ステロール脂質（アシルステロール）

上記の生マイタケ全脂質から中性脂質を分別した後，ケイ酸薄層クロマト法によって2種の中性ステロール系脂質，遊離ステロールなどが分離された。ステロールの大部分はエルゴステロールであり，フンジステロール，メチルステロールなども認められた。

③ スフィンゴ脂質（セラミドとセレブロシド）

マイタケ中のスフィンゴ脂質の化学組成が分析された。セラミドとセレブロシドの代表的な分子種として N-2'-Hydroxy lignoseroyl-4-hydroxy-sphigonine および 1-O-Glucosyl-N-2'-hydroxy parmitoyl-9-methyl-trans-4-trans-8-sphinganine が確認された。これ

らセラミドとセレブロシド中のスフィンゴイド組成と脂肪酸組成が明らかになった[4]。

7.13.3 子実体の多糖類

(1) 抗腫瘍性 β-D-グルカン

β-(1→6)分岐したβ-(1→3)-D-グルカン：多くのキノコから顕著な抗腫瘍活性を示すβ-D-グルカンが報告され話題になっている[16]。

加藤ら[6,7]，水野ら[8]，大野ら[10]の報告にみられるように，マイタケ子実体からも水(100℃)，1%シュウ酸アンモニウム液(100℃)，10%塩化亜鉛液(120℃)，2～10%カ性ソーダ液(4～65℃)などによって多糖類が抽出された(表1～3)。さらに，これらの抽出液からエタノール沈澱法(濃度分画)，イオン交換クロマト，ゲル濾過，アフィニティクロマト法など最新の手法によって活性多糖が細分画・精製された。得られたβ-D-グルカン，ヘテログリカンのある画分には顕著な抗腫瘍活性が認められた(表1, 表3)。活性多糖の基本構造は，いずれもβ-(1→6)分岐したβ-(1→3)-D-グルカンそのものか，これを主体としたヘテログリカン，タンパク複合体などであった。

β-(1→3)分岐鎖をもつβ-(1→6)-D-グルカン：難波ら[14]は，マイタケ子実体の熱水抽出液から，エタノール沈澱と25%セタブロン処理(pH12)などによって得た多糖画分(MT-1)は，β-(1→6)結合を主鎖とし，これにβ-(1→3)-分岐鎖結合を持つβ-D-グルカンであり，

表1　マイタケの抗腫瘍性多糖類[8]

活性多糖画分	化学構造	分子量	$[\alpha]_D$	IR cm^{-1}	投与量, ip mg/kg×1	腫瘍抑制率 (%)	腫瘍完全退縮率 匹/匹	ID$_{50}$ mg/kg, マウス
水溶性多糖								
FI₀-a-β₁	β-1,6 ; 1,3-D-グルカン	100万	+9°	890	20	86	4/5	5.8
FA-1a-β₁	酸性β-1,3-D-グルカン	50万	+5°	890	40	100	5/5	12.9
水不溶性多糖								
FII-3	酸性キシログルカン	5万	+56°	890	10 100	21 100	1/5 5/5	23.8
FIII-1a	酸性ヘテログリカン	10～25万	+76°	—	10 100	31 68	1/5 3/5	16.1
FIII-2a	ヘテロ多糖蛋白複合体	100万	+58°	—	10 100	13 100	1/5 5/5	38.5
FIII-2b	〃	7～10万	+43°	—	10 100	36 100	1/5 5/5	13.9
FIII-2c	〃	2～5万	−11°	—	10 100	54 100	3/5 5/5	9.3

表2 マイタケの水不溶性グルカン[6,7,9]

抽出剤	多糖体	構　造[*1]	分岐度[*2]	分子量[*3]	$[\alpha]_D$	IR, cm^{-1}
10%ZnCl$_2$ 120℃, 1h	F4	β-1,6分岐 β-1,3-D-グルカン	3	14万	+7.9°	890
10% NaOH 4℃, 1h	F7	β-1,6分岐 β-1,3-D-グルカン	3.5	98万	+10°	890
	F8	〃	3.0	83万	+3.3°	890
2%NaOH 4℃, 1h	F5-αG	α-1,3-D-グルカン[*4]	直鎖	>3.5万	+225°	850, 820

* 1　メチル化分析および^{13}C-NMR解析によった。
* 2　Exo-(1→3)-β-D-glucanase (EC 3.2.1.6) による分解産物 (D-Glucose, Gentiobiose) から算出した。
* 3　標準 Dextran によるゲルろ過法 (Sepharose CL-2Bカラム, 1.95×95cm使用) によった。
* 4　^{13}C-NMR解析：C-1 102.0, C-2 72.2, C-3 84.5, C-4 72.2, C-5 74.4, C-6 62.7ppm によった。

表3 マイタケ多糖の抗腫瘍活性[10]

多糖体	収率 (%)	多糖 (%)	タンパク (%)	構成糖	投与量 (μg×10)	腫瘍抑制率 (%)	腫瘍退縮率 (%)
熱水抽出 CF-1	7.0	70	25	Glc	40 / 400 / 4000	30 / 68 / 99	0 / 0 / 80
10%NaOH抽出 CF-4 (4℃)	5.6	100	10	未確認	40 / 400 / 4000	15 / 88 / 95	0 / 30 / 11
CF-5 (4℃)	7.1	81	30	未確認	40 / 400 / 4000	64 / 95 / 73	22 / 40 / 0
CF-6 (65℃)	1.2	88	5	Glc, Xyl, Man (3.5:1, 0:0.4)	40 / 400 / 4000	3 / 74 / 94	0 / 0 / 30
CF-7 (65℃)	8.1	89	11	Glc	40 / 400 / 4000	92 / 95 / 82	44 / 10 / 20
対照区					食塩水	0	0

(注)　活性を示した多糖画分はいずれもβ-1,6分岐したβ-1,3-D-グルカンであった。

これは Sarcoma 180/ICR Mice, ip に対して強い抗腫瘍作用を示すことを見出した。また, β-(1→6) 結合を主鎖とし, これに β-(1→3) 結合の分岐鎖を有する多糖体にタンパク質 30％含有する D 画分には経口投与（po）によっても MH-46, Carcinoma および ICM-Carcinoma に対して抗腫瘍効果がみられたとしている。

(2) α-D-グルカン

キノコの熱水抽出物から得られる多糖類の中には, β-D-グルカン以外に α-D-グルカン（グリコーゲン様多糖, マイコデキストリン）が量的にも多く存在することは以前から知られている。われわれは, マイタケの熱水抽出液からゲル濾過と Con A-Sepharose CL カラムを用いるアフィニティクロマト法によって, α-D-グルカンと β-D-グルカンの分別に成功した[8]。

得られた α-D-グルカン（FI$_0$-a-α）は $[\alpha]_D +156°$, IR ピーク 840cm^{-1}, 分子量 100万であり, PMR と ^{13}C-NMR 解析の結果から α-(1→6) 分岐鎖を持つ α-(1→4)-D-グルカンであることが判明した。しかし, 抗腫瘍活性はまったく認められなかった。

一方, 加藤ら[9]は, マイタケ子実体の 2％カ性ソーダ抽出液（4℃）から直鎖状の α-(1→3)-D-グルカン（F5-αG）単離した。$[\alpha]_D +225°$, IR ピーク 850 および 820 cm^{-1}, 分子量 35,000 で, ^{13}C-NMR 解析から構造を確定した。

7.13.4 菌糸体からの抗腫瘍多糖

グルコース 2.0％, ポリペプトン 0.6％, 蔗糖 2.0％, 大豆油 0.1％ を含む培養液（pH 4.5）にてマイタケ菌（*Grifola frondosa* var. Tokachiana）を, 25℃にて 14日間静置培養あるいは振盪培養して, それぞれ菌糸体マット（乾物 65g/培養液 6l）あるいは菌糸体ケーキ（乾物 75g/培養液 6l）が得られた。

これら二種のマイタケ菌糸体から, それぞれ多糖類が熱水, 冷アルカリ, 熱アルカリによって順次抽出され, 精製された[11,12]。

抗腫瘍活性を示す多糖画分として, 菌糸体マットから NMF-1, -5 および -7 が；菌糸体ケーキからは LMHW, LACA, LMHA および培養炉液からアルコールで沈澱する LLFD, それに菌糸体を 5％グルコースを含むクエン酸緩衝液（pH 4.5）で再度培養するとき培養液中に産生れた多糖 LELFD がそれぞれ調製された。これら多糖の化学構造と抗腫瘍活性（Sarcoma180/mice. ip 法）が測定され表4と表5の結果が得られた[11,12]。

マイタケ菌糸体には β-D-グルカン, グルコマンナン, マンノキシログルカンの他にウロン酸を含むヘテログリカンなども存在する。

顕著な抗腫瘍活性を示す画分は, 子実体の場合と同じく β-(1→6) 分岐鎖を持つ β-(1→3)-

表4 マイタケ菌糸体菌蓋から得た抗腫瘍多糖類[11]

多糖画分	収率(%)	多糖(%)	タンパク(%)	構成糖	投与量(μg×10)	腫瘍抑制率(%)	腫瘍完全退縮率(%)
熱水抽出[*1] NMF-1	15	74	10	Glc, Man (1.0:0.1)	20 100 500	−55 45 99	0/3 2/6 3/6
冷アルカリ抽出[*2] NMF-5	7	66	17	Glc	20 100 500	87 97 86	1/8 4/8 0/9
熱アルカリ抽出[*3] NMF-7	5	72	19	Glc, Man, Xyl	20 100 500	90 96 89	4/9 3/10 1/6
対照区					食塩水	0	0/12

*1 オートクレブ処理 (121℃, 1 kg/cm^2)   *2 5%尿素含有10% NaOH (4℃, 24hs)
*3 5%尿素含有10%NaOH (65℃, 1h)

表5 マイタケ菌糸体ケーキの抗腫瘍多糖類[12]

多糖画分	収率(%)	多糖(%)	タンパク(%)	構成糖(モル比)	投与量(μg×5)	腫瘍抑制率(%)	腫瘍完全退縮率(匹)
熱水抽出 LMHW	14.9	73	9	Glc	400 4000	24 4	1/10 0/10
冷アルカリ抽出 LMCA	6.3	41	28	Glc	400 4000	77 100	3/10 9/9
熱アルカリ抽出 LMHA	4.5	47	26	Glc, Man, 1:0.05	400 4000	71 99	3/10 6/10
培養液から LLFD	10.8	53	2	Glc, Man, 1:0.16	400 4000	83 >99	4/10 7/9
菌糸体外多糖* LELFD	48.5	85	9	Glc, Man, Xyl, 1:0.03:0.01	100 1000	>99 53	3/9 1/10
対照区					—	0	0/16

* 菌糸体を5%グルコース含有クエン酸緩衝液 (pH 4.5) にて再度培養するとき培養液中に産生された多糖。

D-グルカンであることが確認された。菌糸体にも存在するα-D-グルカンには，やはり抗腫瘍活性は認められなかった。

最近，庄邨ら[19,20]は液体培養によって生産した多量の菌糸体から抗腫瘍活性多糖類をいくつも分離し，それらがいずれもヘテログリカンタンパク複合体であることを明らかにし，Smith分解や蟻酸分解によって活性化されることを報告している（表6）。

表6 液体培養マイタケ菌糸体の抗腫瘍多糖類[19,20]

活性多糖画分	全糖(%)	タンパク(%)	$[\alpha]_D^{25}$	構成糖	投与量(mg/kg×10)	腫瘍抑制率(%)	腫瘍完全退縮率
水溶性多糖							
Fl₀-a-α	71.9	28.0	21.99	Man, Gal, Fuc, Glu (1.00:0.40:0.31:0.10)	5.0	73.4	1/5
Fl₀-a-β	94.6	4.0	69.88	Fuc, Gal, Man (1.00:0.88:0.83)	10.0	66.3	1/5
FA-1	82.4	17.5	7.83	Fuc, Man, Glu, Gal (1.00:0.79:0.47:0.26)	10.0	73.4	1/5
FA-2-b-α	61.6	38.3	-4.33	Man, Gal, Glu (1.00:0.72:0.39)	5.0	78.5	1/5
水不溶性多糖							
FIII-1-a	56.0	6.7	115.77	Xyl, Glu, Fuc, Man (1.00:0.47:0.44:0.14)	10.0	84.6	1/5
FIII-1-b	34.1	55.5	195.13	Xyl, Fuc, Glu, Man (1.00:0.81:0.50:0.36)	10.0	88.8	2/5
FIII-2-a	64.1	35.2	86.44	Xyl, Glu, Fuc, Man (1.00:0.58:0.47:0.3)	10.0	100	5/5
FIII-2-b	49.3	44.7	119.80	Xyl, Fuc, Man, Glu (1.00:0.76:0.64:0.32)	10.0	92.9	3/5
FIII-2-c	46.0	31.5	306.40	Xyl, Man, Fuc, Glu (1.00:0.79:0.78:0.37)	10.0	72.1	1/5

7.13.5 レクチン

近年, キノコからもレクチン (赤血球凝集素) が精製され報告されている[17,18]。われわれは, 生のマイタケを EDTA-食塩溶液とともに破砕し, その濾液から, タンパクを硫安カット (80%飽和) した後, 酸処理 Sepharose CL-4B カラム, 続いて N-アセチルガラクトサミンをリガンドした TOYOPEARL 650 カラムによるアフィニティクロマト法によってマイタケレクチン (GFL, 等電点 pH5.9, 糖含量3.3%の糖タンパク) を精製・単離した[18]。GFL は, SDS-PAGE 電気泳動において3本のバンド (33, 66, 100KDa) が認められ, この3本のバンドに相当するタンパクユニットが相互変換することが示唆された。このレクチンは血液型に非特異的であり, 糖による赤血球凝集阻害試験において, pH4.5で最大値を示し, N-アセチルガラクトサミンおよびウシ顎下ムシン (BSM) に高い特異性が認められた。なお, マイタケの菌糸体やそれの培養濾液からはレクチン活性は見出されていない。

なお, GFL は $25\mu g/ml$ 濃度においてガン細胞 HeLa-cells (*in vitro*) の増殖を完全に抑制する (細胞毒性作用) ことが明らかにされた[18]。

7.13.6 酵　素

キノコには，普遍的にセルラーゼ，ヘミセルラーゼ，キチナーゼ，アミラーゼ，ペクチナーゼなどの多糖加水分解酵素ならびにフェノールオキシダーゼ，ラッカーゼ，チロシナーゼ，パーオキシダーゼなどのリグニン分解酵素（酸化還元酵素）が存在し，木材腐朽（白腐れ，黒腐れ）に関与している。

特に，マイタケ子実体の金属プロテアーゼが精製され，その諸性質が報告されている[13]。

子実体抽出液に，pH 9〜10 で強力なカゼイン分解能が検出され，精製したところ Lys に特異的な金属プロテアーゼ（アミノエンドペプチダーゼ）が得られた。

基質タンパクとしてカゼインのほか，アルブミン，アゾコール，エラスチンなどを分解する。また，Leu, Tyr, Phe の合成ポリマーは分解されないが，Lys, Arg, (Lys-Phe), (Lys-Ala), (Lts-Glu) のポリマーは分解され，低分子ペプチドを生成することから，マイタケ金属プロテアーゼは Lys のアミノ基の関与する結合を特異的に加水分解するアミノエンドペプチダーゼであるといえる。

7.13.7 その他の機能性

マイタケには，動物実験でこれを続けて摂取した場合，以下のような効果が報告されているが，その活性本体の究明は今後の研究に待たねばならない。

① 血圧降下作用（降圧成分"ファクターX"）
② 抗変異原性（食物繊維）
③ 肥満抑制効果（MW 12,000 前後のタンパク質）
④ 便通作用（食物繊維など）
⑤ 成人病予防効果（免疫能活性化成分，BRM）

7.13.8 利　用

(1) 食べ方

香りの王者マツタケに対して，味の王者といわれるだけあって，和食・洋食・中華とすべての料理（煮物，和え物，炒め物，揚げ物，鍋物）に向くといってよかろう。特に，日本料理にはよく使われ，北日本（秋田）のキリタンポ，北海道の秋あじなべなど秋の高級料理には欠かせぬ味となっている。

以下にマイタケ料理を例示する。

あみ焼き，卸し和え，酢の物，寄せ物，けんちん汁，すき焼，吸い物，土瓶蒸し，みそ汁，混ぜご飯，詰め物，天ぷら，四宝湯，ホイル焼き，グラタン，サラダ，クリーム煮，スパゲッティ，

ピラフ，シチュー，パピヨット，スープ，ソースなど工夫次第。

このほか，中華料理として八宝菜，古歯肉，生炒鮑片，芙蓉蟹，紅燴手舌，叉焼麺，蝦仁湯麺，炒麺，天津麺，雲呑，白菜湯などに使用されている。

(2) **保存方法**

乾燥，冷蔵，冷凍，塩漬，アルコール漬けにして保存しておき，適宜料理やドリンクに使用する。

(3) **保健飲料，健康食品**

以上に述べたように，マイタケにはビタミン，ステロイド，ミネラル，ヌクレオチド，糖質，タンパク，繊維質などのほかに，近年明らかにされたβ-グルカン，ヘテログリカン，糖タンパクなどの抗腫瘍性の高分子成分（免疫賦活物質，BRM）が含まれている。日常，食品として利用するとともに，漢方キノコとしてその煎液（マイタケ茶，煮汁），乾燥マイタケの戻し汁，アルコール浸漬液などをドリンク用として常用するとよい。最近，マイタケの全粉やその熱水抽出エキスを粉末，顆粒状，錠剤にしたものが市販されている。

文　　献

1) 村椿孝行ら：食工誌，**33**，181(1986)；香川 綾：四訂食品成分表，p.184(1989)
2) 大西正男ら：農化，**61**，221(1987)
3) 大西正男ら：農化，**59**，1053(1985)
4) 大西正男ら：脂質生化学研究，**26**，112(1984)
5) 川井英雄ら：食工誌，**33**，250(1986)；**37**，468(1990)
6) K. Kato et al：*Carbohydr. Res.*，**123**，259(1981)
7) K. Kato et al：*Carbohydr. Res.*，**124**，247(1983)
8) T. Mizuno et al：*Agric. Biol. Chem.*，**50**，1679(1986)；静岡大農研報，**35**，49(1985)
9) K. Kato et al：*Carbohydr. Res.*，**198**，149(1990)
10) N. Ohno et al：*Chem. Pharm. Bull.*，**32**，1142(1984)
11) N. Ohno et al：*Chem. Pharm. Bull.*，**33**，3395，4956(1985)
12) N. Ohno et al：*Chem. Pharm. Bull.*，**34**，1709(1986)

13) 橋本洋一：蛋白質核酸酵素, **28**, 1220(1983)
14) 難波宏彰:「キノコの生理・生化学とその周辺技術」講習会テキスト, 4-1〜16(1988)
15) 水野 卓ら：静岡大農研報, **38**, 37(1988) ; *The ChemTimes*, **137**, 5(1990)
16) 水野 卓 : *The Chem. Times*, **131**, 12 ; **133**, 50(1989) ; **135**, 3 ; **137**, 50(1990) ; *SUT Bull.* , **9**, 21(1989) ; 農化, **63**, 862(1989) ; *Food Reviews. International*, **11**, 135 (1995) ; *Explore More*, **13**, 18(1995)
17) 河岸洋和：農化, **68**, 1671(1994)
18) H. Kawagishi *et al* : *Biochimica et Biophysica Acta*, **1034**, 247(1990)
19) C. Zhuang *et al* : *Biosci. Biotech. Biochem.* , **58**, 185(1994)
20) C. Zhuang *et al* : *Nippon Shokuhin Kogyo Gakkaishi*, **41**, 724, 733(1994)

7.14 プロアントシアニジン

細山　浩[*1]，有賀敏明[*2]

7.14.1 はじめに

　最近，酸化の過程で生成するフリーラジカルや活性酸素が，食品の品質を劣化するのみならず，人の成人病や老化を引き起こす重要な因子として指摘されつつある。フリーラジカルや活性酸素を消去できる新しい抗酸化物質[1,2]は酸化防止剤としてのみならず，特定保健用食品や化粧品などへの応用の可能性を秘めた機能性新素材としても期待できる。

　近年，フランスの疫学的研究から，ワイン愛飲家は動脈硬化になりにくいといわれており，その有効成分はワイン中のプロアントシアニジンと推定されている[3,4]。プロアントシアニジンはポリフェノールの一種であり様々な食品[5,6]，例えばブドウ[7]，イチゴ[8]，リンゴ[8]，アボカド種子，などの果実類，大麦[9]などの麦類，小豆[10]，黒大豆，などの豆類[11]に微量であるが含まれている。

　われわれは，かねてから食品中に存在しながらも，その機能について不明の点が多かったプロアントシアニジンに着目し，その抗酸化性[12〜19]について研究を進めてきた。その結果，プロアントシアニジンが，特に水系で強い抗酸化力を示すこと[12,13]，また，その抗酸化機構として，親水性ラジカルに対する強い捕捉作用を有すること[14]を見出した。

7.14.2 プロアントシアニジンの化学構造と性質

　Haslam[20]は「縮合型プロアントシアニジンはフラバン-3-オールの少量体である」と定義している。しかし，その後多くの類縁化合物[21]が発見されてきたため，「プロアントシアニジンはC-C結合の開裂により，アントシアニジンを生成する化合物である」という修正定義が提案されている。

　プロアントシアニジンは鉱酸とともに加熱するとC-C結合が開裂し，赤色系のアントシアニジンが生成する。シアニジンを生成するものはプロシアニジン，デルフィニジンやペラルゴニジンを生成するものは，それぞれプロデルフィニジン，プロペラルゴニジンと呼ばれている。この種の化合物は，同族体や異性体が数多く存在するため，その化学構造式は一般的には表わしにく

[*1] Hiroshi　Hosoyama　キッコーマン㈱　研究本部
[*2] Toshiaki　Ariga　キッコーマン㈱　研究本部

い。最も代表的なC_4-C_8結合型のプロアントシアニジンを例にとりその化学構造（平面構造）を図1に示した。植物中に天然に存在するプロアントシアニジンの大部分はプロシアニジンである。プロアントシアニジンについては，その同族体，異性体が数多く存在するなどの理由から，従来分離，精製が困難であり，研究が立ち後れていた。そこで筆者らは，小豆，ブドウ種子中のプロアントシアニジンについて研究を進めてきた。

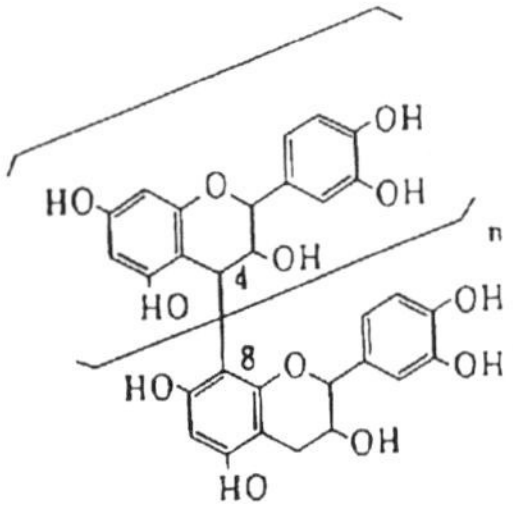

図1　C_4-C_8結合型プロシアニジン（平面構造）

7.14.3 天然プロアントシアニジンの分離，精製，同定

従来，豆類中にプロシアニジンが存在することは知られていなかったが，筆者らは小豆や黒大豆等の豆類中にそれらが存在することを初めて見出し，特に含量の多い，小豆よりプロシアニジンを分離，精製し，6種のプロシアニジン2量体を同定した。さらに，プロシアニジン3量体群，4量体群，5量体群の分離も行った[13]。

ブドウ種子中のプロアントシアニジンは図1に示したプロシアニジン少量体およびその没食子酸エステルである。

7.14.4 プロアントシアニジンの抗酸化性とその抗酸化機構

従来，フラバノール系化合物のうち，フラバン-3-オール単量体の代表例であるカテキン類の抗酸化性については，塚本[22]，戸田[23]，松崎[24]らにより報告されていた。しかし，フラバノール系化合物の少量体であるプロアントシアニジン少量体の抗酸化性については不明な点が多かった。そこで筆者らはプロアントシアニジン少量体の抗酸化性とその特徴，さらに抗酸化機構について検討し，次のことを明らかにした。

①精製プロアントシアニジン少量体（2〜5量体）を調製し，水系，油系2つのモデル系に

表1　モデル水系におけるプロアントシアニジンの抗酸化力
（添加濃度：5×10^{-4} %[w/v]）

化合物	相対抗酸化力
プロアントシアニジン少量体	
1) プロアントシアニジンB-3（2量体）	4.01
2) プロアントシアニジン2量体混合物	4.00
3) プロアントシアニジン3量体混合物	5.95
4) プロアントシアニジン4量体混合物	6.50
5) プロアントシアニジン5量体混合物	9.89
市販天然抗酸化剤	
1) (+)-カテキン	2.50
2) L-アスコルビン酸	0.32
3) D-α-トコフェロール	2.03
4) 没食子酸	1.05
5) L-トリプトファン	1.12

てその抗酸化性を検討したところ，いずれの系においても抗酸化性を示したが，特に水系にて，著しく強い抗酸化力を示すことが明らかとなった。表1に，リノール酸-βカロチンの水溶液系での酸化速度を指標にして行った抗酸化試験における抗酸化力を示した。プロシアニジン少量体は，その単量体に相当する(+)-カテキンや試験した一般的な市販天然抗酸化物質より強い抗酸化力を示した。また，2〜5量体の範囲では，重合度が大きいほど，抗酸化力は増大した[13]。

② プロシアニジン少量体の抗酸化力とpHの関係では，中性，弱アルカリ性下で抗酸化力は増大した[13]。

③ プロシアニジン少量体は，その抗酸化機構として，ラジカル捕捉作用や一重項酸素消去作用を有した[14,15]。プロシアニジン少量体の代表例としてその2量体であるプロシアニジンB-1とB-3を単離し，二木らの方法[25]に従い，ペルオキシラジカルに対するラジカル捕捉速度定数と化学量論数（1分子当たりのラジカル捕捉数に相応）を調べた。表2に示されたように，プロシアニジン2量体は，強いラジカル捕捉作用を有し，1分子当たり8個の親水性ラジカルを捕捉できることがわかった。この捕捉数は，既知の抗酸化物質の中で最大である。

一重項酸素消去作用についてはYoungらの方法[26,27]に準じ，β値とKqを測定した結果，プロシアニジンがその作用を有することを確認した[28]。

その後，J.M. Ricardo da Silvaらは，ブドウ種子より分離したプロシアニジン少量体が，水系において，スーパーオキシドラジカルやハイドロキシラジカルに対し捕捉作用を示すことを報告している[29]。

以上のことから，プロアントシアニジン少量体は，酸化防止剤として，あるいはラジカル捕捉剤などとして有用であることがわかる。その有効利用のため，プロシアニジン少量体の性質につき，単量体との比較という観点から述べる。

表2 水系における水溶性ペルオキシラジカルに対する抗酸化剤のラジカル捕捉力

化 合 物	k_{inh} [$M^{-1}s^{-1}$] （ラジカル捕捉速度定数）	n （化学量論数）
プロアントシアニジン少量体		
1) プロアントシアニジン B-1	6.0×10^4	8.48
2) プロアントシアニジン B-3	5.9×10^4	8.03
市販天然抗酸化剤		
1) (+)-カテキン	2.7×10^4	3.65
2) α-トコフェロール	11.0×10^4	1.71
3) L-アスコルビン酸	5.0×10^4	1.22

・水溶性

　先に述べたように，プロシアニジン少量体は，水系において，単量体の(+)-カテキンより抗酸化力が強かったが，同じような現象が抗変異原性試験にても観察されている[30]。両者の共通因子である水系に関連し水溶性について検討した。20℃において水に対する溶解性を調べたところ，(+)-カテキンでは約0.1g/100g水である[31]のに対し，プロシアニジンB-3では，100g/100g水を超え，顕著な差がみられた。

・酵素との相互作用

　(+)-カテキンはチロシナーゼの基質になり，阻害はせず，容易に褐変する。一方，プロシアニジンB-3ではチロシナーゼの基質にほとんどならず，逆に阻害し，褐変を強く抑制することが観察された。

7.14.5 応　用

　まず筆者らは，プロアントシアニジン少量体抽出物の製造法を検討し[32～34]，確立し，実用化した。原料に関しては，食品産業における未利用副産物の有効利用という観点から検索し，ブドウの種子を選択した（フランスではブドウ果実を食べる場合，種子ごと食べる人も多く，ブドウ種子自体も食品の範疇に入れられるとも思われる）。

　製造工程の詳細は省略するが，ブドウ種子より，プロアントシアニジン少量体を効率よく抽出し，部分精製したものを食品添加物として，①厚生省届出名：ブドウ種子抽出物（別名：プロアントシアニジン），厚生省告示第160号（平成7年8月10日告示）の既存添加物名簿の第349号に記載，②商品名：KPAとして開発した。安全性に関しては，変異原性試験を行い，陰性であることを確認している。また，プロアントシアニジンは多くの食品に含まれており，文献上，変異原性，急性毒性いずれも陰性という報告があり，基本的に安全性は極めて高く，残留農薬，重金属，微生物関係の各種試験にても安全性は確認されている。

　KPAの特徴としては，①天然物である，②水溶性である，③親水性ラジカルを効率よく捕捉する，④酸性下でも有効であるが，中性付近で使用するとより有効である，⑤耐熱性がある（121℃30分間の加熱後，抗酸化力の変化なし），⑥光酸化に対し，非常に強い抑制作用を有する，などがあげられる。以上のような特徴を生かし，以下のような用途開発を実施中であり[35]，特許出願中である。

1) ビタミン類（リボフラビン等の光酸化的劣化の防止）
2) 色素類（β-カロチン等の劣化の防止）
3) 魚肉加工品（塩サケ，赤魚等の退色やフレーバー劣化の防止）
4) 畜肉加工品（ハム等の変色防止 および 酸化的フレーバー劣化の防止）

5) 菓子類（かりんとう等の光酸化防止）
6) 発酵食品（ワイン等の酸化的フレーバー劣化の防止）
7) 飲料（コーヒー飲料等の酸化的フレーバー劣化の防止）
8) 調味料（ドレッシング、タレ等の酸化的フレーバー劣化の防止）
9) 乳製品（クリーム等の光酸化防止）
10) その他

7.14.6 おわりに

プロアントシアニジン少量体を食品用の酸化防止剤として，①有害フリーラジカルの発生とそれに伴う過酸化物の生成蓄積，②栄養成分の酸化的分解，③酸化進行に伴うオフフレーバー（魚臭，戻り臭，他）の発生，などを防止するため実用化した。最近，プロアントシアニジン少量体がさらに多くの機能を有する物質であることが明らかにされ[7,30,36]，今後，食品，化粧品等における新素材として，幅広い用途開発が期待される。

文　献

1) 大澤俊彦, *Fragrance Journal*, **21**, 70(1993)
2) M. Namiki, *the Critical Reviews in Food Science and Nutrition*, **29**, 273(1990)
3) K. Kondo *et al.*, *Lancet*, **344**, 1152(1994)
4) P. L. Teissedre *et al.*, *J. Sci. Food Agric.*, **70**, 55(1996)
5) 中林敏郎, 日食工誌, **35**, 790(1988)
6) L. J. Porter, "*The Flavonoids*", ed. by J. B. Harborne *et al.*, Chapman and Hall Ltd., London, p. 21(1988)
7) M. Bourzeix *et al.*, *Bulletin de l'O. I. V.*, **669-670**, 1172(1986)
8) R. S. Thompson *et al.*, *J. Chem. Soc. Perkin I.*, **11**, 1378(1972)
9) I. McMurrough *et al.*, *J. Sci. Food Agric.*, **32**, 257(1981)
10) T. Ariga *et al.*, *Agric. Biol. Chem.*, **45**, 2709(1981)
11) T. Ariga *et al.*, *Agric. Biol. Chem.*, **45**, 2705(1981)
12) T. Ariga, Abstract of Papers, the Annual Meeting of the Agricultural Chemical Society of Japan, Sapporo, p. 282(1985)

13) T. Ariga et al., *Agric. Biol. Chem.*, **52**, 2717(1988)
14) T. Ariga et al., *Agric. Biol. Chem.*, **54**, 2499(1990)
15) 有賀敏明, 博士論文, 東京大学第9952号(1990)
16) 日本特許第1643101号
17) United States Patent No. 4,797,421
18) 有賀敏明ほか, 日本食品工業学会第38回講演要旨集, p.139(1991)
19) 有賀敏明ほか, 食品流通技術, **21**, 16(1992)
20) E. Haslam., *"The Flavonoids-Advances in Research"* ed. by J. B. Harborne et al., Chapman and Hall Ltd., London, p.417(1982)
21) 西岡五夫ほか, ファルマシアレビュー, No.21, 日本薬学会, p.27(1986)
22) 梶本五郎, 日食工誌, **10**, 365(1963)
23) 戸田静男ほか, 日本薬学会第102年会講演要旨集, p.244(1985)
24) 松崎妙子ほか, 農化, **59**, 129(1985)
25) E. Niki et al., *J. Biol. Chem.*, **260**, 2191(1985)
26) R. H. Young et al., *J. Am. Chem. Soc.*, **93**, 5774(1971)
27) R. H. Young et al., *J. Am. Chem. Soc.*, **94**, 5183(1972)
28) T. Ariga et al., Abstract of Papers, International Conferenece of Food Factors : Chemistry and Cancer Prevention, Hamamatu, p.178(1995)
29) J. M. Ricardo da Silva et al., *J. Agric. Food Chem.*, **39**, 1549(1991)
30) 日特開平4-190774
31) S. Kitao et al., *Biosci. Biotech. Biochem.*, **57**, 2010(1993)
32) 日特告平6-31208
33) 日特開昭64-42479
34) 日特開平3-200781
35) 有賀敏明ほか, *Fragrance Journal*, **22**, 52(1993)
36) 日特開平2-134309

7.15 冬虫夏草菌糸体エキス

内田あゆみ*

学　名：Cordyceps Sinensis (Berkeley) Saccardo
日本名：冬虫夏草

7.15.1 成　分

冬虫夏草菌糸体の熱水抽出物。エキス1g当たり固形分50mgを含有する（5%エキス）。

・明治乳業冬蟲夏草菌糸体エキス7000

原料規格値（液体）　エキス1g当たり

性状外観	黄褐色
固形分 (mg/g)	50～55
タンパク質量 (mg/g)	24.0±4.0
糖含量 (mg/g)	8.4±1.2
砒素	1ppm以下
重金属	10ppm以下
pH	5.5～6.0

※なお大腸菌群，カビ・酵母，一般細菌は陰性

7.15.2 製　法

冬虫夏草菌株（8819株）をタンク培養する。
　次にこの菌糸体を熱水抽出し，得られたエキスを清澄化後5%の固形分含量となるように濃縮する。

＊　Ayumi Uchida　㈱ヘルスウェイ　開発部

```
┌─────────────────────────────────────┐
│ 菌　株：Cordyceps sinensis 8819株    │　明治乳業ヘルスサイエンス研究所保存
│ 中国産冬虫夏草                      │　シードロット管理
│ 福建省三明市真菌研究所保存株        │
└─────────────────────────────────────┘
              │
         ┌─────────┐
         │ 種 培 養 │
         └─────────┘
              │
         ┌─────────┐
         │ 本 培 養 │
         └─────────┘
              │
         ┌─────────┐
         │ 集   菌 │
         └─────────┘
              │
         ┌─────────┐
         │ 熱 水 抽 出 │
         └─────────┘
              │
         ┌─────────┐
         │ 清 澄 化 │
         └─────────┘
              │
         ┌─────────┐
         │ 濃   縮 │
         └─────────┘
              │
         ┌─────────┐
         │ 無 菌 濾 過 │
         └─────────┘
              │
         ┌─────────┐
         │ 小 分 充 填 │　8Lプラスチック容器（オートクレーブ滅菌）へ無菌充填（冷蔵）
         └─────────┘
```

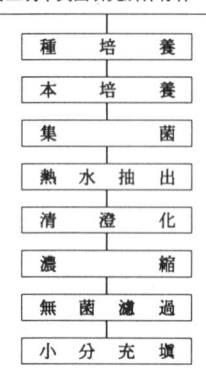

7.15.3　品質特性

明治乳業冬蟲夏草菌糸体エキス 7000 の品質特性として下記の点があげられる。

・安定的に高品質が保てる。

・量的安定供給が可能である。

・熱水抽出エキスであるため抽出工程が不要である。

・風味，香りにくせがなく，飲料，食品，錠剤への加工が容易である。

※漢方冬虫夏草と明治乳業冬蟲夏草菌糸体エキス 7000 を比較し，その作用の点でエキス 1g（固形分 50mg）は平均して漢方冬虫夏草 7 本分（約 2.45g）に相当することが実験データから認められている（明治乳業冬蟲夏草菌糸体エキス 7000　1kg は漢方冬虫夏草約 7,000 本分に相当）。

菌糸体エキス7000 固　形　分	菌糸体固形分量と同じ効果を示す ために必要な冬虫夏草（漢方）	子実体本数換算
10mg	78mg 相当（熱水抽出固形分）	1.2〜1.5 本
50mg	390mg 相当（同上）	6　〜7.8 本

7.15.4　機能・生理活性

明治乳業冬蟲夏草菌糸体エキス 7000 の実験動物を材料とした *in vitro*, *in vivo* 試験より，生体への機能として下記のようなことが推察できる（文献参照）。

・心機能を高める可能性がある。

- 気管に対する収縮抑制効果は肺機能を増幅させる可能性がある。
- 大動脈に対する収縮抑制効果は血圧の上昇を抑える可能性がある。
- 気管の拡張により，喘息による咳をおさえる可能性がある。
- マウスの強制遊泳テストによる遊泳時間の延長結果から，体力増強やストレスに対する抵抗力強化が示唆される。
- 肝細胞におけるDNAとタンパク質の合成促進作用は肝機能を高める可能性が示唆される。
- ラット水侵拘束ストレス試験の結果から，ストレス性胃潰瘍形成を抑制することが示唆される。
- 陰茎海綿体の一過性収縮と持続性収縮の両方を抑制することから，陰茎の勃起能に効果的な作用を示すことが示唆される。

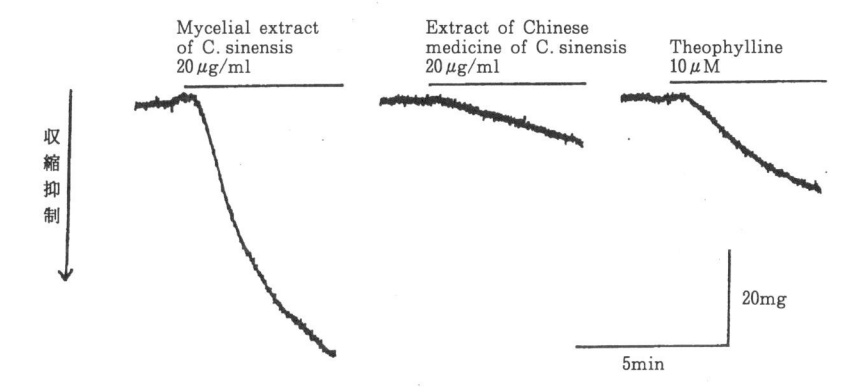

図1 明治乳業冬蟲夏草菌糸体エキス7000の気管緊張に対する効果

(ラット気管を用いた50mMK$^+$による持続性収縮に対する明治乳業冬蟲夏草菌糸体エキス7000の収縮抑制作用)
※左より明治乳業冬蟲夏草菌糸体エキス7000，漢方冬虫夏草熱水抽出物(市販品サンプル)，陽性コントロールとしての気管支拡張剤テオフィリン

遊泳時間

- □ Control
- ○ 100mg/kg
- ▲ 200mg/kg

図2 明治乳業冬蟲夏草菌糸体エキス7000投与マウスの強制遊泳試験

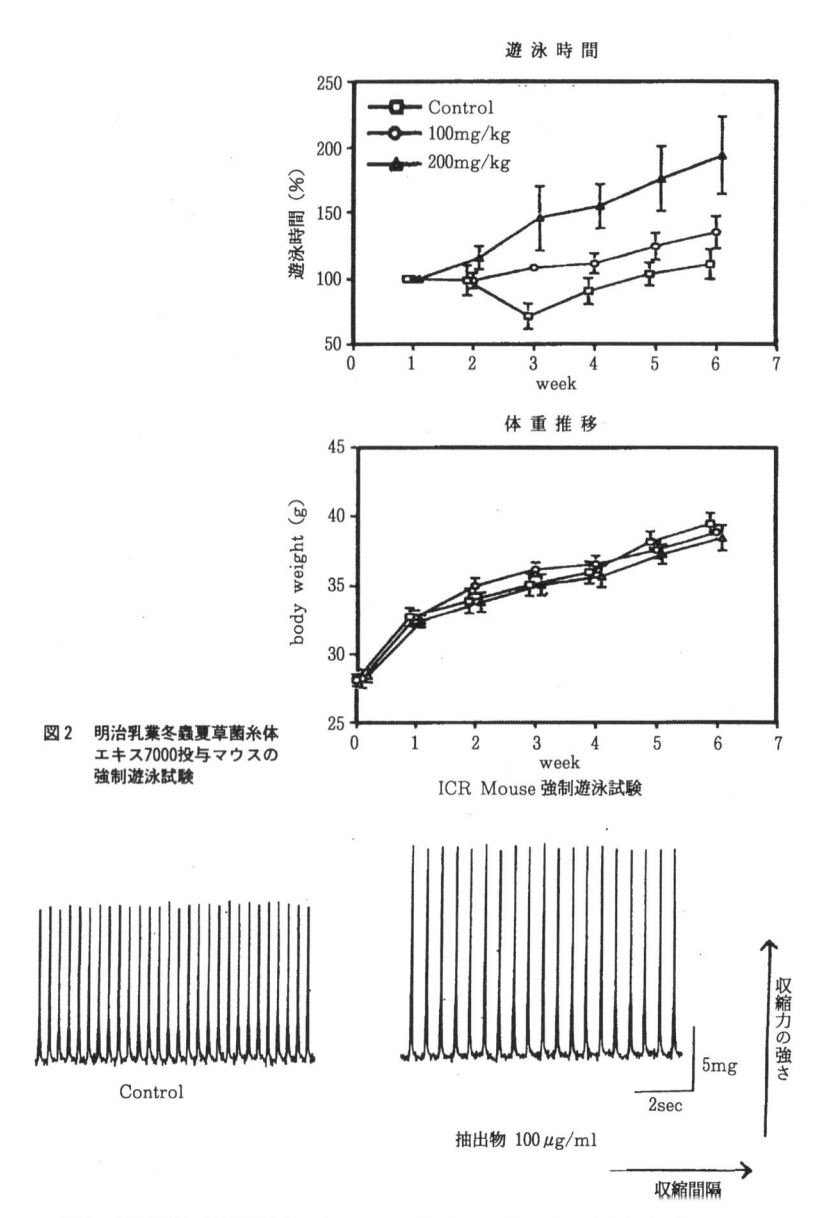

体重推移

ICR Mouse 強制遊泳試験

Control

抽出物 100μg/ml

5mg
2sec

収縮力の強さ

収縮間隔

図3 明治乳業冬蟲夏草菌糸体エキス7000の心臓（ラット右心房）の自動収縮に対する効果
（心臓に対して，ゆっくりとした力強い拍動作用を示す傾向にある）

収縮抑制 ↓

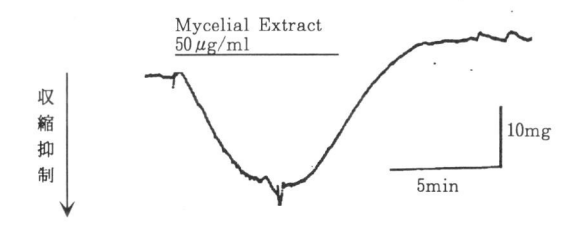

Mycelial Extract
50 μg/ml

10mg
5min

図4　明治乳業冬蟲夏草菌糸体エキス7000の血管緊張に対する効果
　　（50mMK⁺でラット大動脈に持続性収縮を起こさせた場合の収縮抑制作用）

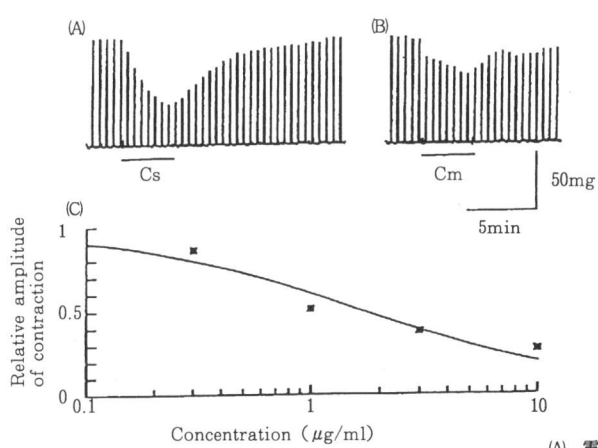

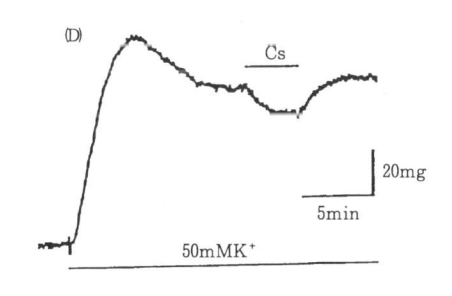

(A) Cs
(B) Cm
50mg
5min

(C)
Relative amplitude of contraction
Concentration (μg/ml)

(D) Cs
50mMK⁺
20mg
5min

(A) 電気的に引き起こした一過性の収縮とそれに対するCs抽出物の効果（Cs）
(B) Cm抽出物の効果（Cm）
　　抽出物（3μg/ml）を横線の期間添加した
(C) Cs抽出物濃度と陰茎海綿体の収縮力との相関関係
(D) 50mMK⁺によって引き起こした持続性の収縮とCs抽出物（3μg/ml，短い横線）による弛緩
　　長い横線の期間中，50mMK⁺を添加した

図5　陰茎海綿体に対する明治乳業冬蟲夏草菌糸体エキス7000の効果
　　※Cs抽出物；明治乳業冬蟲夏草菌糸体エキス7000
　　　Cm抽出物；漢方冬虫夏草熱水抽出物（市販品サンプル）

7.15.5 物　　性

(1) 熱安定性

明治乳業・冬蟲夏草菌糸体エキス7000は90℃，20分処理でわずかに濁りを生じ，100℃，20分処理で白濁の沈殿物を生じる。ただし，効果の指標である気管収縮抑制能は130℃，20分処理でも変化がない。

色調については加熱温度が高くなるにつれ明度が低下し，b値（黄色）が増し，褐変が進む。

(2) pH安定性

pH1およびpH8程度でわずかに沈殿を生じる。

pH3から7では沈殿はなく，力価はpH1から8までは安定である。

pH10.5では力価は約80%程度に低下する。

7.15.6 安全性

明治乳業冬蟲夏草菌糸体エキス7000の凍結乾燥粉体を用いて下記の安全性試験を行った結果，毒性は認められなかった。

① 変異原性試験
② ラットの単回投与試験（固形分5g/kg投与）
③ ラット6週間反復投与試験（固形分2g/kg/日投与）
④ イヌ一般薬理試験（呼吸・循環器系；5g/kg投与）
⑤ マウス一般薬理試験（胃腸管内輸送能5g/kg投与）

※外部機関によるGLP対応試験

7.15.7 応用例・製品例

健康食品，機能性食品として清涼飲料水（30ml，50ml，720ml等）に使用されているほか，菌糸体エキスを粉末化した原料と他の生薬素材，栄養素を配合した栄養補助食品がある。

7.15.8 メーカー

菌糸体熱水抽出エキスの製造メーカーは国内では明治乳業。

製品加工メーカーは明治乳業グループであるヘルスウエイ，大蔵製薬と，大協薬品工業等である。

7.15.9 価　　格

明治乳業冬蟲夏草菌糸体エキス7000は末端価格で5万円/kgである（固形分5%）。

文　献

1) 国際食用菌学会アブストラクト，p. 425〜431(1995.9)
2) 第3回日本菌学会国際シンポジウムアブストラクト，p. 1〜10 (1995.11)

第8章 動物・魚類由来食品素材
8.1 プロポリス

金枝 純*

8.1.1 プロポリス利用の歴史

プロポリスの歴史は古代ギリシャに遡り，12～15世紀の医学専門書に口腔内消炎剤，虫歯鎮痛剤の処方成分として記載されている[1]。その後ヨーロッパではApitherapy（ミツバチ関連物質による医療）やレフォルム（食生活改善）食品の素材として用いられてきたが，日本での本格的な利用は1985年に名古屋で開かれた世界養蜂会議でその成分，効能や商品が紹介されてからとされている。

8.1.2 起源

プロポリスはハチが植物の分泌物（樹液・ワックス）等[3]をみずから分泌するミツロウと練り合わせて作る褐色ないし黒色の樹脂状物質である。ミツバチの中ではセイヨウミツバチはプロポリスを作るが，ニホンミツバチは作らない。

起源植物としてはヤナギ科，カバノキ科，マツ科，マメ科，ススキノキ科，ウルシ科，キョウチクトウ科，フトモモ科が報告されている[3]。

プロポリスは巣の補強，修理，産卵前巣房のコーティング[4]，巣の中の昆虫・小動物の死骸を被覆するなどに使用されている。ミツバチにとっては単なる建築・修理材ではなく，その抗菌性[5,6]を利用した巣房の防腐剤でもあると考えられる。

8.1.3 組成・成分

プロポリスは植物起源の樹脂成分・花粉，ミツバチの分泌物であるミツロウ等からなる[7]。次に示すのはDonadieuの総説による組成例である[8]。

  50～55% 樹脂および芳香油
  25～35% ろう（平均約30%）
  10% 揮発油または精油
  5% 花粉

---

* Jun Kanaeda アピ㈱ 総合研究所

5％　　　　各種有機物，ミネラル物質

プロポリスから単離，同定された化学物質について，Crane は 14 のグループ，171 種とし[9]，Ghisabsrti は化学物質 34 種を記載している[10]。さらに松香は 31 種のフラボノイド，14 種のフェノールカルボン酸，2 種のクマリン，およびその他化合物 8 種，計 55 種の化学物質の存在が報告されていると紹介している[11]。

Donadieu は最も一般的，典型的な例として次のように記している[8]。

- フラボノイド

  アカセチン，クリシン，ペクトリナリニゲン，ピノセンプリン，テクトクリシン，ガラーガ，イサルピニン，ケムフェロール，クェルセチン，ラムノシトリン，ピノストロピン，サクラネチン，ピノバンクシン

- 有機酸

  安息香酸，没食子酸

- フェノール酸類

  カフェー酸，桂皮酸，フェルラ酸，イソフェルラ酸，p-クマール酸

- 芳香性アルデヒド類

  バニリン・イソバニリン

- クマリン類

  エスクレチン・スコポレチン

(1) 規格・基準

① プロポリス食品の規格基準[12]

　厚生省の指導・助言の下で日本健康・栄養食品協会[14]により策定されたものである。

② 日本プロポリス協議会自主規格基準[10]

　プロポリスエタノール抽出液の自主規格基準と表示基準が制定されている。

8.1.4　製　　法

(1) 原料プロポリス

通常は，ミツバチが巣箱，巣板等に塗布したプロポリスを削り取って採集される。

巣箱の上部にスノコ状のプラスチック板や金網を設置し，ミツバチにプロポリスを塗布させて，効率的に採取する方法もある。この方法では異物の少ないプロポリスが容易に採取される。

(2) プロポリスエキス
①エタノール抽出
　通常は 80～95％のエタノールで抽出する。固形分収率は 40～75％，フラボノイドや有機酸エステル類の含量が高い。
②水抽出
　通常は温水で抽出する。固形分収率は少なく 5～15％程度，芳香族有機酸類が主成分でフラボノイドはほとんど含まれていない。
③超臨界抽出
　超臨界状態の二酸化炭素で抽出する，固形分収率は 9～15％で，フラボノイド含量が極めて高いといわれる[14]。
④ミセル抽出
　界面活性剤存在下で水抽出する。抽出率，抽出成分の具体的な詳細は明らかでない[15]。

8.1.5　性状・特性

　原料プロポリスの色，硬度，香りなどの物性は起源植物叢と採取法によって変わり一様でないが，産地による特徴がみられる。例えばブラジル産プロポリスは褐色で堅く，消費者に好まれる独特の芳香がある。中国産は黒色で，やや柔らかく香りは最もきつい。ウルガイ産は黄褐色で柔らかく独特の芳香がある。

8.1.6　安全性と副作用

(1) 食経験
　最初人類はハチミツを巣ごと食べたであろうが，巣にはプロポリスが 5～10％[16]含まれている。また今も巣ごと食べる商品コムハニーがある。

(2) 安全性
　プロポリスエタノール抽出物の急性毒性について金枝，仁科は LD_{50} 値は 2,000mg（固形分）/kg 以上であると報告している[17]。
　Y. Donadieu 博士は数カ月の経口投与で犬，ラット，モルモットに何らの毒性や病理上の問題はない，発癌性をもたないと述べている[18]。

(3) 副作用・アレルギー
　プロポリス過敏症として養蜂家の接触皮膚炎が古くから知られ，発生率は 0.05％程度と報告

されている[18]。この他にはプロポリスの大きな副作用は知られていない。

8.1.7 生理活性作用と生理活性物質

プロポリスには古くから,抗菌作用,麻酔作用,免疫増強作用,消炎作用等多くの作用が報告されている。次に最近の研究からプロポリスの生理活性作用と生理活性物質を紹介する。

(1) 抗菌作用(抗 MRSA 活性)

中野らは 3-prenyl-4-dihydro-cinnamoloxycinnammic acid., Artepillin C を抗 MRSA 活性物質として報告している[19]。

(2) 抗酸化作用

山内らはプロポリス中の最も強い抗酸化物質として,Benzyl Caffeate を報告している[20,23]。

(3) ヒアルロニダーゼ阻害作用等

佐藤,藤本はエタノール抽出物にヒアルロニダーゼ阻害作用,ヒスタミン遊離阻害作用を認め,プロポリス品質評価への応用を提案している[21]。

(4) 発癌抑制作用

Frenkel, Grunberger らは発癌抑制物質として,カフェ酸フェネチルエステルを報告している[22]。

(5) 殺ガン細胞活性

松野らは殺ガン細胞活性を示す新規物質,クレロダン系ジテルペンを分離特定した[23]。

(6) 免疫能力促進作用,抗腫瘍作用等

鈴木によると水抽出エキスに免疫能力促進,抗炎症,抗腫瘍,造血機能障害抑制作用がある[24]。

(7) マクロファージ活性化作用

新井,栗本らは癌転移抑制効果はマクロファージ活性化作用によると推定している[25]。

8.1.8 応用例・製品例

(1) 食品・健康食品

ドイツのノイフォルム食品など海外のプロポリス健康食品が紹介されてから[26]、日本でもキャンディー・ガムなどの菓子や、チンキ、カプセル、錠剤等他種類の商品が開発・市販されている。

(2) 医薬品

プロポリスは古くから、傷薬、鎮痛剤、消炎剤として使用されてきたが[1]、最近の内外の研究で癌抑制、免疫賦活作用が認められ、臨床試験が広く行われていることから、がん治療の補助となる薬などの開発が期待されている[23]。

(3) その他

プロポリスはその抗菌力を活用して、古代エジプトのミイラや、中世のバイオリンの防腐剤として使用されていた記録がある。

8.1.9 産地・生産量・価格

(1) 原料プロポリスの産地・生産量

国内で生産はごくわずかである。海外の生産国は、ブラジル、中国、アルゼンチン、チリ、ウルガイ、カナダ、オーストリア、ブルガリア、デンマーク、ドイツ、スペイン、オーストラリア、ブラジル、ニュージーランド、アメリカ、旧ソ連邦等である。1984年の輸出高として次の記録があるが[6]、最近の日本その他の国の急激な需要増加からこの数量は著しく変わり、特にブラジルの生産が急増しているものと考えられる。

中国	55トン
アルゼンチン	7～8トン
チリ＋ウルガイ	7～8トン
カナダ	3～4トン

(Kjaersgaard 1985)

日本への輸入量は明らかにされていないが、およそ50トン/年程度と推定される。

(2) 原料プロポリスの価格

ブラジル産は色・香りが良く、ユーカリ、パラナマツなどの起源植物名を冠した販売とガン治療の実績から高級品イメージが定着した。供給不足からブラジル産原料の輸入価格は1994年末から1995年初にかけて他の産地の数倍に高騰した。1996年3月現在のおよその輸入価格（F.O.

B.）は中国産が＄30/kg，ブラジル産では＄110〜150/kg前後である。

文　　献

1) Z. A. Makashvili, PROPOLIS, 8-10(1978)
2) M. Winston, The Biology of the Honey Bee, 23-26(1987)
3) 大澤華代, 日本プロポリス協議会会報 No.12, 26-39(1996)
4) R. Morese & T. Hooper, The Illastrated Encyclopedia of Beekeeping, 308-309(1985)
5) Dadant & Sons, The Hive and the Honey Bee, 535-537(1975)
6) Eva Crane, BEES AND BEEKEEPING, 71-72(1990)
7) E. L. Ghisalberti *BeeWorld*, **60**(2), p. 62(1979)
8) Y. Donadieu : *Honey Bee Science* **8**(2), 67-82(1987)
9) Eva Crane : BEES AND BEEKEEPING, 459(1990)
10) E. L. Ghisalberti Bee World, **60**(2), 63(1979)
11) 松香光夫：日本プロポリス協議会会報, **12**, 40-45(1996)
12) 日本健康・栄養食品協会, TEL(03)5410-8231　〒150 東京都渋谷区神宮前2-6-1
13) 日本プロポリス協議会, TEL(03)3384-8964　〒164 東京都中野区本町6-27-12 豊国ビル505
14) 特許出願平5-5931
15) 特許出願公告平4-66544
16) A. Caillas, PROPOLIS, 6(1978)
17) 金枝純・仁科保：ミツバチ科学, *Honey Bee Science*, **15**(1), 29-33(1994)
18) M. H. Bunney, *Br. J. Derm.*, **80**, 17-23(1968)
19) 中野真之ほか, ミツバチ科学, *Honey Bee Science*, **16**(4), 175-177(1995)
20) R. Yamauchi *et al.*, *Biosci. Biotec. Biochem.* **56**(8), 1321-1322(1992)
21) 佐藤利夫, 藤本琢憲, ミツバチ科学, *Honey Bee Science*, **17**(1), 7-13(1996)
22) K. Frenkel & D. Grunberger *et al.*, *CANCER RESEARCH*, 53, 1255-1261, Mar. 15(1993)
23) 松野哲也, ミツバチ科学, *Honey Bee Science* **13**(2), 49-54(1992)
24) 鈴木郁功：日本プロポリス協議会会報 No.12, 11-25(1996)

25) 新井成之, 栗本雅司, ミツバチ科学, *Honey Bee Science*, 15(4), 155-162(1994)
26) 徳久和郎, 日本プロポリス協議会会報 No.3, 26-31(1990)

8.2 スクワレン

長嶋正人*

8.2.1 はじめに

　天然油であるスクワレンは，さまざまな症状に効果がある健康補助食品として，多くの人々に親しまれ，その効果を実証する臨床報告も数多く報告されている。また，スクワレンを水素添加することにより化学的に安定化したスクワランを得ることができ，保湿性油剤として多くの化粧品に使用されている。

　スクワレンは表1に示すように各種動植物性食品に微量ではあるが含まれている。また，人体内において，酢酸からメバロン酸の経路を経てスクワレンが合成されている。スクワレンからは，ラノステロールを経てコレステロールが合成される。コレステロールは生体膜を構成する成分のひとつである。さらに，コレステロールからは，副腎皮質ホルモン（コルチゾル，アルドステロン等），性ホルモン（卵胞ホルモン，黄体ホルモン等）のステロイドホルモンが合成される[1]。人体組織中に含まれるスクワレンを表2に示す。

表1　動植物中のスクワレンの量（ppm）

	スクワレン含有量
オリーブ油	2,000～7,000
コーン油	280
紅花油	38
綿実油	28
タラ肝油	520
ラード	23
牛肉	30
鶏肉	27
卵黄	47
ヒラメ	97
カレイ	50

表2　人体組織中のスクワレンの量（ppm）

	スクワレン含有量
皮下脂肪	300
腹部脂肪	160
皮膚	150
すい臓	30
肝臓	22
胆のう	10

*　Masato Nagashima　日光ケミカルズ㈱　企画開発部

8.2.2 スクワレンの組成

スクワレン（2, 6, 10, 15, 19, 23-ヘキサメチル-2, 6, 10, 14, 18, 22-テトラコサヘキサエン）は、分子式$C_{30}H_{50}$、分子量410.7、6つの2重結合をもつ炭化水素油である。図1に構造式を、表3に代表的な精製スクワレンの性状を示す。精製品は、無色透明で無味無臭である。水にはほとんど溶けず、エーテル、石油エーテル、ガソリン、ベンゼン、クロロホルム等に容易に溶け、アルコール、氷酢酸にはわずかしか溶けない。凝固点が低く、−45℃でも透明である。構造中に2重結合を多くもつので、酸化されやすいが、そのことにより酸素のキャリアーとして働くと考えられている。

表3 精製スクワレンの性状

外　　観	無色～微黄色の透明液体
純　　度	99.8%以上
沸　　点	250℃ (4mmHg)
凝　固　点	−75℃
屈　折　率	n_D^{20} 1.459～1.498
比　　重	d_{20}^{20} 0.850～0.895
酸　　価	1以下
け　ん　化　価	5以下
ヨ　ウ　素　価	360～380
過　酸　化　物　価	3meq/kg 以下

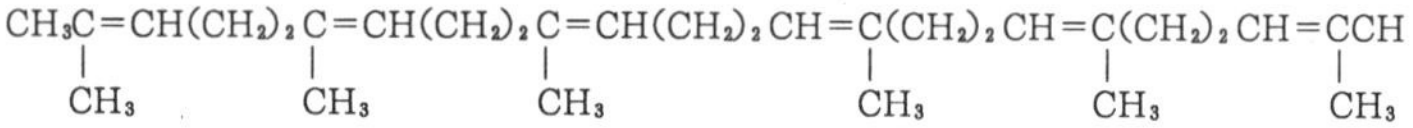

$$CH_3C=CH(CH_2)_2C=CH(CH_2)_2C=CH(CH_2)_2CH=C(CH_2)_2CH=C(CH_2)_2CH=CCH$$
$$\quad\ \ |\qquad\qquad\ \ |\qquad\qquad\ \ |\qquad\qquad\ \ |\qquad\qquad\ |\qquad\qquad\ |$$
$$\ \ CH_3\qquad\quad CH_3\qquad\quad CH_3\qquad\quad CH_3\qquad\quad CH_3\qquad\quad CH_3$$

図1 構造式

8.2.3 深海ザメ肝油スクワレン

サメは今から4億年前に出現した脊椎動物の中でも最も原始的な一種であり、ほとんど進化していない生物学上でも興味深い魚類である。サメの中でも、水深300～1,000メートルに生息している群を深海ザメと呼ぶ。沿岸、近海に生息するサメ（ホオジロザメ、ヨシキリザメ、トラザメ等）と比較すると、生態、組織の面で大きな違いがみられる。その違いのひとつが、肝油に含まれるスクワレンである。沿岸、近海に生息するサメの肝油中にはスクワレンがあまり含まれておらず、まったく含まない種もあるのに対し、深海ザメの肝油には大量のスクワレンが含まれている。特にツノザメ科に属するサメ（モミジザメ、ヘラツノザメ等）の肝油にはスクワレンが多く含まれている。

深海ザメが多くのスクワレンを含む理由には、光のとどかず酸素濃度の低い深海で活動していくために、スクワレンによる浮力と酸素の捕捉・供給能が必要だといわれている[2]。

食用のフカヒレをとるウバザメの肝油中にもスクワレンが多く含まれ、約25%含んでいるが、皮膚刺激性があるプリスタンも7～8%含んでいることから、この種は、現在ではあまり使用されなくなっている。現在最も多くのスクワレンが採油されているサメの種は、アイザメで、体長

は1〜2m，体重20〜40kgでサメとしては小柄であるが，肝臓が体重の25%，肝油は肝臓の重さの約90%にも達し，肝油中のスクワレンの含有率も約90%と非常に高濃度に含んでいる。

スクワレンを最初に発見したのは，1906年当時東京工業試験場の化学者であった辻本満丸氏で，駿河湾で捕れるクロコザメの肝油に多不飽和炭化水素化合物（スクワレン）が存在することを発見した。スクワレンの名もスクアリデー科のサメに多くのスクワレンが含まれることから辻本氏が命名した[3]。スクワレンの化学構造式は，それよりかなり遅れて1931年にスイスのチューリッヒ大学のカーラー教授により明らかにされた。

現在日本に輸入されている肝油は年間3,000〜4,000トンであり，主な輸出国は，フィリピン，インドネシア，ポルトガル，スペイン，ノルウェーであり，そのほとんどは，サメの肝臓から油成分を絞り出し，さらに水と不溶物を除去しただけのもので，精製は日本国内で行われている。

8.2.4　その他の原料

深海ザメよりスクワレンを得る以外の方法としては，植物から得る方法と化学合成する方法がある。

(1)　オリーブの果実

表1に示したように，スクワレンは多くの動植物に含まれている。しかし，サメ肝油のようにスクワレンを高濃度で含むものは他にはない。しかし，その中でも比較的多くのスクワレンを含む植物としてオリーブの実から得られるオリーブオイルがある。オリーブオイル中には0.5〜0.7%のスクワレンが含まれていて，このスクワレンを水素添加したオリーブスクワランが市場に出ている。最近の植物志向により需要は若干のびてはいるが，サメ肝油のスクワレンと比べると純度が低く，多量安定供給に対する不安などの問題のために市場占有率は少ない。

(2)　化学合成

昭和30年代にイソプレンを出発原料として，ゲラニルアセトンを経由する工業的化学合成方法が発明された[4]。しかし，この数段階の反応を伴って得られたものは，当時としては，天然のスクワレンよりも高純度で品質的には優れていたが，価格的には高価なものになってしまった。近年は，天然スクワレンの精製技術も向上し，品質的にも同等のものができるようになり，コスト的に化学合成する意味がなくなってしまった。

8.2.5　スクワレンの製造工程

漁獲された深海ザメは，漁獲地で肝臓を取り出され，肝臓から油成分をしぼり出し，さらに水

と不溶物を除去しただけでドラムに詰められ，肝油として出荷される。このサメ肝油中にはスクワレン以外の成分が多く含まれているために精製が行われ，純度99.8%以上の精製スクワレンとして市場に供給されている。精製スクワレンを完全水素添加することにより，化学的に安定化させ，スクワランとして化粧品基剤，その他の用途にも使用されている。各製造メーカーによりスクワレンの製造工程に差があるが，図2に代表的なスクワレンの製造工程を示す。

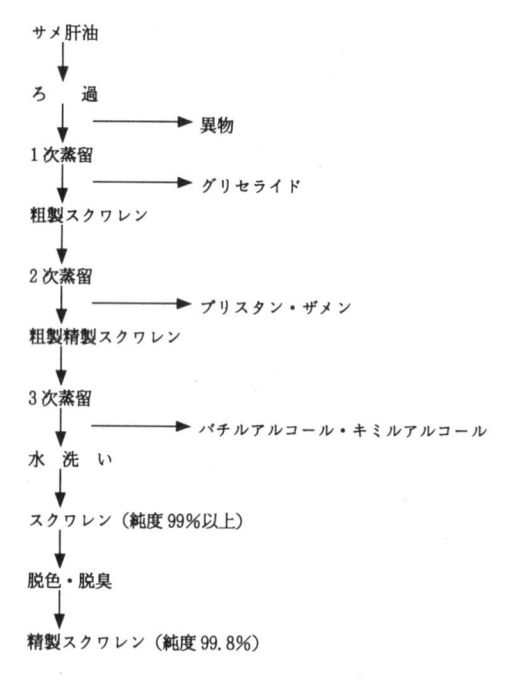

```
サメ肝油
  ↓
ろ　過 → 異物
  ↓
1次蒸留 → グリセライド
  ↓
粗製スクワレン
  ↓
2次蒸留 → プリスタン・ザメン
  ↓
粗製精製スクワレン
  ↓
3次蒸留 → バチルアルコール・キミルアルコール
  ↓
水　洗　い
  ↓
スクワレン（純度99%以上）
  ↓
脱色・脱臭
  ↓
精製スクワレン（純度99.8%）
```

図2　スクワレンの製造工程

8.2.6　スクワレンの作用

スクワレンは「サメ肝油」として古くから健康食品として扱われており，効能は高血圧症，胃痛，十二指腸潰瘍，肝疾患，リューマチ，関節炎，腰痛，口内炎，中耳炎，痔，水虫，皮膚炎，気管支炎，肩こり，火傷等があり，その効果は多岐にわたっている。

(1) 抗潰瘍作用

Adamiらは，経口投与により潰瘍治癒作用および予防作用を示したと報告している。しかも副作用はみられなかった[5]。

(2) 抗癌作用

スクワレンには，癌組織を縮小させる効果，癌の移転防止効果がある。Bリンパ球，Tリンパ球，マクロファージなどの免疫担当細胞を増加させ，免疫賦活効果により抗癌作用がある。スクワレンからの代謝物であるビタミンD_3やグルココルチコイド（副腎皮質ステロイドホルモン）は，癌細胞の分化を誘導することにより抗癌効果を示すなどの報告がある[6]。

(3) 抗菌作用

Sobel らは，Sabourand の寒天培地を使って表面培養したとき，スクワレンが細菌の増殖を阻害したと報告している。空気中に暴露されたために過酸化物含量が高くなっているスクワレンは，純品のスクワレンより増殖阻害作用が高いことが知られている。

(4) 経皮吸収

Wepierre は，オートラジオグラフィーを用いて，トリチウム標識したスクワレンがマウスの皮膚に浸透し，毛嚢を通って脂腺に移行することを明らかにした[7]。

(5) ステロイドホルモン産生作用

前述したように，スクワレンは人体内でステロイドホルモンの前駆体にあたる。ステロイドホルモンは，優れた効果とともにその副作用も問題になっている。しかし，その副作用は，薬として過剰投与され血中濃度が上がりすぎた場合において発現するものである。生体内で反応される生理的濃度でのステロイドホルモンには副作用はなく，免疫細胞を賦活し抗体産生を増加させ，病原微生物の浸撃を排除する。スクワレンの投与は，生態反応によりステロイドホルモンが産生されるので過剰に反応されることはなく，副作用はない。

(6) 免疫調整作用

免疫に関する疾患を大別すると，免疫が十分に働かないことによって起こる「免疫不全症候群」と免疫系の一部が過剰な反応を起こして自己の組織や産生物を攻撃し，損傷する「自己免疫疾患」がある。関節リューマチ，ベーチェット病，慢性肝炎，肝硬変，筋無力症等が自己免疫疾患に属する。それぞれの疾患に対する治療薬としては，免疫不全に対しては「免疫強化剤」，自己免疫疾患に対しては「免疫抑制剤」が用いられているが，どちらも副作用が問題となっている。スクワレンは，相矛盾する作用である「免疫不全」「自己免疫疾患」のいずれに対しても効果を示し，常に免疫機能を正常に作用させる「免疫調節（調整）作用」を示す。このことにより，免疫関係の疾患において広範囲な効果を示し，さらに，副作用もみられない。

スクワレン自体には薬としての効果はまったくといっていいほどない。しかし，皮膚あるいは消化器官を通して吸収されたスクワレンは，酸素供給を活性化する働きをし，それが細胞を活性化させ，疾病部位に働きかけることにより症状を回復させることができる。人体は，約60億の細胞より成り立っているといわれているが，病気の原因は酸素不足による細胞の非活性化によるものがほとんどである。スクワレンが万病に効果を発揮するのは，この弱った細胞を賦活することができるからである。

8.2.7 スクワレンの安全性

　スクワレンは，安全性が高く経口および皮膚に対しても毒性，刺激性の報告はない。また，服用することによる副作用の報告もない。

(1) 経口毒性

　マウスに未希釈のスクワレン50.0ml/kg（10匹）を7日間経口投与したが，試験期間中に死亡例も毒性的症状も認められなかった[8]。

(2) 皮膚刺激性

　ウサギの擦過および非擦過皮膚に未希釈のスクワレン0.5mlを24時間適用したところ，無刺激であった[9]。

(3) 眼刺激性

　ウサギの眼に未希釈のスクワレン0.1ml投与によりドレイズ試験を行った。洗浄を行わなかったが，まったく刺激性を示さなかった[10]。

(4) 皮膚感作性

　スクワレンは，ヒト健常皮膚に対して，顕著な影響はみられず，また色素沈着も起こらず，皮膚の角化作用にも影響はみられなかった[11]。

8.2.8 まとめ

　天然物質であるスクワレンは，健康食品として古くから愛用されており，飲んでも塗っても安全であることが確認されている。各種疾患に対する治癒効果についても数多くの文献で報告されている。スクワレンの疾患治癒効果は，酸素の捕捉と疾患部位への酸素供給による細胞賦活によるものであろうと推測されているが，スクワレンが実際にどのような働きをして効果を示しているのかは実証されていない。スクワレンの機能研究が今後の課題であろう。スクワレンは，安全性の高い，さまざまな効果を示す健康食品として今後も人々に愛用され続けていくであろう。

文　献

1) V. r. Wheatley, Proc. Sc. Sect, T. G. A., **39**, 5(1963)
2) 田村 保 他, 化学と生物, **24** (5), 326(1986)
3) 辻本 満丸, 工業化学雑誌, **217**, 227(1916)
4) T. Nishida, *et al.*, *Bull. Chem. Soc. Jpn.*, **56**, 450(1953)
5) E. Adami, E. Marazzi Uberti, and C. Turba, Anti Ulcer action of some natural and synthetic terprnic compounds, Chem. Abstract (5828336)
6) フレグランスジャーナル臨時増刊 No. 4(1983) 130-133
7) Wepierre, J., (1968). Impermeability of mouse skin to tritiated perhydrosqualene. Ann. Pharm. Fr. 25 (7-8), 515-521
8) CTFA. (June 11, 1971). Leberco Labs. Acute olal LD_{50}.
9) CTFA. (April 29, 1971). Leberco Labs. Skin irritation.
10) CTFA. (July 16, 1956). Leberatory of Industrial Hygine. Eye irritation
11) Bougton, B., *et al.*, (1995). Some observation on the nature, origin, and possible function of the squalene and other hydrocarbons of hyman sebum. J. Invest. Dermatol. **24** (3), 179-89

8.3 ローヤルゼリー

伊藤新次*

8.3.1 はじめに

和名：王乳
英名：Royal Jelly

ローヤルゼリー（以下，RJ と略す）は，ミツバチ（Apis meriffera）の中でも日齢3～13日の若い働き蜂が生合成し，下咽頭腺などから分泌される乳白色のクリーム状物質で高い粘度があり，特有の臭いと刺激性のある味を有している。

女王蜂が同じ卵から生まれた働き蜂の数十倍の寿命をもち，1日に2,000個もの産卵を続けることができるのは，RJ を餌にしているところにあると考えられ，古来より健康食品として珍重されてきた。

8.3.2 成分組成と構造式

RJ の成分組成は，おおむね表1のとおりである。

全体の65％程度が水分で，残りの1/3強がタンパク質，1/3弱が糖質，約1/6が脂質，残りの1/6がその他の成分から構成されている。

表1　RJ の成分組成

成分	含有量(%)
水　　分	66.5
タンパク質	13.5
糖　　質	11.5
脂　　質	5.30
そ の 他	1.20

(1) タンパク質

分子量の分布は幅広く，10万以上の大きなタンパク質から，2万程度のものまで，広範囲にわたって含まれている[1]が，分子量5～6万のタンパク質が多い。分子量2～3万程度のタンパク質のうち，約45％が水溶性タンパク質である。

また，RJ 中に存在する酵素には，コリンエステラーゼ，ホスファターゼ，プロテアーゼなどがあり，その他に RJ の抗菌作用を発現する物質のひとつと考えられているローヤリシンの存在があげられる。

タンパク質を構成しているアミノ酸組成[2]は含有比の高いものから，Asp, Lys, Leu, Glu, Val, Pro などで，特に Asp の含有比は高く，全比率の約17％にあたっている。このように RJ

---

*　Shinji Ito　㈱加藤美蜂園本舗　試験研究室

のタンパク組成は，乳などのタンパク質とは特異なパターンを示す。

(2) 脂　質

RJ のエーテル可溶成分の約 80% は有機酸で構成されており，そのほとんどは炭素数 10 の有機酸である。

特に RJ 中に約 2% 含まれている 10-Hydroxy-δ-2-decenoic acid（以下，10-HDA と略す）は，他の天然物に存在しないところから，ローヤルゼリー酸と呼ばれている。

また，現在のところその他に約 10 種類の有機酸とステロール，リン脂質などの存在が確認されている。

① 有機酸[3]

10-Hydroxy-δ-2-decenoic acid, Sebacic acid, δ-2-Decenoic acid, 10-Hydroxy decenoic acid, 9-Oxo-δ-2-decenoic acid, Suberic acid, 2-Octanoic acid, p-Hydroxy benzoic methyl, 4-Hydroxy benzoic acid, Gluconic acid などが含まれる。

主な有機酸の構造式を図 1 に示す。

② ステロール[4]

24-methylene cholesterol, Cholesterol, Stigmasterol などが含まれている。

③ その他

WAX，フェノール類，微量のリン脂質，糖脂質などを含んでいる。

(3) 糖　質

RJ に含有される糖類は，おおむねハチミツと同じであるが，Glucose, Sucrose の含有量が比較的多い。

単糖類としては，Fructose, Glucose を，また二糖類としては，Turanose, Sucrose, Maltose を含んでいる。

⟨10-Hydroxy-δ-2-decenoic acid⟩
HO-CH$_2$-(CH$_2$)$_6$-CH=CH-COOH

⟨δ-2-Decenoic acid⟩
HOOC-(CH$_2$)$_6$-CH=CH-COOH

⟨9-Oxo-δ-2-decenoic acid⟩
CH$_3$-CO-(CH$_2$)$_5$-CH=CH-COOH

⟨Sebacic acid⟩
HOOC-(CH$_2$)$_6$-CH$_2$-CH$_2$-COOH

⟨10-Hydroxy-decenoic acid⟩
HO-CH$_2$-(CH$_2$)$_6$-CH$_2$-CH$_2$-COOH

⟨Suberic acid⟩
HOOC-(CH$_2$)$_6$-COOH

⟨Octanoic acid⟩
CH$_3$-(CH$_2$)$_6$-COOH

⟨Gluconic acid⟩
HOOC-(CHOH)$_4$-CH$_2$OH

⟨4-Hydroxy benzoic acid⟩
OH-C$_6$H$_4$-COOH

⟨p-Hydroxy benzoic methyl⟩
OH-C$_6$H$_4$-COOCH$_3$

図 1　ローヤルゼリー中の有機酸成分

(4) その他

アミノ酸類　：Lys, Pro, Aspなど
ミネラル類　：P, K, Na, Mg, Ca, Fe, Znなど
ビタミン類[5]：アセチルコリン，パントテン酸，イノシトール，ニコチン酸，ビタミンB_1，B_2，B_6，ビオチン，葉酸など。

8.3.3 採取方法

ローヤルゼリーの採取方法は女王の欠落したミツバチの群が本来働き蜂として，育てられた幼虫にRJを与え，新しい女王蜂に育てようとする習性を利用するものである。具体的には，故意に女王蜂を取り去り，王椀と呼ばれる人工王台（女王蜂を育てる巣房）で働き蜂が新しい女王蜂を育てるために大量に与えるRJを採取する。

8.3.4 機能，効能

RJは古来より不老長寿の薬として，もてはやされ，老化防止，若返り，更年期障害改善，精力増進などの効果があるとされてきた。

近年，世界各国において盛んにその薬理学的研究が進められ，微量成分の解明や高度精製が行われるに従い，いくつかの効能が明らかにされてきた。

RJの生理的作用の効能を示す例では，ローマ法王の奇跡的な回復の逸話[6]がある。

1954年，ローマ法王ピオ12世は80歳を越えた高齢にして，危篤状態に陥ったが，担当医であった医師団のうちの1人であるガレアジーリシー氏が処方したRJの効果により，奇跡的回復をとげた。その後，1958年にローマで開催された国際養蜂大会には，法王自ら出席し，ミツバチを讃える演説を行ったとのことである。

現在確認されている具体的な機能，効能については以下に示すとおりである。

① 抗腫瘍作用[3,7]

pH6以下の酸性条件下において，10-HDAによる抗腫瘍作用を発現する。増殖速度の遅いものに対しては，抗腫瘍効果が認められている。

② 血流増加作用[8]

アセチルコリンによる一過性の血流増加作用が確認されている。

③ 放射線障害に対する延命効果[9]

マウスにX線500Rの全身照射を行ったのち，RJの腹腔内投与，および経口投与による30日後の死亡率を確認したところ，対照群の生存率が23.3%であったのに対し，腹腔内投与群では60%，経口投与群では92%と極めて高い生存率を示した。

④ 高脂血症に対する脱コレステロール作用[10]

ニコチン酸，葉酸，10-HDA などの脱コレステロールによる高脂血症の改善，また，腸管からの吸収阻害，および排泄促進を働きかけ，血中コレステロールの低下作用を発現すると考えられている。豚由来の膵臓リパーゼを用いた実験から RJ の膵リパーゼ活性阻害を認めた。

⑤ 菌発育阻止作用[3, 11]

10-HDA の抗菌作用による菌の発育阻止作用が見られる。また，両親和性タンパク質であるローヤリシンはグラム陽性菌に対して，強い抗菌活性を示すことが知られている。

⑥ 抗炎症作用[12]

マウスの皮膚剥離により作成した創傷の治癒期間を短縮する効果を認めた。

⑦ 免疫グロブリン産生促進作用[13]

RJ 添加による卵黄リポタンパク質のリンパ球抗体産生促進，およびリンパ球増殖促進因子の促進効果を認める。

⑧ 脂腺肥大の抑制作用[14]

10-HDA により耳介脂腺の肥大を抑制。

⑨ 制ガン剤の血液障害改善効果[15]

白血球数，赤血球数の減少抑制と胸腺相対重量の低下に対する抑制効果。

⑩ アンジオテンシン転換酵素（ACE）阻害活性作用[16]

RJ 中の 10-HDA，および 2-オクタン酸による ACE の阻害活性を認める。

8.3.5 表示と組成基準[17]

現在，RJ を販売するにあたり，「ローヤルゼリー」と表示を行うためには，以下に示す規定を満足せねばならない。

① 生ローヤルゼリー

ミツバチが女王蜂を育成するため，その咽頭腺などを通じて，王台中に分泌したものであって移虫後，72 時間以内に採取したものをいう。

② 乾燥ローヤルゼリー

生ローヤルゼリーを凍結乾燥，その他の方法により，乾燥処理したものをいう。

③ 調整ローヤルゼリー

生ローヤルゼリー，または乾燥ローヤルゼリーに乳糖，ハチミツなどの調整剤，添加物などを使用し，調整（錠剤，カプセル，その他剤型品の調製は，品質保全のため必要な場合に限る）したものであって，使用した生ローヤルゼリーの重量が全重量の 1/6 以上のものをいう。

また，次の組成基準を満足しなければならない．

① 生ローヤルゼリー
  水　　分　　62.5～68.5%
  粗タンパク　11.0～14.5%
  10 - HDA　　1.40%以上
  酸　　度　　32.0～53.0ml 1N NaOH/100g
  一般生菌数　500/g 以下

② 乾燥ローヤルゼリー
  水　　分　　5.0%以下
  粗タンパク　30.0～41.0%
  10 - HDA　　3.50%以上
  一般生菌数　500/g 以下

③ 調製ローヤルゼリー
  10 - HDA　　0.18%以上
  一般生菌数　1000/g 以下

8.3.6　輸入量・輸入業者，販売メーカー

　RJ は現在，主に中国，台湾で生産され輸入されているものがほとんどである．国内でも年間で約 10 トン程度の生産があるが，供給量が少ないこともあって，価格は輸入のものに比べ，数倍高いものとなっている．

　1991～1995 年度の RJ 輸入量を表 2 に示す．

　RJ の輸入量は年々増加しており，10 年前の約 3 倍，5 年前の約 1.5 倍の伸びがみられる．これは，近年の健康食品ブームに加え，RJ を利用するにあたり，技術開発が進んだため，従来利用しにくかった食品への添加が可能となった．また，化粧品やシャンプーなどの日用品といった他分野への利用も RJ の輸入量の伸びに関与していると考えられる．

　RJ の輸入業者としては，台湾華僑，隆泰貿易，三菱商事，住友商事，三井物産，八木通商などがある．

　また，販売メーカーとし

表2　RJ の輸入状況

(単位：トン)

年　度	輸　入　量			総　計
	中 国	台 湾	タ イ	
1991	248	42	3	303
1992	256	46	9	321
1993	373	36	9	427
1994	516	44	8	568
1995	378	40	8	452

ては，ナチュラルフーズ，日本バスコン，ジャパンローヤルゼリー，日本メナード，加藤美蜂園本舗などがあり，末端市場価格は約500億といわれている。

8.3.7 応用例・商品例

RJは主に生のまま販売されているが，品質を保つためには，冷凍保存が必要であり利用しにくいといった問題があった。そこで，流通面や消費者サイドの利用面から常温可能な乾燥品，調整品などの販売が増えてきている。

また，生RJは味覚上の点でも生臭い，舌を刺激するような酸味を感じるなどの印象を持つ人が多いため，錠剤やカプセルのような形態として利用されたり，他の食品に添加しての利用が行われている。

現在，栄養ドリンクを始めとし清涼飲料などに利用するためにRJタンパクを酵素分解した商品やタンパクを限外濾過膜などで分離した商品が開発され，利用されている。

8.3.8 RJに関する特許

RJに関する特許は古くより，様々なものが公開されているが，近年のものでは添加用RJの製造に関する特許が多く見受けられる。

近年の公開特許を表3に示す。

表3 RJに関する特許

特許公開	名　　　称	出　願　人
H05-023120	水溶性ローヤルゼリーの製造法	アピ㈱
H05-009125	ローヤルゼリーの水分散液	日本サーファクター
H05-007464	生ローヤルゼリーの安定な水分散液	日本サーファクター
H05-123119	透明なローヤルゼリー溶液の製造法	㈱バイオックス
H05-103604	粉末化ローヤルゼリーとその製造方法	㈱バイオックス
H06-038694	調製ローヤルゼリー	塩水港精糖㈱
H05-320060	ローヤルゼリー抽出物の製造方法	鐘紡㈱
H06-292523	ローヤルゼリー含有組成物	㈱バイオックス
H08-070798	澄明なローヤルゼリー水溶液の製造	ホーユー㈱
H06-078696	新規なローヤルゼリー配合物	タマ生化学
H07-203874	調製ローヤルゼリー	双洋物産㈱

文　献

1) ローヤルゼリー中の生理活性物質の精製，愛媛大学医学部生化学第二教室，(社)全国ローヤルゼリー公正取引協議会 (1988)
2) 王乳のタンパク質に関する研究（I），友田五郎，松山　惇，他2名，玉川大学農学部研究報告，14号 (1974)
3) ローヤルゼリー酸の生物化学，篠田雅人，中陳静男，星薬科大紀要，第26号 (1984)
4) 王乳の脂質に関する研究（II），松山　惇，石川正幸，友田五郎，玉川大学農学部研究報告，13号 (1973)
5) ローヤル・ゼリー，松香光夫，ミツバチ科学，1(1)(1980)
6) ローヤルゼリーと健康長寿，徳田義信，(社)日本養蜂はちみつ協会 (1973)
7) ローヤルゼリーの抗腫瘍効果に関する研究，田村豊幸，藤井　彰，久保山昇，日本薬理学雑誌，89 (2) (1987)
8) ローヤルゼリー中の血流量増加因子について，篠田雅人，中陳静男，他4名，薬学雑誌，98巻2号 (1978)
9) 放射線障害に対する Royal Jelly の延命効果について，吉崎　宏，基礎と臨床，9巻2号 (1978)
10) ローヤルゼリーの実験的高コレステロール血症ウサギに及ぼす影響，中陳静男，沖山邦子，他3名，薬学雑誌，6巻1号 (1982)
11) ローヤルゼリー中の強い抗菌蛋白質　ローヤリシンの精製と一次構造の決定，Fujiwara S, Imai J, Fujiwara M, 他3名，*J of Biol Chem*, 265 (19) (1990)
12) ストレプトゾトシン糖尿病ラットにおけるローヤルゼリーによる創傷治療の促進，Fujii A, Kobayashi S, Kuboyama N, 他4名，*Jpn J Pharmacol*, 53(3)(1990)
13) ヒトリンパ球の免疫グロブリン産生に及ぼす食品由来免疫グロブリン産生促進因子の影響，Yamada K, Ikeda I, 他2名，*Agric Biol Chem*, 54(4)(1990)
14) ローヤルゼリー及び10-ヒドロキシデセン酸のハムスター耳介脂腺におよぼす作用，前田哲夫，黒田秀夫，他1名，日本皮膚科学会雑誌，98(4)(1988)
15) 制癌剤の血液障害に対するローヤルゼリーの防御効果，藤井　彰，古川揚子，他4名，臨床薬理，19(1)(1988)
16) ローヤルゼリーに含まれる各種カルボン酸のアンジオテンシン転換酵素阻害活性について，愛媛大学医学部医科学第二教室，(社)全国ローヤルゼリー公正取引協議会，1995
17) ローヤルゼリーの表示に関する公正競争規約（昭和54年9月25日　公取告27），食品六法

8.4 アンジオテンシン変換酵素阻害ペプチド

安本良一[*]

8.4.1 はじめに

近年，各種食品中に含有される体調調節機能を有する物質の解明が進んでいる[1)]。これらの機能性物質を利用した特定保健用食品が1996年4月現在で88品目が認可されている。

このうち，食品タンパク質由来のペプチドの持つ各種生理機能の1つとして，アンジオテンシン変換酵素（以下ACEと略す）阻害ペプチドの研究が多くの企業や研究機関で行われている。ACE阻害ペプチドは図1の機構により血圧降下作用を示すもので，種々の食品タンパク質の酵素分解物中で見出されている。

本来ならば図1は各論の機能・効能・生理活性の項で取り上げるべきだが，食品タンパク質由来のACE阻害ペプチドは，図1の作用機構を共通とするが，その構造，製法，生理活性の強さは起源とするタンパク質や製造に使用する酵素剤の違いなどによりまったく異なる。

そこで，本稿では弊社が京都大学・農学部・吉川正明助教授と共同研究し，ヤマキと共同開発したかつお節由来のACE阻害ペプチド（以下，かつお節オリゴペプチドという）に関して記述する。かつお節オリゴペプチドは，ヒトでの血圧降下作用の確認がなされている唯一の市販ACE阻害ペプチドであり，本書の性格と前述のペプチド素材の多様性から自社素材の記述としたことを御了承いただきたい。

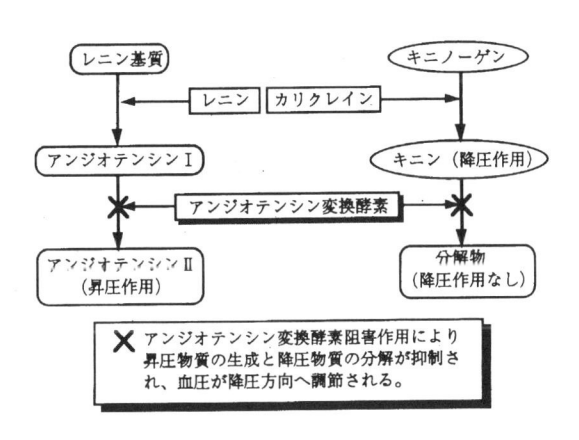

図1 アンジオテンシン変換酵素阻害による血圧降下作用機構

---

[*] Ryouichi Yasumoto　日本合成化学工業㈱　中央研究所

8.4.2 組成・構造式

かつお節オリゴペプチドはかつお節を酵素分解して得られる種々のペプチドの混合物である。したがって本項では，かつお節オリゴペプチドから単離された強い ACE 阻害作用を持つペプチドを表1に示す[2]。これらのペプチドの，IC_{50} 値は数 μM オーダーであり，食品由来のペプチドとしてはきわめて強い ACE 阻害活性を有していることがわかる。

表1 かつお節オリゴペプチド由来の ACE 阻害ペプチド

ペプチド	$IC_{50}(\mu M)$
IKPLNY	43.0
IVGRPRHQG	6.2
IWHHT	5.1
ALPHA	10.0
LKPNM	17.0
IY	3.7
FQP	12.0
DYGLYP	62.0

8.4.3 製　　法

われわれは，かつお節のトップメーカーであるヤマキと共同で工業的な製法を検討した。その結果，図2に示す製造フローを確立し，品質の安定したかつお節オリゴペプチドを供拾している。

本製法は，酵素剤にサーモライシンを用いていることが特徴である。サーモライシンは，他の食品添加用酵素剤や消化管酵素が不規則にタンパク質を分解するのと大きく異なり，疎水性側鎖を持つアミノ酸のN末端側のペプチド結合を選択的に切断する性質を持っている[3]。実際に，表1に示したかつお節オリゴペプチドから得られた強力な ACE 阻害活性を示すペプチドの多くが，イソロイシンやロイシン等の疎水性アミノ酸をN末端に持っていることからもサーモライシンの基質特異性が強力な ACE 阻害活性の発現に大きく寄与していることを示している。

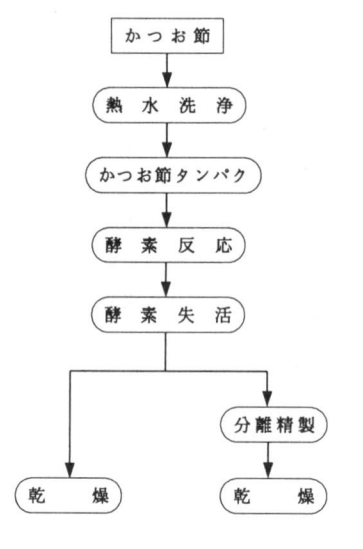

```
かつお節
  ↓
熱水洗浄
  ↓
かつお節タンパク
  ↓
酵素反応
  ↓
酵素失活
  ↓     ↓
乾燥  分離精製
        ↓
       乾燥
```

図2　かつお節オリゴペプチドの製造フロー

8.4.4 性状・特性

かつお節オリゴペプチドの粉末は淡褐色で水に易溶であり，やや旨味を有し，魚臭はない。また一般に酵素分解で得たペプチドに特有の苦みがないことから容易に広く一般の食品に応用することが可能である。

8.4.5 安全性

かつお節オリゴペプチドは,原料が食経験豊かなかつお節であり,きわめて安全と考えられるが,血圧降下という機能を有することから,種々の安全性試験を検討した。その結果,各種変異原性試験や急性毒性試験に問題はなく,また健常者の血圧に対しても影響を与えない。したがって,かつお節オリゴペプチドは,きわめて安全な食品素材であると考えられる。

8.4.6 機能・効能・生理活性

高血圧症者4名に8週間かつお節オリゴペプチドを6g/日摂取させた結果,摂取開始1週間後より血圧の下降傾向が認められ,4週間後では高血圧症者4名中3名で11〜13mmHgの血圧降下作用を示した[4]。この結果を「降圧薬の臨床評価方法に関するガイドライン」[5]に従って評価すると3名とも下降傾向と判定された。なお臨床例については,さらに症例を数十人に増やして検討中である。

次に,かつお節オリゴペプチドの血圧上昇抑制作用を高血圧自然発症ラット(SHR)を用いて検討した。その結果,図3に示すようにかつお節オリゴペプチド0.025%添加食群はコントロール群に対して有意な血圧降下作用を示した[6]。このときの0.025%添加群におけるペプチド摂取量は15mg/kg/日であった。

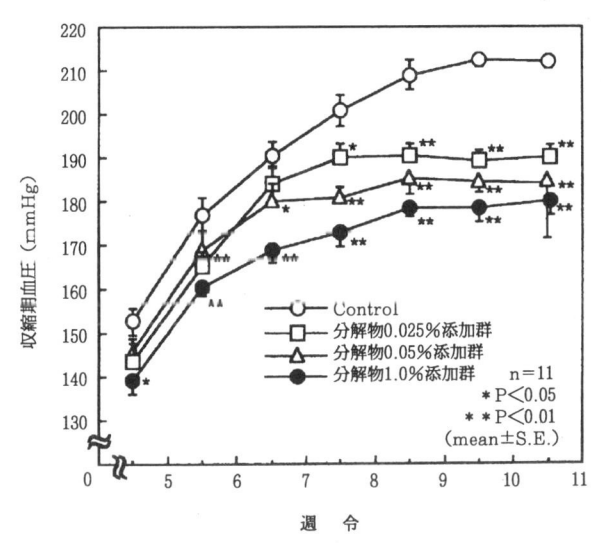

図3 かつお節オリゴペプチドのSHRにおける
長期経口投与による血圧上昇抑制作用

食品起源の ACE 阻害ペプチドで同様の試験では％オーダーの投与量が必要であることが多く，かつお節オリゴペプチドが経口投与できわめて強力な血圧上昇抑制作用を持っていることを示している。このことから，若い時期から正常範囲内で血圧水準を低く保つための食品構築の可能性が示唆される。

前記のような効果を示した要素として，かつお節オリゴペプチドの ACE 阻害活性が消化管プロテアーゼと ACE に対して安定であることがあげられる[2]。実際にかつお節オリゴペプチドとかつお節の消化管プロテアーゼ分解物を ACE とプレインキュベーション処理し，その前後で ACE 阻害活性の変化を比較した。その結果，かつお節オリゴペプチドの活性は変化しなかったが，かつお節の消化管プロテアーゼ分解物の ACE 阻害活性は約 1/2 に劣化した。このことは，後者が ACE の基質となるペプチドを含んでいることを示しており，プレインキュベーション処理前の ACE 阻害活性が見かけの活性であることを示している。

実際に，これらの分解物を SHR へ単回経口投与すると，かつお節オリゴペプチドは有意な血圧降下作用を示したが，一方かつお節の消化管プロテアーゼ分解物では血圧降下はみられなかった[7]。このことから単にかつお節を食べるだけでは血圧降下作用を期待できないことがわかる。

8.4.7 応用例・製品例

現在メーカー向けには機能食品素材としてスプレードライ粉末「かつお節オリゴペプチドパウダー」を上市している。また，かつお節オリゴペプチドを主成分とする錠剤型の健康食品「ペプチド ACE」も製品化し，販売している。

文　献

1) 吉川正明, 化学と生物, **31**, No.5, 342 (1993)
2) K. Yokoyama, *et al.*, *Biosci. Biotech. Biochem.* **56** (10), 1541 (1992)
3) H. Matsubara, *et al.*, *The Enzymes*, **3**, 721, Academic Press, New York (1971)
4) 安本良一, 食品と科学, **1**, 117 (1996)
5) 日本公定書協会編, 新薬臨床評価ガイドライン 1994, 薬事日報社, p.307 (1994)
6) H. Fujita, *et al.*, *Clinical and Experimental Pharmacology*, **1**, 304 (1995)
7) 長谷川昌康, 食品と開発, **27**, 43 (1992)

8.5 キトサンの生理機能と食品への応用

坂本廣司*

8.5.1 キトサンとは

　キトサンは，甲殻類，昆虫などの甲皮の構成成分であるキチン（N-アセチルグルコサミンの$\beta(1\to4)$結合多糖）の脱アセチル化物の総称で，脱アセチル化度が60％程度以上で，希酸可溶なものが一般にキトサンと呼ばれている（図1）。また，天然では唯一のアミノ基含有の食物繊維でもある。現在までに工業用としてはカチオン性凝集剤，酵素固定化担体・吸着担体，医療用として人工皮膚，手術用縫合糸や化粧品用素材，農業用としては植物活性剤，食品用としては保存剤として使用されてきたが，需要は着実に広がってきている。一方でキトサンはカチオン性ポリマーの特徴としての降コレステロール作用が実験動物では以前から検討され[1,2]，その有効性も知られていた。食品への応用は1985年頃より，健康食品あるいは菓子類に主に食物繊維として，一部使用されてきた程度であったが，1990年代になりヒトに対する応用研究も行われるようになった。機能性素材としては1993年，㈶日本健康・栄養食品協会から特定保健用食品の「関与する成分」として総合評価書が発行され，さらに，同協会より1995年6月1日付で健康食品の規格基準（JHFA規格）も公示された。特定保健用食品としては，1995年10月キトサンでは初めて「かまぼこ」と「ビスケット」の2種類の食品が許可された。これは，国が初めてキトサンのコレステロール吸収阻害作用という保健効果を認めたことを意味する。今後さまざまな食品における食品機能素材としての活用が期待されている。

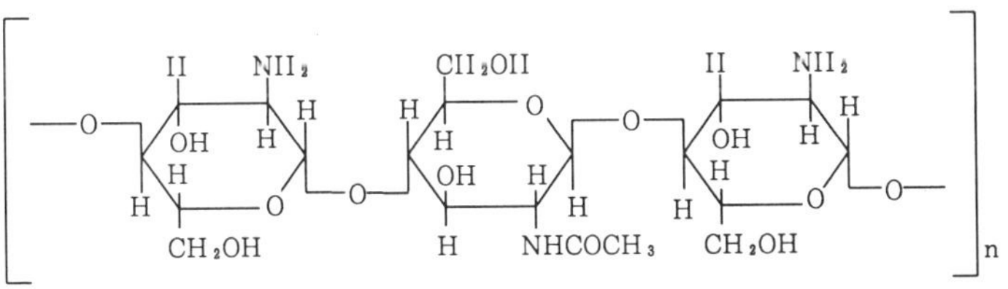

図1　キトサンの構造

* Koji Sakamoto　日本化薬㈱　特薬事業部

8.5.2 製法

キトサンは天然では微生物細胞壁の構成成分であるが,一般にはカニ,エビなどの甲殻類を加工する際に生じる殻を原料にして,図2に示すような工程に従って製造されている。原料から希水酸化ナトリウム水溶液を用いて除タンパク,希塩酸溶液を用いて炭酸カルシウムを主体とした灰分を除くとキチンが得られる。このキチンを濃水酸化ナトリウム水溶液で処理すると,キチンの脱アセチル化物であるキトサンが生成される。次いで水洗,乾燥,粉砕の工程を経て製品としてのキトサンが得られる。

8.5.3 性状・特性

キトサンは希塩酸等の無機酸や酢酸,乳酸,リンゴ酸等の溶液に溶けるが,中性～塩基性の水溶液および有機溶媒には不溶である。粉末状態では無味無臭であるが,溶かすと独特の「えぐ味」を呈する。キトサンを食品の機能性素材として利用する際には,その分子量(一般にはキトサン溶液の粘度を指標とする),脱アセチル化度などが,キトサンの有する機能発現にとって重要な因子となる。また,脱アセチル化反応工程において,反応に用いるステンレスタンクから,クロム等が溶出する可能性があり,これら金属の溶出量を最小限にすることが必要である。これらの点を考慮したうえで,食品用キトサンの製品規格が定められた。表1に(財)日本健康・栄養食品協会より公示されているキトサン加工食品に使用されるキトサンの原料規格を示す。

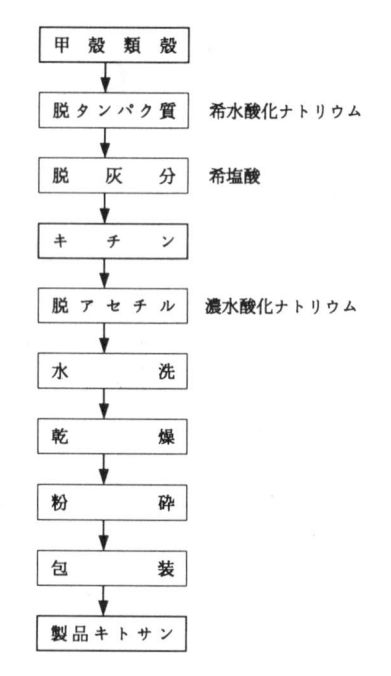

```
甲 殻 類 殻
   ↓
脱タンパク質 ← 希水酸化ナトリウム
   ↓
脱 灰 分 ← 希塩酸
   ↓
キ チ ン
   ↓
脱 ア セ チ ル ← 濃水酸化ナトリウム
   ↓
水 洗
   ↓
乾 燥
   ↓
粉 砕
   ↓
包 装
   ↓
製品キトサン
```

図2 キトサン製造工程

表1 キトサンの原材料規格

項 目	規 格 値
外 観	白色～淡黄褐色の粉末
確 認 試 験	アントロン試液により青～緑色を呈すること
粒 度	ふるい番号4を通過するもの
乾 燥 減 量	12%以下
脱アセチル化度	80%以上
粘 度	100mPa·s 以上
強 熱 残 留 物	1.0%以下
ヒ 素	As として 1ppm 以下
重 金 属	Pb として 10ppm 以下
総 ク ロ ム	Cr として 10ppm 以下
一 般 細 菌 数	3×10^3 個/g 以下
大 腸 菌 群	陰性

8.5.4 食品からの定量法

ヒトへの応用にあたり,まず食品からキトサンを正確に定量することが必要である。そこで定量法を検討し,一般の食品に添加されたキトサンの定量が可能となった[3]。そして,この定量値がキトサンの生理活性の1つである降コレステロール作用と一致することがラットで確認[4]されている。食品からのキトサンの定量は,まず食物繊維の分析法であるプロスキー法(酵素重量法)の手法で食品から食物繊維を分離し,この食物繊維を硫酸で分解して生じたグルコサミンをインドール塩酸法で定量し,このグルコサミン量より,キトサンをグルコサミンポリマーとして算出する。この定量性については,ビスケット,パン,ホットケーキ,シュウマイ,コロッケにキトサンを0.9〜2.2%の範囲で添加し,その回収率を求めたところでは,パンでは79%であったが,その他の食品では95%以上を示し,食品からの定量は実用に十分耐えられることが判明した。

8.5.5 安全性

キトサンはクモノスカビに代表される接合菌類の細胞壁構成成分で,通常の食品にも含まれる食物繊維の一種である。キトサンをヒトに摂取させ,その糞便を分析したところほとんど消化されない[5]こと,キトサンが日本において加工食品用に使用され始めてから約10年を経過するが,これに起因する事故は生じていないことなどより,その安全性は高いものである。そのほか,ヒトにおいては,大量摂取試験[6]や,12週間の連続摂取試験[7]でも安全性が確かめられている。

動物試験においてはラットでの亜急性毒性試験[8],マウスでの10カ月連続投与試験[9]などで安全性が確認されている。

8.5.6 キトサンの生理学的性質

キトサンは高分子多糖で希酸溶液に溶けること,ヒトの消化液ではほとんど消化されないこと[5]より,水溶性の食物繊維といえる。キトサンのもつ生理作用はカチオン性ポリマーとしての性質が大きく関与していると考えられ,胆汁酸排泄による降コレステロール作用,塩素排泄による降圧作用,その他,腸内腐敗物質産生抑制作用など,成人病対策には魅力的な機能を有している。以下にヒトで実証されたキトサン給与試験の成績を紹介する。

(1) コレステロール改善作用に関する成績
① キトサン入り「ビスケット」
[試験1][10]

健康な成人男子8人に食事内容の管理を行わず,試験前2週間はキトサン無添加ビスケットを3枚/日,試験開始1週間は0.5gの有効性キトサンを含むビスケット3枚/日,次の1週間

に毎日6枚/日，試験終了後2週間はキトサン無添加ビスケットを3枚/日摂取させた。試験前後および試験終了1週間後の血中コレステロールを調べた。

キトサンとして1.5～3.0g/日を青年男子に2週間給与すると，血中総コレステロールが189 mg/dlから177 mg/dl（$p<0.01$）に減少し，一方，HDL-コレステロールは上昇した。これらの値はキトサン給与を中止するとともに戻る傾向を示した。また，キトサン給与により，糞便中への一次胆汁酸であるコール酸とケノデオキシコール酸の排泄が有意に増加し，給与を止めると減少した。二次胆汁酸のデオキシコール酸とリトコール酸はキトサン給与により，排泄が減少した。これらの成績より，キトサンが消化管内で胆汁酸と結合し，胆汁酸を体外に排泄することにより腸肝循環を妨げる結果，体内コレステロールプールを低下させるとともに，腸内細菌にも何らかの影響を与えていることを確認することができた。

[試験2][11]

年齢24～39歳の血中コレステロール値の比較的高い被験者を含む成年男子13名にキトサン0.5gを含むビスケット4週間摂取させた。成績をキトサン摂取前の血清コレステロール値がグループ1（200 mg/dl以上），グループ2（199～181 mg/dl），グループ3（180 mg/dl以下）に分けて解析したところ，コレステロールの高いグループ1において，摂取2週間後に有意（$p<0.05$）な低下が認められ，その後も低下傾向を示した。しかしながら，血清コレステロール値の低い他のグループ2および3では変化はみられなかった。この試験ではHDL-コレステロールについては変化は認められず，中性脂肪がグループ1および2においてキトサン摂取により低下する傾向が認められた。

② キトサン入り「即席麺」[11]

健康な女子学生11名にキトサンを1g/食となるように配合した即席麺（味付油揚げ麺）を調製し，2週間給与した。このとき，試験の前後それぞれ1週間はキトサンを含まない即席麺を摂取させた。その結果は血清コレステロールが180 mg/dl以上のグループA（平均値192 mg/dl）ではキトサン2週間給与により180 mg/dlに低下（$p<0.05$）し，無添加食1週間摂取後も同様な値179 mg/dlであった。一方，血清コレステロールが180 mg/dl以下のグループB（平均値157 mg/dl）では変化しなかった。HDL-コレステロールについてはグループAにおいてキトサン給与により上昇する傾向を示したが，統計的には差がなかった。

③ キトサン入り「かまぼこ」[12]

年齢20～26歳の女性23名にキトサン無添加カニ足かまぼこを1週間給与後，1日当たり0.7gのキトサンを含有するカニ足かまぼこを2週間給与した。得られた成績をキトサン投与前の血清総コレステロール値が170 mg/dl以上（グループ1）とそれ以下（グループ2）の2群に分けて比較したところ，グループ1では血清総コレステロール値，中性脂肪，動脈硬化指

数が対照期に比べて有意に低下した。一方，血清総コレステロール値の低いグループ2には有意な影響を与えなかった。

(2) 腸内代謝に及ぼす作用[13]

前記［試験1］のヒトに対するキトサン摂取試験において，各試験期の最終日にその日に排泄された全糞便を採取し，物性，その中に含まれる腸内菌叢および腸内細菌によって産生される腐敗性物質および揮発性脂肪酸（VFA）の量を調べた。

腸内菌叢については大きな変化は認められず，唯一，Lecithinase-negative Clostridia が有意に減少した。Lecithinase-negative Clostridia はβ-グルクロニダーゼを産生するが，本酵素は食品として摂取された前癌物質を発癌物質に変換するとされており[14]，低減することは好ましい。腸内腐敗性物質については，糞便中のアンモニア，フェノール，p-クレゾール，インドールがそれぞれ有意（$p<0.05$）に減少した。これら腐敗物質も実験動物においては肝臓癌，膀胱癌，皮膚癌などのプロモーターであることが認められており[15]，キトサンの作用は好ましい傾向である。

そのほか，総揮発性脂肪酸（VFA）の産生増加が認められ，この中で酢酸（$p<0.05$）とプロピオン酸（$p<0.01$）が増加，イソ-バレリアン酸（$p<0.05$）が減少した。糞便の水分はキトサン摂取時に増加傾向を示したが，pHはわずか低下した。

(3) 血圧調節作用

Kato.Hら[16]は，キトサンの投与が正常ラットおよび自然発症高血圧ラットのいずれも高塩食による血圧上昇を抑制することを報告している。さらに，健康な男性7名に高塩食（食塩13g，1,100Kcal/食）を摂取させると，1時間後に有意に血圧上昇が認められたが，1週間後の同時刻に高塩食とともに約4gのキトサンを摂取すると血圧上昇は認められなかった。

これらの血圧調節作用のメカニズムに関し，これまでは食塩中のナトリウムイオンが高血圧の元凶とされてきた。しかし，ここでの研究では，キトサンが食塩中の塩素イオンを吸着して体外への排泄を促進する結果，血中のアンジオテンシンI変換酵素活性を低下させ，血圧上昇を抑制すると考察している。

(4) 抗変異原性

本研究はヒトでの成績ではないが，食品分野において重要と考えるので紹介する。

次田ら[17]はエームズテストにおいて加熱キトサンに変異原性が，ほとんどないことを確認するとともに，加熱キトサンそのもの，および食品中に存在する成分であるグルコース，フルクトース，マルトース，リノール酸との共存下で240℃15分間加熱したキトサンが，それぞれTrp-p-1

411

に対する変異原性を強く抑制することを報告している。そして，その作用機作は加熱キトサンの変異原吸着によるものと推測した。これらの知見は，食品素材として幅広く使用されるキトサンが癌予防にも貢献できる可能性を秘めていることを示している。

8.5.7　各種食品への応用

キトサンは酸に溶解させると独特の「えぐ味」を呈することはすでに述べたが，製品は主として微粉末品であり，澱粉，タンパク質，脂肪系の食材を使用した食品とは比較的相性はよい。なお，キトサンの食品への配合量はコレステロール改善作用を目的とする場合の有効量は1日当たり，0.5～3.0gである[18]。以下にこの数値を念頭に入れた食品の配合例を示す。

① 中華麺

キトサン1％配合の中華麺は，味，歯ごたえ，コシの強さに顕著な差はないが，それ以上配合量が増すと劣る傾向にある。

［配合例1］

強力粉	166g	かん水	83g
薄力粉	84g	キトサン	2.5g

② 食パン

キトサン1g/1枚配合食パンは，やや焦げ目がつく以外は，味，におい，ザラつきとも顕著な差はない。また，膨らみが若干少なくなることがあるので，その場合には活性グルテンの添加が必要である。

［配合例2］

強力粉	390g	スキムミルク	8g
砂糖	24g	ドライイースト	4g
バター	15g	水	300cc
塩	7g	キトサン	10g

③ ハンバーグ

肉に1g/食混ぜて調理したハンバーグは，味，焦げ具合，歯触りとも何ら問題はない。

［配合例3］

合ひき肉	240g	卵	1個
たまねぎ	1/2個	塩	小さじ1杯
バター	大さじ1杯	コショウ	少々

| パン粉 | カップ1杯 | ナツメグ | 少々 |
| 牛乳 | カップ1/2杯 | キトサン | 4g |

④ ビスケット

キトサン10%配合ビスケットはやや焦げ目がつく以外，味，舌触りとも顕著な差はない。

[配合例4]

小麦粉	454g	マーガリン	170g
砂糖	113g	還元麦芽糖	113g
卵	28g	スキムミルク	17g
フレーバー	0.5g	ベーキングパウダー	4.5g
キトサン	99g		

⑤ かまぼこ

キトサン1%配合のかまぼこは，味，食感ともに違和感はない。

[配合例5]

すり身	400g	塩	10g
水	280cc	グルタミン酸Na	6g
でんぷん	20g	キトサン	7g

8.5.8 食品用キトサンの市場

　食品用キトサンのマーケットは歴史の浅いこともあり，その規模は小さい。1995年のわが国における食品用キトサンの消費量は約70tと推定される。しかしながら今後は健康食品用，特定保健用食品用の素材としてマーケットは拡大していくものと考えられる。

　価格については，従来は食品用としての規格基準がなく，粗製で比較的安価なものが出回っていたが，1995年㈶日本健康・栄養食品協会がキトサン加工食品の原材料であるキトサンの規格基準を公示し，脱アセチル化度，分子量（一般にはキトサン溶液の粘度を指標とする），重金属含量などが細かく規定された。すなわち，機能性と安全性を高めたキトサンが標準化された。これにより，キトサンメーカーは食品用には，よりていねいに製造することが要求されることになった。現在この規格に合致する製品の市場価格は，その精製度や粒度により幅があるが，8,000〜12,000円/kgとされている。

　食品用キトサンのメーカーについては，1996年4月1日食品用キトサンを製造する企業が集まり，キトサン工業会を設立した。ここでは，この工業会に参加している企業を紹介する。

片倉チッカリン,加ト吉,君津化学工業,共和テクノス,甲陽ケミカル,大日精化工業,日本化薬,日本水産,北海道曹達,焼津水産化学工業(アイウエオ順)

連絡先:〒112 東京都文京区後楽2-1-11(甲陽ケミカル㈱内)
キトサン工業会事務局　　TEL:03-3813-1766　FAX:03-3813-1785

文　献

1) M. Sugano, T. Fujikawa, Y. Hiratsuji and Y. Hasegawa : *Nutr. Rept. Int.*, **18**, 531~537(1978)
2) M. Sugano, T. Fujikawa, Y. Hiratsuji, K. Nakashima, N. Fukuda, Y. Hasegawa : *Am. J. Clin. Nutr.*, **33**, 787~793(1980)
3) 前崎祐二,山崎晶子,水落一雄,辻　啓介:日本農芸化学会誌,**67**(4), 677~684(1993)
4) 日本化薬㈱:未発表データ(1992)
5) 辻　啓介,前崎祐二,山崎晶子,次田隆志,寺田　厚,原　宏佳,光岡知足:未発表データ(1993)
6) 日本化薬㈱,㈱加ト吉:未発表データ(1992)
7) 日本化薬㈱:未発表データ(1987)
8) 日本化薬㈱:未発表データ(1994)
9) 日本化薬㈱:未発表データ(1988)
10) Y. Maezaki, K. Tsuji, Y. Nakagawa, Y. Kawai, M. Akimoto, T. Tsugita, W. Takekawa, A. Terada, H. Hara, T. Mitsuoka : *Biosci. Biotech. Biochem.*, **57**(9), 1439~1444(1993)
11) 中永征太郎ら:キチン・キトサン研究,**1**(3), 175~182(1995)
12) 若山祥夫,平田千代枝,坂本廣司:ジャパンフードサイエンス,**35**(2), 39~43(1996)
13) A. Terada, T. Hara, K. Ikegami, D. Sato, T. Higashi, S. Nakayama, T. Mitsuoka, K. Tsuji, K. Sakamoto, E. Ishioka, Y. Maezaki, T. Tsugita and W. Takekawa : *Microbial Ecology in Health and Disease*, **8**, 15~21(1995)
14) G.L. Simon, *et al.* : *Gastroenterology* **86**, 174(1984)
15) 光岡知足:*Oncologia* **1**, 102(1982)
16) H. Kato. T. Taguchi, H. Okuda, M. Kondo and M. Takara : *J. Trad. Med.*, **11**,

198(1994)
17) 次田隆志，押手洋子，斎木美加，グュエ・ヴァン・チュエン：キチン・キトサン研究, 1(2), 152〜153(1995)
18) ㈶日本健康・栄養食品協会：総合評価書，関与する成分「キトサン」(1993)

8.6 コラーゲン
― 食品機能素材として ―

及川紀幸*

8.6.1 はじめに

コラーゲンは結合組織の主成分のタンパク質であり，皮膚，腱，骨などには特に含有量が多い成分である。また動物のすべての臓器，組織に存在し，脊椎動物の約30％はコラーゲンである。

食品としてコラーゲンはゼラチンの原料として利用されるだけではなく，ソーセージケーシング，エキスのバインダーとしてスープ，タレあるいは畜肉・水産ねり製品として使用されている。医薬品としては酵素の安定剤として，ヘア・ケア製品には毛髪を損傷から保護する目的で用いられている[1,2]。

健康食品としてコラーゲンは，食品機能素材として美容の維持や改善等に利用されている。最近は，美容以外にも疾病予防，老化防止等の効果もわかり利用されている[3~7]。

ここでは，食品機能素材として主に健康食品に使用されているコラーゲンについて説明する。

8.6.2 組成・構造

身体の中でコラーゲンは，種々の臓器または身体全体の形をつくったり，支えたり，臓器間を結合させたりなどを担っている。また，細かいレベルではコラーゲンは細胞と細胞の間を埋めている。言い替えれば細胞はコラーゲンを足場として寄り集まらなければ生きていけない存在である。

コラーゲンは身体の中では線維か網状の構造体になっている。コラーゲンの分子は，分子量約10万のポリペプチド鎖が3本左巻ヘリックス（2次構造）をつくり，さらにこの3本の鎖がまとまって右巻の2重ラセン構

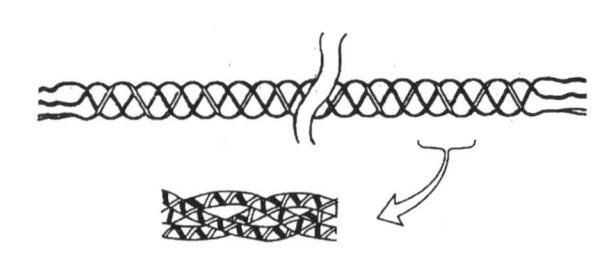

図1 構 造

* Noriyuki Oikawa ㈱ホーネンコーポレーション 食品開発研究所

造(3次構造)をとっている。分子量は約30万,長さ約300nm,直径約1.5nmの棒状構造である。

これらの2重ラセン構造の棒状分子が,長さの方向に規則正しく束になり,フィブリル(4次構造)をつくっている。これらが各器官ごとに独特の高次構造を組み立てている。

コラーゲン分子は知られているものでも約20種類あり,それぞれⅠ型,Ⅱ型,Ⅲ型,…と名づけられている。現在いちばん研究が進んでいるのは,全組織に広く分布し太い線維を形成しているⅠ型である。そのアミノ酸組成は,グリシンが全アミノ酸の1/3を占め,プロリン,アラニン,4-ヒドロキシプロリンの順になる。4-ヒドロキシプロリンは,コラーゲンとその近縁のタンパク質しか存在しないアミノ酸のため,コラーゲンの目印にされている[8〜10]。

表1 アミノ酸組成
牛由来コラーゲンⅠ型,弊社分析値

アミノ酸	%
グリシン	32.4
プロリン	12.4
アラニン	11.3
4-ヒドロキシプロリン	9.4
グルタミン酸	7.4
アルギニン	5.0
アスパラギン酸	4.5
セリン	3.8
リジン	2.6
ロイシン	2.3
バリン	2.3
スレオニン	1.9
フェニルアラニン	1.2
イソロイシン	1.2
ヒドロキシリジン	0.9
メチオニン	0.6
ヒスチジン	0.6
チロシン	0.1
3-ヒドロキシプロリン	0.1

8.6.3 製 法

工業的に製造されるコラーゲンの原料は,主に牛骨,牛皮および豚皮が用いられる。牛骨は希塩酸に漬けて無機物を取り除いてから,また牛皮は適当な大きさに切断し水洗いしてから,石灰液中に漬ける。この間コラーゲンは部分的な加水分解を受けて組織がルーズになる。また異種タンパク質や脂質等の不純物が取り除かれる。豚皮のコラーゲン組織は粗く可溶化されやすい状態にあるので,豚皮は希塩酸または希硫酸に数十時間漬けておく。石灰漬または酸漬の終わった原料は多量の水で洗い,不純物,石灰,酸等を取り除く。そしてpH調整した後,コラーゲンを熱加水分解させ溶け出させるため温湯を加え加温を続ける(抽出)。抽出は数回にわたり段階的に行われる。抽出された液は,目的の品質ごとに酵素分解,物理的処理,化学的処理等を行う。そして脱臭精製,pH調整を行った後,乾燥品はスプレードライヤー等で乾燥させて製品としている[11]。

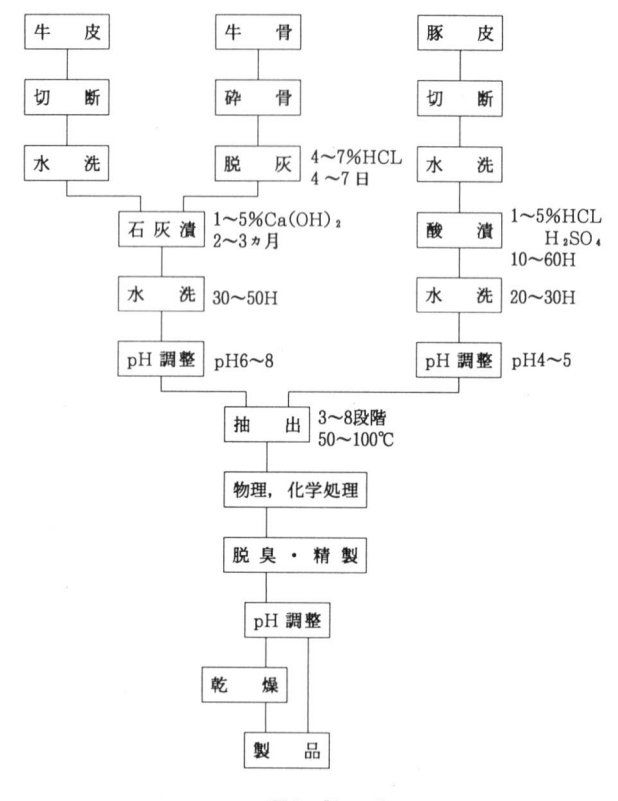

```
  牛皮              牛骨              豚皮
   │                │                │
  切断             砕骨             切断
   │                │                │
  水洗             脱灰 4～7%HCL    水洗
   │                │   4～7日        │
  石灰漬 1～5%Ca(OH)₂              酸漬 1～5%HCL
         2～3ヵ月                         H₂SO₄
   │                │                      10～60H
  水洗 30～50H                     水洗 20～30H
   │                │                │
  pH調整 pH6～8                    pH調整 pH4～5
           │                                │
           └──────────┬─────────────────────┘
                      │
                    抽出 3～8段階
                         50～100℃
                      │
                  物理，化学処理
                      │
                   脱臭・精製
                      │
                   pH調整
                      │
                    乾燥
                      │
                    製品
```

図2 製法

8.6.4 特　性

　コラーゲンには，医薬品・化粧品・健康食品・食品・工業用製品向けと各種のグレードに分かれるため，一概に特性はいえないので，ここでは健康食品に使用されている代表的な例を示す。形態は，粉末（みかけ比重約0.3～0.5，白～淡黄白色），ペースト状，液状（比重約1.0～1.2，透明～淡黄褐色）に分かれる。防腐剤は添加していないものが多いが，液状品には使用している場合がある。

　pHに関係なく水に易溶性である。一般的に水には固形分換算で約200g/100ml，混合系（エタノール/水＝60/40）に約100g/100ml溶解する。粘度は種類により違うが，40%溶液・20℃の場合，5～70c.s.内で段階的な数値をとる（弊社分析値）。

418

8.6.5 安全性

コラーゲンは,粉末品の場合吸湿しやすく,また焼却すると異臭を放つという特性があるので,開封後の扱いと,焼却破棄の場合には注意する必要がある。しかし,コラーゲンは,食品,医薬品原料,化粧品・シャンプーの原料としても利用されている素材であり安全性は高い。「急性毒性」,「変異原性」,「皮膚刺激性」等については,試験から安全性が確認された[12,13]。コラーゲンはOSHA PEL,NTP発癌性リストに記載されていない。また,日本産業衛生学会勧告,ACGIHに記載されていないため作業中の暴露防止・許容濃度・吸入防止等の心配もなく安全である。

コラーゲンは,安全性の高い素材である。

8.6.6 機能・効能

(1) 美容効果

コラーゲンは,皮膚の70%,しかも肌の美しさに影響がある真皮の線維成分では90%以上存在する。コラーゲンを補給すると,皮膚内のコラーゲン代謝が活発化し,美肌効果がでる。現在多く出回っているコラーゲン入りの健康食品は美容を目的としている[7,14,15]。

(2) 疾病予防

結合組織の老化機構は詳細に解明されていないが,老化の一因として結合組織の弾力性低下は判明している。その原因としてコラーゲンの架橋形成があり,架橋は様々な病気と関係がある。膠原病以外にも肥厚性瘢痕,子宮筋腫,骨芽細胞腫,マルファン症候群,等の種々の報告がある。

また関節リウマチの場合,コラーゲンを分解する酵素の活性が上昇し軟骨のコラーゲンが壊れるために起こる。コラーゲンが体内合成されないために起こる病気もあり,これらの症状はコラーゲン投与で緩和される[3~7,16~21]。

(3) 免疫賦活

コラーゲン投与により,マクロファージ,リンパ球が活性化する。この理由により癌予防,癌細胞の転移・再発を防ぐと考えられている[22]。

8.6.7 製品例

食品としてのコラーゲンは,ゼラチンの原料,ソーセージケーシング,エキスのバインダーとしてスープ・タレあるいは畜肉・水産ねり製品用として使用されている。食品機能素材としてのコラーゲンは,美容イメージが定着しているため,美肌を目的とした健康食品が多い。飲料タイプが主であるが,顆粒,カプセル,錠剤タイプもある。

最近ではスポーツ分野向けや，関節疾患予防食品としても検討され，一部商品が販売されている。また，コラーゲンは，他の動・植物性タンパク質よりも色・臭いとも無に近くなるように精製できるようになった。もともと性質も安定しているので，ビタミン剤，アミノ酸，ミネラル等種々の有効な物質を任意の割合で混合することができる。今後，健康食品のベースとして用途が今以上に伸びると思われる。

8.6.8 メーカー・原料

(1) 原料メーカー・商社
① 協和発酵工業
② 新田ゼラチン
③ ニッピ
④ 日本商事
⑤ ヘキストインダストリー
⑥ 宮城化学工業

(2) 原　　料

原料の形態は粉末タイプ，ペーストタイプと液体タイプに分かれる。一般品はメーカーごとの原料規格・価格等に差はあまりない。そのため各社とも酵素処理を行い低分子状態に加工したペプチドタイプや，果汁含有酵素を用いてコラーゲンペプチド特有の臭いを解消したタイプ等の差別化した素材も供給している。

文　　献

1) 現代商品大辞典，新商品版，東洋経済新報社
2) 大沢泰夫，食品工業，10, 113 (1971)
3) 永井裕，藤本大三郎："コラーゲン代謝と疾患"，講談社 (1982)
4) A. Viidik & J. Vuust (ed.)："Biology of Collagen", Academic Press(1980)
5) J. B. Weiss & M. I. V. Jayson (ed.)："Collagenin Health and Disease", Churchill Livingstone(1982)
6) K. A. Piez & A. H. Reddi (ed.)："Extracellular Matrix Biochemistry", Elsevier,

(1984)

7) 岡本徹, 及川紀幸, コラーゲン冊子, ドラッグマガジン社 (1996)
8) 藤本大三郎, 化学と生物, **23**, 496.
9) Lutz, W., et al., *Arch. Derm. Res.*, **258**, 251(1997)
10) 藤本大三郎, "コラーゲン" 南江堂(1978)
11) ㈱ニッピ提供資料
12) Ueto Takeda, The Journal of Toxicological Sciences **7**, 63(1982)
13) 常盤知宣ほか, 応用薬理, **27**, 434(1984)
14) 中富靖夫, "飲むコラーゲン" 現代書林(1995)
15) 西田博, "不思議コラーゲン" リヨン社(1995)
16) 藤本大三郎, 生化学, **54**, 314.
17) 整形外科基礎科学, **11**, 86(1984)
18) Moriguchi, T. & Fujimoto, D. *J. Inv. Derm.* **72**, 143(1979)
19) 樋口京一ほか, 結合組織, **33**, Suppl., 33(1981)
20) Yamauch, M., Banes, A. J., Kuboki, Y., & Mechanic, G. L : *Biochem. Biophys. Res. Commun.*, **102**, 59(1981)
21) Boucek, R. J., Noble, N. L., Gunja-Smith, Z., & Butler, W. L. *New Eng. J. Med.* **305**, 988(1981)
22) 山本太木, 榎本義祐, 大阪医科大学紀要 "医学と生物学" 82 & 87

第9章 微生物由来食品素材
9.1 乳酸菌

安武信義[*1], 尾崎 洋[*2]

名称：(英名) Lactic acid bacteria

9.1.1 定　義

　乳酸菌とは糖類をエネルギー源として，乳酸を主な代謝産物とする乳酸発酵細菌の総称である。この中には代謝産物がほぼ乳酸だけのホモ発酵菌と乳酸およびエチルアルコール，炭酸ガス，有機酸を産生するヘテロ発酵菌がある。これは乳酸菌が持つ代謝経路の違いに基づく。また，これらの中には桿菌である Lactobacillus 属や Bifidobacterium 属と球菌である Leuconostoc 属，Pediococcus 属，Streptococcus 属，Lactococcus 属の菌が主な実用乳酸菌として，各種の食品に利用されている（表1）。そのほか，乳酸菌としては Enterococcus 属や Vagococcus 属（以上は旧 Streptococcus 属），さらには Carnobacterium 属（旧 Lactobacillus 属）や Aerococcus 属，Tetragenococcus 属（以上は旧 Pediococcus 属）の乳酸菌が存在する[1]。

　ここでは実用乳酸菌として発酵に利用され，かつヒトや動物での生理効果や生体防御能が明らかにされている乳酸桿菌やビフィズス菌について主に記述する。

9.1.2 分　布

　乳酸菌は発酵基質として，広く発酵食品や加工品の中に存在している。一方，自然界ではヒトや家畜を含む多くの動物の消化管に棲息し，なかでもヒトの消化管に棲息するものは乳酸桿菌やビフィズス菌がほとんどである（表1）。これらは主にヒトの小腸下部から大腸にかけて棲息する。ところで，これらの乳酸菌を含む腸内細菌は年齢や母乳栄養，人工栄養等の様々な条件によって属レベルおよび菌種レベルで違いが認められる[2]。

---

* 1　Nobuyoshi Yasutake　㈱ヤクルト本社　中央研究所
* 2　Hiroshi Ozaki　㈱ヤクルト本社　中央研究所

表1 実用乳酸菌の種類とその応用食品

乳酸菌の種類	応用食品	発酵形式 発育形式
Lactobacillus 属（乳酸桿菌） *L. delbrueckii* subsp. *lactis** (*L. lactis*), *L. delbrueckii* subsp. *bulgaricus* (*L. bulgaricus*), *L. casei**, *L. brevis**, *L. acidophilus**, *L. plantarum**, *L. helveticus*, *L. sake*	発酵乳，乳酸菌飲料，発酵豆乳，チーズ，清酒，ワイン，漬物，発酵ソーセージ	ホモおよび ヘテロ 通性嫌気性
Bifidobacterium 属（ビフィズス菌） *B. breve**, *B. bifidum**, *B. infantis**, *B. longum**	発酵乳，乳酸菌飲料	ヘテロ 偏性嫌気性
Leuconostoc 属 *Ln. mesenteroides* subsp. *cremoris* (*Ln. cremoris*), *Ln. mesenteroides* subsp. *mesenteroides* (*In. mesenteroides*), *Ln. oenos*	清酒，漬物，発酵バター，ワイン	ヘテロ 通性嫌気性
Pediococcus 属 *P. acidilactici, P. cerevisiae, P. pentosaceus*	味噌，醤油，発酵ソーセージ	ホモ 通性嫌気性
Streptococcus 属（連鎖球菌）*sensu stricto* *S. salivarius* subsp. *thermophilus* (*S. thermophilus*)	発酵乳，乳酸菌飲料，発酵豆乳，チーズ，発酵バター	ホモ 通性嫌気性
Lactococcus 属 *Lc. lactis* subsp. *lactis* (*Streptococcus lactis*) *Lc. lactis* subsp. *cremoris* (*Streptococcus cremoris*)	チーズ，発酵バター	ホモ 通性嫌気性

注1　＊を付けたものは人間の腸内にも分布している。
注2　実用乳酸菌の種類はIDF（世界酪農連盟）−General standard for fermented milks− Questionnaire 1791/D（1991年2.28）によった。カッコ内は旧分類による名称

9.1.3 特性と形態

　ビフィズス菌を除く乳酸菌はグラム陽性でかつカタラーゼ陰性であり，胞子形成能はなく，運動性もほとんどない通性嫌気性菌である。一方，ビフィズス菌は偏性嫌気性菌という違いはあるが，他は上記の性質と同じである。ところで，産生される乳酸には光学異性体としてL（＋）体，D（−）体がある。また両者の混合体であるDL体（ラセミ体）を作る乳酸菌もある[1]。そのほかの特性と形態の詳細については，以前出版された「機能性食品新素材」[3]に記載しているので，それを参照してほしい。

9.1.4 培養条件と栄養要求性

　乳酸桿菌の培養は通常，接種量0.1〜1％で30〜37℃で1〜2日間の静置方式で行う。また乳

酸桿菌は栄養要求性が高く，ビタミンや塩類，アミノ酸や核酸関連物質を要求する。発酵乳の製造にはミルク培地を用い，菌体を得る場合にはペプトンや酵母エキスおよびビタミン等を添加したRogosa培地（研究レベル）やCorn Steep Liquor培地（タンク培養レベル）等を用いて培養する。

　一方，ビフィズス菌も栄養要求性が高く，純粋なミルク培地では生育できないため，菌種または菌株ごとに必要な栄養素や生育促進物質を添加し，嫌気的に培養しなければならない[4]。また，ビフィズス菌には人乳に生育促進因子が含まれていて，近年，その因子がオリゴ糖であることが判明した。その後，ビフィズス菌の重要性とともに各種のオリゴ糖（ガラクトオリゴ糖，キシロオリゴ糖，大豆オリゴ糖，フラクトオリゴ糖，ラクチュロース等）が開発されている[4]。

9.1.5　安全性

　乳酸桿菌やビフィズス菌等の乳酸菌は一部の菌を除き，発酵乳製品や乳酸菌飲料，漬物，酒等に長い間経験的に利用されており，安全な菌といえる。また，これらは整腸効果を有するため，発酵食品ばかりでなく，生菌製剤としてヒトや動物に利用されている。

9.1.6　機　　能

　乳酸菌の機能は菌そのものや菌体抽出成分，あるいは菌を含む発酵産物に依存している。ところで，これらの機能（表2）としては古くから，Ⓐ乳酸による食品の保存性や発酵食品特有の嗜好性，さらには，Ⓑ発酵による栄養機能の賦与等が知られていた。これらについては以前に記述したもの[3,5]を参照してほしい。ところで高齢化社会を迎えた現在では成人病をはじめとする各種の疾患を食品成分により予防しようとする気運が高まり，米国ではデザイナーフーズが開発され，国内では機能性食品（特定保健用食品）の開発が盛んである。このようななか，乳酸菌は元来，機能性食品の典型という概念から従来の機能に加えて，新規

表2　乳酸菌の機能

Ⓐ　乳酸による食品の保存性
　　発酵食品特有の嗜好性

Ⓑ　発酵による栄養機能の賦与
　1．乳タンパクの消化促進
　2．カルシウムの吸収促進
　3．ビタミンの産生

Ⓒ　生理効果
　1．腸内菌叢の改善
　2．整腸作用（下痢・便秘改善）
　3．腸内腐敗産物の産生抑制
　4．乳糖不耐症改善
　5．骨粗鬆症の予防*
　6．血圧降下作用*
　7．コレステロールの低下作用*
　8．化粧品への利用（保湿性，抗酸化作用）

Ⓓ　生体防御能
　1．感染防御作用
　2．免疫賦活作用*
　3．抗がん活性*
　4．発がん抑制作用*
　5．抗変異原活性*
　6．放射線傷害抑制作用

＊　現在，盛んに研究されている新規な機能

な効果も盛んに研究され,©新規な生理効果や,⑪生体防御能:なかでも生体の免疫機能に着目した乳酸菌の免疫賦活作用や発がん抑制作用等に注目が集まっている(表2)。以下に©や⑪についての最近の動向を記述する。

(1) 新規な生理機能
① 骨粗鬆症の予防

現在の日本人にとって,唯一不足している栄養素はカルシウムであり,今後の老齢化社会で重要なものは骨粗鬆症の予防である。その点,発酵乳の摂取によりカルシウムの吸収が促進されるという以前からの報告に加えて,B. longum とその増殖因子であるラクチュロースを動物へ投与することにより骨強度や骨密度が増強され,骨粗鬆症の予防に効果的であるという結果も得られている[6]。また,骨形成に関与するビタミンKの合成能が L. casei subsp. rhamnosus に認められたという報告[7]もあるが,一方では乳酸桿菌やビフィズス菌にはその合成能は認められないとする報告もある[8]。

② 血圧降下作用

高血圧の防止や血圧の恒常性維持が成人病の予防に重要であり,これに関連して,L. casei の熱水抽出物(LEx)の経口投与が高血圧自然発症ラット[9]や境界域高血圧患者[10](拡張期血圧が160mmHg前後)に血圧降下作用を誘導するという報告がある。このメカニズムとしては生体のプロスタグランジンI_2の産生増強作用によるものと解釈されている[11]。また L. helveticus を発酵素材とした酸乳を上記ラットに投与すると同様の血圧低下作用が得られている[12]。後者の場合にはアンジオテンシン変換酵素を阻害するペプチドが酸乳中に生成したためと推定されている。

③ コレステロールの低下作用

循環器系疾患(高血圧,動脈硬化,心臓病,脳卒中)では高コレステロール血症も重要な危険因子のひとつである。そのため,血清コレステロールの低下作用の検討が試みられている。例えば,コレステロール負荷試験で血中コレステロールの増加抑制効果が L. acidophilus で認められたり[13],L. casei のLExを境界域高血圧患者(これらのほとんどは高コレステロール血症者でもある)に投与した場合にその低下作用が認められている[10]。また,腸内のコレステロールは腸内細菌により吸収性の悪いコプロスタノール等に変換され,その結果,コレステロールの吸収低下も示唆されていて[14],この面からのアプローチも重要な課題といえる。

(2) 生体防御能
① 免疫賦活作用

乳酸桿菌やビフィズス菌の経口投与による免疫賦活作用は表3に示すように多くの菌種で認め

表3 乳酸菌の免疫賦活作用

乳 酸 菌	対　象	作　　用	文献
〔A：乳酸桿菌〕 (1) L. casei 　　L. acidophilus 　　L. plantarum ┌ L. bulgaricus └ S. thermophilus 　　（発酵乳）	in vitro 試験	① IFN-γ 産生の増強 ② IL-2 産生の増強 ③ NK 細胞活性の増強	15)
(2) L. bulgaricus 　　S. thermophilus 　　（発酵乳）	ヒト（健常人）	経口投与による ① IFN-γ 産生の増強	16)
(3) L. bulgaricus 　　S. thermophilus 　　（発酵乳）	ヒト（健常人）	経口投与による ① IFN-γ 産生の増強 ② 2′-5′A 合成酵素活性の促進	17)
(4) Lactobacillus sp.	ヒト（ロタウイルス下痢症患児）	経口投与による ① 抗ロタウイルス IgA 抗体保有細胞数の増加	18)
(5) L. casei	ヒト（大腸がん患者）	経口投与による ① NK 細胞数の増加や T 細胞の変化	19)
〔B：ビフィズス菌〕 (1) B. longum	マウス	経口投与による ① パイエル板細胞の増殖促進 ② 小腸抗ラクトグロブリン IgA 抗体の増強	20) 21)
(2) B. breve	培養細胞	① パイエル板 B 細胞の増殖促進 ② 抗原特異的 IgA 抗体産生の誘導 ③ IL-1, 4, 5 産生の誘導	22)
	マウス	経口投与による ① 抗コレラトキシン IgA 抗体の糞中増強	23)
	ヒト （難治性下痢症患児）	経口投与による ① 便中 IgA 抗体の増加 ② 下痢の改善	24)
(3) B. infantis	培養細胞	① IFN-α, β 誘導能	25)
	マウス	経口投与による ① NK 細胞活性の増強	
(4) B. adolescentis	培養細胞	① B 細胞の活性化 ② 抗原特異的抗体産生の増強	26)
(5) B. thermophilum	乳飲み仔ブタ	経口投与による ① 小腸 IgA 抗体保有細胞数の増加 ② 腸管内大腸菌数の減少	27)

られている。その作用には液性免疫（抗体）や液性因子（サイトカイン等）の増強や細胞性免疫（キラー T 細胞や NK 細胞等）の活性化が含まれる。これらの作用により，病原性を示すウイルスや細菌に対する感染防御や腫瘍増殖の抑制を含む抗がん活性が誘導されると考えられる。

② 発がん抑制および抗変異原活性

　ヒトは発がん物質や変異原物質を含む食品を摂取したり，発がん前駆物質から発がん物質への変換を腸内で受けている。また近年，日本人の食餌内容が西洋化し，大腸がんの発生頻度が高まっている。このような中で，乳酸菌によるこれらの予防効果が試みられている。L. casei や B. breve が発がん性や変異原性を発揮する複素環式アミンを吸着し，その活性を低下させていることがエームズテストで明らかになっている[28]。また，焼き焦げ肉をヒトに摂取させ，その後 L. acidophilus や L. casei を投与すると尿中や糞便中の，焼き焦げ肉に起因する変異原活性が低下すると報告されている[29,30]。また直接，マウスへ発がん剤メチルコラントレンを皮下投与し，その前後に L. casei を経口投与したところ，皮膚がんの発生率が抑制されたとの報告（図１）もある[31]。

　ところで，大腸がんの発症には二次胆汁酸が発がんプロモーターとして重要な役割を果たしていると示唆されている。この二次胆汁酸は腸内細菌の酵素作用により胆汁酸から変換されることが知られ，この酵素活性（7α-dehydroxylase）を保有する腸内菌は生体にとって好ましくない菌ということができる。ところで，各種の乳酸桿菌やビフィズス菌にはこの変換酵素が欠落していて，二次胆汁酸は生成されないことが最近明らかになった[32]。そのため，乳酸桿菌やビフィズス菌は生体にとって，多様な効果を発揮するとともにマイナス面のない有用な菌ということができる。

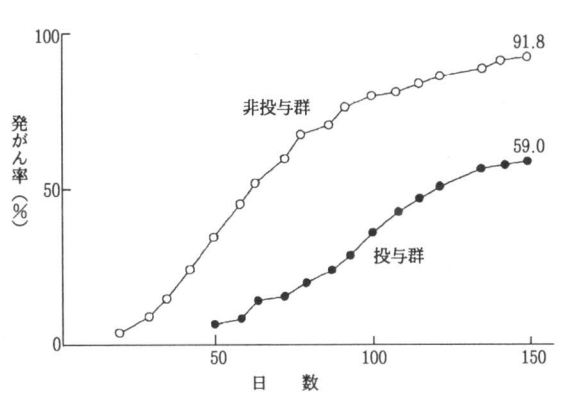

図１　L. casei の経口投与によるマウス発がんの抑制

9.1.7　応用例・商品例

- 乳酸菌飲料（乳業各社および専業メーカー）
- 発　酵　乳（乳業各社および専業メーカー）
- 菓　　　子（明治製菓）
- 健 康 食 品（森下仁丹，マンナンフーズ）
- 濃厚流動栄養食（ヤクルト本社）

9.1.8 製造メーカー

乳業メーカーを中心に食品業界で幅広く製造されている。

<1995年度の市場規模>
- 乳酸菌飲料：523,971 kl（そのうち，ビフィズス菌飲料：36,430 kl）
- 発　酵　乳：628,884 kl（そのうち，ビフィズス菌発酵乳：157,180 kl）

9.1.9 価　　格

- 乳酸菌飲料：35〜480 円（そのうち，ビフィズス菌飲料：60〜270 円）
- 発　酵　乳：60〜650 円（そのうち，ビフィズス菌発酵乳：60〜400 円）
- 菓　　　子：60〜100 円
- 健 康 食 品：780〜38,000 円（そのうち，ビフィズス菌健康食品：980〜8,200 円）
- 濃厚流動栄養食：240 円

文　　献

1) L. T. Axelsson, In : *Lactic Acid Bacteria*(S. Salminen and A. Wright, eds) Marcel Dekker, Inc. p. 1(1993)
2) 尾崎洋ほか，月刊フードケミカル，No. 2, p. 44(1989)
3) 安武信義，石和浩美，機能性食品新素材，シーエムシー，p. 290(1990)
4) 田代靖人，ビフィズス菌の生物学：ビフィズス菌の研究（光岡知足編著），日本ビフィズス菌センター発行，p. 68(1994)
5) 安武信義ほか，*FOODS & FOOD INGREDIENTS JOURNAL OF JAPAN*, No. 162, p. 51(1994)
6) 五十嵐稔ほか，ビフィズス，**7**, p. 139(1994)
7) A. Hess *et al.*, *J. Gen. Microbiol.*, **115**(1), p. 247(1979)
8) K. Ramotar *et al.*, *J. Infect. Dis.*, **150**(2), p. 213(1984)
9) M. Furushiro *et al.*, *Agric. Biol. Chem.*, **54**, p. 2193(1990)
10) K. Nakajima *et al.*, *J. Clin. Biochem. Nutr.*, **18**, p. 181(1995)
11) M. Furushiro *et al.*, *Biosci. Biotech. Biochem.*, **57**(6), p. 978(1993)
12) 高野俊明，ビフィズス，**7**, Supplement, p. 14(1993)

13) S.E. Gilliland et al., *Appl. Environ. Microbiol.*, **49**, p. 377(1985)
14) 内田清久, コレステロール・胆汁酸代謝：ビフィズス菌の研究 (光岡知足編著), 日本ビフィズス菌センター発行, p. 105(1994)
15) C. De Simone et al., *Nutr. Rep. Int.*, **33**(3), p. 419(1986)
16) C. De Simone et al., *In:Les laits fermentes*, John Libbey Eurotext Ltd., p. 63(1989)
17) B.S. Pereyra and D. Lemonnier, *Eur. Cytokine Net.*, **2**(2) p. 137(1991)
18) M. Kaila et al., *Pediatr. Res.*, **32**(2), p. 141(1992)
19) 沢村明広ほか, *Biotherapy*, **8**(12), p. 1567(1994)
20) T. Takahashi et al., *Biosci. Biotech. Biochem.*, **57**(9), p. 1557(1993)
21) 高橋毅, ビフィズス, **8** Supplement, p. 17(1994)
22) H. Yasui and M. Ohwaki, *J. Dairy Sci.*, **74**, p. 1187(1991)
23) H. Yasui et al., *Microb. Ecol. Health Dis.*, **5**, p. 155(1992)
24) 高野健一郎ほか, 小児科, **27**, p. 1081(1986)
25) 五十嵐稔ほか, *Biotherapy*, **4**, p. 1290(1990)
26) 飴谷章夫ほか, バイオサイエンスとインダストリー, **51**(9), p. 736(1993)
27) T. Sasaki et al., *Jpn. J. Vet. Sci.*, **49**(2), p. 235(1987)
28) M. Morotomi and M. Mutai, *J. Natl. Cancer Inst.*, **77**, p. 195(1986)
29) A. Lidbeck et al., *Microb. Ecol. Health Dis.*, **5**, p. 59(1992)
30) H. Hayatsu and T. Hayatsu, *Cancer Lett*, **73**, p. 173(1993)
31) 横倉輝男, *Jpn. J. Dairy and Food Science*, **43**(5), p. A-141(1994)
32) T. Takahashi and M. Morotomi, *J. Dairy Sci.*, **77**, p3275(1994)

9.2 紅麹菌

田村幸吉[*1]，玉田英明[*2]

9.2.1 はじめに

　国によって伝統的な醸造食品が存在し，現在ではその健康に及ぼす有効性が認められてきているものが多い。紅麹も，中国独特のアルコール飲料である紅酒の原料として古くから用いられてきた。また薬草の古書である本草綱目にも記載されているように漢薬としても用いられてきた歴史を持ち，現在でも特に女性用の保健薬として使用されている。

　日本では，赤色あるいは黄色の天然色素として，水産練製品やハム，ウインナー等の畜肉加工製品に多く使用されている。

　近年，本草綱目に紅麹の薬効として「消食活血」つまり「血流を良くする」と記述された伝承から，血清コレステロール低下作用が見出され，有効成分の類縁化合物を修飾することにより『メバロチン』といった大型医薬品が商品化された。また紅麹には，血糖低下作用や血圧低下作用も併せて見出され，健康食品素材として注目されている。

9.2.2 紅麹菌の種類

　分類上は，味噌，醤油，清酒の麹として用いられる麹カビ（*Aspergillus*属）と同じ子嚢菌類に属し，菌糸が紅色で，中国では紅酒の麹として使用することから紅麹カビと呼ばれる。現在までに表1に示す18種が分離されている[1]が，天然色素の製造や紅酒等の食品工業に使用されているのは，*M. anka* と *M. purpureus* の2種類に限られる[2]。

9.2.3 紅麹カビの製造方法

　紅麹の工業的な製造方法は，固体培養法と液体培養法の2通りがある。固体培養法は，古来からの製造方法であり，蒸した白米に種麹を接種し10日間以上培養する（図1）。培養を長期間行うため，雑菌汚染の問題があったり，有効成分の含量を均一にするのが困難という問題がある。そこで最近では，ジャーファメンターを用いた純粋培養を行い，短期間で製造が可能な液体培養法が主流となっている（図2）。安定した一定品質の製品が得られ，有効成分の精製が容易かつ

---

* 1　Yukiyoshi Tamura　丸善製薬㈱　研究開発本部
* 2　Hideaki Tamada　ヤエガキ醗酵技研㈱　応用生化学研究室

表1 Monascus 属とその分離源

菌　種	
M. purpureus	紅糀（麯），糀子（中国大陸，韓国，台湾）
M. anka	紅糀（台湾），紅乳腐糀子
M. anka var. rubellus	紅老酒滓
M. barkeri	サムツ酒の原料米麹
M. albidus	醤豆腐（上海）
M. araneosus	高粱酒用糀子（中国東北部）
M. fuliginosus	糀子（貴州省）
M. major	糀子（福州）
M. albidus var. glaber	糀子（福州）
M. pilosus	高粱酒用糀子（奉天）
M. rubropanctatus	薬酒醸造用粉糀（仁川）
M. pubigerus	高粱酒用糀子（遼陽）
M. rubinosus	糀子（広東省）
M. serorubescens	紅乳腐（香港）
M. vitreus	紅乳腐（香港）
M. kaoliang	高粱酒用糀子（台湾）
M. ruber	サイレージ，土壌，腐敗果実等
M. paxi	植物の枯れ枝（葉）

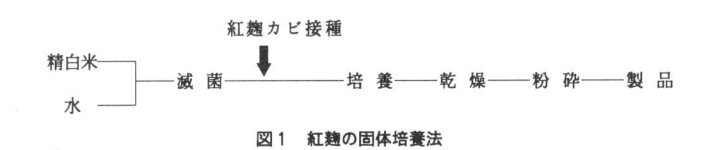

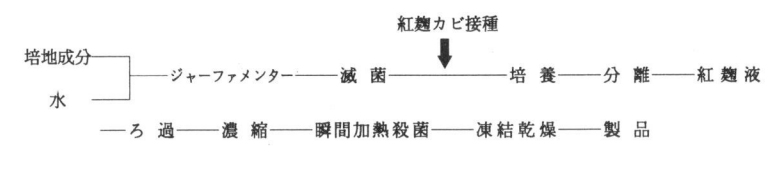

```
                           紅麹カビ接種
                              ↓
精白米 ┐
     ├─ 滅 菌 ──── 培 養 ── 乾 燥 ── 粉 砕 ── 製 品
水   ┘
```

図1　紅麹の固体培養法

```
                                        紅麹カビ接種
                                           ↓
培地成分 ┐
      ├─ ジャーファメンター ── 滅 菌 ──── 培 養 ── 分 離 ── 紅 麹 液
水    ┘

── ろ 過 ── 濃 縮 ── 瞬間加熱殺菌 ── 凍結乾燥 ── 製 品
```

図2　紅麹の液体培養法

効率がよいという利点も有している。

9.2.4　紅麹カビ培養物の成分

(1) 色素成分

培養した菌体の含水エタノール抽出物から図3に示すa～fの6成分が主要色素成分として単離されている。さらに本年度の薬学会においてgとhの2成分が国立衛生試験所の研究によって

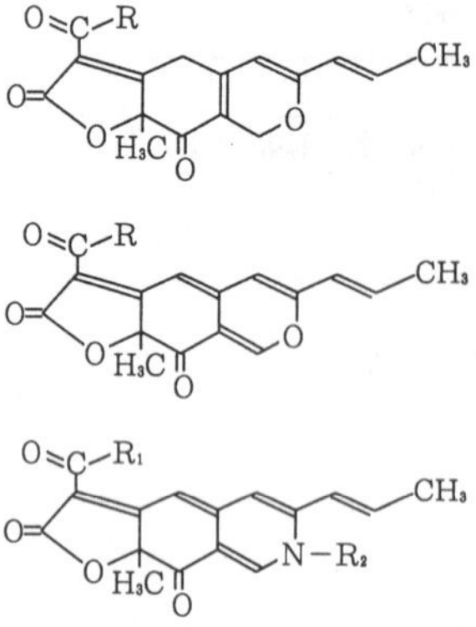

a : R=C₅H₁₁, Monascin(yellow)
b : R=C₇H₁₅, Ankaflavin(yellow)

c : R=C₅H₁₁, Rubropunctatin(red)
d : R=C₇H₁₅, Monascorubrin(red)

e : R₁=C₅H₁₁, R₂=H, Rubropunctamine(purple)
f : R₁=C₇H₁₅, R₂=H, Monascorubramine(purple)
g : R₁=C₇H₁₅, R₂=CH(COOH)CH₃
h : R₁=C₇H₁₅, R₂=CH(COOH)CH₂COOH

図3　紅麹色素の化学構造

発表された[3]。

(2) 生物活性成分

1979年以降 *M. ruber* からコレステロール合成阻害作用を有する成分4種が単離された（図4）。

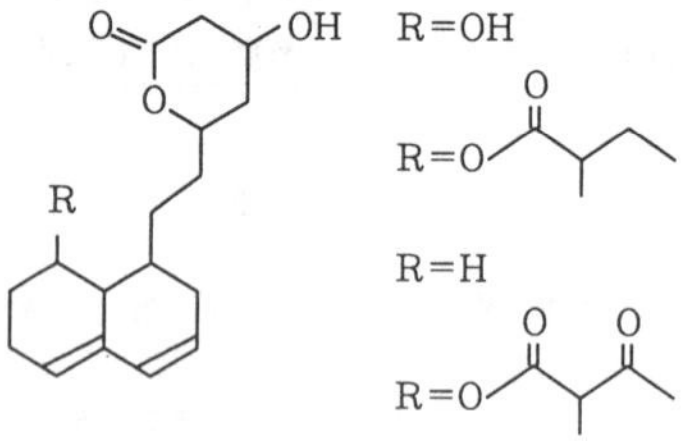

R=OH　Monacolin J
R=O-CO-CH(CH₃)C₂H₅　Monacolin K
R=H　Monacolin L
R=O-CO-CH₂-CO-CH₃　Monacolin X

図4　モナコリン類化合物

9.2.5　安全性

数百年の食用の歴史があり，安全性においては問題のない素材と考えられる。

色素製剤の安全性においては，①急性毒性試験，②亜急性毒性試験，③多世代毒性試験，④変異原性試験（Ames試験），⑤鶏胚試験が実施され，問題がないことが確認されている[4]。

また，生物活性を示す紅麹カビ培養液においても，①急性毒性試験，②亜急性毒性試験，③変異原性試験（Ames試験）で問題ないことが確認されている[5]。

9.2.6　機能および使用例

(1) 天然色素素材として

タール系の合成着色料が安全性の問題から消費者に敬遠され，天然系の着色料が注目されている。ベニコウジ色素も赤色色素として消費量は年々増加する傾向にある。用途は，主にカニ風味

蒲鉾等の水産練製品，タコ・魚卵等の水産加工品，ハム・ソーセージ等の食肉加工品，たれ・醤油等の調味料のほかゼリー，キャンデー，ヨーグルトなど広く食品に使用されている。

価格は色価によって異なるが，2,500〜25,000円/kgである。

(2) 健康食品素材として

① 血清コレステロール低下作用

コレステロールは細胞膜等の構成成分であるとともに，胆汁，ホルモン等の前駆体として重要な脂質であるが，血液中に増え過ぎると動脈硬化の原因となることがわかっている。紅麹に含有されるモナコリン類は，生体内コレステロール生合成経路の律速酵素であるHMG-CoA還元酵素を拮抗阻害することにより，生合成量を低下させ，血液中のコレステロール量を低下させることが認められている（図5）。その結果，心筋梗塞や脳卒中をもたらす動脈硬化を予防することが期待される。

```
                          HMG-CoA還元酵素
アセチルCoA → → HMG-CoA ───X──→ メバロン酸 → → → スクアレン → ラノステロール → → コレステロール
                            ↑
                          [紅 麹]
```

図5 コレステロール生合成経路

② 血糖値低下作用

糖尿病になると血糖値が増加し，腎不全や視覚障害といった合併症を起こしやすくなる。紅麹を与えたラットは，与えないラットに比べ血糖値が20〜30%低下する結果が得られている。

③ 血圧低下作用

国立健康・栄養研究所の辻博士らは，高血圧自然発症ラットを用いた実験で，紅麹は，血圧低下作用を有しており，その有効成分の1つがγ-アミノ酪酸（GABA）であることを明らかにした[6,7]。

④ 変異原性抑制効果

岡山大の早津教授らは，焼き肉コゲ化合物で変異原性を有するTrp-P-2に対して紅麹色素は，変異原性抑制効果を有することを認めた。その作用は，Trp-P-2と色素が複合体を形成し，次いで分解したものと推測された[8]。

上述した紅麹の生物活性から，紅麹は動脈硬化や高血圧等の問題がある人への食品素材として期待される。現在紅麹は，食パン（ドンク，敷島パン），酢，味噌，醤油（以上グンゼ），酒（ヤエガキ酒造），清涼飲料水や和菓子，珍味，漬物等の食材および健康食品素材に利用されている。

以上のような，天然色素や健康食品素材として紅麹は年間500～600t，約20億円の国内市場規模であるといわれている[9,10]。

文　　献

1) 樽井庄一，食品と開発，**28**, No.1, 47(1993)
2) 駒形和男，食品工業利用微生物データブック，東京化学同人，p.146 (1994)
3) 佐藤恭子ほか，日本薬学会第116年会要旨集，2-p.216(1996)
4) 藤井正美ほか，概説・食用天然色素，光琳，p.137 (1993)
5) 布谷昭ほか，食品と開発，**23**, No.1, 51(1988)
6) 辻啓介ほか，日本農芸化学会誌，**66**, No.8, 1241(1992)
7) 辻啓介ほか，日本食品工業学会誌，**39**, No.10, 919(1992)
8) 早津彦哉ほか，日本環境変異原学会要旨集，p.112(1993)
9) 酒井重男，フードケミカル，**9**, No.9, 13(1993)
10) 酒井重男，食の科学，No.190, 66(1993)

9.3 フェカリス菌

山本哲郎*

9.3.1 はじめに

　乳酸菌は，グルコースなどの糖類を利用してエネルギーをつくる過程で，主要な代謝産物として乳酸を産生する細菌の総称である。内村ら[1]と岡田[2]は，乳酸菌について表1に示したような特性をあげ，これらの特性をそなえた細菌を乳酸菌と定義している。この定義に従えば，乳酸菌に該当するのは乳酸桿菌属（Lactobacillus），レンサ球菌属（Streptococcus），ロイコノストック属（Leuconostoc）およびペディオコッカス属（Pediococcus）の4属に限定される。また，レンサ球菌属をその生息環境および血清型から，今回記述する腸球菌属（Enterococcus），ラクトコッカス属（Lactococcus）－ヨーグルト発酵に関与する菌種－，および狭義のレンサ球菌属（化膿レンサ球菌や肺炎球菌を含む）に細分類される[1,2]。最近では，さらに乳酸菌を12の属に細分類することも提唱されている[2]。

　乳酸菌は，ヨーグルトやチーズなど数多くの発酵食品の製造に用いられているが，ヒトに対する直接的な作用としては，整腸作用や腸内細菌叢（腸内フローラ）の改善があげられる。乳酸菌を利用した整腸剤は，乳酸菌の生菌体またはそれを含む培養物を乾燥し，適当な賦形剤で賦形しつくられる。また，近年オリゴ糖を用いて，腸内の乳酸菌を特異的に増殖させる方法[3]も頻繁に利用されている。

　しかし，乳酸菌を1つの物質（素材）として，すなわち，乳酸菌を何らかの方法により殺菌して用いた場合の研究や用途開発は少ない。さらに，現在用いられている薬剤との併用による補助剤としての利用に関する報告はほとんど知られていない。

　本項では，乳酸菌のなかより，健康なヒトの腸管より分離した腸球菌エンテロコッカス・フェカリス（Enterococcus faecalis）FK-23株の殺菌菌体を用い，生体との免疫応答

表1　乳酸菌の特性[1,2]

1)	グラム染色性	:陽性
2)	細胞形態	:桿菌または球菌
3)	カタラーゼ	:陰性
4)	酸素要求性	:非要求，または極微量要求（通性嫌気性）
5)	運動性	:まれに存在する
6)	内生胞子	:非形成
7)	ブドウ糖の代謝	:50％以上を乳酸に転換する
8)	栄養獲得様式	:従属栄養性

* Tetsuro Yamamoto ニチニチ製薬㈱　中央研究所

並びにそれの経口投与による各種抗癌剤との併用による抗癌剤の増強および毒性軽減効果について述べる。次に，ペット（イヌとネコ）に対する臨床応用例を示し，最後にFK-23菌体より得られた血圧降下物質について記載する。

9.3.2　FK-23の作製

FK-23は，エンテロコッカス・フェカリスFK-23株をグルコース2％，酵母エキス2％，ペプトン2％，リン酸水素2カリウム4％で37℃，24時間培養後，集菌・洗浄を行い，110℃で10分間熱水中で殺菌した後，スプレードライヤーで乾燥した。

9.3.3　FK-23の免疫賦活作用

FK-23をマウス尾静脈に注射した場合，その血清中に強い腫瘍壊死因子（TNF）が誘導される[4,5]。また，in vitro において，マウス由来のマクロファージとFK-23を接触させた場合も，その上清中に強いTNF活性が誘導される[4,5]。FK-23は，in vitro において好中球を活性化（粘着性の増大など）する[4]。さらに，無菌マウスに対してFK-23を含む飼料を自由摂取させ，FK-23や大腸菌由来のリポポリサッカライド（LPS）を尾静脈に投与したところ，普通食のマウスに比べ約2倍程度の高いレベルのTNFが血中に検出された[6]。免疫抑制状態のマウスは，FK-23の経口投与により，日和見感染菌のカンジダ・アルビカンスに対して抵抗性を示した[7]。

9.3.4　FK-23の抗腫瘍効果と抗癌剤との併用効果

FK-23は，強力なTNF産生誘導能や免疫細胞に対する活性化を介したと考えられる抗腫瘍効果が経口投与でみられる[8]。

ところで，現在用いられている抗癌剤としては，その作用機序別に，ナイロジエンマスタードやシクロホスファミドなどのアルキル化薬，5－フルオロウラシルやメトトレキサート等の代謝拮抗薬，マイトマイシンやブレオマイシン等の抗生物質，その他植物アルカロイド，シスプラチン，ホルモン剤等，多種の薬剤があり，広く臨床で使用されている。しかしながら，現在の抗癌剤は，癌細胞に対する効果が強いほど正常細胞あるいは生体に対する副作用が強いため，十分にその効果をあげていない。したがって，多くの癌治療において，その治療効果を高めるために，また，副作用を軽減する目的で，抗癌剤の多剤併用や，抗癌剤と放射線療法または外科的療法が組み合わされている。このような多剤併用の観点より，それ自身が抗癌作用を持ち，かつ免疫賦活作用を有するFK-23と各種抗癌剤との併用試験を行い，抗癌剤の副作用の軽減効果や抗癌剤に対する増強効果を動物実験レベルで確認した（表2）。本試験の特長は，FK-23を経口摂取で

表2 FK-23と各種抗癌剤との併用効果

抗癌剤名 (抗癌剤の種類)	適応症	副作用	FK-23との併用効果
シクロフォスファミド (アルキル化薬)	癌腫,多発性骨髄腫,悪性リンパ腫,急性白血病など	白血球減少,胃腸障害,脱毛,頭痛,肝機能低下,出血性膀胱炎など	白血球数の回復促進[7],感染症の予防[7],体重減少の軽減
マイトマイシンC (抗生物質)	白血病,消化器癌,肺癌,子宮癌,乳癌,頭頸部腫瘍など	白血球減少,血小板減少,出血傾向,全身倦怠感,肝・腎障害,胃腸障害,過敏症状,間質性肺炎など	抗癌効果の増強[9]
フルオロウラシル (代謝拮抗薬)	胃癌,肝癌,結腸・直腸癌,乳癌,膵癌,子宮頚癌など	白血球減少,食欲不振,悪心,嘔吐,肝障害,下痢,脱毛,浮腫,口内炎,静脈炎,全身倦怠,色素沈着,過敏症など	白血球数の回復促進[10],感染症の予防[10]
シスプラチン (白金製剤)	睾丸腫瘍,膀胱癌,前立腺癌,胃癌,腎盂・尿管腫瘍,卵巣癌,頭頸部癌,非小細胞肺癌,食道癌,子宮頚癌,神経芽細胞腫など	腎不全,悪心,嘔吐,手足のしびれ,過敏症状,聴力低下,肝機能異常など	腎機能障害の予防[11]

きることであり,食品としての補助的な応用面の可能性の高い点である。

表2に示したように,シクロフォスファミドに対しては白血球数の回復促進ならびに感染症の予防効果[7]と体重減少の軽減,マイトマイシンCに対しては抗癌効果の増強[9],フルオロウラシルでは白血球数の回復促進と感染症の予防効果[10],シスプラチンに対しては腎機能障害の予防効果[11]がそれぞれ観察された。

9.3.5 ペットへの応用

マウスやイヌ[12]を用いた基礎実験の結果より,FK-23の経口投与により宿主抵抗性の増強や白血球数の回復促進が,また,抗腫瘍効果や抗癌剤との併用による毒性軽減効果がみられた。そこで,感染症や担癌動物にFK-23を投与して,その有効性を検討した[13]。検索項目は腫瘍の退縮率,細胞浸潤を指標とした抗腫瘍活性,転移,再発率,好中球機能の活性化,抗癌剤投与時の白血球減少(症)抑制もしくは,白血球数の再構築促進,経過観察や,稟告聴取に基づく元気や食欲などの一般状態(QOL ; Quality of life)とした。なお,FK-23の投与は,従来の治療法で十分な効果が認められないか,その併用が望ましいと考えられる症例に限って用いることとした。

表3にFK-23を用いた症例とその結果の概要を示した。症例は腫瘍7例,膀胱炎2例,毛包虫症1例,バベシア症1例で,FK-23の投与効果が認められたのはそのうち6例であった。残

表3 FK-23の小動物への臨床応用[13]

種	系統	年齢	診断	FK-23投与量(mg/kg)	効果
犬	シベリアンハスキー	4	異所性尿道膀胱炎	10〜25	++ (宿主防御能の増強)
犬	マルチーズ	8	悪性リンパ腫	10	++ (QOLの改善)
犬	ポインター	14	黒色腫	10	-
犬	スコッチテリア	8	膿皮症, 毛嚢虫症	100	+ (QOLの改善)
犬	ビーグル	1.5	バベシア病(寄生虫)	100	+? (QOLの改善)
猫	雑種	15	脂肪肉腫	10〜50	+? (癌が再発しない)
猫	雑種	2	胸腺型リンパ腫	10	+ (QOLの改善, 白血球減少症の予防?)
猫	雑種	9	扁平細胞癌	10	+? (QOLの改善)
猫	雑種	7	扁平細胞癌	100	+? (QOLの改善)
猫	雑種	8	神経鞘腫	100	++ (QOLの改善, 抗腫瘍活性の増強?)
猫	雑種	5	尿石症, 膀胱炎	10	++ (宿主防御能の増強)

注) ++:著効, +:効果あり, -:効果なし

り5例は客観的に判断して, FK-23の有効性の確証が得られなかった症例であった。

ここで特筆すべき点は, 実験動物を用いた基礎実験から, FK-23の経口投与によってもたらされる作用はマウスとイヌ, ネコではほぼ同じであることである。すなわち, FK-23の免疫修飾作用には厳密な種特異性がないことである。厳密な種特異性がないことは, 獣医臨床における応用範囲の広い可能性を示唆するものである。

9.3.6 乳酸菌抽出物 (LFK)

FK-23は, 高血圧自然発症ラット (SHR) に対して血圧降下作用を持つこと, 正常血圧を示すWKYラットに対して影響を及ぼさないこと[14]が報告されている。最近, 血圧降下作用をもつ本体が分子量1〜7万(平均4万)のRNAであることをSHRを用いた実験により明らかにした[15]。そこで, FK-23株を培養後, 酵素および熱処理を行い, FK-23抽出物 (LFK) を作製し, それの血圧に対する効果を調べた (図1)。現在, LFKの製造関連

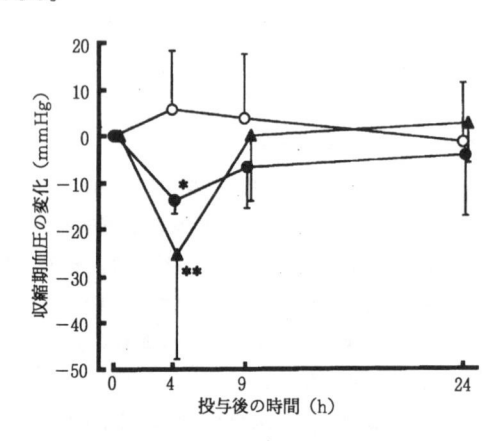

図1 LFK単回投与後のSHRの血圧変化
○:生理食塩水, ●:LFK 150mg/kg,
▲:LFK 500mg/kg
*; $P<0.05$, **; $P<0.01$

のスケールアップを終え，食品素材としての急性ならびに亜急性毒性試験，変異原性試験等を実施している。

文　献

1) 内村泰ほか，「乳酸菌実験マニュアル－分離から同定まで－」，(小崎道雄・監)，朝倉書店，p. 1 (1992)
2) 岡田早苗，乳酸菌の科学と技術，(乳酸菌研究集談会編)，学会出版センター，p.9(1996)
3) 光岡知足，現代人に不可欠なオリゴ糖，コスモの本，p.89(1995)
4) 大橋一智ほか，薬誌, **112**, 919(1992)
5) 山本哲郎, *New Food Ind.*, **35**, 1 (1993)
6) 里中勝人ほか，農化, **69**, 11(1995)
7) K. Satonaka et al., *Microbiol. Immunol.*, **40**, 217(1996)
8) 大橋一智ほか，薬誌, **113**, 396(1993)
9) 大橋一智ほか，日食工誌講演集, 184(1995)
10) 嶋田貴志ほか，農化, **70**, 182(1996)
11) 里中勝人ほか，農化, **69**, 361(1995)
12) T. Hasegawa et al., "*Immunomodulating drugs*", p.369, B. M. Boland & J. Cullinan, *Ann. N. Y. Acad. Sci.*, **685**(1993)
13) 長谷川貴史ほか，動物臨床医学, **3**, 11(1994)
14) 嶋田貴志ほか，栄食誌, **45**, 519(1992)
15) 嶋田貴志ほか，日食工誌講演集, 139(1995)

《CMCテクニカルライブラリー》発行にあたって

弊社は、1961年創立以来、多くの技術レポートを発行してまいりました。これらの多くは、その時代の最先端情報を企業や研究機関などの法人に提供することを目的としたもので、価格も一般の理工書に比べて遙かに高価なものでした。

一方、ある時代に最先端であった技術も、実用化され、応用展開されるにあたって普及期、成熟期を迎えていきます。ところが、最先端の時代に一流の研究者によって書かれたレポートの内容は、時代を経ても当該技術を学ぶ技術書、理工書としていささかも遜色のないことを、多くの方々が指摘されています。

弊社では過去に発行した技術レポートを個人向けの廉価な普及版《**CMCテクニカルライブラリー**》として発行することとしました。このシリーズが、21世紀の科学技術の発展にいささかでも貢献できれば幸いです。

2000年12月

株式会社　シーエムシー出版

食品機能素材の開発　(B0784)

1996年 5月31日　初　版　第1刷発行
2006年 7月25日　普及版　第1刷発行

監　修　太　田　明　一

発行者　島　健太郎

発行所　株式会社　シーエムシー出版
　　　　東京都千代田区内神田 1-13-1　豊島屋ビル
　　　　電話 03 (3293) 2061
　　　　http://www.cmcbooks.co.jp

Printed in Japan

〔印刷　倉敷印刷株式会社〕　　　© M. Ota, 2006

定価はカバーに表示してあります。
落丁・乱丁本はお取替えいたします。

ISBN4-88231-891-1 C3047 ¥4800E

本書の内容の一部あるいは全部を無断で複写（コピー）することは，法律で認められた場合を除き，著作者および出版社の権利の侵害になります。

CMCテクニカルライブラリーのご案内

構造接着の基礎と応用
監修／宮入裕夫
ISBN4-88231-877-6　　　　　　B770
A5判・473頁　本体5,000円＋税（〒380円）
初版1997年6月　普及版2006年3月

構成および内容:【構造接着】構造用接着剤／接着接合の構造設計 他【接着の表面処理技術と新素材】金属系／プラスチック系／セラミックス系 他【機能性接着】短時間接着／電子デバイスにおける接着接合／医用接着 他【構造接着の実際】自動車／建築／電子機器 他【環境問題と再資源化技術】高機能化と環境対策／機能性水性接着 他

執筆者: 宮入裕夫／越智光一／遠山三夫 他26名

環境に調和するエネルギー技術と材料
監修／田中忠良
ISBN4-88231-875-X　　　　　　B768
A5判・355頁　本体4,600円＋税（〒380円）
初版2000年1月　普及版2006年2月

構成および内容:【化石燃料コージェネレーション】固体高分子型燃料電池 他／【自然エネルギーコージェネレーション】太陽光・熱ハイブリッドパネル／バイオマス利用 他／【エネルギー貯蔵技術】二次電池／圧縮空気エネルギー貯蔵 他／【エネルギー材料開発】色素増感型太陽電池材料／熱電変換材料／水素吸蔵合金材料 他

執筆者: 田中忠良／伊東弘一／中安 稔 他38名

粉体塗料の開発
監修／武田 進
ISBN4-88231-874-1　　　　　　B767
A5判・280頁　本体4,000円＋税（〒380円）
初版1999年10月　普及版2006年2月

構成および内容: 製造方法／粉体塗料用原料（粉体塗料用樹脂と硬化剤／粉体塗料用有機顔料／パール顔料の応用 他）／粉体塗料（熱可塑性／ポリエステル系／アクリル系／小粒系 他）／粉体塗装装置（静電粉体塗装システム 他）／応用（自動車車体の粉体塗装／粉体PCM／モーター部分への粉体塗装／電気絶縁用粉体塗装 他）

執筆者: 武田 進／伊藤春樹／阿河哲朗 他22名

環境にやさしい化学技術の開発
監修／御園生誠
ISBN4-88231-873-3　　　　　　B766
A5判・306頁　本体4,200円＋税（〒380円）
初版2000年9月　普及版2006年1月

構成および内容:【環境触媒とグリーンケミストリー】現状と展望／グリーンインデックスとLCA／環境触媒の反応工学 他／【環境問題に対応した触媒技術】自動車排ガス触媒／環境触媒の居住空間への応用／廃棄物処理における触媒利用 他／【ファインケミカル分野での研究開発】電池材料のリサイクル／超臨界媒体を使う有機合成 他

執筆者: 御園生誠／藤嶋 昭／鍋島成泰 他22名

微粒子・粉体の作製と応用
監修／川口春馬
ISBN4-88231-872-5　　　　　　B765
A5判・288頁　本体4,000円＋税（〒380円）
初版2000年11月　普及版2006年1月

構成および内容:【微粒子構造と新規微粒子】作製技術（液滴からの粒子形成／シリカ粒子の表面改質 他）／集積技術／【応用展開】レオロジー・トライボロジーと微粒子（ER流体 他）／情報・メディアと微粒子（デジタルペーパー 他）／生体・医療と微粒子（医薬品製剤の微粒子カプセル化 他）／産業用微粒子（最新のコーティング剤 他）

執筆者: 川口春馬／松本史朗／鈴木 清 他29名

セラミック電子部品と材料の技術開発
監修／山本博孝
ISBN4-88231-871-7　　　　　　B764
A5判・218頁　本体3,200円＋税（〒380円）
初版2000年8月　普及版2005年12月

構成および内容: 序章／コンデンサ（積層コンデンサの技術展開 他）／圧電材料（圧電セラミックスの応用展開 他）／高周波部品（セラミック高周波部品の技術展開 他）／半導体セラミックス（セラミックスバリスタの技術展開 他）／電極・はんだ（電子部品の高性能化を支える電極材料／鉛フリーはんだとリフローソルダリング 他）

執筆者: 山本博孝／尾崎義治／小笠原正 他18名

DNAチップの開発
監修／松永是／ゲノム工学研究会
ISBN4-88231-870-9　　　　　　B763
A5判・225頁　本体3,400円＋税（〒380円）
初版2000年7月　普及版2005年12月

構成および内容:【総論編】DNAチップと応用／DNA計測技術の動向／生命体ソフトウェアの開発【DNAチップ・装置編】DNAマイクロアレイの実際とその応用／ダイヤモンドを用いた保存型DNAチップ／磁気ビーズ利用DNAチップ 他【応用編】医療計測への応用／SNPs（一塩基多型）解析／結核菌の耐性診断／環境ゲノム／cDNAライブラリー 他

執筆者: 松永是／神原秀記／釜堀政男 他28名

PEFC用電解質膜の開発

ISBN4-88231-869-5　　　　　　B762
A5判・152頁　本体2,200円＋税（〒380円）
初版2000年5月　普及版2005年12月

構成および内容: 自動車用PEFCの課題と膜技術（PEFCの動作原理 他）／パーフロロ系隔膜の開発と課題（パーフロロスルホン膜／延伸多孔質PTFE含浸膜 他）／部分フッ素化隔膜の開発と課題（グラフト重合膜 他）／炭化水素系高分子電解質膜の開発動向（炭化水素系高分子電解質膜の利点 他）／燃料電池技術への応用（PEMFC陽イオン交換膜について 他）

執筆者: 光田憲朗／木本協司／富家和男 他2名

※ 書籍をご購入の際は、最寄りの書店にご注文いただくか、㈱シーエムシー出版のホームページ（http://www.cmcbooks.co.jp/）にてお申し込み下さい。